**罗必良** 博士。现为华南农业大学学术委员会副主任，国家农业制度与发展研究院院长、经济管理学院教授、博士生导师。教育部"长江学者"特聘教授。

兼任广东经济学会会长、国务院学位委员会农林经济管理学科评议组成员、国家社会科学基金与国家自然科学基金学科组评审专家。

先后主持各类科研课题共计 100 余项，获得各种科研成果奖励 70 余项。迄今出版专（合）著 40 余部，发表学术论文 300 余篇。

获得的主要荣誉有：国务院政府特殊津贴、全国首批"新世纪百千万人才工程"国家级人选、国家"万人计划"哲学社会科学领军人才、中宣部文化名家暨"四个一批"人才、广州十大杰出青年、广东青年五四奖章、教育部"高校青年教师奖"、广东省"南粤优秀教师"、广东省高等学校"教学名师"、广东省"五一劳动奖章"、广东省"珠江学者"特聘教授、广东省首届优秀社会科学家、全国先进工作者。

# 农地确权的制度含义

罗必良等　著

中国农业出版社

北　京

**图书在版编目（CIP）数据**

农地确权的制度含义 / 罗必良等著 . —北京：中
国农业出版社，2019.2
ISBN 978 - 7 - 109 - 25179 - 3

Ⅰ.①农… Ⅱ.①罗… Ⅲ.①农业用地-土地所有权
-土地制度-中国- Ⅳ.①F321.1

中国版本图书馆 CIP 数据核字（2019）第 019839 号

中国农业出版社出版
（北京市朝阳区麦子店街 18 号楼）
（邮政编码 100125）
责任编辑　闫保荣
————————————————————
北京通州皇家印刷厂印刷　　新华书店北京发行所发行
2019 年 2 月第 1 版　　2019 年 2 月北京第 1 次印刷
————————————————————
开本：700mm×1000mm 1/16　　印张：23.5　　插页：1
字数：390 千字
定价：60.00 元
（凡本版图书出现印刷、装订错误，请向出版社发行部调换）

本书是国家自然科学基金政策研究重点支持项目"农地确权的现实背景、政策目标及效果评价"（71742003）的第一期研究成果，亦是国家自然科学基金重点项目"农村土地与相关要素市场培育与改革研究"（71333004）的阶段性成果。

本书还得到下列相关项目的支持：

文化名家暨"四个一批"人才自主选题项目"农地确权、要素配置与农业经营方式转型"

国家社会科学基金重点项目"资产专用性、声誉效应与农村互联性贷款自我履约的机理研究"（16AJY015）

国家社会科学基金重点项目"农地确权模式及其劳动力转移就业效应研究"（17AJL013）

国家社会科学基金重点项目"地权界定方式与农地流转效应研究"（18AJY017）

国家社会科学基金一般项目"我国农地确权政策实施对激活农村农地流转市场影响的经验研究"（17BJL009）

国家自然科学基金青年项目"确权、信任与农地流转契约选择——基于随机性控制试验的农户行为研究"（71703041）

国家社会科学基金青年项目"家庭农场的产业特性、社会网络与经营方式选择研究"（15CJY051）

广东省教育厅创新团队项目"中国农地制度改革创新：赋权、盘活与土地财产权益的实现"（2017WCXTD001）

# 目 录

CONTENTS

# 第一章 导 论

## 第一节 研究背景

制度是经济长期增长的关键（North，1990）。产权作为基础性制度安排，对经济增长来说更是显得尤其重要（Demsetzm，1967；Alchian & Demsetz，1973；Kung，2002）。对农业发展和农村经济增长来说，农地产权也具有类似的关键性功能。在人口、资源和环境约束趋紧的经济新常态下，为了从效率提升、结构转型升级等方面寻找农业发展的新动能，我国于 2009 年开始启动了新一轮农地确权的试点改革。2013 年中央 1 号文件则明确提出，要全面开展农村土地确权登记颁证工作，并于 5 年内（即 2018 年）基本完成。

农村改革 40 年以来，中国农地确权大体已经经历过三次。第一次是改革初期实施的农村土地家庭承包制并于 1984 年中央 1 号文件明确提出将土地承包期延长 15 年不变；第二次是 1993 中央 11 号文件将原定的耕地承包期到期后，在延长 30 年不变。与此前已经进行的两轮土地确权相比较，新一轮农地确权将清晰界定农户承包地块的实际面积和"四至"范围。在坚持农村土地集体所有的前提下，国家将进一步明确农户的土地承包经营权，并使承包经营合同得到法律更严格的保护。必须强调，中国的农地确权不同于西方或其他大多数发展中国家的情况。中国所明确的是农户对于集体土地的"承包经营权"，其他发展中国家所明确的乃是所有权意义上的私人产权；确权形式在其他发展中国家通常表达为"土地登记"，而中国则表现为发放承包经营合同或承包经营权证书。

新一轮农地确权，是对家庭联产承包责任制的深化和改进。农地确权工作面临的情况是比较复杂的，而它被赋予的使命却又是非常艰巨的。一方面，尽管国家一再强调要稳定农地承包经营权，但实践中因为人口变化、劳动力流动、农地流转和内部小调整等因素，农地承包经营权的实际情况变得异常复杂。另一方面，农地确权被期待了提高微观效率，促进农业转型升级，发展新型经营主体和促进农村经济、社会发展等多重功能。从 2009 年至今，农地确权改革的工作已经接近尾声。显然，无论是决策者还是学者等社会各界，都非常关心如下问题：农地确权的实际效果如何？它在实施过程中有哪些成功的经验可以借鉴？为最大化农地确权的制度效应，需要在配套政策方面施行哪些改革？因此，理解农地确权的制度含义与行为发生学机理，亟须开展有针对性的研究。

# 第二节　研究现状

作为一种基础性制度变革，农地确权被各方寄予厚望。其经济效应如何，这一问题也引起了学界的浓厚兴趣。主流文献沿着"农地确权—产权安全性提高—行为预期稳定—效率改善"的基本逻辑主线，从宏观和微观维度研究了农地确权的经济效应。宏观视角的研究，主要关注于农地确权的总体影响，集中于减贫、收入、效率、农业发展等主题（Austine et al.，2013）。微观视角的研究，主要关注农地确权对要素流动及其影响下的结构效应（Fort，2012）。

## 一、农地确权的综合效应

确权工作之所以重要，首先是基于对产权不安全负面效应的理论认知。这方面的早期研究又集中于贫困和收入问题。学者们首先从如下几个方面研究了地权缺失对农户特别是贫困人群带来的消极影响：未确权的土地无法作为有效抵押品，帮助农户进入信贷市场（Feder et al.，1988）；农户对土地进行大规模投资的激励不足；农户选择非农转移时可能面临失地风险，从而阻碍了劳动力有效转移（付江涛等，2016）；产权缺失使农地的保险功能和储蓄功能难以实现，在面临困难时或年老之时，他们只能依靠家族成员和子女解决养老问题。因此，农地产权残缺阻碍了穷人将拥有的土地财富转化为资本（De Soto，2002）。

关于农地确权的经济效应问题，最早的分析框架是由 Feder 等人（1988）提出。该研究以泰国农村地区为背景，重点研究了确权对信贷等农业生产要素的影响以及确权对农业产出和效率的影响。沿此思路而进行的后续研究，也大都以产权不完整性引起的不确定性风险为切入点，并落脚于对交易费用、生产效率、土地交易价格、农业产出、家庭收入的分析（Dmsetz，1967；De Alesssi，1980；Barzel，1989；Libecap，1989；Feder & Fenny，1991）。

在关注规模和效率效应之外，也有学者开始研究结构效应。一些研究指出，确权降低了土地流转双方和买卖双方的信息不对称程度，提高了土地市场活跃度，促使农地资源向更有效率的农户集中并带来经营效率的提高（Sorrenson，1967；Feder & Nishio，1998）。沿着该框架，后续研究纳入了更多主题。除经济效率问题外，公平和社会问题比如分配、性别、健康等，也相继被纳入其中。基于农地确权制度效应的国际和区域差异，也有学者开始注意经济、社会、政治、文化以及历史传统的异质性影响，并进一步引导学者将关注焦点集中于农地确权宏观效应的先决条件、微观效应、作用机制、实现形式和结构差异等。基于中国农业发展特定阶段等基本国情，相关学者主要从生产性投资、信贷可得性、劳动力流动和农地流转四个方面，重点论述农地确权的微观效应。

## 二、农地确权与农户要素配置

### （一）农户生产性投资

明晰的农地产权有助于提高农业生产绩效（钱忠好，2003；黄少安等，2005；钱忠好、冀县卿，2010；何一鸣、罗必良，2010）。既然农业生产绩效是由要素配置和投资实现的（Place & Hazell，1993；速水佑次郎，2003），那么农地产权稳定性的提高也应该有助于增加农业部门的生产性投资（Besley，1995；李宁等，2017）。基于上述理论共识，学者们普遍认为，农地确权有利于农业的生产性投资（Jacoby et al.，2002；Fenske，2011；Ma et al.，2013；黄季焜，2011；Aha & Ayitey，2017）。但是，也有学者持不同观点。由于农地调整周期和投资回收期是相匹配的，农地调整造成的经营权不稳定并不会必然抑制农户农地的生产性投资（许庆和章元，2005）。有的学者则从另一个角度证明，农地调整所内含的经营权不稳定是由于其必须保证村集体成员权公平所造成的；通过改变种植业结构等对冲措施，农户可以有效消除经营权不稳定对农业生产要素配置的不利影响（仇童伟、罗必良，2017）。

相关的经验研究同样存在着较大的分歧。目前，对撒哈拉非洲国家的研究发现，农地产权稳定有利于生物质肥料的使用（Aha & Ayitey，2017）。然而，对加纳和埃塞俄比亚的研究均表明，样本国家在确权过程中并未出现有机肥等生产性投资和资本要素投入的显著性增加（Deininger & Jin，2006；Fenske，2011；Abdulai et al.，2011）。针对中国的实证分析得到类似的结论。有的研究指出失地风险的增加降低了有机肥的使用量（Jacoby et al.，2002；Li et al.，2000；Ma et al.，2013）。同时，也有学者得出相反的研究结论，例如：对江西省和 5 个代表性省份的调查和实证分析表明，农地使用权确权提高了农地使用权的稳定性，激发了农户长期投资意愿，提高了有机肥的施用量（马贤磊，2009；郜亮，2013；黄季焜、冀县卿，2012）。有的研究还发现，农地确权在促进农业生产性投资方面的影响并未如预期中的那样显著（钟甫宁、纪月清，2009）。

## （二）农户信贷可得性

当存在预算约束时，农地确权的投资效应受制于信贷可得性（Boucher，2002），从理论上说，农地确权释放了不动产的生产力，可以将固定资产转换为流动资产；资产变现能力增强、土地价值提高之后，农户的还款能力更有保障了，这也自然有利于农民获取信贷（Jacoby et al.，2007）。实践中，有的学者对秘鲁、越南等发展中国家的研究表明，农地确权能为土地所有者提供更多的私人土地安全性以及投资担保，提高其收入，从而有利于农户进入金融市场。也有部分学者发现农地确权有利于推动土地有序流转、提高土地价值、降低农村信贷市场的门槛，从而在总体上有利于提高农户的信贷可得性、增加农户的贷款数量（米运生，2015；胡新艳，2016）。

农地确权不仅提高了农户的信贷可得性，它也会对农村金融微观结构的现代化产生积极影响。农地确权的实施有助于农村金融市场出现积极的变化，一方面减少了农户对从亲朋好友等传统渠道获取信贷的依赖，另一方面增加了从商业银行获得的信贷（Paul et al.，2005；Caio Pizaa，2016）。在农户金融需求方面，农地确权在促进农业生产结构转型升级的同时，也增加了农户对租赁土地、购买农机具等生产性信贷需求（尚旭东，2015）。金融需求的变化也反过来影响了金融供给的结构变化，对江苏、河南和四川三个样本省份所进行实证分析表明，"非粮化"种植及以市场化为导向的农户更愿意而且更可能从农村信用社等正规部门融资（马晓青等，2010）。对江苏和黑龙江的研究也表明：以土地经营权作为抵押品的农户，能够比较容易实现其融资渠道从民间中介向银行等正规机构的模式转换（刘荣茂等，2014；罗振军等，2016）。

### （三）农业劳动力流动

由于减缓了金融约束、降低了农民非农就业转移后面临的失地风险，农地确权可促使农户在收益激励下转移到非农部门（Yang，1997；Chernina et al.，2013；Janvry et al.，2015）。相对于其他发展中国家，农地确权对中国农村劳动力转移的影响效果较为复杂。农地确权强化了法律对农户权利的保护，因而使得他们不必因为担心土地被侵占而留在农村（付江涛等，2016；李停，2016），从而也就鼓励了农村劳动力的转移。胡奇（2012）乐观地认为，如果外生制度发生变革——土地可以自由流转，中国农村将可能再次涌现出 3.4 亿左右的剩余劳动力。与上述乐观态度不同的是，有的学者指出产权不稳定也可能反而会促进劳动力的非农转移（Yao，2001；田传浩、贾生华，2004），同时农地产权变得稳定意味着农民的生产投资成果不会被政府、其他机构或个人随意侵占，预期被征"随机税"的损失减少，由此调动农民农业生产积极性，起到抑制劳动力非农转移的作用（姚洋，2004；李停，2016）。

理论观点存在分歧，在实证分析中同样存在着差异。墨西哥、印度和秘鲁等国的农地确权，释放出大量的农村劳动力，促进农民非农就业转移（Haberfeld，1999；Field，2007；Janvry，2015）。然而，阿根廷的农地确权并没有显著导致农村劳动力的非农转移（Galiani & Schargrodshy，2010）。在对中国的研究发现，稳定的农地产权可以有效地促进农村劳动力外出打工（刘晓宇、张林秀，2008；Mullan，2011；De la Rupelle，2009）。与此同时，也有研究发现，农地确权对劳动力转移的影响是有限的，可能的原因是：一是我国城乡差距仍然较大，土地所承担的社会保障功能仍然很为农户所看重（陈会广、刘忠原，2013）；二是土地产权明晰过程伴随的土地频繁调整，增加了农户失去土地的担忧，从而可能在短期内不利于农村劳动力流动（付江涛等，2016）；三是农地确权在促进农村劳动力转移方面的功能发挥，有赖于农村土地流转市场的发展（罗明忠，2017）。

### （四）农地流转

从理论上看，确权能够通过完善产权功能、增加土地价值、降低土地交易费用、弱化土地禀赋效应等机制而促进农地流转。在产权功能方面，农地确权通过强化农民的土地产权而更好地促进农地流转（许庆等，2017）。农地确权也有助于提高土地价值，稳定农地经营预期和改善资源配置效率，进而有利于农地流转市场的发育（严冰，2010；Mullan，2011；何欣等，2016）。从交易费用来看，农地确权提高了农户对农地流转政策的认知（刘承芳等，2017）与权属意识（陈明等，2014；杨庆芳等，2015），从而减少了土地纠纷与矛盾（Yami & Snyder，2015），并有利于农地流转市场的发育（康芳，2015），还能够提高农地流转的市场化程度（Wang，2015），最终提高农户转入和转出农地的可能性。鉴于农地产权的人格化特征，由此诱发的农户对土地的禀赋效应的影响则可能是双重的。一方面，胡新艳和罗必良（2016）认为，确权强化了土地产权功能，因而农民更愿意持有作为人格化财产的土地。但另一方面，确权既然能够使农户的土地流转收益得到保护，因而也可能弱化农户的损失规避心理而淡化禀赋效应，并促进农地流转（米运生，2017）。而且，禀赋效应也因为代际差异而有所弱化，进而促进新生代农民的农地转出（胡新艳等，2017）。不过，也有学者并不完全认同确权促进农地流转，他们认为确权可能强化土地资产、农业资产、地理位置以及人力资本等专用性作用，抑制农户转出农地，同时提高了农地流转中的交易成本以及敲竹杠等风险，从而阻碍了农地流转（林文声，2016；杨成林、李越，2016）。

实证分析的结论也是差异化的。程令国等（2016）使用中国健康与养老追踪调查 2011—2012 年的农户调查数据进行的实证检验结果就表明，农地确权使得农户参与土地流转的可能性显著上升约 4.9%，平均土地流转量上升了约 0.37 亩[*]。胡新艳和杨晓莹（2017）基于禀赋效应代际差异的分析发现，农地确权则对老一代农民的禀赋效应无显著影响，但会显著

---

[*] 亩为非法定计量单位，1 亩＝1/15 公顷。——编者注

减弱新生代农民的禀赋效应。蔡洁和夏显力（2017）对陕西的研究则表明，确权颁证对农户农地流转率的影响不显著。胡新艳和罗必良（2016）区分了农地流转的实际情景与流转意愿并发现，确权对农户农地流转的实际决策行为没有显著影响，但是对流转意愿却有积极影响。付江涛等（2016）则表明，确权只是对于农户转出土地的行为有显著影响，但对于农户转入土地的影响并不显著。

## 三、农地确权有效性的关联条件

农地确权被决策者寄予厚望。大部分理论和实证研究也在一定程度上支持了确权促进农业生产性投资、增加农户信贷可得性、促进农村劳动力流动和农地流转的主流观点。但是，也有证据表明，在某些地区和某些领域，农地确权的效果也确实不尽如人意。这就呈现出一种奇怪现象：在同一个国家实施一种制度安排，却在不同地区、不同主体和不同领域之间，出现了迥异的经济效应。这就难免引发了一些担忧：农地确权的制度效果能否实现以及在多大程度上得以实现？究竟是何原因所导致的？这也促使学者们去思考如下问题：农地确权有效性的先决条件和前提基础是什么；为最大化其经济效应，我们所需要的产权实施、政策完善和配套改革又是什么？

其实，早就有学者指出，农地确权在促进农地流转、劳动力转移和促进农业生产性投资等功能的实现时，需要有完善的要素市场和产品市场作为支撑。农村金融市场滞后、农业劳动力短缺、农地交易平台发展滞后、农产品交易市场距离过远、农地质量不佳、立法不完善等情况，都可能削弱确权带来的激励效果（Feder et al.，1988）。即使上述条件都满足，还需要有足够数量的农地交易主体，才可能诱导农地向最有效率的经营主体集中。对于如何保证确权过程中的公平问题，则需切换到社会学领域。确权的本质是权利的再分配或者权利的加强，如果调控不恰当，就会出现寻租、滥用权力、强制交易等问题。如果土地产权不能被很好执行，那么确权可能一方面会有利于提高土地经营效率，另一方面也可能造成大量人口失地甚至陷入贫困的风险（Pinckney et al.，2000），从而与确权政策的初衷背道而行。罗必良（2016）同时提醒人们：由于农地确权仍处于初步实施阶段，相关配套改革未能及时跟上，其实施绩效的充分显现尚有待时日；如果考虑到赋权对象的权能行使能力，不宜对农地确权的绩效持过于乐观的态度，至少在短期内应该如此。

## 四、文献评述

综上所述可知，国内外学者对农地确权的经济效应，从理论和实证两方面进行了大量且卓有成效的研究。现有研究的贡献主要是：从形式、内容和模式等方面，有助于厘清中国农地确权的一般性和特殊性特征；关于农地确权的制度效应，除社会、文化等领域之外，学者重点关注农地确权的经济效应：从宏观方面论述了农地确权在提高农地生产率、农业生产效率、提高农民收入和农业产出水平等方面的积极作用；从微观角度既论述了农地确权在促进农业生产性投资、促进劳动力转移、土地流转和提高农户信贷可得性等方面可能带来的积极影响，也清醒地注意到了农地确权经济有效性的某些局限性或赖以实现的前提条件。在实证分析方面，尽管大部分实证分析通过赫克曼两步法、因变量受限模型、线性概率模型和二分变量模型等，在某种程度上初步验证了农地确权的经济效应，但也有少量文献并未显著支持这些理论假说。

现有文献的不足或有待深入研究之处主要在于：

第一，对农地确权经济效应的分析维度方面，既注意到农地产出和农民收入等综合效应，也强调促进信贷和投资、农地流转、劳动力转移等方面的微观效应，但忽略了农地确权在培育新型农业经营主体、促进农业结构转型升级等方面的中观效应，从而缺乏农地确权引致农业经济增长之作用机理和政策传导机制的理论分析。

第二，认识农地制度与确权模式的情境差异和农地确权经济效应的先决条件和前提基础，但在理论分析时却未能将这些因素纳入到分析框架之中，因而缺乏一个能够综合考虑其积极作用和前提条件的统一框架。

第三，实证分析方面，考虑到农地确权制度外生性和农地确权实施过程的不可控性、实施时间的有限性和效果呈现的滞后性等困难，学者对农地确权制度效应进行的经验研究，大部分属于针对某些地区的局部研究、源自农户问卷的历史研究和基于截面数据的静态分析。由于缺乏来自于严格意义上随机试验法（RCT）所需要的大样本和时间序列数据，也由于缺乏对典型案例的深入剖析，现有研究难以对农地确权经济效应的经验研究，得到一般性、普遍性、规律性的研究结论。

基于上述分析可知：对于农地确权政策效应的研究，在研究对象方面，需要有一个囊括宏观—中观—微观在内的全景式观察；在理论研究方面，亟待一个能够深入探究其基本功能及其约束条件的统一分析框架；在政策方面，需要在全面评估其绩效，总结其经验、发现其问题及探究其原因的基础上，对如何优化农地确权模式、调整工作重点，从而确保农地确权目标的如期实现和农地确权改革的如期完成，需要提出针对性、可行性的建议；为实现农地确权最大化制度效应和最小化负面效果，需要在战略性思考的基础上，提出前瞻性的制度设计与操作策略。

# 第三节 研究目的和内容安排

## 一、研究目的

农地确权政策是一项涉及面广、成本高昂又尤为复杂的重大社会经济政策。已有理论的中心论点是：农地确权可以通过确保投资收益，提高信贷可获得性，以及促进农地流转等途径，对农业经济和农村福利增长有显著的促进作用。然而，法律制度并非独立于体制和经济社会的真空中，应当考虑到农地确权被引入的实践情景。事实上，同是名为"农地确权"的改革，并非同质性的制度安排，其实施中的制度本质及其内涵并不尽相同。正因为如此，确权改革可能产生异质性的政策影响效应。可以认为，农地确权的政策评估，不仅是一个理论问题，更是一个经验验证问题。

确权的本质就是产权界定。一方面，农地确权不仅表达为产权客体即农户承包地块的"四至"明晰化，还表达为产权主体权属的法律确立及其社区博弈，必须深入考察农地确权涉及的不同方式、不同情境以及不同主体的行为响应与政策效果。另一方面，产权理论区分了两个重要概念，一是产权赋权，二是产权实施。明晰的赋权是重要的，但产权主体是否具有行使其产权的行为能力同样是重要的。因此，本书将综合产权界定的"法律赋权—社会认同—行为能力"的分析框架与产权实施的"产权安排—权属结构—行为响应"的逻辑线索，揭示农地确权政策效应的生成机理及其可能性绩效,并由此提出有针对性的科学建议。

本书基于前期积累的丰富数据、典型案例与专题研究,以"厘清现实、准确评估、寻找对策、支持决策"为旨义,研究目标在于:

**1. 阐明农地确权政策的本质及其对要素市场的作用机理。**分析"三权分置"下我国政府主导的农地确权政策所内含的权利稳定性、权利约束内容、权能范围等制度安排特征,阐明不同村庄情境依托下实际执行确权模式的制度细节,由此从国家法定政策与政策实际执行两个层面,围绕产权界定与产权实施,阐明确权概念的具体内容,打开确权概念"黑箱",获得更精确、更细致的理论概念界定,进而阐明农地确权政策对于要素市场发育及其农业经营方式转型的作用机制与传导路径。

**2. 基于 RCTs 试验方法与典型案例剖析,对确权政策影响进行定量与定性评估。**一方面,引入 RCTs 的试验方法,规范设计实验细节和实施方案,建立有效的微观农户调查数据库,进而采用可靠的微观数据和计量研究方法,定量评估确权政策对农户农地流转、生产投资以及劳动力流动的影响。另一方面,对全国各地确权改革典型模式进行调查,评估不同模式的确权制度安排差异性对要素市场发育及其农业经营方式转型可能产生的影响,进而挖掘典型改革模式的制度含义及其经验借鉴价值。

**3. 基于政策评估结果提出未来确权改革的重点与配套政策。**厘清计量评估与案例研究结论的政策含义,评估确权政策的不同层面对要素市场发育及其农业经营方式转型可能产生的影响,获得更精确、更细致、可推广的经验结论,科学揭示我国确权改革的制度潜力、合理操作路径及进一步完善的方向,以期为深化我国农地确权改革与完善提供决策依据。

与已有研究不同,本书还特别关注两个方面的问题:第一,在关联性方面,不仅关注农地确权对农户要素配置行为的影响,也不仅仅关注农地确权对要素流动尤其是农地规模经营的影响,更关注于农地确权对农业服务规模经营的影响;第二,在实证技术性方面,将采用 RCTs 方法进一步研究确权政策的时空影响及其行为响应的滞后性效果。

## 二、研究内容

本书分为 9 章。除第一章导论外,其余章节的内容包括:

　　第二章"农地确权与农户产权认知"。随着新一轮农地确权政策的实施，农民对该项政策的认知已经受到学界的广泛关注。农地确权的有效性取决于广大农民是否会对改革做出必要的反馈，该反馈的直接动力源于农民多大程度上理解农地确权和接受农地确权会保护土地财产权益，以及多大程度上对确权工作的满意。为此，本书第二章主要从农地确权与农民产权安全感知、农户对土地确权认知的影响因素以及农户对确权工作满意度的分析等方面进行研究。

　　1. 构建土地产权经历、产权历史情境与土地产权安全感知的理论框架。关注面对不同的土地产权经历、产权历史情境，土地确权对农民土地产权安全感知的影响，并讨论其情景依赖特征。研究表明：一是在土地调整较少和征地较多的产权情境中，土地确权抑制了经历过土地调整农民的产权安全感知；二是在相反的产权情境中，抑制了未经历过土地调整的农民的产权安全感知，却提高了持有土地法律文书的农民的产权安全感知；三是土地确权对降低农民土地产权安全感知的差异并无明显作用。

　　2. 分析农户对确权认知的影响。一是农户认为农地确权必要性的认知受到多种因素影响，关注农民文化程度、村干部和农地确权宣传工作所发挥的作用；二是农户对农地确权内容了解程度的认知，农民对新政策的惠农性持肯定态度，不过对确权政策相关内容的认知程度普遍比较低。

　　3. 分析农户对农地确权满意度的影响因素。结果发现：一是正向影响因素，包括家庭人口数、农户是否现场确认承包地权属、村组是否成立土地确权工作理事；二是负向影响因素，包括农户家庭是否有政府公职人员、农户的土地确权认知度等。

　　第三章"农地确权对农地流转的影响"。农地确权是否促进农地流转在理论和实证上存在着分歧。本章关注农地确权是否引发农地流转、农地确权影响农地流转的作用机制、探讨不同阶段的农地产权制度变革对农地流转市场发育的影响。

　　1. 对于普遍关注的确权所引致的农地流转效应进行文献梳理。探究"确权促进农地流转"和"确权不一定促进甚至抑制农地流转"的两派观点的理论机理，发现两派观点分别对应的是产权理论解释逻辑和行为经济学的解释逻辑。通过辨析两种理论在"确权与农地流转"问题上的解释力及其适用性，构建一个直面问题本身的跨学科农地流转研究框架提供新的视野，拓展农地流转问题研究理论空间。

2. 基于粤赣两省的农户调研数据，发现农地确权对推进我国效率导向的农地流转市场发育具有重要的制度含义。分析确权对农户农地转出行为及意愿的影响，发现农地确权尚未对农地转出产生显著性影响，却显著影响了农户选择意愿，即：一是确权会显著促进其流转意愿；二是确权对农户提高流转租金、采用正式合约具有显著性正向影响；三是确权则会诱导农户合约短期化、对象选择非身份化的意愿取向。总体而言，确权会促进农户农地流转行为从关系情感转向理性计算，从非市场化转向市场化。

3. 构建了"农地确权—中间传导机制—农地流转"理论分析框架，并识别出农业生产激励、交易费用、交易价格以及农村要素市场联动四种中间传导机制。研究发现农地确权在整体上并不影响农户农地转出，同时会抑制农地转入。其中，中间的传导机制如下：一是农业生产激励和交易费用机制抑制农地转出，通过交易价格机制促进转出；二是通过农业生产激励促进转入，交易费用机制抑制转入。

4. 建立了"农户土地产权—农地禀赋效应—农地流转行为"的理论模型，发现普遍存在的禀赋效应是抑制农地流转的重要根源。一是农户的禀赋效应具有多方面的依赖性。二是农地流转市场是一个包含了亲缘、人情关系的特殊市场。三是农地对农民来说是一种不可替代的人格化财产，并且财产的人格化程度在不断增强。四是农地财产权和农地资本化能够弱化农户对农地生产性收入的依赖，增加农民收入，保护土地权益。

5. 构建还权松管、赋权强能与农地流转的互动机理，讨论了农地流转率的增长极限问题。分析农地产权的强化的两个阶段对农地流转增长的影响，发现2009年以前"还权松管"促进了农地流转，2009年之后"赋权强能"抑制了农地流转。农地流转的管制放松以及产权强化程度的不断提高对农地流转却起到抑制作用。

第四章"农地确权与劳动力非农转移"。农地确权在本质上是产权界定，且其关键在于强化地权稳定性。本章进一步关注地权稳定及其确权对农业劳动力非农转移的影响。

1. 农地产权具有财产功能和生产功能，两者从相反的路径影响农户劳动力非农转移，两条作用路径的相对强度随着农地制度改革的进程而发生变化，导致地权稳定性如何作用于农村劳动力转移一直存有争议。通过整合土地的财产与生产双重功能，构建"2（两种功能）×2（两种权益诉求）×2（两种作用方向）"的分析框架，进而从农地是否调整，调整频率和调整程度等不同角度分析产权稳定性如何影响农村劳动力的非农转移及其作用机制。研究表明：地权不稳定主要通过弱化农地产权的生产功能而促进劳动力非农转移，从边际效应看，农地"大调整"较"小调整"对劳动力非农转移的促进效果更大；以同县不同镇的农地调整率为工具变量控制内生性后结论依旧稳健。

2. 通过引入农户的异质性资源条件，构建拓展的 Todaro 模型，分析地权稳定性对农村劳动力转移的总体影响以及对异质性资源条件农户劳动力转移的差异性影响。研究表明：地权稳定性增强，总体上会抑制农村劳动力的转移，将激励土地与农业资本多的农户、中间型兼业农户的返乡务农。由此认为，农地确权带来的产权稳定性提高，能在一定程度上缓解目前我国普遍担忧的"谁来种田"问题，也有助于促进劳动力分工从家庭内的自然分工转向社会化分工，进而推进农业的专业化与规模化经营。

第五章"农地确权对投资和信贷行为的影响"。对于农地确权是否带来投资激励，是否促进农村金融的发展，决策者和学者们均给予高度关注。本章讨论农地确权对农户投资行为作用机制和激励效果。

1. 以农地确权对投资激励的主要影响机制为着眼点，结合中介路径分析方法，将确权投资激励效应的三条作用路径进行区分并全部纳入实证验证框架中。研究发现：产权安全效应即"确权—收益保障—投资激励"作用路径占总效应的 15.4%；要素交易效应中"确权—贷款可得性—投资激励"作用路径占总效应的 51.9%，而"确权—农地流转—投资激励"作用路径不显著。因此，在稳步推动农地确权政策，强化地权保障的投资激励效应时，一方面要强调突显农地抵押担保功能，进一步完善农地抵押贷款政策，由此提升确权促进资金借贷进而激励投资的作用；另一方面要试图打通"确权—农地流转—投资激励"作用路径中前半路径的断点，从而释放确权通过农地流转所实现的投资激励效应。

2. 讨论农地确权对农业投资的作用机制，从人力、物力、财力三个维度综合性地将农户农地投资分为农地经营规模扩大、农业劳动力数量、农业生产时间以及农业经营投入四种类型。结果表明：一是农地确权颁证通过提高地权安全性、地权可交易性以及信贷可得性等方式促进了农户农业投资；二是农地确权颁证对农地经营规模扩大、农业劳动力数量、农业生产时间以及农业经营投入都具有正向影响。

3. 研究新一轮农地确权对农户农地投资行为的影响，既需要考虑地权法律赋权的影响，也需要区分农户不同地权调整经历对其投资行为可能产生的差异性影响。分析不同农地调整经历的农户在面对新一轮确权时农地投资意愿的差异性，发现新一轮农地确权总体上能显著促进农户的投资意愿，但对于不同农地调整经历农户的投资激励效应不同，导致对经历"大调整"农户的投资激励净效应为负。

4. 关于农地确权能否促进农业投资的问题，现有研究大都以粮食为对象，因而关于产权与农业投资的相关结论难免偏颇。本章进一步利用农户随机抽样问卷，从产品异质性角度进行了理论与实证分析。研究发现：由于存在滞后效应和信贷可得性等限制性因素，土地确权尽管在总体上对农业投资没有产生显著性影响，但也已经初现端倪；特别是，通过稳定权属关系和稳定预期，农地确权促进了土地流转和农业规模化经营，从而也促进了农户对长期作物和资本密集型农产品的投资。其边际贡献是：从产品异质性角度考察到了农地确权的投资激励效应，从而验证了"产权有效性"的理论共识在农业领域的普适性价值。

第六章"农地确权、要素配置与农业生产效率"。重点关注农地确权对农户生产行为的影响。

1. 鉴于农地抛荒受到社会的广泛关注，因此有必要分析产权强化对农户农地利用行为的影响。研究表明，在确权的不同阶段，确权政策使农地抛荒减少的影响存在差异：在确权实施阶段，确权引致的产权不稳定诱发农户对抛荒农地的复耕；而在确权过后，随着产权排他性的增强，农地流转交易费用的下降，农户会权衡收益对农地使用方式进行重新调整。基于来自四川、河南和山西3个省645个农户的系统抽样问卷调查数据进行实证检验，结果显示，农地确权显著减少了农户的农地抛荒行为。但是，农户减少农地抛荒主要是通过增加对自有农地的耕作，而非通过农地流转实现的，表现出暂时性复耕的特征。必须将农地确权与推进农业产业化发展、促进农地市场发育、规范农地使用立法以及提高群众认同教育相结合。

2. 农地确权对农业生产效率的影响尚无定论。本章将农业生产要素配置细分为农业投资、农地流转、家庭劳动分工和经营权信贷抵押四个方面，进而构建"农地确权—要素配置—农业生产效率"的理论分析框架，并根据 2014 年和 2016 年中国劳动力动态调查（CLDS）的混合截面数据，采用中介效应模型实证分析了农地确权对农户农业生产效率的影响及其作用机制。研究结果表明：①农地确权在总体上提高了农户农业生产效率。②对于没有发生农地调整、农业机械化条件较好的村庄，农地确权能够提高农户农业生产效率；相反，对于拥有较多非农就业机会的农户，农地确权对其农业生产效率并不产生影响。③农地确权一方面通过促进农户加大农业短期投入、增加旱地转入和提高家庭务农人数占比提升其农业生产效率，另一方面通过抑制农户水田或水浇地转入导致其农业生产效率损失。

第七章"农地确权方式及其效果：案例分析"。全国各地存在着多种确权模式，不同的确权模式会产生制度绩效差异。本章关注农地确权方式及其效果的典型案例。

1. 当前我国农地确权存在确权到户、整合确权以及确权确股不确地等三种主要模式，土地共有产权强度的高低决定了农地确权模式的选择。不同农地确权模式的生成逻辑各异，农地确权作为"自上而下"的制度变迁，面临着确权成本、法律基础、村规民约、集体经济发展水平等多种条件约束。因此，应依据土地性质，综合考虑确权成本与收益，结合历史和现实，尊重农民意愿，因地制宜的选择农地确权模式。

2. 选择广东省阳山县整合确权的案例，根据阳山县整合确权的准自然实验调查数据，从因果关系层面推断整合确权方式对农地规模经营与服务规模经营的影响效应。研究发现实施整合确权显著促进了农业规模经营发展，促进了地块层面的集中与规模化，整合确权存在改善农业的分工经济与外部服务规模经济的潜在空间。

3. 提炼广东省阳山县升平村的实践经验，从交易费用视角分析农地整合与确权的制度空间。升平村在新一轮农地确权中，实施了农地整合并块、修建机耕路，同时修葺水利灌溉设施等措施。农地置换整合以及农业的机械化降低了农地流转的交易费用，节省的费用一方面转化为土地租值，另一方面通过引入分工经济获取更高租值。其代价是高昂的改制费用，改制费用的存在是约束制度优化变迁的重要变量，如何降低改制费用则成为促进制度结构优化的关键，平抑农地差异性是降低"整合确权"制度变迁中改制费用的重要举措。

4.分析江西省修水县黄溪村的"确权确股不确地"案例，发现该项实践模式突出了农村集体的地位，实现了耕地承包权与经营权的分离，促进了耕地的规模经营，推动了农村劳动力的转移，拓宽了农户家庭收入渠道。同时存在着一些问题，例如：村委工作任务重、耕地的非粮化、农村补偿政策难以产生激励作用等。针对"确权确股不确地"工作的运行环境，提出了"确权确股不确地"承包地经营权流转的实现路径。

第八章"农地确权、交易含义与农业经营方式转型"。重点关注农地确权的交易含义及其对农业经营方式转型的决定性机理。

尽管农地确权对农户生产性行为的影响受到学界广泛重视，但现有文献大多忽视了对确权所隐含的产权交易含义的研究。研究表明，农地确权在提升农户产权强度的同时，有可能因土地的人格化财产特征而强化"禀赋效应"，并进一步因"产权身份垄断"与"产权地理垄断"而加剧对经营权流转的抑制。研究发现，针对产权主体与产权客体不可分的交易约束，拓展科斯定理并通过产权细分、迂回交易及其有效匹配，能够在尊重农民土地人格化财产特征的前提下，实现农业的规模经济与分工经济。进一步的案例研究表明，以土地"集体所有、家庭承包、管住用途、盘活产权、多元经营"为主线的制度内核，有可能成为中国新型农业经营体系的基本架构。

第九章是本书的研究结论与政策建议。

# 第二章 农地确权与农户产权认知

  1984 年的中央 1 号文件首次明确界定了农民的土地承包期限,并规定了贯彻"大稳定、小调整"原则。随后颁布和修订的《土地管理法》、《农村土地承包法》、《物权法》和《农村土地承包经营纠纷调解仲裁法》等法规逐步强化了农民在法律层面的土地承包经营权益。党的十七届三中全会提出的新一轮农村土地确权,则反映了中央对强化农地资产属性、保障农民土地财产权益和提高土地产权安全的重视。但已有研究发现,二轮承包以来,农村部分地区仍存在定期调整土地和土地法律文书发放不到位的情况(Wang et al.,2011),加之区域之间制度执行的不一致,以及受农村传统习惯及村庄自治等因素的制约,导致农民的土地产权的认知水平普遍较低(Lohmar et al.,2001)。其实,法律和现实层面的土地产权安全性对农户行为的影响,是需要通过他们对土地的产权认知来发挥作用的(Broegaard et al.,2005)。一般来说,农民对土地产权的认知水平的提升,有助于农地租赁市场的发育(de La Rupelleet et al.,2010)。因此,土地产权认知是理解农民土地行为决策的关键。

## 第一节 农地确权与农民产权安全感知

### 一、问题的提出

  随着我国新一轮农地确权的开展,农民的土地产权安全感知能否因法律赋权而得到提高,受到学界普遍关注。已有研究发现,土地登记确实可以提高农民的产权安全感知,并激励农民的房屋改善行为,但即使法律产权安全性不足,农户也会进行房屋改善投资(Reerink 和 van Gelder,2010)。这是因为,产权安全并非完全建立在法律产权的基础上,农户对土地征收或侵权等的主观感知建构了农户行为决策的心理基础(Van

Gelder，2007）。Ma 等（2013）对中国地区的研究发现，土地权利持有情况、农户家庭收入结构、信贷能力、农户土地投资状况以及户主政治地位等因素，都会显著地影响农户的土地产权安全感知。但主体对事件态度的形成不仅受即时信息的影响，而且他们过去的经历对其当前的认知也存在重要影响（谢利·泰勒等，2010）。马贤磊等（2015）就通过识别农民的土地产权经历与产权情景的互动机制，发现土地产权经历可能抑制土地产权情境对农民土地产权安全感知的作用。这与 McGuire（1964）关于过去议题可能会干扰当前情景对主体态度的影响的结论一致。而且，维果茨基对人类高级心理发展的分析也表明，主体的认知是建构于历史情景之中的。这就表明，农民关于土地产权的认知受到他们的经历和即时政策的影响，而政策实施绩效本身取决于政策实施与农民主观意向的一致性（North，1994）。很显然，现有研究大多只是将土地确权作为一个静态的独立因素加以考察，而忽视了其作用发挥的主体依赖和情景依赖，导致他们的分析结论存在差异（程令国等，2016；胡新艳、罗必良，2016；陈昭玖、胡雯，2016）。

鉴于新一轮土地确权对农民的生产经营决策和农业生产要素配置的影响较为依赖于农民的土地产权安全感知，而土地产权感知的形成与农民的经历和产权的历史情境特征又具有高度相关性，因此，本节将利用江苏和江西两省 1 410 户农户的调研数据，分析在不同的土地产权历史情景中，土地确权对具有不同产权经历的农民的土地产权安全感知的影响，为进一步提高农民的土地产权安全感知，以及深化农村土地制度改革提供经验证据。

## 二、情景设置与机理分析

### （一）情景设置

农民的土地产权安全感知是他们对未来可能失去土地，或土地权益遭受侵害的主观感受（Broegaard et al.，2005）。在农村地区，农民的土地产权不安全主要源于村庄内经常性的土地调整和地方政府的行政性征收（马贤磊等，2015）。为此，我们选取与之相对应的土地产权安全感知类型，即农民对未来土地调整的感知和失去土地的风险感知两个指标来表征土地产权安全感知。一般来说，土地承包经营权证书虽然是从法律维度来保护农民土地权益免遭非法侵害的有效文书，但用于表征农民对土地产权的安全感知，则面临情景依赖和间接性问题。一方面是因为土地承包经营权证书在公共治理层面（法律规定）和村庄自治层面（传统习惯）表达的含义是不同的，另一方面，土地承包经营权证书属于公共治理层面的赋权表达，其核心指向是制约政府对农民土地财产权益的侵害。

在土地确权的界定方面，本节特指农地（承包经营权）确权。在农户行为和认知的研究中，黄季焜和冀县卿（2012）、胡新艳和罗必良（2016）通过土地确权与否这一事实，考察了土地确权对农户土地流转和农业生产性投资的影响。Holden & Yohannes（2002）、Deininger 等（2009）和Reerink（2010）则认为，土地确权或土地法律文书的发放有助于提高农民的土地产权安全感知。这表明，土地确权作为一揽子工程，已有研究大多采取土地确权发生或证书发放与否来表征其本质。因此，参照已有研究，本节将采用农户承包地是否已经确权作为刻画指标。

此外，有必要对农民的土地产权经历和土地产权历史情景进行界定。首先，土地产权经历是农民经历的与产权界定、产权实施和产权管理等相关的事件。根据治理层次的不同，又可区分为公共治理和村庄自治层面的产权经历。在此基础上，选择了土地调整经历和土地承包经营权证书持有状况表征农民的土地产权经历。需要提到的是，这里之所以利用土地法律文书来表达与失地风险感知相关的经历，主要是考虑到法律文书作为国家法律赋权的重要凭证，可以说是农民在公共治理中保护自身土地权益或抵制非法土地侵占行为的主要工具。

土地产权历史情景则是一个动态过程。自改革开放以来，农村土地制度改革逐渐加强了农村家庭承包制的基础地位和对农民土地承包经营权的保护。但陈锡文等（2009）认为，目前农村土地承包关系仍不够稳定，部分农村地区随着人口的变动和新增人口的土地需求不断调整承包地，部分村干部强制流转农户的土地承包经营权和收回农民的承包地，部分地方政府通过未报先征、不报即征、以租代征等方式违法违规征收农民土地，严重侵害了农民的土地财产权益。而新一轮的土地确权是在土地改革的历史情景中实施的，势必受到历史遗留问题的制约。尤其当土地确权呈现出权属界定矛盾和行政干预等特征时，政策宣传不到位和农民知情权的不足，将使得土地确权难以通过积极的信息传递提高农民的土地产权安全感知。在本节中，土地产权历史情景是通过两个土地产权实施差异较大的省份——江苏省和江西省来表达的。在江苏省，二轮承包以来土地调整几乎停止（马贤磊等，2015），但由经济快速发展和城镇化导致的农地非农化和土地征收，则构成了公共治理层面土地产权不安全的主要来源。而据Ma 等（2013）的研究，江西省受访农户中有70%在二轮承包以来经历过土地调整。由于经济发展水平相对落后、交通不便利和地形的复杂性，政府的征地行为在江西农村地区并不普遍。

### （二）机理分析：不同历史情景下的农民土地产权感知

**1. 主体认知的形成过程：基于社会心理学理论的阐述。**Fiske 和 Taylor（1991）认为，如果主体对事件的重要性给予充分肯定，或者经历事件的频率越高，而且又积极关注情景中与该事件相关的素材、特定刺激，他们就会形成关于某些概念或刺激的有组织、结构化的认知集合。这种基于主体历史性经验形成的认知集合，实际上已经建构了主体关于事件的内隐态度或先验认知。当主体进行基于该先验认知的态度进行评估时，他们往往会寻求当前信息处理与先验认知的内在态度一致性（von Hecker，1993）。对于人们为何要寻求前后态度的一致，Heider（1958）认为，是因为人们都是尽量改变尽量少的情感关系，以产生平衡的系统。相反，如果我们从事的行为和我们的先验态度不一致，就会产生认知失调或紧张的感觉，尤其当之前已经形成的态度对我们来说很重要时，前后态度的不一致将使得失调的程度最高。相反，如果事件对主体的重要性不足或事件发生的频率较低，那么引起主体心里不安的可能性就会下降（Stone & Cooper，2001）。

但是，如果主体经历的事件使得他们形成了先验态度，当遭遇了那些与先验态度不同但效力较弱的论据，他们对那些与先验态度不一致信息的抵抗力会提高，从而使得主体更加坚持之前的态度。此外，如果主体根据过去议题的经验已经形成了先验态度，在遭遇那些与先验态度不同的论据之前，提供一些支持个体所持态度的积极论据是有助于保护先验态度的（McGuire，1964）。由此可见，如果主体所处社会情景及个人经历对其态度的影响相一致，那么主体之前形成的态度将会持续保持下去，并会降低那些与先验态度不一致的信息对主体态度的影响。类似的，如果由情景信息对态度的影响和个人经历建构的先验态度表达的含义出现背离，那么在遭遇情景信息的干扰之前获得某些对先验态度的支持，将会提高主体对不一致情景信息"免疫力"。当然，如果情景信息造成的压力过大，即使主体已经形成了先验态度，情景压力也可能使得主体根据情景信息来调整自己的认知（Lavine et al.，1998）。

**2. 基于"土地确权＋'产权历史情景＋产权经历'→土地产权安全感知"的理论探讨。**土地产权历史情景是指，农民所处村庄或区域中历史性的土地调整和土地行政性征收的频率；农民的土地产权经历则是由土地产权历史情景造成的土地调整经历和土地承包经营权证书持有状况。其中，土地承包经营权证书作为国家赋权的法律文书，在我国部分村庄或地区由于政府对土地的行政控制，或为了今后便于行政征收而延迟或拒绝将法律文书发放给农民[①]。同时，已有研究也指出，土地调整会降低土地生产效率（Zhang et al.，2011）、减少农户对土地的投入（黄季琨等，2008）、抑制土地流转市场的发育（钱忠好，2002）等，因此土地调整是刻画农民土地产权经历的有效指标（Ma et al.，2013；Brandt et al.，2002）。

在土地产权历史情景与农民土地产权经历对土地确权实施绩效的影响方面，如果农民所处的村庄或区域发生过多次土地调整，那么农民将主观地形成对土地调整可能发生的认知图式。此时，农民没有土地调整的经历与其关于土地调整会发生的先验认知出现偏离，微弱的经验事实可能会强化农民土地产权不安全的主观认知，使得他们更加关注土地确权过程中表现出来的宣传不足、历史矛盾显化和行政干预等特征，进而提高农民的土地调整感知；如果农民的土地调整经历建构了他们对土地将被调整的态度，与土地调整相关的经验事实则将进一步强化农民关于土地调整的认知，即土地确权内含的地权稳定特征对农民土地调整感知的抑制作用会被弱化。类似地，当农民所在区域已禁止或较少发生土地调整，没有土地调整经历与土地产权情景是相一致性的，这将提高农民对土地不再调整的感

---

① 需要指出的是，文中所指土地承包经营权证书，均为二轮承包时发放或延后发放的证书，与此次农地确权颁证的证书不是一回事。

知,并降低土地确权对土地调整感知的影响。换言之,当土地产权历史情景和土地产权经历表达的产权安全性一致时,土地不再调整的认知会进一步提高,并使得农民对土地确权过程中的信息提取将与先验认知保持一致,表现在结果上就是土地调整感知不变。但如果农民经历了土地调整,此时土地产权经历与土地产权历史情景不再一致,基于自身经历的判断将使得农民更关注土地确权过程中与土地调整相关的信息[①]。当然,这里的前提是土地调整的历史情景并没有形成很强的情景压力。在中国农村,土地调整大多是基于集体成员权进行的,农民不存在因土地调整而丧失土地经营权的可能性。可以认为,土地调整造成的土地产权不稳定主要体现在土地投资和生产绩效上,即其导致的土地产权情景压力要比土地强制征收或侵权小得多。

在失地风险感知方面,如果农民所处的土地产权情景中,征地发生频率较低或土地的经济价值不高,他们的失地风险感知将处于较低水平。当土地征收的情景压力较小时,农民很难从历史情景或周围环境中获取关于土地征收的信息,将使得他们更多地借助自身经历或法律文书持有状况进行判断,进而造成土地承包经营权证书作用效果的增强。具体而言,如果农民没有土地承包经营权证书,他们将先验形成对失去土地的恐惧感。土地确权表征出来的政府行政介入和地块调整,则会通过提供支持先验态度的信息,从而强化他们的失地风险感知。相反,持有土地承包经营权证书则会激励农民识别土地确权中抑制政府不合法行为的信息,从而提高他们对未来不会失去土地的感知。类似地,当农民所处区域的土地经济价值较高或存在经常性的政府征地行为时,这种较大的情景压力将造成土地产权历史情景比土地产权经历对农民的土地产权安全感知产生更大的影响。加之当前农村土地仍具有较强的社会保障和就业吸纳功能,这种对于土地的依赖性或重视将使得农民给予土地征收更多的关注,进而导致土地征收的历史情景对农民的失地风险感知的作用得到进一步强化。此时,土地确权的作用可能由于失地对农民存在重要影响和产权情景不安全而被弱化,即情景压力会降低土地产权经历的作用效果。

---

① Albarracin 和 Wyer(2000)认为,如果行为人对态度的经验很少,或者态度是涉及模糊、不重要等特征的问题时,他们往往会依据自己的行为推测自身的态度或对事件发生的可能性进行预测。

## 三、实证结果与分析

### （一）数据来源

课题组于 2014 年 8 月和 2015 年 2 月组织了对江苏省北部的金湖县和灌云县、江西省西部的遂川县和西北部的丰城市的农户调查，本次调查涉及 20 个乡（镇）、72 个村的 1 727 户农户。研究区域的选择主要是依据地理位置和区域的代表性，江苏和江西两省的自然特征、经济发展水平和农村土地制度改革的历史沿革，以及在新一轮土地确权进展等方面均存在较大差别，能够较好地识别不同产权历史情景中，以及不同制度实施阶段农民土地产权安全感知的变化。为保证调研质量，调查主要步骤如下：其一，为保证样本选择的随机性，在两个省的四个县各选取 5 个乡镇，每个乡镇随机选择 4～5 个村，每个村随机抽取 20～30 户农户；其二，参与此次调研的调查员均为本校研究生，在正式调查开始之前，对调查员进行了统一的调查培训，对调查问卷涉及的相关内容进行了解释，明确相关问题的含义，最大程度地保证调查内容的真实可靠性。经过对不适宜本研究样本的处理，本研究最终采用的数据包括 71 个村 1 410 户农户的信息，其中用以考察农民土地调整感知的样本为 1 045 户，用以考察农民失地风险感知的样本为 948 户，二者包含了 583 个相同的样本农户。

### （二）变量定义与样本描述

（1）因变量。被解释变量为农民的土地调整感知和失地风险感知，在调研中让农民对"未来 5 年土地调整的预期"和"未来你家失去土地的可能性"进行了回答。

（2）主要自变量。主要自变量为土地确权、土地调整经历及土地承包经营权证书持有状况。在调研问卷中，对于土地是否已经确权到农民名下设置了"是"、"否"和"不清楚"三个选项，文章的处理方式包括：第一，将回答"不清楚"的农民归入"否"的农民一类；第二，直接剔除回答"不清楚"的农民，仅保留其余两类样本。需要指出的是，虽然农民对确权与否回答不清楚与回答没有确权存在本质区别，但按照事件发生与农户认知形成的关系来看，不清楚与未发生均属于对农民的较低刺激（与确权相比）。同时，这也是 Ma 等（2016）检测模型稳健性采用的方法。其次，农民的土地产权经历采用土地调整经历和土地承包经营权证书持有状况表征。这里的土地承包经营权证书是二轮承包时发放及延后发放的法律文书，并非此次土地确权颁证过程中发放的。第三，土地产权的历史情景差异，是根据江苏和江西两省土地调整和土地行政征收发生的实际状况界定的，在实证部分通过对两个省的样本分别估计进行体现。

（3）控制变量。为控制其他变量对农民土地产权安全感知的影响，识别了户主特征变量、家庭特征变量、土地特征变量和区域虚拟变量。户主特征变量包括户主性别、户主年龄、户主受教育程度及户主非农就业经历；家庭特征变量包括与土地经营相关的家庭劳动力和农业固定资产；土地特征变量包括家庭人均耕地的数量和承包地地块数；村庄特征变量包括村庄的位置和村庄的经济水平；此外，为控制区域无法观测的社会、文化和制度等因素对因变量的影响，文中也识别金湖县和灌云县的区域虚拟变量。具体变量定义参见表 2-1。

表 2-1 变量定义与描述

| | 变量 | 定 义 | 均值 | 标准差 |
|---|---|---|---|---|
| 因变量 | 土地调整感知[a] | 1=未来五年内会调整，0=未来五年内不会调整 | 0.367 | 0.482 |
| | 失地风险感知[a] | 1=可能失去土地，0=不可能失去土地 | 0.265 | 0.441 |
| 主要自变量 | 土地确权[a] | 1=已确权，0=未确权或不清楚 | 0.422 | 0.494 |
| | | 1=已确权，0=未确权 | 0.515 | 0.500 |
| | 土地调整 | 1=经历土地调整，0=未经历土地调整 | 0.314 | 0.464 |
| | 土地承包经营权证书 | 1=持有土地承包经营权证书，0=未持有 | 0.747 | 0.435 |
| 户主与家庭特征 | 户主性别 | 1=男性，0=女性 | 0.964 | 0.185 |
| | 户主年龄 | 岁 | 56.072 | 10.233 |
| | 户主受教育年限 | 年 | 6.735 | 3.103 |
| | 户主非农就业经历 | 1=有非农就业经历，0=没有非农就业经历 | 0.206 | 0.404 |
| | 半年以上外出务工率 | 指家庭半年以上务工人数占家庭总人数比重 | 0.249 | 0.235 |
| | 家庭农业固定资产 | 元 | 6 070.857 | 26 064.920 |
| | 人均耕地面积 | 亩 | 1.680 | 1.601 |
| | 家庭承包地地块数 | 块 | 5.359 | 3.824 |
| 村庄特征 | 村庄位置 | 指村庄离最近城镇的距离（里） | 9.164 | 6.608 |
| | 村庄经济水平 | 指村庄居民的人均纯收入（元） | 6 902.278 | 3 246.148 |

（续）

| | 变量 | 定　义 | 均值 | 标准差 |
|---|---|---|---|---|
| 虚拟变量 | 金湖县 | 1＝金湖县，0＝其他 | 0.253 | 0.435 |
| | 遂川县 | 1＝遂川县，0＝其他 | 0.244 | 0.430 |

注：ᵃ土地调整感知描述采用的是 1 045 个样本进行的统计；失地风险感知采用的是 948 个样本进行的统计；是否确权变量的第一种处理方式采用的是 1 410 个样本进行的统计，第二种处理方式采用的是 1 156 个样本进行的统计，其余变量均是采用 1 410 个总体样本进行的统计。

1 亩＝1/15 公顷；1 里＝500 米。

### （三）实证分析

**1. 模型选择。**为考察不同土地产权历史情景下，新一轮土地确权对农民土地产权安全感知的影响差异，引入了交叉项的模型。基本表达式如下：

$$Y_i = a_0 + a_1 X_i + a_2 Z_i + a_3 X_i \times Z_i + \sum_{n=1} a_4 D_{ni} + \varepsilon_i \quad (2-1)$$

此式识别了四组基本模型，模型 1：$Y_i$ 表示农民的土地调整感知，$X_i$ 表示农民的土地调整经历；$Z_i$ 表示土地确权状况，1 表示已确权，0 表示未确权或农民不清楚是否确权；$X_i \times Z_i$ 为交叉项；$D_{ni}$ 表示农民家庭的户主特征、土地特征、区域特征等变量；$a_0$ 为常数项，$a_1 - a_4$ 为待估计系数，$\varepsilon_i$ 为误差项，并符合正态分布。模型 2：$Z$ 表示土地确权状况，1 表示已确权，0 表示未确权，其余变量定义与模型 1 中一致。模型 3：$Y_i$ 表示农民的失地风险感知，1 表示未来可能失去土地，0 表示不可能失去土地；$X_i$ 表示土地承包经营权证书持有状况；$Z_i$ 表示土地确权状况，1 表示已确权，0 表示未确权或农民不清楚是否确权，其余变量定义与模型 1 中一致。模型 4：$Y_i$ 表示农民的失地风险感知，1 表示未来可能失去土地，0 表示不可能失去土地；$Z_i$ 表示土地确权状况，1 表示已确权，0 表示未确权，其余变量定义与模型 1 中一致。考虑到四组模型的因变量均为二元变量，文章采用 Probit 模型对其进行估计。

在考察了不同土地产权情景中土地确权的作用后，本节还试图探究在农民对土地产权安全感知已经存在差异的情景下，土地确权是否会弥合这样的差异。为此，进一步利用 Oaxaca 分解方法分析了土地确权对农民土地产权安全感知差异的影响。Oaxaca 分解是将不同变量对农民土地产权

安全感知差异的影响分为两部分:第一部分是特征效应,第二部分是特征回报率效应(即系数差异)。具体的模型如下:

$$\widetilde{Y}_1 - \widetilde{Y}_2 = \overline{\beta}_2 \ (\overline{X}_1 - \overline{X}_2) + (\overline{\beta}_1 - \overline{\beta}_2) \ \overline{X}_1 \qquad (2-2)$$

该式识别了两组模型,第一组模型:$\widetilde{Y}_1$ 和 $\widetilde{Y}_2$ 分别表示江苏和江西两省农民的土地调整感知的几何平均值,$\overline{\beta}_2 \ (\overline{X}_1 - \overline{X}_2)$ 表示特征效应,$(\overline{\beta}_1 - \overline{\beta}_2) \ \overline{X}_1$ 表示特征回报率效应;第二组模型:$\widetilde{Y}_1$ 和 $\widetilde{Y}_2$ 分别表示江苏和江西两省农民对未来失地风险感知的几何平均值,特征效应和特征回报率效应与第一组模型中一致。

**2. 不同历史情景下土地确权对土地调整感知的影响。** 表2-2给出了引入交叉项的土地确权对农民土地调整感知的影响。模型1和模型2的估计中,变量的显著性和方向基本保持一致,说明估计结果比较稳健。但引入交叉项的模型无法识别不同土地调整经历下,土地确权对农民土地调整感知的偏效应。

表2-2　土地确权对土地调整感知的影响

| 变　量 | 江苏省农民土地调整感知 | | 江西省农民土地调整感知 | |
|---|---|---|---|---|
| | 模型1 | 模型2 | 模型1 | 模型2 |
| 土地调整 | −1.092** (0.473) | −1.029** (0.474) | 0.679** (0.324) | 0.649 (0.455) |
| 土地确权 | −0.284 (0.179) | −0.228 (0.195) | 0.619*** (0.229) | 0.595** (0.275) |
| 土地调整×土地确权 | 1.500** (0.728) | 1.480** (0.723) | −0.713*** (0.259) | −0.823** (0.358) |
| 户主性别 | −0.968** (0.402) | −0.773* (0.484) | −0.514 (0.394) | −0.831 (0.513) |
| 户主年龄 | 0.003 (0.007) | 0.000 (0.009) | 0.015 * (0.008) | 0.023** (0.011) |
| 户主受教育年限 | 0.111* (0.080) | 0.170* (0.092) | −0.002 (0.084) | 0.021 (0.284) |
| 户主非农就业经历 | 0.220 (0.156) | 0.232 (0.174) | 0.271 (0.240) | 0.331 (0.284) |
| 家庭半年以上外出务工人数 | −0.118 (0.336) | −0.063 (0.342) | −0.670** (0.324) | −0.645* (0.350) |
| 家庭农业固定资产(对数) | 0.043*** (0.013) | 0.046*** (0.015) | 0.403** (0.213) | 0.501** (0.213) |
| 人均耕地面积(对数) | 0.031 (0.038) | 0.047 (0.041) | −0.049 (0.080) | 0.130 (0.120) |
| 家庭承包地地块数 | −0.053 (0.039) | −0.064 (0.041) | 0.009 (0.016) | −0.013 (0.019) |
| 村庄位置 | 0.001 (0.017) | 0.004 (0.019) | 0.017 (0.014) | 0.028** (0.014) |
| 村庄经济水平 | 0.192 (0.297) | 0.230 (0.309) | −0.563*** (0.213) | −0.940*** (0.209) |
| 金湖县 | −0.104 (0.326) | −0.123 (0.351) | | |
| 遂川县 | | | −2.007*** (0.277) | −2.324*** (0.341) |

（续）

| 变 量 | 江苏省农民土地调整感知 | | 江西省农民土地调整感知 | |
|---|---|---|---|---|
| | 模型1 | 模型2 | 模型1 | 模型2 |
| 常数项 | −1.891 (2.531) | −2.542 (2.734) | 4.749*** (1.784) | 7.793*** (1.878) |
| 观测值 | 467 | 414 | 476 | 366 |

注:***、**和*分别表示在1%、5%和10%水平上显著;各模型的膨胀系数依次为1.33、1.34、1.67和1.83,表明估计中不存在严重的多重共线性问题。

表2-3给出了土地确权对具有不同土地调整经历的农民土地调整感知的边际影响。结果表明,在土地调整几乎不再发生的江苏省,土地确权仅提高了那些经历过土地调整农民的土地调整感知。而在土地调整发生较为普遍的江西省,土地确权则仅仅提高了那些没有经历过土地调整农民的土地调整感知。

表2-3 土地确权对土地调整感知的边际影响

| 土地调整经历 | | 江苏省农民土地调整感知 | | 江西省农民土地调整感知 | |
|---|---|---|---|---|---|
| | | 系数 | Z值 | 系数 | Z值 |
| 模型1 | 土地调整=0 | −0.082 | −1.57 | 0.170*** | 2.66 |
| | 土地调整=1 | 0.242* | 1.63 | −0.026 | −0.53 |
| 模型2 | 土地调整=0 | −0.062 | −1.17 | 0.152** | 2.06 |
| | 土地调整=1 | 0.265* | 1.65 | −0.057 | −0.90 |

注:***、**和*分别表示在1%、5%和10%水平上显著。

可能的原因在于,江苏省在二轮承包以来基本上已停止了土地调整,即农户面临的情景压力相对较小。此时,土地调整经历很可能成为主导农民土地调整感知的重要因素,并使得农民会有目的地识别土地确权中支持农民土地调整经历的信息,以保持论据与先验经历的一致。相反,对于如江西省那样二轮承包以来仍存在频繁土地调整的区域,如果农民经历过土地调整并且可以从周围环境中获取土地调整的信息时,土地确权的作用将被土地调整的历史情景和强化了的土地调整感知所抑制。也就是说,在情景与经历一致时,土地调整情景先验形成了农民关于土地调整的认知集合,会使得基于认知一致性的土地调整感知变得很强,此时农民从土地确权中搜集的支持土地调整的信息并不会改变先验认知。即使是土地确权表征出土地调整的信息,为保持认知的一致性,土地确权中表征出来的支持土地调整的信息也会被弱化。但是，如果农民没有经历过土地调整，那么土地产权历史情景与土地产权经历并不一致。这种情况下，土地确权呈现出来的土地边界重新界定和行政干预会提高农民的土地调整感知。

当然，两个地区之所以呈现这样的差异，还可能受到区域经济、农业种植结构、农村劳动力结构和土地资源特征的影响，但这些内容对农民土地调整感知的影响大体是通过干扰农地经营权的稳定性发挥作用的。即资源属性和文化特征造成的土地调整问题，仍是两个区域农民土地调整感知形成的重要情景因素。

其他控制变量的影响方面，江苏省样本中，户主为男性弱化了农民的土地调整感知。主要原因是，男性相对女性而言，行为能力更强，更容易保护土地权益。而且，男性会比女性更多地参与村庄事务，使他们对土地不再调整的信息捕捉地更全面；户主较高的受教育水平提高了农民的土地调整感知。可能的原因是，受教育程度越高，农民从事非农就业的机会越多，外出就业很可能降低对承包地的保护，进而提高了农民的土地调整感知；家庭农业固定资产提高了农民的土地调整感知，固定资产越多意味着土地调整可能造成农业生产中的沉没成本无法收回，继而提高了农民对土地调整的恐惧。其余控制变量的影响并不显著。

江西省样本中，家庭农业固定资产对农民土地调整感知的影响与江苏省农民类似；户主年龄对土地调整具有正向激励。很显然，在土地调整频繁的江西省，户主年龄越大，他们对土地调整的经验越丰富，并会将这种信息在家庭内部扩散；家庭非农就业率提高了农民的土地调整感知，这是因为，在土地调整频发的区域，劳动力非农迁移降低了对土地的直接保护，会提高他们的土地调整感知；村庄经济水平与农民的土地调整感知负相关，原因是，较高的经济水平使得区域的法制化水平以及农户对地权稳定的政策认知更为充分。加之经济水平的提高也会降低农民对土地的依赖，从而弱化了他们的土地调整感知。此外，与丰城市的农民相比，遂川县农民的土地调整感知较弱，其余控制变量的影响不显著。

**3. 不同历史情景下土地确权对失地风险感知的影响。**表2-4给出了引入交叉项后土地确权对农民失地风险感知的影响，表2-5给出了对于土地承包经营权证书持有状况不同的农民，土地确权对他们失地风险感知的边际影响。

表 2-4 土地确权对失地风险感知的影响

| 变量 | 江苏省农民失地风险感知 | | 江西省农民失地风险感知 | |
|---|---|---|---|---|
| | 模型 3 | 模型 4 | 模型 3 | 模型 4 |
| 土地承包经营权证书 | −0.102 (0.164) | 0.004 (0.195) | 0.116 (0.218) | −0.198 (0.227) |
| 土地确权 | −0.318 (0.274) | −0.206 (0.295) | 0.637* (0.372) | 0.353 (0.398) |
| 承包经营权证书×土地确权 | 0.376 (0.266) | 0.209 (0.295) | −0.960** (0.392) | −0.628* (0.405) |
| 户主性别 | 0.689 (0.483) | — | 0.504** (0.261) | 0.874* (0.524) |
| 户主年龄 | 0.001 (0.006) | −0.001 (0.007) | −0.006 (0.008) | −0.000 (0.008) |
| 户主受教育年限 | 0.092 (0.074) | 0.104 (0.084) | −0.130* (0.079) | −0.020 (0.096) |
| 户主非农就业经历 | 0.019 (0.194) | −0.041 (0.205) | −0.304* (0.177) | −0.203 (0.218) |
| 家庭半年以上外出务工人数 | −0.198 (0.388) | 0.068 (0.398) | 0.396 (0.364) | 0.286 (0.362) |
| 家庭农业固定资产（对数） | 0.009 (0.015) | 0.016 (0.017) | 0.027 (0.154) | 0.225 (0.194) |
| 人均耕地面积（对数） | −0.023 (0.048) | 0.029 (0.057) | −0.087 (0.071) | −0.122* (0.067) |
| 家庭承包地地块数 | −0.001 (0.048) | 0.029 (0.056) | −0.004 (0.012) | −0.000 (0.015) |
| 村庄位置 | 0.012 (0.019) | 0.027 (0.018) | −0.015 (0.011) | −0.018 (0.012) |
| 村庄经济水平 | 0.048 (0.166) | −0.023 (0.181) | 0.260* (0.164) | 0.227 (0.180) |
| 金湖县 | 0.151 (0.239) | 0.237 (0.223) | | |
| 遂川县 | | | 0.045 (0.231) | −0.043 (0.244) |
| 常数项 | −2.173 (1.699) | −1.173 (1.785) | −2.393 (1.665) | −2.776 (1.751) |
| 观测值 | 462 | 385 | 404 | 321 |

注：***、**和*分别表示在1%、5%和10%水平上显著；各模型的膨胀系数依次为1.79、1.81、2.53和2.46，表明估计中不存在严重的多重共线性问题。

表 2-5 土地确权对失地风险感知的边际影响

| 承包经营权证书 | | 江苏农民失地风险感知 | | 江西农民失地风险感知 | |
|---|---|---|---|---|---|
| | | 系数 | Z值 | 系数 | Z值 |
| 模型 3 | 土地证书＝0 | −0.092 | −1.19 | 0.227* | 1.81 |
| | 土地证书＝1 | 0.017 | 0.47 | −102** | −2.33 |
| 模型 4 | 土地证书＝0 | −0.057 | −0.71 | 0.133 | 0.90 |
| | 土地证书＝1 | 0.001 | 0.45 | −0.084* | −1.80 |

注：***、**和*分别表示在1%、5%和10%水平上显著。

表2-5的结果表明，在征地较为频繁的江苏省，土地确权对农民的失地风险感知无显著影响。主要的原因是，在江苏省，快速城镇化和基础

设施建设造成了农村土地易被政府直接征用或以租代征，村级精英治理和行政嵌入型村庄治理模式也一定程度上强化了农民的失地风险感知。虽然理论部分谈到土地产权情景与农民土地产权经历的互动性，但很显然，征地的历史情景信息已经形成了很强的情景压力。在这种情况下，情景压力已经锚定了农民的失地风险感知，并建构了非常明确的主体态度，土地确权内含的约束政府行为的内容也因为认知一致性需求，限制了它的作用发挥。

其次，在征地发生频率较低的江西省，土地确权主要降低了持有土地承包经营权证书农民的失地风险感知，但也提高了没有土地承包经营权证书农民的失地风险感知。这是因为，江西省农村的土地市场价值显化不足，造成农民被征地的频率和风险均较低，很可能导致他们大多依据自身持有的法律文书和对土地确权的主观猜想来推测未来征地发生的可能性。当土地征收较少发生的历史情景和持有土地法律文书的经历呈现一致性时，被建构的安全的土地产权安全感知会激励农民有目的地从土地确权中，搜集那些支持地方政府不会非法侵权的积极信息，以降低失地风险感知和保持认知的一致性。同理，当情景压力较小，农民会通过自身的土地法律文书持有状况先验建构自身的土地产权安全感知，没有土地法律文书会导致农民更易识别土地确权中的政府行政干预特征，从而降低前后认知不一致造成的认知失调。

其余控制变量方面，江苏省样本中，户主特征、家庭特征、土地特征和区域特征均对农民的失地风险感知无显著影响。原因是，在苏北地区，农民对征地的感知很大程度上取决于他们历史性的经历和周边征地发生的频率。江西省样本中，如果户主是男性，则农民的失地风险感知更强。原因是，在农村男性比女性更有可能接触和参与与征地有关的活动，而且户主也因其影响更易将征地信息在家庭中扩散。户主受教育程度弱化了农民的失地风险感知，表明对于政策和法律的认知有助于降低农民不安全的土地产权感知。村庄经济水平提高了农民的失地风险感知，表明征地的发生是与地区经济和土地的市场价值直接相关的。这也是为什么在土地征收较为普遍的江苏省，村庄经济影响不显著的原因。

**4. 土地产权安全感知的 Oaxaca 分解。**为进一步分析两省农民的土地产权安全感知差异及土地确权对其的影响，表2-6利用表2-2和表2-4

的回归，分别对两省农民的土地调整感知和失地风险感知的差异进行了
Oaxaca 分解。结果表明，江苏省农民的土地调整感知显著低于江西省的
农民。其中土地调整的特征差异对两省农民的土地调整感知差异的贡献率
为 70.79％，特征回报率差异的贡献率为 100.40％。这表明，江苏与江西
的土地调整发生率存在较大差异，而且土地调整经历对江西省农民的土地
调整感知具有更大的影响。土地确权的分解结果则表明，江苏省和江西省
的土地确权实施状况并不存在明显差异。特征回报率无明显影响则表明，
目前土地确权并不会缩小两省农民土地调整感知的差异。

　　此外，江西省农民的失地风险感知略高于江苏省农民，两省土地承包
经营权证书的特征差异和特征回报率差异对农民的失地风险感知差异的贡
献率并不显著。一方面是因为，两省农民的土地承包经营权证书的持有率
差异不大。另一方面，特征回报率影响不显著则表明，法律文书对两省农
民的失地风险感知的作用无明显差异。其次，土地确权的特征差异和特征
回报率差异对两省农民失地风险感知差异的影响不显著，一方面是因为土
地确权的实施对两省农民的失地风险感知差异无显著影响，另一方面，土
地确权在两省均处于推进阶段，对农民征地风险感知差异的影响尚未
显现。

表 2 - 6　土地产权安全感知的 Oaxaca 分解

| | 模型 1 | | 模型 2 | |
| --- | --- | --- | --- | --- |
| | 土地调整感知差异分解 | 贡献率（％） | 土地调整感知差异分解 | 贡献率（％） |
| 苏赣土地调整感知差距 | −0.248*** | 100 | −0.270*** | 100 |
| 土地调整 | | | | |
| 　特征差异 | −0.176*** | 70.97 | −0.162*** | 60.00 |
| 　系数差异 | −0.249*** | 100.40 | −0.221*** | 81.85 |
| 土地确权 | | | | |
| 　特征差异 | −0.000 | 0.00 | 0.003 | −1.11 |
| 　系数差异 | −0.029 | 11.69 | −0.006 | 2.22 |
| | 模型 3 | | 模型 4 | |
| | 失地风险感知差异分解 | 贡献率（％） | 失地风险感知差异分解 | 贡献率（％） |
| 苏赣失地风险感知差距 | −0.048 | 100 | −0.049 | 100 |
| 土地承包经营权证书 | | | | |

（续）

| | 模型 3 | | 模型 4 | |
|---|---|---|---|---|
| | 失地风险感知差异分解 | 贡献率（%） | 失地风险感知差异分解 | 贡献率（%） |
| 特征差异 | 0.007 | −14.58 | 0.019*** | −38.78 |
| 系数差异 | 0.074 | −154.17 | 0.183*** | −373.47 |
| 土地确权 | | | | |
| 特征差异 | 0.005 | −10.42 | 0.007 | 14.29 |
| 系数差异 | 0.027 | −56.25 | 0.027 | 55.10 |

注：***、**和*分别表示在1%、5%和10%水平上显著。

综上所述，土地产权经历和土地确权对两省农民土地产权安全感知差异的影响中，特征回报率差异的贡献率显著大于特征差异的贡献率。同时，土地产权经历的差异倾向于扩大两省农民的土地产权安全感知差异。具体来说，与江苏省较低的土地调整发生率相比，江西省较高的土地调整频率会提高土地调整对农民土地调整感知的边际影响。但土地确权由于尚处于过渡阶段，加之农民对土地确权的整体认知度不足，导致它的作用绩效被土地调整历史情景掩盖而暂未显现。这也表明，政策实施是存在时滞的。也正是由于存在该特征，使得在新一轮土地确权的过程中，需要更多地关注土地产权历史情景对政策实施的作用差异，并适时做出相应调整。避免因忽视情景差异造成政策实施陷入路径依赖，进而导致农村土地产权的实施呈现差异化，甚至出现实施逻辑和基层治理方式的冲突。

就土地确权的过程来看，目前出现了诸如农民占地过多、村干部对土地确权认识和宣传不足、将以往简单问题背后的复杂性暴露而引发纠纷等问题。这一方面不利于确权的进一步开展，另一方面，此次改革能否得到群众的支持和理解也未可知。反观我国农村土地制度改革的历程，虽然政策和法律相继明确了农民的土地承包经营权益，但现实中依然存在的土地承包关系不稳定、土地调整和行政侵权，势必降低农民的土地产权安全感知。而江苏与江西作为两个经济和制度实施差异较大的省份，前者的快速城镇化导致土地征收的高频率和土地调整的低频率，江西省农村地区惯有的土地调整惯习则使得这种自发的土地治理模式仍具有较强的生命力。但新一轮的土地确权是在土地改革的历史中完成的，它的推进不仅受到历史遗留问题的制约，也受到农民先验认知的影响。尤其是当前土地确权的宣传尚不到位、实施过程中出现的矛盾显化和行政干预，都可能造成政策实施目的与农民的土地产权感知不一致，进而降低政策实施绩效。

**5. 稳健性检验。** 由于前述因变量为农民的土地产权安全感知，在实际调研中受访者往往存在不诚实报告自身想法的情形（Duncombe et al.，2003；Lewis，2009）。为此，进一步对农民土地调整感知和征地风险感知做了如下处理：上文仅考虑了那些回答"可能"和"不可能"（土地调整或失去土地）的农民群体，但问卷中还涉及回答"不清楚"（土地调整或失去土地）的农民样本。这部分农民关于土地调整和征收的感知处于模糊状态，即他们有可能担心产权不稳定，也可能并不担心土地产权的侵权风险。因此，可对因变量重新赋值，"可能"赋值3、"不清楚"赋值2、"不可能"赋值1，并视其为连续变量。采用普通最小二乘法对模型1到模型4进行重新估计。此外，模型也面临遗漏变量的可能。参照高琳引入区域经济特征的做法（高琳，2002），采用了村庄虚拟变量以控制更小的区域差异。对比表2-7与表2-2及表2-4的估计结果，主要自变量的影响方向基本保持一致，仅少数变量的显著性发生了改变。

文章还面临内生性的挑战。考虑到土地确权往往会根据农户或村庄特征等有选择地在某些区域实施，造成政策执行不具有随机性，进而导致样本的选择性偏差。参照 Caliendo & Kopeinig（2008）和 Lanza 等（2013）的做法，作者采用了倾向得分匹配法（PSM）对土地确权与农民土地产权安全感知的相关性进行了估计。如表2-8所示，采用PSM估计后，土地确权的ATT效应均不显著，说明实验组和控制组并不存在系统性差异，即总体上看农民并不会因为参与确权或未参与确权而存在土地产权感知的变化。与之对应地，根据表2-8的估计，文章也采用Probit模型估计了土地确权的影响，结果发现四组模型中土地确权变量的 $p$ 值分别为0.367、0.541、0.763和0.137，说明采用PSM方法并未显著改变土地确权的影响。当然，表2-8也对PSM估计进行了平衡性检验，结果显示引入模型的变量的偏差均未通过 $t$ 检验，也就是说样本的平衡性较好。可以认为，随机抽样有助于降低土地确权的内生性风险。限于篇幅，此处仅给出了主要自变量的估计结果。

表 2-7　稳健性检验 I

| 变量 | 江苏省农民土地调整感知 | | 江西省农民土地调整感知 | |
| --- | --- | --- | --- | --- |
| | 模型 1 | 模型 2 | 模型 1 | 模型 2 |
| 土地调整 | −0.180** (0.088) | −0.142 (0.098) | 0.218*** (0.083) | 0.181* (0.102) |
| 土地确权 | −0.129** (0.053) | −0.091* (0.057) | 0.147** (0.077) | 0.089 (0.088) |
| 土地调整×土地确权 | 0.350** (0.163) | 0.309* (0.169) | −0.108 (0.110) | −0.101 (0.126) |

| 变量 | 江苏省农民失地风险感知 | | 江西省农民失地风险感知 | |
| --- | --- | --- | --- | --- |
| | 模型 3 | 模型 4 | 模型 3 | 模型 4 |
| 土地承包经营权证书 | −0.156** (0.069) | −0.092 (0.081) | 0.001 (0.091) | −0.061 (0.130) |
| 土地确权 | −0.198** (0.099) | −0.151 (0.107) | 0.242 (0.179) | 0.194 (0.194) |
| 土地承包经营权证书×土地确权 | 0.277** (0.113) | 0.196* (0.121) | −0.366** (0.189) | −0.305 (0.205) |

注:***、**和*分别表示在1%、5%和10%水平上显著。

表 2-8　稳健性检验 II

| 变量 | 匹配方法 | 土地调整感知 | | 失地风险感知 | |
| --- | --- | --- | --- | --- | --- |
| | | 江苏省农民 | 江西省农民 | 江苏省农民 | 江西省农民 |
| 土地确权 ATT 效应 | Nearest Neighbour | −0.048 (0.066) | 0.060 (0.088) | −0.032 (0.031) | −0.072 (0.051) |
| | Kernel | −0.034 (0.052) | 0.085 (0.050) | −0.000 (0.043) | −0.061 (0.062) |
| | Stratification | −0.052 (0.033) | 0.025 (0.057) | −0.045 (0.026) | −0.070 (0.070) |

| 变量 | | %bias | t-test | %bias | t-test | %bias | t-test | %bias | t-test |
| --- | --- | --- | --- | --- | --- | --- | --- | --- | --- |
| 平衡性检验 | 土地确权 | 4.6 | 0.30 | −3.5 | −0.32 | 9.0 | 0.60 | −4.6 | −0.30 |
| | 户主性别 | −7.4 | −0.45 | 20.7 | 1.45 | 0.00 | 0.00 | 0.0 | 0.00 |
| | 户主年龄 | −8.0 | −0.55 | −11.8 | −1.06 | −9.3 | −0.66 | 3.2 | 0.22 |
| | 户主受教育年限 | −5.0 | −0.34 | 8.1 | 0.78 | −1.2 | −0.08 | 2.8 | 0.19 |
| | 户主非农就业经历 | −2.8 | −0.17 | 4.8 | 0.46 | −25.7 | −1.62 | −15.3 | −0.99 |
| | 半年以上外出务工人数 | −2.6 | −0.17 | −6.9 | −0.63 | −15.3 | −0.96 | −21.2 | −1.37 |
| | 农业固定资产（对数） | −14.6 | −1.00 | 16.8 | 1.49 | 7.3 | 0.49 | 3.7 | 0.23 |
| | 人均耕地面积（对数） | 1.2 | 0.09 | 2.9 | 0.23 | 2.1 | 0.15 | 0.3 | 0.03 |
| | 家庭承包地地块数 | −19.6 | −1.28 | −5.9 | −0.54 | −9.6 | −0.60 | −12.7 | −0.75 |
| | 村庄位置 | −5.9 | −0.39 | 14.6 | 1.52 | −13.4 | −0.87 | −5.7 | −0.41 |
| | 村庄经济水平 | 14.4 | 0.99 | −5.0 | −0.46 | 3.7 | 0.26 | 1.7 | 0.11 |
| | 金湖县 | 7.0 | 0.46 | | | −18.0 | −1.20 | | |
| | 遂川县 | | | −2.8 | −0.28 | | | −4.6 | −0.30 |

注:***、**和*分别表示在1%、5%和10%水平上显著;上表中的土地确权只包括确权和未确权,农民的土地产权安全感知保留了回答"可能"和"不可能"的样本。

## 四、结论与讨论

本节利用江苏和江西两省 1 410 户农户调查数据，分析了在不同的土地产权历史情景中，土地确权对农民土地产权安全感知的影响。理论分析表明，在农民对土地确权的认知度较低的阶段，他们的土地产权安全感知难以提高，土地产权的历史情景和经历也会制约土地确权的绩效发挥。模型估计结果表明：①土地确权提高了江苏省经历过土地调整和江西省未经历过土地调整农民的土地调整感知。②土地确权提高江西省没有土地承包经营权证书农民的失地风险感知，但降低了持有土地承包经营权证书农民的失地风险感知。同时，土地确权对江苏省农民的失地风险感知无显著影响。③对身处不同土地产权历史情景中的农民，土地调整经历的差异扩大了他们土地调整感知的差异。但是，土地确权由于尚处于初步实施阶段，并未改变不同地区农民土地产权安全感知的差异。

本节研究表明，在不同的土地产权历史情景中，土地确权对农民土地产权安全感知的影响存在较大差异。虽然新一轮农村土地确权的目的是，通过对农民土地承包经营权的重新确认，在法律层面赋予农民对土地更为全面的用益物权，从而推动农村土地的流转和培育新型农业经营主体。但即使在土地确权以前，农地经营权就已经开始流转。而土地承包经营权的抵押担保功能在目前则尚未普及，其面临的标的物难以变现和高风险性都使得农地抵押的操作性不强。那么新一轮的土地确权是否真的可以促进农村要素市场的发育和土地承包经营权的资产化，还是如贺雪峰（2015）所言，此次土地确权只是劳民伤财之举仍值得商榷。但首先需要明确的是，此次土地确权绩效的实现，关键在于农民是否会对改革做出必要的反馈。其次，这一反馈的直接动力源于，农民多大程度上理解和接受土地确权会进一步保护他们的土地财产权益这一事实。换言之，土地确权能否提高农民的土地产权安全感知，对此次改革目标的实现具有重要意义。

此外，对于处于差异较大的土地产权历史情景中的农民，土地确权总体上或对他们的土地产权安全感知无显著影响，或提高了农民不安全的土地产权感知。这表明，一方面，政府在推进土地确权的过程中，忽视了制度绩效很大程度上受制于政策目的与农民主观认知的一致性程度。另一方面，土地确权涉及土地边界重新界定和造册登记，面临诸如历史遗留问题严重、地界纠纷频繁问题等，并可能将以往简单问题背后的复杂性进一步显化。加之政府介入过多，这些因素很可能提高土地确权与土地产权不安全之间的联系。因此，土地确权不仅是重新界定土地边界或从法律层面强化农民的土地承包经营权益，更应该透过此次改革，纠正二轮承包以来农村地区不安全的土地产权情景。通过诸如加强农民关于土地权益保护相关法律知识的培训、积极引导农民参与新一轮土地制度改革的监督和执行等措施，从认知和经历两个层面纠正农民不安全的土地产权先验认知。当然，对于土地产权历史情景存在差异的地区，应从优化产权情景和提高农民对土地确权的认知度等层面，因地制宜地推进农村土地制度改革。

# 第二节　农地确权与农户认知

## 一、问题的提出

加快推进农村土地承包经营权确权登记颁证（简称"农地确权"）工作是维护农民权益、落实最严格的耕地保护制度、节约用地制度、提高土地管理和利用水平的客观需要。应该说，农地确权是一个自上而下的正式制度的实施过程。主流产权理论的分析主要是从产权本身的特性角度来分析产权对资源配置的影响，认为当产权具备排他性、可转让性和可处置性时，资源将得到有效配置。通常讨论的产权特性是指通过法律赋权或合约的方式界定产权主体拥有哪些权利或特权，以及受到哪些约束。这种分析方式隐含的假设是社会与个人是同质的，即不同区域范围的不同社会群体对法律赋权的认知是同质的，且不同的个体行使产权的能力也是同质的，因而不考虑产权主体和社会其他群体对法律赋权的认同和个体行为能力可能存在的差异，仅从产权本身的特性来分析产权的有效性及对资源配置的影响。但事实上，由于个体间的差异、社会习俗等非正式制度安排的存在及在区域上存在差异性，产权主体及社会其他群体对法律赋予的产权的认知可能存在差异，从而对产权主体的行为预期产生影响。而产权主体行使产权的能力将直接影响其行为选择。

在一个国家社会状态下，产权的强度首先依赖于法律赋权的强制性。然而其强制性的界定、实施及其保护是需要支付成本的。其成本的高低亦与社会认同紧密关联。产权首先来源于作为正式制度的"法律界定"，然而已有法律制度依然存在不完备和不一致等问题，即就某一产权，存在法律规定之外的剩余产权或不同法律文件规定的权益边界不一致甚至冲突。法律、规则不完备使产权主体在实施产权过程中产生较多的纠纷，那些被社会认同的权益往往因为其正当合理性而得到有效的保护。同时，社会认同与法律的不一致甚至冲突积累到一定程度，就有可能倒逼法律的修正，以使法律赋权更具正当合理性。

因此，分析农民对农地确权的认知，对于农地确权工作的顺利实施，并有效降低产权行使的交易成本，有着重要的意义。

## 二、农户认知及其假说

### (一) 数据来源与样本描述

**1. 数据来源和样本分布。**为系统的对江西省土地确权工作情况进行描述统计，2014 年 10 月到 2015 年 3 月，"农村土地与相关要素市场培育与改革研究"子项目"农村土地承包经营权确权颁证"调查小组对江西省部分县（区）进行了调查。本项调查采用随机抽样和重点抽样相结合的方法，为保证样本分布多样，在选取村时，保证了该村与最近城镇以及最近公路距离上的多样性。

按照江西省土地确权工作开展的计划，调研小组首先对试点村进行了重点调研，其中包括南昌市农业局土地确权工作干部座谈会结构式访谈；南昌县土地确权试点村（武阳镇南坊村和向塘镇合气村）的抽样调查和访谈；安义县土地确权试点村（石鼻镇邓家村和长埠镇车田村）的抽样调查和访谈。调研小组在 2015 年 1 月 4 日完成了南昌市另外 2 个县（新建县、进贤县）的土地确权试点村抽样调查和访谈工作，并且在寒假期间（2015年 1 月 24 日至 2015 年 3 月 6 日），调研小组人员和本科学生完成了江西省部分县的问卷调查。调查样本在江西省各县的分布见表 2 - 9。本次调研共发放 371 份问卷，其中有效问卷 365 份，去除不完整或回答明显错误的 6 份无效问卷，回收率为 98.4％。

表 2-9　抽样调查样本分布表

| 地点 | 新建县 | 安义县 | 丰城县 | 兴国县 | 新干县 | 信丰县 | 奉新县 | 金溪县 |
|---|---|---|---|---|---|---|---|---|
| 有效问卷数（份） | 66 | 28 | 9 | 9 | 19 | 9 | 9 | 9 |
| 地点 | 南康县 | 安福县 | 东乡县 | 章贡区 | 永丰县 | 修水县 | 彭泽县 | 芦溪县 |
| 有效问卷数（份） | 97 | 16 | 9 | 9 | 9 | 5 | 9 | 9 |
| 地点 | 安远县 | 玉山县 | 渝水区 | 鄱阳县 | 上饶县 | 合计 | | |
| 有效问卷数（份） | 9 | 9 | 9 | 9 | 8 | 365 | | |

**2. 样本基本情况。** 从 365 个样本数据看（表 2-10），被调查者的农民中年龄大多为 41~60 岁，占了样本的 60.8%，导致这种现象出现的原因可能是：第一，年纪较轻的农民大多数都在外打工；第二，调查员为便于沟通和保证数据的有效真实，选择对象时尽量选择年龄更轻的农户进行调查，此年龄段的农户相较于年龄更长的农户对村上发生的事更清楚一些。受教育程度大多为初中及以下水平，高中及以上只占了 18.6%；家庭年总收入主要分布在两万到四万和四万到六万这两个区间；家庭主要收入来源中以打工收入为主，占 52.6%，其次是种植业，占 22.7%。

表 2-10　样本基本特征

| 项目 | 选项 | 人数（人） | 样本比例（%） | 项目 | 选项 | 人数（人） | 样本比例（%） |
|---|---|---|---|---|---|---|---|
| 性别 | 男 | 261 | 71.5 | 家庭年总收入 | 2 万元以下 | 73 | 20.0 |
| | 女 | 104 | 28.5 | | 2 万~4 万 | 115 | 31.5 |
| 年龄 | 20 岁以下 | 4 | 1.1 | | 4 万~6 万 | 88 | 24.1 |
| | 21~40 岁 | 81 | 22.2 | | 6 万~8 万 | 47 | 12.9 |
| | 41~60 岁 | 222 | 60.8 | | 8 万以上 | 42 | 11.5 |
| | 61 岁以上 | 58 | 15.9 | 家庭主要收入来源 | 种植业 | 83 | 22.7 |
| 文化程度 | 小学及以下 | 115 | 31.5 | | 养殖业 | 10 | 2.7 |
| | 初中 | 182 | 49.9 | | 副业 | 19 | 5.2 |
| | 高中（中专） | 56 | 15.3 | | 经商 | 22 | 6.0 |
| | 大专及以上 | 12 | 3.3 | | 务工 | 192 | 52.6 |
| | | | | | 其他 | 39 | 10.7 |

**（二）农户认知及其假说**

**1. 农户获取土地确权信息和知识的渠道。** 在对农户关于土地确权相关知识的认知程度分析之前，首先对农户获取土地确权信息和知识的渠道进行分析，这有助于后文中对认知程度的分析。根据数据统计分析发现，农民了解土地确权工作信息和知识的主要渠道是靠村干部传达，占53.4%；其次分别是通过《致农民的一封信》的方式和村里设置宣传专栏，分别占43.6%和34%；以下是其他渠道各自所占的百分比，通过悬挂的宣传标语了解占22.2%、靠他人告知占20%、通过土地确权村民大会占18.4%、收看电视台新闻或专栏节目占11.2%、阅读编印的土地确权操作手册占10.1%，以及听广播占7.4%。数据表明基层组织在宣传土地确权工作时采用的方式趋于多样化发展，除了常见的宣传专栏、宣传标语和广播电视媒体，基层干部亲历亲为，以《致农民的一封信》和上门传达的方式进行宣传，并且取得了较好的效果，同时也反映了村干部在工作中的积极态度和尽职尽责的精神。

**2. 农户对土地确权相关知识的认知情况。** 根据江西省人民政府办公厅发布的《关于印发江西省农村土地承包经营权确权登记颁证工作方案的通知》中的内容，总结得出土地确权的相关知识主要包括农村土地确权的意义、法律法规、相关政策、工作原则、工作程序、实施细则、主要内容以及入户摸底调查的内容等。按本节研究需要，在调查中将农户对土地确权相关知识的认知程度分为"相当清楚"、"比较清楚"、"清楚"、"不太清楚"和"不清楚"五个量度等级，通过描述性分析得出表2-11所示结果。

表2-11 农户对土地确权知识的认知情况（%）

| | 相当清楚 | 比较清楚 | 清楚 | 不太清楚 | 不清楚 |
|---|---|---|---|---|---|
| 农村土地确权的主要内容 | 4.4 | 17.0 | 34.8 | 29.9 | 14.0 |
| 农村土地确权的意义 | 8.2 | 23.0 | 28.2 | 29.3 | 11.2 |
| 农村土地确权的法律法规 | 5.5 | 13.2 | 15.6 | 42.5 | 23.3 |
| 农村土地确权的相关政策 | 5.5 | 14.5 | 23.8 | 37.3 | 18.9 |
| 农村土地确权的工作原则 | 4.7 | 14.0 | 22.7 | 37.3 | 21.4 |
| 农村土地确权的工作程序 | 4.7 | 14.0 | 25.2 | 35.9 | 20.3 |
| 农村土地确权的实施细则 | 4.4 | 14.2 | 18.6 | 40.5 | 22.2 |
| 入户摸底调查内容 | 7.1 | 16.4 | 34.8 | 27.4 | 14.2 |
| 土地变更、注销登记的步骤 | 5.8 | 13.4 | 24.4 | 34.8 | 21.6 |
| 土地确权证书带来的具体好处 | 7.1 | 18.1 | 33.2 | 26.8 | 14.8 |

根据分析可以看出，关于农村土地确权的相关知识，农户的了解程度都比较低。在对农村土地确权主要内容的统计中认为"相当清楚"的只占4.4%，认为"比较清楚"的占17.0%，认为"清楚"的占34.8%，而认为"不太清楚"和"不清楚"的分别占29.9%和14.0%，可见关于土地确权的主要内容农户认知程度并不乐观。除此之外，在土地确权的其他相关知识中，认为"清楚"及以上所占比例较大的分别是关于土地确权的意义占59.5%、关于入户摸底调查内容占58.4%，以及土地确权证书带来的具体好处占58.3%。剩余的其他几项认为"不太清楚"和"不清楚"占较大比例。

结合上述分析，为找出影响农户认知的变量，在此首先要进行农户对土地确权清楚情况和可能影响农户认知的因素进行相关性分析，找出影响农户认识的因素，以此来构建 logistic 回归模型，对农户认知土地确权的影响因素进行分析，相关性分析结果见表 2-12。

表 2-12 农户特征与其土地确权清楚情况相关分析

| 农户特征 | 农户土地确权清楚情况 | | 农户特征 | 农户土地确权清楚情况 | |
|---|---|---|---|---|---|
| | 相关性 | 显著性（Sig.） | | 相关性 | 显著性（Sig.） |
| 性别 | 0.078 | 0.135 | 家庭年总收入 | −0.167** | 0.001 |
| 年龄 | −0.038 | 0.473 | 家庭主要收入来源 | −0.193** | 0.000 |
| 文化程度 | −0.170** | 0.001 | 家人是否有政府公职人员 | 0.034 | 0.522 |
| 是否留守人员 | 0.014 | 0.785 | 是否知道本村开展过土地确权宣传工作 | 0.328** | 0.000 |
| 家人是否有村干部 | 0.286** | 0.000 | | | |

注:***在 0.01 水平（双侧）上显著相关,**在 0.05 水平（双侧）上显著相关。

在表 2-12 中，文化程度、家人是否有村干部、家庭年总收入、家庭主要收入来源、是否知道本村开展过土地确权宣传工作在 1% 统计水平下，与农户是否清楚土地确权显著相关。根据对农户土地确权认知程度的分析，就上述选取变量的相关性分析，本节对农户土地确权的认知影响因素提出以下假说。

假说 1：文化程度影响农户对土地确权的认知。关于文化程度对人认知的研究很多，在认知土地政策相关的研究主要有吕晓和肖慧等（2015），他们研究发现，农户受教育程度对土地政策认知程度产生较大影响，文化程度高对土地政策的认知就越高。在关于农地产权制度的认知方面，徐美银和钱忠好（2009）指出，农户的文化程度高低对认知农地产权制度也有较大影响，并且是正向影响。文化程度的高低，不仅会影响农民的综合素质，也会对掌握文化知识方面造成影响。笔者认为农户的文化程度对土地确权认知存在正向影响，文化程度高的农民认知程度较高，文化程度低的农民认知程度较低。

假说2：家人是否有村干部对农户土地确权认知有影响。村干部由于工作的需要和更好的条件可以更多的学习了解农地制度方面的政策内容，因此对农地产权制度的认知相对较高，这是徐美银和钱忠好（2009）研究得出的结论。家人中有村干部，家庭人员对土地确权知识获取更为直接，信息传递过程中重要信息不易流失，因此笔者认为，家人中有村干部的农户对土地确权内容有清楚的认识。

假说3：家庭年总收入影响农户对土地确权的认知。吕晓和肖慧（2015）等指出，家庭总收入对土地政策认知程度产生较大影响，家庭总收入越少的农户对宅基地所有权了解程度越低，家庭总收入越高的农户对耕地保护政策越不了解，笔者认为家庭总收入对农户认知土地确权存在负向变化，收入较低的农户对土地确权的认知更清楚，但是随着其他收入的增加，对土地依赖较低的农户对土地确权的认知会发生负向变化。

假说4：家庭主要收入来源对农户认知土地确权有影响。在关于农户参与土地确权的研究中，李兵和吴平（2011）的研究发现，以务农为主的农户对土地的依赖程度更大，同时他们参与土地确权活动更加热情。笔者基于此研究认为家庭主要收入来源对农户认知土地确权存在负向影响，家庭主要收入中以种植业为主的农户对土地确权有更清楚的认知，不是以种植业为主的农户对土地确权的认知较低。

假说5：是否知道本村开展过土地确权宣传工作影响农户对土地确权的认知。任何工作的前期宣传一直是影响一项工作是否顺利开展的重要因素，政策宣传工作比较到位的农村农户对农地产权制度的认知更高，徐美银和钱忠（2009）在其研究中指出。可见宣传对农户认知农地产权制度有较大影响，对于农户来讲，村干部组织的各种宣传活动是农户获取土地确权内容的主要渠道，笔者认为知道本村开展过土地确权宣传工作的农户对土地确权的内容更清楚。

# 三、实证结果与分析

**1. 变量选取。** 为系统、综合、客观的分析影响农户认知的因素，根据农户是否清楚土地确权和可能影响农户认知的因素进行的相关性分析，再结合在调研过程中掌握的情况，选取相关关系通过显著性检验的变量进入估计模型，笔者选取反映农户个人特征、家庭特征和外部因素等变量，具体见表 2-13。

表 2-13  变量选取及说明

| 变量 | 变量名 | 变量说明 | 预期方向 |
|---|---|---|---|
| 因变量 | 是否清楚土地确权 | 清楚＝1，不清楚＝0 | — |
| 个人特征 | 文化程度 | 小学及以下＝1，初中＝2，高中（中专）＝3，大专及以上＝4 | ＋ |
| | 家人是否有村干部 | 否＝0，是＝1 | ＋ |
| 家庭特征 | 家庭年总收入 | 2 万以下＝1，20 001—4 万＝2，40 001—6 万＝3，60 001—8 万＝4，8 万以上＝5 | — |
| | 家庭主要收入来源 | 种植业＝1，养殖业＝2，副业＝3，经商＝4，务工＝5 | — |
| 外部特征 | 本村开展过土地确权宣传工作 | 否＝0，是＝1 | ＋ |

**2. 实证模型构建。** 当被解释变量为分类变量时，通常通过建立二分类或多元分类 Logistic 回归模型来进行分析。本节研究农户认知土地确权的影响因素，被解释变量"农户是否清楚土地确权"属二项分类变量。因此，本研究采用二项 Logistic 回归模型对样本数据进行分析。建立实证模型：

$$y=\beta_0+\beta_1 x_1+\beta_2 x_2+\cdots+\beta_5 x_5 \qquad (2-3)$$

式中：$y=1$，表示农户清楚，$y=0$，表示农户不清楚；$x_1$，$x_2$，…，$x_5$ 代表反映农民个人特征、家庭特征和外部特征的变量；$\beta_0$ 为常数项，$\beta_1$，$\beta_2$，…，$\beta_5$ 为回归系数。

**3. 结果分析。** 使用 SPSS 软件，对模型进行估计。模型系数的综合检验显示，回归方程较显著，似然比卡方检验的观测值 64.133，概率 $P$ 值为 0.000，说明采用该模型合理。—2 倍的对数似然函数值为 436.302，说明模型的拟合度较理想。Nagelkerke $R^2$ 值为 0.216，说明模型拟合度较好。回归后模型总预测正确率为 67.1%，与步骤 0 的 56.2% 相比，提高 10.9%，说明模型预测效果较理想。各变量的回归系数及显著性见表 2-14。

表 2-14 模型估计结果

| 自变量 | B | S. E. | Wald | df | Sig. | Exp (B) |
|---|---|---|---|---|---|---|
| 文化程度 | −0.282* | 0.157 | 3.220 | 1 | 0.073 | 0.755 |
| 家人是否有村干部 | 1.378 *** | 0.395 | 12.187 | 1 | 0.000 | 3.966 |
| 家庭年总收入 | −0.185* | 0.095 | 3.778 | 1 | 0.052 | 0.831 |
| 家庭主要收入来源 | −0.14 ** | 0.068 | 4.571 | 1 | 0.033 | 0.866 |
| 土地确权宣传工作 | 1.124 *** | 0.252 | 19.949 | 1 | 0.000 | 3.077 |
| 常量 | −2.725 | 0.898 | 9.212 | 1 | 0.002 | 0.066 |

注:*在 10% 水平下显著,**在 5% 水平下显著,***在 1% 水平下显著。

由结果可以看出，投入的五个变量的 Wald 检验值在不同统计水平下都达到显著，在 10% 统计水平下，文化程度、家庭年总收入通过检验，在 5% 统计水平下家庭主要收入来源通过检验，在 1% 统计水平下家人是否有村组干部、是否知道本村开展过土地确权宣传工作通过检验，具体分析如下：

第一，"文化程度"与农户土地确权认知呈负相关关系。结果显示，变量文化程度的系数为 −0.282，Wald 检验结果的 P 值为 0.073，在 10% 统计水平下通过检验，有统计学意义。此处系数为负，这与预期存在一定差异。结合分析数据与实际调研情况发现，不同文化程度的留守人员所占的比重有明显的区别，其中文化程度为高中及以上的留守人员所占比重为 13.5%，可以看出留守人员中文化程度为初中及以下的居多，文化程度为高中及以上的较少；而土地确权工作以村干部在农村组织开展为主，文化程度较低的留守农户反而比文化程度高但离乡又离土的农户对土地确权的实际工作了解更清楚，因此，文化程度对农户认知土地确权存在一定的负向影响。

第二，"家中是否有村干部"对农户认知土地确权有显著的正面影响，即家中有村干部，农户对土地确权的认知程度更高。分析数据显示，此变量的系数为 1.378，Wald 检验结果的 $P$ 值为 0.000，该变量在 1% 统计水平下通过检验且系数为正，与预期一致。由此可见村干部本身对土地确权相关知识比较了解，其对应的认知程度也较高。村干部在土地确权工作中扮演着非常重要的角色，在社会关联度大的集体里（自然村），村干部更像是村民的监护人；在社会关联度小的集体里（行政村），村干部更像是个人经营者（谢琳等，2013）。在土地确权的前期工作中，包括信息传递、解释政策文件等基础的工作都离不开村干部。从分析数据可以看出，家中是否有村干部对农户农认知土地确权有显著的正向影响。

第三，"家庭年总收入"对农户土地确权的认知有负向影响。分析结果表明，变量家庭年总收入的系数为 -0.185，Wald 检验结果的 $P$ 值为 0.052，在 10% 统计水平下的显著检验且系数为负。结合数据和实际调研发现家庭年总收入低于两万元的农户中，以种植业为主的农户多于以务工为主的农户，而家庭年总收入高于两万及两万以上的农户中，以种植业为主的农户远远低于以务工为主的农户。这表明，一方面，家庭收入中以种植业为主的农户对土地确权认知程度更高；另一方面，随着其他收入的增加，不单依赖土地的农户对土地确权的认知较低，因此农户对土地确权的认知在家庭总收入变量的影响下存在负向变化。

第四，"家庭主要收入来源"与农户土地确权的认知呈负相关关系。该变量通过了在 5% 统计水平下的显著检验且系数为负。通过对假说三的分析发现，家庭年收入较低且以种植业为主的农户更清楚土地确权内容，家庭年收入较高且以务工为主的农户对土地确权内容的认知更低，这与对土地的依赖关系有很大的关系，该变量在 5% 统计水平下通过检验，验证了家庭主要收入来源对农户土地确权认知存在负向影响。

第五，"是否知道本村开展过土地确权宣传工作"对农户对土地确权的认知有显著的正向影响，即知道本村开展过土地确权宣传工作的农户对土地确权相关知识有更高程度的认知。该变量的系数为 1.124，Wald 检验结果的 $P$ 值为 0.000，在 1% 统计水平下通过检验且系数为正，与预期一致。此时该变量的胜算比 $OR$ 值为 0.066，表明不知道本村开展过土地确权宣传工作的农户对土地确权的认知能力为其他知道的农户的 0.066 倍，显然，后者要比前者对土地确权的认知程度更高。在资源相对缺乏的农村，农民获取信息的重要途径是村干部等组织的宣传，是否知道本村开展过土地确权宣传工作自然成为影响农民认知的一个重要原因，该变量作用显著，表明宣传工作对农户认知土地确权的显著正向影响。

## 四、结论与讨论

通过上述计量分析，得出以下结论：

**1. 农户土地确权认知受到多重因素的影响。** 本节在结果分析中基本验证了前文假设，并进行了分析。变量文化程度、家庭年总收入、家庭主要收入来源对农户认知土地确权有负向影响；变量家人是否有村干部、农户是否知道本村开展过土地确权宣传工作对农户认知土地确权有显著的正向影响。值得关注的是，文化程度对农户认知土地确权存在一定的负向影响，与学界普遍的看法不同。随着城市经济的发展，越来越多的人选择在城市工作和生活，只有在逢年过节或农耕秋收的时候返回农村，这就导致了上述情况的出现。因此，在土地确权前期工作中，让不在农村的农户更多的了解土地确权是该项工作有序进行的一个突破口。

**2. 村干部在农户认知土地确权过程中承担重要角色。** 根据分析，家中是否有村干部对农户认知土地确权有显著的正向影响，并且在农户获取土地确权信息渠道中，靠村干部传达占 53.4%，这说明农户对村干部有很强的依赖性，也反映出村干部在这项工作中的重要作用。在关于村干部自身条件在土地确权工作中的作用的调查中显示，有 61.9% 的农户认为村干部的政策解释能力很重要，由此可见，村干部在传达土地确权信息的同时要加强政策解释能力的提升。

**3. 土地确权宣传工作是影响农户认知土地确权的重要因素。** 根据分析，是否知道本村开展过土地确权宣传工作对农户认知土地确权有显著正向影响。随着科技的发展，能采用的宣传方式也日益多样化，通过宣传使更多的农民认识到土地确权相关知识，在后续工作中有着重要的积极作用，同时也要考虑文化程度的影响，宣传工作也要有针对性的进行。需要注意的是，在调研访谈中发现，部分被调研农村已经完成了初始档案的收集和建档工作，但农户对土地确权的认知依然比较低，这可能与我们调研的阶段有关系，土地确权工作还在实测和摸底公示阶段，从中反映出来的问题是，在宣传工作中没有从长远的角度出发去宣传，仅限于目前工作的宣传，因此，在宣传过程中要有长远意识，形成良好的宣传体系，让农户有全局意识，同时也方便后续工作的开展。

针对上述分析，为提升农户的认知并达成有效执行和进一步完善现有的土地确权政策的目标，笔者拟从政策主体（即政府）和政策客体（即农户）两个不同的角度提出以下建议：

首先，政府作为这项工作的政策主体，应从宏观上给予相应的政策支持。第一，建立辅助解释土地确权政策文件的有效机制。在土地确权宣传和政策解读过程中，农户和村干部存在这样的问题：一是留守农户文化程度较低，对于部分土地确权的知识不能很好地理解；二是对于相关政策文件中界定比较模糊的定义，部分村干部不能做出合理的解释，这将导致农户在土地确权工作前期不能完整地了解土地确权工作及其相关概念和知识。因此，可建立相关辅助解释土地确权政策文件的有效机制，引导村干部理解和解释土地确权政策文件，使村干部更好的熟知相关政策文件，进而给农户合理而又易懂的解释，提高农户的认知。第二，组建宣传督导机构，构建组织评价体系，加强土地确权工作宣传。完善的督导机构可以在督促指导的基础上有效促进土地确权工作的开展，良好的评价体系可以从第三方入手，进一步保障土地确权工作有序进行。宣传工作对农户土地确权认知有重要的影响，本节强调组建宣传督导机构，重在加强对土地确权宣传工作的督导，进而可提高宣传工作的效率和提升宣传效果，以此来提高农户关于土地确权的认知。除此之外，宣传督导可与实地督导、信息督导、激励督导相结合，共同促进土地确权整项工作的开展。

其次，农户作为土地确权工作的政策客体，但农户又是这项工作的参与主体，针对农户这一特殊的角色，从微观角度提出以下建议对策。第一，提高农户自身对土地确权工作的认识。农户作为土地确权工作的参与主体，在工作前期对土地确权相关知识有清楚的认知可能会对之后的确权工作起到关键作用。首先要提高农户本身对土地确权的重视程度，对于不在本村的农民，基层组织尤其是乡、村一级的基层干部应建立良好的转达机制，使相关信息能够传达到每一户农户。另外，基层干部需根据农户的不同特征，有针对有计划的开展工作，确保工作准确高效的进行。为保证该项工作的顺利进行，村干部在进行宣传的时候有必要给农户讲清楚土地确权的利益关系，兑现土地政策的好处，来促进和激励农户全身心的投身到这项工作当中来。第二，重视村干部的多重角色，提升村干部的自身素质。村干部在土地确权工作中扮演着多种重要的角色，既是上级政府政策的执行者，也是工作实施的监督者和参与者，更是与农户接触最为紧密的基层干部，其对土地确权工作有着重要的影响。因此对村干部进行培训、引导、激励等可以提升村干部的自身素质，包括政策解释能力、解决问题的能力、宣传动员能力（自身号召力）以及与村民的关系等，以此来促进土地确权前期宣传工作和整项工作的有序有效进行。

## 第三节　农户对农地确权的满意度评价

### 一、问题的提出

近年来，已有文献注意到农民对政府工作的满意度。在农地制度方面，徐建春、李长斌等（2014）则通过分析农户满意度提出从制度设计、经营管理等方面完善农村土地股份合作制的政策建议。曾群、喻光明等（2009）分析了农户对土地利用规划的生态满意度评价。马艳艳、林乐芬（2015）通过对宁夏南部山区 288 户农户的调查，分析了农户对土地流转的满意度和影响因素；刘莉、吴家惠等（2014）分析了村民对村组织在农村土地综合整治工作中满意度的影响因素；唐欣、王晓玲等（2013）在农民满意度视角下对土地综合整治进行了研究。

基于对以上文献的梳理发现，在征地补偿、土地流转、土地综合整治等工作，农户的满意度对其都有非常重要的影响。笔者认为农户作为土地确权的主体，其态度和行为对一个地区的土地确权工作同样有着直接的影响。鉴于此，本节拟利用 2014 年江西省 21 个县（区）农户的调查数据，分析农户对土地确权工作的满意度，并通过构建 Probit 模型找出其影响因素，为土地确权工作更好开展提出合理建议。

### 二、数据来源与统计描述

为全面了解农户对土地确权工作的满意情况，课题组在参考以往土地确权相关问卷的基础上，结合该研究的情况形成了最终问卷。2014 年 10

月到 2015 年 3 月，"农村土地与相关要素市场培育与改革研究"子项目"农村土地承包经营权确权颁证"调查小组对江西省部分县（区）进行了抽样调查。本项研究的试调研在南昌县完成，正式调研包括了江西省的 21 个县，分析数据以正式调研收集的数据为主，在县级村级进行的访谈和试调研数据为参考数据进行分析。本次调研共发放 371 份问卷，其中有效问卷 365 份，去除不完整或回答明显错误的 6 份无效问卷，回收率为 98.4%。

样本特征包括样本个体特征和家庭特征。其中，样本个体特征指标包括：性别、年龄、文化程度、是否村干部、是否留守人员及具体职业等；家庭特征指标包含：家庭总人口、家人是否有村组干部、是否有政府公职人员、家庭主要收入来源、家庭总收入及承包耕地面积等。经描述性统计分析，得到样本的基本情况如表 2 - 15 所示。

表 2 - 15　样本基本情况

| 变量及选项 | | 人数（人） | 样本比（%） | 变量及选项 | | 人数（人） | 样本比（%） |
|---|---|---|---|---|---|---|---|
| 性别 | 男 | 261 | 71.50 | 是否村干部 | 是 | 66 | 18.10 |
| | 女 | 104 | 28.50 | | 否 | 299 | 81.90 |
| 年龄 | 20 岁以下 | 4 | 1.10 | 职业 | 务农 | 114 | 31.20 |
| | 21～40 岁 | 81 | 22.20 | | 经商 | 23 | 6.30 |
| | 41～60 岁 | 222 | 60.80 | | 打工 | 114 | 31.20 |
| | 61 岁以上 | 58 | 15.90 | | 打工兼务农 | 31 | 8.50 |
| 文化程度 | 小学及以下 | 115 | 31.50 | | 其他 | 83 | 22.70 |
| | 初中 | 182 | 49.90 | 收入来源 | 种植业 | 112 | 30.60 |
| | 高中（中专） | 56 | 15.30 | | 经商 | 22 | 6.00 |
| | 大专及以上 | 12 | 3.30 | | 务工 | 192 | 52.60 |
| 是否留守人员 | 是 | 126 | 34.50 | | 其他 | 39 | 10.70 |
| | 否 | 239 | 65.50 | 家庭总收入 | 2 万以下 | 73 | 20.00 |
| 是否村干部 | 是 | 50 | 13.70 | | 2 万～4 万 | 115 | 31.50 |
| | 否 | 315 | 86.30 | | 4 万～6 万 | 88 | 24.10 |
| 有否公职人员 | 是 | 9 | 2.50 | | 6 万～8 万 | 47 | 12.90 |
| | 否 | 356 | 97.50 | | 8 万以上 | 42 | 11.50 |

（续）

| 变量及选项 | | 人数（人） | 样本比（%） | 变量及选项 | | 人数（人） | 样本比（%） |
|---|---|---|---|---|---|---|---|
| 家庭总人口 | 3 人以下 | 71 | 19.50 | 承包面积 | 1 亩以下 | 50 | 13.70 |
| | 4～5 人 | 194 | 53.20 | | 1～5 亩 | 183 | 50.10 |
| | 6～7 人 | 80 | 21.90 | | 6～10 亩 | 73 | 20.00 |
| | 8 人以上 | 20 | 5.50 | | 10 亩以上 | 59 | 16.20 |

从表 2-15 可以看出，农户的个人特征情况，被调查对象中男性所占比例为 71.5%，受农村传统的"男主外，女主内"的家庭管理思想，在涉及家庭外部事项当中，男性农户相较于女性农户更愿意接受调查，农户家庭中的女性也更倾向于让其家庭中的男性成员来回答问题，所以导致被调查对象的男女比例失衡；年龄在 41～60 岁的农户占 60.8%，因年纪较轻的农民多数都在外打工，所以与其他年龄段相比，该年龄段人数所占比例较大；被调查者具有一定的知识文化水平，初中文化水平所占的比例最大，为 49.9%，学历较高的农户多数在外打工或继续求学，所以高中及以上的占 18.6%，可以看出被调查者的教育程度不是太高；务农和打工的农户所占比例都为 31.2%，打工兼务农的农户占 8.5%，可见从事与土地相关工作的农户占一定的比例。从农户家庭特征来看，家庭总人口在 4～5 人的所占比例为 53.2%，有 63.8% 的农户承包耕地面积在 5 亩及以下，与之对应的有 30.6% 的农户家庭主要收入来源以种植业为主，家庭年总收入统计中，收入为 2 万～6 万元的农户占 56.6%，6 万元以上的农户占 24.4%，与被调查者的职业相联系，不难发现农业收入在家庭年总收入中所占比例较小。调查显示，有 83.7% 农户对土地确权工作的总体情况感到满意，有 56.1% 的农户对土地确权工作的主要内容表示比较清楚。

## 三、实证结果与分析

### （一）变量选择与赋值

因变量为"农户对土地确权工作的满意度"，在调研中将此设计为"请您对土地确权工作情况进行评价"，即"满意"和"不满意"。罗文斌

（2013）在分析农户对土地整理项目满意度时，发现农户的文化程度、家庭规模等对其有显著的影响，胡荣华通过研究发现，家庭年收入、居住区域以及对社会公平的看法是影响农村居民生活满意度的主要因素，胡静（2016）在研究农村居民对新农村建设的满意度时得出，村基层组织的工作能力及对新农村建设中政策的认知程度是导致其不满意的主要因素，学者们在研究农村居民满意度时所选择的自变量，对本节选取自变量有很大帮助。本节在他人研究的基础上，自变量首先选取了农户的基本特征，包括被访者的年龄、性别、文化程度、是否村干部、家庭总人口、家庭人员情况、家庭主要收入来源和家庭承包耕地面积等。组织行为学认为态度可以界定为个体对事情的反应方式，这种积极或消极的反应是可以进行评价的，它通常体现在个体的信念、感觉或者行为倾向中，因此笔者将农户参与土地确权的行为纳入到自变量中。另外，期望一致/不一致模型认为，个体在参与活动前会根据自己的经历形成对某件事的期望，然后在参与过程中感知其活动情况，其中就包括对各事项的认知情况，最后通过比较产生满意和不满意的评价，因此笔者将农户对土地确权的认知程度纳入自变量中。除此之外，还纳入了几个可能影响农户满意度的外部因素，各个变量的具体说明如表 2-16 所示。

表 2-16　模型各变量的含义说明

| 变量名称及代码 | 定义及赋值 | 均值 | 标准差 | 影响方向预测 |
|---|---|---|---|---|
| 被解释变量 | | | | |
| 满意度 | 满意＝1，不满意＝0 | | | |
| 解释变量 | | | | |
| 性别 | 男＝1，女＝0 | 1.28 | 0.45 | 待定 |
| 年龄 | 20 岁以下＝1，21～40 岁＝2，41～60 岁＝3，60 岁以上＝4 | 2.91 | 0.65 | 正向 |
| 文化程度 | 小学及以下＝1，初中＝2，高中（中专）＝3，大专及以上＝4 | 1.90 | 0.77 | 正向 |
| 是否留守人员 | 是＝1，否＝0 | 1.65 | 0.48 | 正向 |
| 是否村组干部 | 是＝1，否＝0 | 1.86 | 0.34 | 正向 |
| 职业 | 务农＝1，经商＝2，打工＝3，务农兼打工＝4，其他＝5 | 3.06 | 1.60 | 负向 |

（续）

| 变量名称及代码 | 定义及赋值 | 均值 | 标准差 | 影响方向预测 |
|---|---|---|---|---|
| 家庭总人口 | 3 人及以下＝1，4～5 人＝2，6～7 人＝3，8 人以上＝4 | 2.13 | 0.79 | 待定 |
| 家人是否有村组干部 | 是＝1，否＝0 | 1.82 | 0.39 | 正向 |
| 家人是否有政府公职人员 | 是＝1，否＝0 | 1.98 | 0.16 | 正向 |
| 家庭年总收入 | 2 万以下＝1，2 万～4 万＝2，4 万～6 万＝3，6 万～8 万＝4，8 万以上＝5 | 2.64 | 1.26 | 正向 |
| 家庭主要收入来源 | 种植业＝1，经商＝2，务工＝3，其他＝4 | 2.43 | 1.04 | 正向 |
| 承包耕地面积 | 1 亩以下＝1，1～5 亩＝2，6～10 亩＝3，10 亩以上＝4 | 2.39 | 0.91 | 正向 |
| 进行承包地块权属调查时是否亲自确认 | 是＝1，否＝0 | 0.67 | 0.47 | 正向 |
| 村组否成立了土地确权工作理事会 | 是＝1，否＝0 | 0.56 | 0.50 | 正向 |
| 土地确权中的纠纷是否得到妥善解决 | 是＝1，否＝0 | 0.72 | 0.45 | 负向 |
| 对村组干部解决问题能力的评价 | 很强＝1，较强＝2，一般＝3，较差＝4，很差＝5 | 2.05 | 0.96 | 负向 |
| 对村组干部政策解释能力的评价 | 很强＝1，较强＝2，一般＝3，较差＝4，很差＝5 | 2.25 | 1.01 | 负向 |
| 对土地确权工作的认知程度 | 相当清楚＝1，比较清楚＝2，一般＝3，不太清楚＝4，不清楚＝5 | 3.32 | 1.05 | 负向 |

## （二）Probit 模型构建

为验证农户对土地确权工作的满意度，并进一步明确其影响因素的影响程度与显著性，需建立影响因素的多元选择模型。本节主要研究的农户对土地确权工作满意度的调查数据是以分类数据为主的二元离散数据，因此可采用概率模型对其进行分析。Probit 模型是研究定性变量与其影响因素之间的有效工具之一，将农户对土地确权工作的满意度作为因变量，18个可能的影响因素作为自变量，建立 Probit 模型对其进行分析。

农户对土地确权工作的满意度，即"满意"和"不满意"的二元决策问题，因此所关注的核心问题是因变量响应（即因变量取 1 或 0）概率：

$$P(y_i=1|X_i, \beta)=P(y_i=1|x_1 x_2 x_3 \cdots x_n) \qquad (2-4)$$

为了克服线性概率模型的局限性，可将此时的 Probit 模型表示为：

$$Probit(y_i=1|X_i, \beta)=F(x_i, \beta)=F(\beta_0+\beta_1 x_1+\beta_2 x_2+\cdots+\beta_n x_n)$$

$$(2-5)$$

式中：$F$ 是累计正态分布函数，$y$ 为被解释变量，表示农户对土地确权工作的满意度（满意＝1，不满意＝0），$x_1$，$x_2$，$x_3$，…，$x_n$ 为解释变量，即 18 个可能对农户土地确权工作满意度的变量，$\beta_0$ 为常数项，$\beta_1$，$\beta_2$，…，$\beta_n$ 为解释变量系数，$n=18$。

## （三）计量结果与分析

采用 Eviews7.2 统计软件对"土地确权调查数据"进行了 Probit 分析。数据分析结果以回归系数（Coefficient）、$Z$ 检验值（$Z$-Statistic）、概率值（Prob）为检验依据，通过四次回归，逐步剔除掉模型中最不显著的影响因素，四次回归最后的结果见表 2-17。模型的 $R^2$（McFadden $R$-squared）、对数似然函数值（Log likelihood）、显著性统计值（Prob）的数据表明，该模型的整体拟合程度较好，模型可以通过检验，具有统计意义。根据表 2-17 最后的分析结果可以看出，农户对土地确权工作的满意度主要受家庭总人口、家庭成员中是否有政府公职人员、实地进行承包地块权属调查时农户是否亲自确认、被调查者所在村是否成立了土地确权工作理事会、农户对土地确权工作的认知程度 5 个方面的影响。

表 2-17　Probit 模型回归结果

| 变量 | 回归系数 | 检验值 | 概率值 |
|---|---|---|---|
| 性别 | 0.027 | 0.082 | 0.934 |
| 年龄 | −0.093 | −0.430 | 0.667 |
| 文化程度 | −0.225 | −1.057 | 0.291 |
| 是否留守人员 | 0.052 | 0.163 | 0.871 |
| 是否村组干部 | 1.012 | 1.151 | 0.250 |
| 职业 | −0.075 | −0.726 | 0.468 |
| 家庭总人口 | 0.509 ** | 2.449 | 0.014 |

（续）

| 变量 | 回归系数 | 检验值 | 概率值 |
| --- | --- | --- | --- |
| 家人是否有村组干部 | −0.734 | −1.378 | 0.168 |
| 家人是否有政府公职人员 | −1.505 ** | −2.063 | 0.039 |
| 家庭年总收入 | 0.089 | 0.780 | 0.435 |
| 家庭主要收入来源 | 0.105 | 0.674 | 0.500 |
| 承包耕地面积 | −0.044 | −0.277 | 0.782 |
| 权属调查是否亲自确认 | 0.910 *** | 2.978 | 0.003 |
| 土地确权工作理事会 | 0.682 ** | 2.224 | 0.026 |
| 妥善解决纠纷 | −0.007 | −0.021 | 0.983 |
| 对村组干部能力评价 | −0.303 | −1.558 | 0.119 |
| 对村组干部政策解释能力评价 | −0.192 | −1.006 | 0.315 |
| 对土地确权工作的认知程度 | −0.612 *** | −3.115 | 0.002 |
| Constant | 3.124 | 2.222 | 0.026 |
| 结果检验 | McFadden $R$ - squared：0.449<br>Log likelihood：−59.949<br>Prob（LR statistic）：0.000 | | |

注：***、**和*分别表示在1%、5%和10%水平上显著。

计量结果表明：

（1）家庭人口数对农户土地确权工作满意度有显著影响。模型估计结果显示，家庭总人口显著影响农户满意度，农户土地确权工作满意度与之在0.05显著性水平下呈中度正相关。调查中发现，在土地确权工作中涉及人口的情况主要有，外嫁女、入赘男等土地权属问题。人口增加的家庭不再依靠土地而取得收入，传统的农业劳动收入逐渐转变为股利、打工、经商等收入，土地开始充当保障作用（梅铠等，2015），一定时期内，上述收入远超过依靠土地获得的收入，因此满意度反而会提升。另外，家庭农业劳动力较多的家庭，主要还是依靠土地来获取收入。土地确权进一步明晰了其经营权归属，保证了其土地面积的稳定，家庭人口多的农户对土地确权工作的满意度较高。但是也发现有部分家庭人口较多，除了靠土地以外没有其他收入的农户，对土地确权工作很不满意，所以需要相关职能部门对他们进行引导和培训，通过再就业或引导拥有土地较多的农户将地流转给这部分农户耕种等方式解决此问题。

（2）农户家庭成员是否公职身份对农户土地确权工作满意度有显著影

响。模型估计结果显示，家人是否有公职人员对土地确权工作满意度有显著的负向影响，并且在5％的显著水平上通过检验，这与预测方向相反。分析发现，在被调查者中只有2.5％的农户家人中有政府公职人员，与之类似的变量，家人是否有村组干部的调查中，只有18.1％农户家人中有村组干部，这在所有被调查中所占比例非常小，这部分调查者对土地确权工作满意度的评价会受到家中工作人员工作行为的影响。在问卷调查和访谈过程中发现，土地确权繁杂的工作程序和细节以及和农村居民的沟通，使工作人员情绪比较低落，导致其家人对土地确权工作满意度评价时呈现出满意度较低的现象。因这部分数据在样本中所占比例较小，故只作为参考进行分析。

（3）农户是否现场确认承包地对土地确权工作满意度影响显著。模型估计结果显示，农户是否亲自确认承包地对土地确权工作满意度表现出显著的正向作用，且在1％的显著性水平上通过检验。可见，农户亲自参与土地确权工作，表现出较高的满意度，反之，满意度则较低。调研中发现，在勘测土地面积时，部分农户并没有亲自到现场确认，只是在勘测完之后的绘图上对土地面积进行了确认，这导致农户在确认时发现测量面积不准、四至不清等问题，影响了土地确权工作满意度。为此，相关职能部门需引导村民积极参与到工作中来，另外农户本身也需要提升自己的意识。

（4）是否成立村组土地确权工作理事会对农户土地确权工作满意度有显著影响。模型估计结果发现，村里是否成立土地确权工作理事会对土地确权工作满意度有显著的正向影响，且在5％的显著性水平上通过检验，这与预期方向一致。土地确权工作理事会主要协助村干部解释政策、审核农户承包地登记信息、缓和或化解村民土地纠纷和矛盾等问题。这在一定程度上减轻了村干部的负担，同时也帮助农户更多的了解土地确权的相关信息，从而提升了农户的满意度。

（5）农户土地确权认知显著影响农户对土地确权工作的满意度。模型估计结果显示，农户对土地确权的认知程度显著影响农户土地确权工作满意度，并且在1％的显著性水平上通过检验，与预测方向一致。农户土地确权认识与土地确权工作满意度呈负向相关性，即农户对当前土地确权相关政策了解得越少，对土地确权的满意度就越低，反之则越高。调研了解到，大部分农户对土地确权知识呈零碎化、表面化甚至歪曲化，其信息主要来源于村干部口头传达、村委会宣传以及他人告知。另外，村干部解决问题的能力和土地确权政策的解释能力与农户对土地确权工作的满意度呈中低度负向相关性，但影响不显著。分析发现，在农户对土地确权政策解释工作的评价中，有 59.7％ 的农户表示不满意，可见这是导致农户对土地确权工作满意度较低的一个重要原因。另外，工作人员的行为对农户参与土地确权的积极性有重要的影响。

## 四、结论与讨论

本节通过利用江西省 21 个县（区）365 个样本的调研数据，全面分析了农村居民对土地确权工作的满意度状况及其影响因素，得出以下主要结论：①家庭人口数、农户是否现场确认承包地权属、村组是否成立土地确权工作理事会显著正向影响农户对土地确权工作的满意度；②农户家庭是否有政府公职人员、农户的土地确权认知度对农户土地确权工作满意度有显著的负向影响；③村干部解决问题的能力和土地确权政策的解释能力反向影响着农户对土地确权工作的满意度，且呈中低度相关性，但影响不显著。因此，本节认为应从以下几方面加以改善，以促进土地确权后续工作的顺利开展：

首先，要充分发挥农户的主体作用，尊重农户意愿，引导农户参与土地确权工作，获取农户的理解和支持，以促进土地确权工作的顺利开展。其次，把农户满意度纳入土地确权工作绩效考核标准体系，制定相应的测评标准，动态测评农户对土地确权工作的满意度，及时了解农户土地确权的工作态度，掌握土地确权工作质量。最后，健全土地确权的保障机制，将会提高农户参与土地确权的积极性和满意度，从而确保之后农村土地流转的实现。因此，要不断完善农村土地保障机制，确保农户能从土地确权中获得应有收益。同时，尽快构建适合农村社情的多渠道信息沟通平台，以农户可接受和理解的方式向农户宣传土地确权政策。除此之外，要加强村干部和理事会成员的政策理解能力、政策解释能力、政策执行力、矛盾和纠纷的化解能力的培训，提升农户对基层干部的信任度和满意度。

# 第三章　农地确权对农地流转的影响

　　农地确权从国家正式制度的角度明晰农地产权的归属，有利于减缓农地权属不清而引发的流转纠纷问题，降低交易费用；但另一方面，农地确权会强化农地的人格化特征，增强农户对土地的禀赋效应，进而有抑制农地流转的可能性。因此，农地确权如何影响农地流转是不确定的。基于此，本章从理论分歧入手，分析农地确权的作用机理，进而结合调研数据对农地确权是否影响农地流转、如何影响农地流转进行实证分析。

## 第一节　理论分歧及其悖论

　　我国农地制度变革以赋权、确权为主线。对于确权所引致的农地流转效应，政界学界的舆论期待非常高。事实上，确权是农地流转的基础，成了基本共识甚或信条。2013 年中央 1 号文件提出，要在 5 年时间内基本完成农村农地承包经营权的确权工作，目前这已成为当前各级政府工作的重要部署。但是，确权一定能够促进农地流转吗？已有的一些研究表明，农地流转的高潮并没有随着政策的推行而到来，人们期望中的大规模流转和规模经营并没有出现（吕悦风、陈会广，2015）。农地撂荒现象依然存在，流转率依旧偏低，市场仍不活跃。与农业劳动力的大量转移相比，中国农地流转的发生率严重滞后（罗必良，2014）。面对理论政策导向与实践推进效果之间的明显偏差，引发本节所思考的问题是：确权一定能促进农地流转吗？

　　鉴于此，本节对确权与农地流转关系的相关文献进行梳理，分析"确权促进农地流转"和"确权不一定促进甚至抑制农地流转"两派观点的理论分歧，在此基础上构建一个直面问题本身的一般分析框架，从而拓展农地流转研究的理论空间。

# 一、产权理论主流观点：确权促进流转

## （一）确权与农地流转：产权经济学的理论逻辑

关于产权安排、交易成本与资源配置效率之间的内在联系，科斯定理已作出了深刻的阐释分析。当"真实世界"中存在交易成本时，产权的初始界定就显得尤为重要（Coase，1937）。科斯定理的核心理论价值在于，认为不同的产权安排隐含了不同的交易成本。因此，建立和重新选择有利于交易的产权安排，以消除私人协议障碍是重要的。延续科斯定理的理论逻辑和观点，主流文献达成的基本观点是：产权的清晰界定和自由转让，以及制度的完善，增加了交易活动的可预见性，限制了交易双方机会主义行为，降低了交易成本，有利于提高经济效率（Coase，1937，1960；North，1993）。由此，"有效率的产权是竞争性的或排他性的，产权明晰是市场交易的前提条件"几乎成了产权研究展开讨论的参照假设。

在科斯产权理论范式主导下，就我国农地流转发生率偏低的主要原因而言，形成的基本观点是：在我国"土地集体所有、农户承包经营"制度框架下，农地产权模糊是最大的阻碍因素。由于集体产权实践主体的多重性以及产权规则充满模糊性，使得国家、集体、农民个体在产权权能占有上界限不清（周其仁，1994），而且常常随着政治权利和利益集团的参与而不断发生变化（张静，2003），导致小农地权实践充满不确定性，相互侵权的现象时有产生，农地流转交易受限（姚洋，2000）。以农地产权模糊为问题主因，由此推动了我国"产权必须排他、主体必须明确、权利必须强化"的农地产权制度改革，政策要点在于：①赋予农户长久的农地承包经营权。1984年中央1号文件确定赋予农民的土地承包经营权15年不变，1993年1号文件将承包期延长至30年不变。之后，2008年的党的十七届三中全会上中央提出，稳定农村农地承包关系并保持长久不变，农户地权权利的稳定性得到持续强化。②强化农地承包经营权权能。主要表现为农户拥有的农地产权权能束范围得到拓宽，我国从赋予农民集体对农地的使用权、收益权和流转权等，转变为赋予农民个体对承包地的占有、使用、收益、流转及经营权抵押、担保权能①，出现了对农民集体赋权到对

---

① 文中农地赋权的两种表达方式分别出自2003年《农村土地承包法》提出和2013年十八届三中全会《中共中央关于全面深化改革若干重大问题的决定》。

农民个体赋权的改变，而且赋予的承包经营权中增加了占有、抵押担保两项权能，农户拥有了越来越充分的土地权利。③强化权利的保证性。一是我国推动了相关法律制度的完善和修订，促成了农地物权化的法律表达，明确了土地承包权的物权性质。二是农地地权证书从集体经济组织作为发包方签发的承包经营权合同书，转变为在全国范围内推行农地确权工作，并统一颁发农地承包经营权的产权证。上述三方面对应提升了农户地权的持有时间、地权权利强度和地权保证性，这些都是迈向农地产权明晰化的应有之意。依据产权理论逻辑，从理论上可以预期，确权有利于建构起"秩序观念"的约束规则体系，降低农地流转交易费用，促进农地流转市场发育。

### （二）确权与农地流转：经验证据

我国农地制度在变革过程中提升"农户地权的持有时间、地权权利强度和地权保证性"，基本涵盖了 Roth 和 Hazell（1994）提出的广义的确权内涵，即产权界定在法律和经济维度上的持续时间、广度和确定性三个部分。在实证研究领域，学者们围绕上述三个维度设计指标，验证产权制度安排对农地流转的影响。

**1. 地权稳定性与农地流转。**从产权经济学视角来看，地权稳定性是农地流转的基础。即使产权权能被清晰界定，但如果产权不稳定，这会使农户可能选择对抗方式而不是交易方式来解决他们对农地资源的需求冲突（黄少安、赵建，2010）。我国的农地经营权依附于承包权，承包权的稳定是农地流转的现实基础条件。因此，农地承包权稳定性是最受关注的核心变量。大量的经验研究分析了承包权稳定性对农户农地流转行为的影响。在衡量地权稳定性方面，学者们选用两种不同类型的指标，一类是从客观现实状况出发，选用土地调整、土地持有期限等指标；另一类是从农户的心理感知出发，采用农户对土地的归属感、农户对地权稳定性的预期等指标。将第一类指标作为地权稳定性的衡量标准，验证地权稳定性与农地流转之间的关系时，学者们得出的结论并不一致。刘克春等（2005）和马瑞等（2011）分别对江西省 6 个地区和山东、浙江、陕西、吉林 4 省进行实证研究发现，地权稳定性对农户农地流转行为并不产生显著影响。然而，钱文荣（2003）和廖洪乐（2003）等的研究表明：农村土地调整与农地流转之间具有相互替代、此消彼长的关系，进而指出地权稳定性促进农地流转。闫小欢和霍学喜（2013）对河南省479个农户的调查研究表明：地权稳定性与农户农地流转间是正向促进关系。事实上，法律上推行的地权稳定性不一定能够在现实中被人们所感知，因此，有学者认为，并不能由此否定地权稳定性对农地流转的促进作用。进一步地，将心理感知角度的指标"农户对土地归属感、农户对地权稳定性的预期"纳入分析时，则印证了地权稳定性促进农地流转的观点。田传浩和贾生华（2004）对江苏省9个县的实证研究发现，就土地归属感而言，若农户认为土地是归自己所有的，会增加农地流入。同样，如果农户相信土地使用权能够长久不变，则其租入土地的概率就会增大，租入土地的面积也会扩大。黎霆（2009）对山东省3个县的实证研究表明：无论是农户转出农地还是转入农地，地权稳定性预期都是影响农户农地流转行为的重要因素。同时，洪名勇和尚名扬（2015）对贵州5个县的实证研究发现，农户对地权稳定性的预期越高，流转土地的意愿就越高。

**2. 地权权能广度与农地流转。**残缺的土地权利会提高农地流转的交易成本，降低农户经营收益，导致农地流转交易的净收益降低，进而最终减弱农户对农地供求的行为动机（钱忠好，2002；商春荣、王冰，2004）。由此，有学者进一步从"是否赋予农户农地抵押权能"角度，探究赋权广度与农地流转之间的关系。黄少安等（2010）指出产权明晰促进农地的金融化的发展，如果土地能够作为抵押品而帮助农民获得贷款的话，那么农民将因为流动性问题的缓解而更加愿意将农地的经营权流转出去。许恒周等（2011）对江苏省和江西省的调查研究指出，从回归系数的正负作用方向可以得出的结论是：拥有抵押权的农户更倾向于流转农地。钟太洋等（2005）对江西省3个县的实证结果表明，作为土地权利完整性的重要组成部分的土地抵押权与农户的农地流转之间呈正相关关系，而且是否拥有土地抵押权对农地流转的影响程度很大。由此认为，土地抵押权的赋予作为一种扩展土地权能束的方式会促进农地流转。

**3. 地权保证性与农地流转。**产权的保证性涉及产权的法律保护和国家政策保护两方面。土地承包经营权证书的颁发以法定的公示方式明确了土地承包权的物权性质，有利于提升农户的产权排他能力，增加农户控制土地权利的可能性（诺斯、张五常，2003），并能有效对抗第三人的侵权行为（高圣平，2014）。在地权保证性与农地流转间关系的早期文献中，衡量农户地权保证性的指标通常是"是否经过正式的土地登记"。叶剑平等（2010）基于全国17省农村农地利用情况的调查研究发现，签订规范的农地流转合同以及颁发土地承包经营权证书能促进农地交易市场的发育。随着我国确权颁证工作试点的开展，黄宝连等（2012）以率先开展"还权赋能"改革试点的四川成都为例进行研究，表明农村土地确权颁证明确了土地各项产权主体，为农民土地利益提供制度保障，为产权流转提供制度保障，能极大地促进农地流转。此外，有学者指出，我国农村要素市场是一个以农地市场为中心的农村劳动力市场、农村金融市场相互联动的交易网络体系，因此确权的推进除了直接作用于农地流转市场外，还会通过要素市场间的关联作用促进农地流转市场发育（何一鸣等，2014）。

关于确权促进农地流转的观点，也得到了一些国外学者的实证研究结果的支持。Feder & Nishio（1998）对泰国农村的调查研究发现，确权能够刺激土地交易。Galiani & Schargrodsky（2010）对布埃诺斯的分析表明，确权能通过降低土地的转让成本提高农地流转率。Yami & Snyder（2015）对埃塞俄比亚三个区域的调查研究发现，确权能通过减少农户在流转土地时被租赁者侵占的疑虑，进而促进流转。总之，产权经济学范式的理论和实证研究成果已深刻影响人们对于农地制度改革的基本看法，是决定农地制度改革轨迹的根本性逻辑依据，"确权促进流转"成为学界和政界的主流观点。但已有产权研究范式存在一个重要缺陷，它以土地是可交换、可替代的一般商品或资产为假设前提，忽视了乡土社会背景下农户对土地的心理认知及其价值偏好的特殊性，而这恰恰成为了行为经济学研究农地流转问题的突破口。

## 二、行为经济学的质疑：确权甚或抑制农地流转

已有一些调查研究指出，我国农村现有的承包经营制度并不构成农地市场发育的障碍，大多数地区的流转并没有受到产权制度上的直接约束（张照新、宋洪远，2002），由此进一步地指出，阻碍流转可能有更为重要的其他原因。"其他"是指什么呢？事实上，在现实世界中，农地流转不仅是权衡预期收益和成本的经济问题，还是农民的社会心理问

题（罗必良等，2013）。从行为经济学角度看，不同的资产承载不同的主观含义，其中，一个典型的类比是"从房屋到家宅"，前者房屋是同质可替代的普通资产，后者家宅则是凝聚主观情感评价的难替代的资产，由此形成对同一资产的两种不同评价模式。从这一角度出发，基于农地市场的特殊性，学者们引入控制权偏好、禀赋效应等分析性概念，阐释农地流转交易背后的行为经济学作用逻辑，指出"确权不一定促进甚或抑制流转"。

## （一）一个基本事实：农地市场的特殊性

从已有研究文献中，归纳总结出我国农地流转市场的特殊性表现为三个方面：① 交易客体"农地"的文化象征意义及其影响。除了土地生计依赖之外，农户还存在农地象征系统意义构造上的农地依附观念（赵旭东，2011）。在传统上，田产向来具有重要象征意义，"耕者有其田"在农民看来是天经地义的事情，由此农地构成了一种财富的特定物化方式，它成为牵涉到"根"的文化传统（费孝通，1939），进而造成农户"恋地"、"惜地"与"占有"的偏好观念，这在一定程度上造就了农户与农地之间难以割舍的情感关系。步德茂（2008）认为，正是农地的这种文化象征意义，构成了"从祖产到商品"农地概念变化的张力，反映出农地处于可以让渡与不可让渡之间的特征。换句话说，农地的让渡权是受限的，它并不完全具备类似于市场经济条件下的标准化、可替代商品的一般性质。②交易价格的非完全市场化。在我国农村熟人社会，农户农地流转行为不仅是经济收益权衡的理性选择行为，而且是乡村社会关系格局下纳入了情感因素的社会选择行为，表现出明显的关系型特征（孔祥智、徐珍源，2010）。具体而言，非亲友邻居间的农地流转价格谈判，更多是理性经济个体之间的谈判和磋商，经济考虑占据主导而较少涉及情感因素。如果是亲友邻居间的农地流转交易，则表现为高情感关系影响下的低价格。叶剑平等（2006）对全国 17 省农户调查的数据表明，将农地流转给本村村民或亲戚时，占比 50％以上的农户不收取任何费用，即使收取费用，其平均价格也明显低于外村人。这意味着：农民不仅具有经济理性，而且具有"社会理性"；农户究竟是持有还是流转农地，并非只是对市场价格作出反应，而是"市场"与"关系"的双重决策的均衡结果，并非完全的市场交易

（郜亮亮，2014）。③交易对象的"亲族化"倾向。我国农村社会关系网络是以自我为中心的血缘、亲缘、乡缘、业缘等亲疏远近"关系"构筑的"关系圈儿"结构（沙莲香，1989），费孝通将之形象地描述为"差序结构"。在这种社会关系网络下，身份、情感等关系本质上暗含着权利的存在，对农地流转交易对象化的选择存在重要影响，导致了流转交易对象选择上的"差序格局"（钟文晶、罗必良，2013）。从调查数据看，无论是转出农户占比还是转出面积占比，还是农户将农地流转给亲友邻居、普通农户、生产大户、合作社和龙头企业的比重都出现依次递减的特征（林文声、罗必良，2015）。对中国17省区的调查也表明，2005年农户转出的农地中，高达87.6%转给了同村的村民或亲戚；2008年这一比例为79.2%（叶剑平，2006）。这表明，无论在社会空间还是在区域范围上，农地流转的交易对象选择都表现出有明显的情感性关系特征（钟涨宝、汪萍，2003）。

上述分析表明，我国农地流转市场是经济和社会交易的网络，它并不同于科斯意义层面的一般要素或商品的经济交易。显然，我国农地市场的特殊性正是源于农地之于农民的意义及其农户对农地的主观认知心理所造成的。以此为嵌入点，有学者引入控制权偏好与禀赋效应等行为经济学概念，分析农地流转问题。

## （二）引入分析性概念：控制权偏好和禀赋效应

**1. 控制权偏好与农地流转。**控制权偏好是指在契约不完备性的条件下，专用性资产的所有者需要通过规定事后"控制权"来保护其专用性资产免受机会主义侵害（Alchian & Woodward，1987）。由于个人存在有限理性、外在环境存在不确定性、信息存在不对称性和不完全性，现实世界中契约条款注定是不完全的（徐美银，2012）。契约不完全性在农地流转市场表现得尤为明显。众所周知，农地一旦流转，转入方并不会像原承包地农户那样有着同样的激励小心地去使用农地，对它呵护备至，而是可能采取施用大量农药损害土质以及过度利用等短期掠夺性经营行为（俞海、黄季焜，2003）。也就是说，转出户面临着转入方"隐藏行为"的机会主义行为问题。尽管为了预防这种机会主义行为，可能会发展出包含农地"养护条款"的合约事后支持制度，但签订"魔高一尺，道高一丈"的防范措施本身需要耗费大量成本。一方面这些因素很难在契约中穷尽，另一方面也很难对这些因素进行明确的限定，从而导致契约难以预见各种或然状况并以双方没有争议的且可被第三方证实的方式缔约，所以在一定程度上，农地流转契约注定是不完全的。

农地流转契约的不完全状态会诱致机会主义行为动机，引发信任危机。出于防范对方机会主义行为的目的，农户一般在农地流转过程中会保留对农地一定程度的控制权。农户对农地控制权的偏好程度取决于农户对农地的依赖程度。如果农户对农地存在生存依赖，将农地视为自己的生存保障，那么农地在流转后能否完好无损地被收回，就必然成为农户关注的重点。因此，农户做出农地流转决策时，首先关注的并非是农地流转价格的最大化，而是更倾向于选择嵌入关系情感的"礼俗"性低地租方式，将农地流转给"自己人"，以此作为"退出之后"农地如何被使用的质量维护手段，并保留随时收回农地的权利（刘芬华，2011）。这种事后控制权偏好会将农地交易限制在特定的关系群体中，人为设置了"关系"条件的准入门槛，形成"关系＋要素价值"的混合价格，无法形成有效的市场价格，从而抑制农地流转市场的发育。而且，非农就业机会的可持续性预期不确定以及社会保障体系不健全都会加强农户对农地的"生存依赖"。若农户对农地的"生存依赖"被其无限扩大，农户对流转行为所造成的损失后果的遗憾情绪，与不进行流转而招致的后果相比，被非对称性地放大，则农户对农地的控制会从流转后的"事后控制"演变为完全的"在位控制"，出现"宁愿抛荒，也不流转"的情形。总之，农地控制权动机在农户非农就业机会的可持续性预期不确定以及社会保障体系不健全的情况下会得到强化，因为未来越不可预期，他们越需要通过维护和掌控农地控制权，为自己预留下就业、生存的底线保障空间。

如果控制权偏好在很大程度上取决于目前农地承担的养老保障功能、失业保险等多重客观功能，是与缺乏和整个社会保障、就业制度的转型承接联动密切相关，那么，这也就意味着产权经济学主导下的"确权可以促进流转"理论逻辑，会因农户控制权偏好的原因，难以有效发挥作用，自然也就难以成为促进农地流转的支持因素。实证方面，徐美银（2012）对江苏省的苏州、淮南两个市的对比分析发现，相对于苏州市而言，淮北市土地流转市场不发达，土地流转价格不高，土地依然具有较强的社会保障和生产性功能。因此,淮北市的农户具有更强的控制权偏好,土地流转率远低于苏州市。

**2. 禀赋效应与农地流转。**所谓禀赋效应是指当个人拥有某项物品时,他对该物品价值的评价要比没有拥有之前显著增加(Thaler,1980)。禀赋效应是一种相对稳定的个体偏好(Kahneman,Knetsch 和 Thaler,1991),是行为经济学中一种极为普遍的现象,广泛存在于人们的日常交易中。为什么会出现禀赋效应呢?主流解释是:人们普遍存在损失规避心理,也就是相对于得到等量价值的物品而言,损失带来的心理感受更加强烈。因此,为了规避损失可能带来的痛苦,卖者倾向于提高卖价,买者则倾向于降低买价。禀赋效应的强弱通常用意愿卖价和意愿买价的比值反映。同一交易个体对不同类型商品表现出的禀赋效应的敏感度是不相同的(Dijk,1998)。物品的可替代性程度越低,禀赋效应就越强(Hanemann,1991)。替代性低意味着人与物之间的关系并非"冷酷无情",而是具有难以分离的深厚情感。从这个角度看,禀赋效应阐释的是"人与物"之间的关系对于交易的影响。如果将财产区分为替代性财产和人格化财产,那么,由于人格化财产与人格紧密相连,这使得丧失人格化财产的痛苦难以通过替代物来弥补。因而,人们对于人格化财产,倾向于给予更高的价值评价,禀赋效应会更强。

农地对于农民来说是一种不可替代的人格化财产,农地劳作往往被当成身份象征或精神寄托(康来云,2009),并随着赋权的身份化(成员权)、确权的法律化(承包合同)、持有的长久化(长久承包权)而不断增强(罗必良,2014)。依上述禀赋效应理论,可以得出一个推论:农户对农地存在较强的禀赋效应,农地流转交易中的转出方易产生过高评估对方意愿接受价格的倾向,这会导致交易双方难以在交易价格上达成一致,从而抑制农地流转。钟文晶、罗必良(2013)采用存在性检验方法对此进行了验证分析,结果表明:农户对农地的禀赋效应不但具有普遍性,而且具有显著性。更进一步,Rachlinski 和 Jourden(1998)认为禀赋效应的大小与所有权形式有着直接的联系,所有权形式包括完全占有和部分占有两种类型。在完全占有情况下,禀赋效应更强。在部分占有情况下,由于产权面临如何同他人分享的不确定性,会使得禀赋效应较弱,甚至不产生禀赋效应。随着我国农地确权工作的推进,实质上我国农户对农地的承包经营权逐步由部分占有变为了完全占有，这会可能强化农地的禀赋效应。对广东省的农户问卷调查结果表明，638 个样本农户"确权"颁证后，愿意转出农地承包经营权的农户为 52.2%，86.2% 的农户选择提高租金，62.8% 的农户认为转入农地的难度会增加（罗必良，2014）。从这一角度看，农地确权在赋予农民明晰的产权的同时，可能会进一步强化其禀赋效应并增加对农地流转的约束。

控制权偏好和禀赋效应是从行为经济学角度，解释了产权制度之外"其他因素"对农户农地流转交易行为的影响。但两者的侧重点有所区别。控制权偏好理论从"人和人"以及"人和物"的两个角度进行分析，而禀赋效应强调的是"人和物"的关系。当然，这两个理论概念引入农地流转问题解释，也存在一定的局限性。因为随着时间的推移，农户对农地的情感会随着农民主体的代际转变而发生改变。目前农村 50～60 岁以上的农民对农地存在强烈的情感，但新一代农民工对农地的情感就大大减弱，他们大多都不具有农业生产的经验及其技能，也更渴望融入到相对发达的城市社会中。因此，禀赋效应和控制权偏好理论的解释力是否依然有效，仍有待进一步验证分析。

## 三、结论与讨论

产权经济学和行为经济学两种学说分别以自身的价值关照为基础展开辩论，推动了农地权属的学理认识。在产权理论范式下，学者们得出确权促进农地流转的观点，即确权规范农地流转的制度环境，降低农地交易的不确定性，进而促进农地流转；在行为经济学的理论逻辑下，学者们得出确权不会促进甚至会抑制农地流转的观点，原因在于：一方面确权无法改变农户的控制权偏好，另一方面确权强化农民对农地的禀赋效应。两派观点的理论依据各异，是否考虑农地流转市场的特殊性是观点分歧产生的根本原因。

事实上，产权经济学的主流理论"科斯定理"的成立是建立在两个隐含假定基础之上的：①产权主体对其拥有的产权客体是"冷酷无情"的；②产权主体与产权客体具有可分性。然而，这些假定在我国农地流转市场是不成立的（罗必良，2014）。因为农地对于农户来说是一种人格化的财产，并非"冷酷无情"，这就决定了产权主体和客体分离的不易，进而决定了农地流转的困难性。而且确权会强化农户对农地的禀赋效应，进一步阻碍农地流转。因此，从这一角度看，"确权"对农地流转的作用其实是不明确的，有可能是一把"双刃剑"。控制权偏好理论则从"人和人"以及"人和物"关系的两个角度，强调了产权之外的农地所承担的养老保障功能、失业保险功能以及农民的农地情结等因素的影响，指出农户在作出流转决策时不仅会考虑价格，更会将关系感情因素考虑在内。也就是说，科斯定理过分信奉市场在解决经济问题中的作用，没有考虑到农地产权市场是一个特殊的市场，忽视了农地交易机制并不完全等同于标准化的商品市场交易。控制权偏好和禀赋效应理论则均是考虑了交易行为中所嵌入的心理社会文化因素，解释了产权制度之外"其他因素"对农户农地流转交易行为的影响。可见，两派观点将农地的商品属性和情感属性分离开来分析，这在一定程度上限制了研究。

需要进一步指出的是，产权理论构建的分析模型将农地流转市场当作是普通商品市场，强调的是交易理性，而忽略了人们交易行为中所嵌入的心理社会文化因素。行为经济学理论注意到了我国乡土社会背景下农户对土地的心理认知及其价值偏好特征，强调的是农地市场的特殊性。其实，现实世界中的交易行为，必然是在财产权利关系之外嵌入了心理社会文化因素的影响。鉴于此，有必要认识到农地兼具的认知情感和财产商品的双重属性；这意味着，农地流转并不是仅仅单纯的经济交易，而是同时表达了身份、情感及其权益认知的多重交易性质的活动，承载着多重的社会、经济意义，因而需要一个跨越争议的分析视角，构建多学科整合视角的农地流转问题的理论分析框架（图3-1），从而容纳农地流转问题本身的复杂性。整合的理论框架表明：农地流转市场建设是"一连串的事件"，不仅需要完善农地流转的产权权益保证机制，发展出弱化、替代农地保障功能的社会保障机制，构建提升农民就业型转移、创业型转移的稳定机制，也需要实施促使农民"离地"、"退地"的心理干预机制。当然，这一理论框架所涉及的各种因素对农地流转行为影响的显著性程度及其作用力大小，仍有待通过调查数据进行进一步的验证分析。

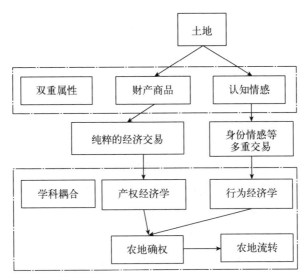

图 3-1 确权与农地流转：一个整合视角的理论分析框架

# 第二节 农地确权是否影响农地流转：农户的 意愿与行为

## 一、分析线索

推进新一轮农地确权工作的基本动因源于我国集体农地原有产权界定的模糊性，其目的是在既往土地赋权改革成果的基础上，从技术上将每一宗土地的权利义务明晰地界定给每个权利主体。可见，新一轮农地确权并非是"确权、登记、颁证"的单一事件，实质上是以"产权证"作为权利载体所表达的农民对于农地的权利边界，由此进一步明晰农地产权权利，强化农户农地产权的权利强度及其法律保证。那么，新一轮承包地确权登记颁证作为一项在全国范围内推进且成本耗费巨大的改革政策（张晓山，2015），究竟会对我国的农地流转产生怎样的实际效果？严谨的学术研究和判断是政策决策的重要依据。要就此问题厘清争议并给出正确的判断，既需要吸收已有研究的有益成分，但也不能简单沿袭套用既有的理论和方法。鉴于此，本节在对既有研究进行归纳评述的基础上，确定"确权与农地流转"问题分析的理论视角和框架，进而采用有针对性的调查数据和恰当的计量经济学模型进行实证研究，由此评估新一轮确权政策对农地流转的影响。

为了厘清理论分歧和实证结论之间的争议，本节借鉴既有研究，并试图弥补既有研究的不足，由此深化"确权与农地流转"问题的研究。在研究对象上，本节明确地界定为新一轮确权政策的影响研究，由此避免因确权概念理解差异而混淆研究结论的针对性，并有效追踪研究确权新政对农地流转的影响。本节希望从以下两个方面进一步推进和丰富既有研究：

第一，注重对农户农地流转行为的综合性刻画，由此确定农地流转行为研究的多维度分析框架。事实上，目前学者对于农地流转概念存在两种不同的理解：一是宏观层面的要素市场发育；二是微观视角的农户农地流转行为选择。显然，两种视角所关注和强调的重点各有不同，内容有所交叉。但基本的共识是：宏观层面的市场发育必然依赖于微观主体的行为逻辑。因此，关注农户行为选择对宏观市场所起的基础作用，并将农户流转行为与宏观市场发育连接起来，才可能为探究农地流转市场发育提供微观动力机制的解释框架。这是目前学界普遍重视微观农户行为的根本原因。但是对于"何为农户农地流转行为"，既有文献并未细究，往往是只是笼统地从农户"是否"参与农地流转角度分析。事实上，农户的农地流转行为并非单一笼统的"是否"流转的选择行为，而是包含是否交易、如何交易（与谁交易、交易期限多长、交易价格多少、何种合约形式）的"一连串"行为选择的集合，这本身构成了行为表现的一个连续谱系。显然，微观主体交易行为的不同维度的表现，均会对宏观市场发育产生影响，它们共同决定了农地流转市场的发育水平。如果笼统地从农户是否参与农地流转角度分析，可能会遮蔽"农地流转行为"所包含的丰富形态及其内部的复杂构成，难以洞察农地流转市场发育推进的具体行为逻辑，由此所得的结论也就可能会有失偏颇。因而本研究强调"农地流转市场"发育与形成的复杂性，从多维度描画农户的农地流转行为，尽可能将农地流转行为及其合约所包含的细分内容展现得更丰富，并予以全面检验和评价，由此全面揭示农地流转市场发育的微观行为机制与逻辑。

第二，考虑到新一轮确权政策的实践时间尚短，必须重视该政策对农户农地流转行为影响的时效性问题。农民对政策的解读往往取决于社会经验和社会关系网络（Hart，2012），并存在一定的滞后性。这意味着农地确权政策并不一定会导致农民行为的即期响应。故此，分析新一轮农地确权政策的影响，不仅需要考察当前农户流转行为变化的短期性影响，更有必要通过对农户意愿的考察来理解确权政策对其可能产生的长期影响趋向。因为流转意愿是农户在了解到农地确权政策后形成的心理预期，这种心理预期在客观条件成熟的情况下才有可能转化为行为，所以本节通过农户农地流转意愿推断农地确权政策对未来流转行为的影响。

基于上述，可以将本节的分析框架表述为图 3-2。

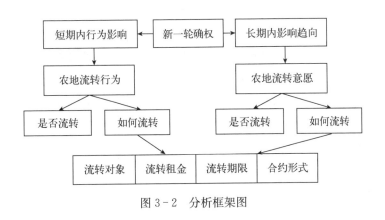

图 3-2 分析框架图

## 二、数据、模型与变量

### （一）数据来源

数据来源于课题组 2015 年春节期间对广东、江西两省农户的入户抽样调查，调查范围包括广东 15 市与江西 11 市。选择在春节调查，是考虑到期间有大量农民工返乡，能够满足入户问卷对象的随机性选择，以改善调查信息的准确性；在调查地点选择上，所选乡镇必须兼具已完成确权试点村和尚未确权村庄，并对两类村组的农户进行等比例抽样，以保证两类农户对比分析时的匹配性。

本次共发放问卷 1 200 份，回收 1 151 份。能够满足本项研究的有效样本为 1 134 个。其中，已经确权的农户有 592 个，尚未确权的农户为 542 个；已经转出农地的农户 232 个，尚未转出农地的农户 902 个。

## （二）变量设置与描述统计

新一轮农地确权试点的时间和地点都是政府选择的结果，这意味着农户样本并非是被随机地分配到确权和非确权组的，因而难以保证组别之间有相同的属性分布，如果采用 OLS 估计可能会导致估计结果偏差。为了最大程度消除非随机分配所导致的估计偏误，本节选取倾向得分匹配法进行估计。

应用倾向得分匹配法选择协变量的基本原则是：应该包括对处理变量无关而和结果变量相关的变量，而不能包括与处理变量相关而和结果变量无关的变量（Brookhart，2006）。遵循这一原则，本节协变量应尽量包括与是否"确权"无关，而和农户农地流转行为与意愿等结果变量相关的变量，而不能包括只与是否"确权"相关，但和农户农地流转行为与意愿等结果变量无关的变量。所以，结合调研数据，本节选取两类协变量，一是受访人的特征变量，包括性别，年龄，文化程度，是否有务工经验；二是农户家庭特征变量，包括务农人数、有无党员、有无干部、家庭收入、农业收入占比和打工收入占比。

在结果变量方面，考虑到广东和江西两省确权试点的时间尚短，故除了考察农户的流转行为外，农户的流转意愿也纳入分析，并且考察"是否"以及"如何"流转两个方面，"如何"流转具体包括流转对象、期限、租金与合约形式四个方面。表 3-1 给出了各变量的定义与描述性统计。

表 3-1 样本农户的描述统计

| 变量 | 赋值 | 总体均值 | | 确权组均值 | | 非确权组均值 | |
|---|---|---|---|---|---|---|---|
| | | 意愿 | 行为 | 意愿 | 行为 | 意愿 | 行为 |
| 性别 | 男＝1；女＝0 | 0.66 | 0.64 | 0.64 | 0.63 | 0.67 | 0.64 |
| 年龄 | 实际年龄（岁） | 43.99 | 42.96 | 45.6 | 44.03 | 42.22 | 41.90 |
| 教育程度 | 小学＝1；初中＝2；高中＝3；高中以上＝4 | 2.08 | 2.17 | 2.08 | 2.19 | 2.09 | 2.15 |
| 职业 | 务农＝1；工/农兼业＝2；打工＝3；行政与管理＝4；经商等＝5 | 2.54 | 2.82 | 2.47 | 2.90 | 2.62 | 2.74 |
| 打工经历 | 有＝1；无＝0 | 0.61 | 0.64 | 0.59 | 0.64 | 0.63 | 0.64 |
| 家庭人数 | 实际人数（人） | 5.06 | 4.83 | 4.97 | 4.64 | 5.16 | 5.02 |
| 务农人数 | 实际人数（人） | 0.95 | 0.69 | 0.98 | 0.65 | 0.92 | 0.72 |

（续）

| 变量 | 赋值 | 总体均值 | | 确权组均值 | | 非确权组均值 | |
|------|------|------|------|------|------|------|------|
| | | 意愿 | 行为 | 意愿 | 行为 | 意愿 | 行为 |
| 家中有无党员 | 有＝1；无＝0 | 1.26 | 1.28 | 1.27 | 1.41 | 1.24 | 1.15 |
| 家中有无干部 | 有＝1；无＝0 | 1.84 | 1.88 | 1.85 | 1.84 | 1.83 | 1.91 |
| 家庭总收入 | 实际收入（元） | 2.73 | 2.82 | 2.69 | 2.79 | 2.79 | 2.85 |
| 农业收入占比 | 农业收入/总收入（%） | 32.4 | 32.59 | 32.04 | 33.65 | 32.8 | 31.56 |
| 务工收入占比 | 打工收入/总收入（%） | 53.4 | 49.80 | 53.69 | 48.01 | 53.08 | 51.55 |
| 农地转出行为 | 是＝1；否＝0 | — | 0.20 | — | 0.19 | — | 0.22 |
| 农地转出意愿 | 同意＝1；不同意＝0 | 0.82 | — | 0.84 | — | 0.79 | — |
| 流转对象 | 亲友邻居＝0；本村农户＝1；外村主体＝2 | 0.74 | 0.80 | 0.79 | 0.78 | 0.69 | 0.81 |
| 流转期限 | ≤1年＝1；>1~3年＝2；>3~5年＝3；>5~6年＝4；>6年＝5 | 3.41 | 3.63 | 3.37 | 3.61 | 3.45 | 3.65 |
| 流转租金 | 实际或意愿租金（元/亩） | 1 217.69 | 411.77 | 1 576.63 | 374.26 | 825.63 | 448.63 |
| 合约形式 | 无合约＝1；口头合约＝2；书面合约＝3 | 2.56 | 2.00 | 2.62 | 2.04 | 2.50 | 1.97 |

从表 3-1 可知：

（1）在流转行为方面，在全部样本中，参与农地转出的农户占 20%，其中确权组农户为 19%，低于非确权组农户的 22%。

（2）在流转意愿方面，有农地转出意愿的农户占全部样本为 82%，其中确权组农户为 84%，高于非确权组 5 个百分点。

（3）在"如何"流转的合约选择方面，则呈现出更为明显的差异性。第一，在流转对象的行为选择上，确权组农户的亲邻化关系选择特征相对明显，但是在意愿上，则更倾向于非亲邻化的选择取向；第二，在流转租金上，已流转农户中确权组农户农地的每亩租金均价（374.26 元）比非确权组（448.63 元）低；但在意愿租金上，则是确权组农户农地每亩均价（1 576.26 元）比非确权组农户（825.63 元）的高出约 750 元；第三，在合约形式选择的行为和意愿方面，均是确权组农户表现出正式合约选择趋向；第四，在契约期限选择的行为和意愿方面，均是确权组农户表现出相对短期化的趋向。

总体来看，确权组和非确权组农户在农地流转行为和意愿及其合约维度上，没有表现出完全一致的行为特征。考虑到确权组和非确权组之间各协变量存在系统性差异，使得目前观察到的结果并非是新一轮确权政策的单独影响，因此不能就此判断确权对农地流转行为与意愿的影响，需采用 PSM 方法进行估计分析。

## 三、实证结果与分析

### (一) 平衡性检验

为保证倾向得分匹配结果的可靠性，需在匹配后对确权组与非确权组农户之间的平衡性进行检验。即在匹配后，要保证确权组和非确权组两组的协变量之间不应该存在显著的系统差异。本节考察确权对农户农地流转意愿影响时，采用的是全部有效样本，但观察确权对农户"如何"流转农地的行为时，需把没有发生流转的农户样本剔除掉。因此，需分别对总样本和已流转农户样本进行平衡性检验。检验结果见表 3-2。

表 3-2　平衡性检验

| 变量 | 匹配前后 | 农地流转行为 | | | | 农地流转意愿 | | | |
|---|---|---|---|---|---|---|---|---|---|
| | | 均值 | | 偏误（%） | T | 均值 | | 偏误（%） | T |
| | | 确权组 | 非确权组 | | | 确权组 | 非确权组 | | |
| 性别 | 前 | 0.63 | 0.64 | −1.3 | −0.1 | 0.64 | 0.67 | −5.7 | −0.96 |
| | 后 | 0.63 | 0.66 | −4.8 | −0.37 | 0.64 | 0.64 | −0.2 | −0.04 |
| 年龄 | 前 | 44.04 | 41.9 | 15.3 | 1.17 | 45.46 | 42.22 | 21.7 | 3.64 *** |
| | 后 | 44.04 | 43.56 | 3.4 | 0.27 | 45.46 | 46.18 | −4.8 | −0.82 |
| 文化程度 | 前 | 2.19 | 2.15 | 4 | 0.31 | 2.08 | 2.09 | −1.3 | −0.21 |
| | 后 | 2.19 | 2.12 | 7.5 | 0.59 | 2.08 | 2.03 | 5.7 | 0.98 |
| 职业 | 前 | 2.9 | 2.74 | 11.1 | 0.85 | 2.48 | 2.62 | −9.4 | −1.59 |
| | 后 | 2.9 | 2.78 | 8 | 0.61 | 2.48 | 2.47 | 0.6 | 0.11 |
| 打工经历 | 前 | 0.64 | 0.64 | 0.5 | 0.04 | 0.59 | 0.63 | −8.6 | −1.44 |
| | 后 | 0.64 | 0.66 | −3 | −0.23 | 0.59 | 0.59 | 0.1 | 0.02 |
| 家庭人数 | 前 | 4.64 | 5.02 | −20.1 | −1.53 | 4.96 | 5.16 | −9.5 | −1.6 |
| | 后 | 4.64 | 4.63 | 0.6 | 0.05 | 4.96 | 4.98 | −1.3 | −0.23 |
| 务农人数 | 前 | 0.65 | 0.72 | −6.9 | −0.53 | 0.98 | 0.92 | 5.1 | 0.86 |
| | 后 | 0.65 | 0.66 | −1.2 | −0.1 | 0.98 | 0.97 | 0.2 | 0.03 |
| 家中有无党员 | 前 | 1.41 | 1.15 | 49.4 | 3.77 | 1.27 | 1.24 | 5.7 | 0.96 |
| | 后 | 1.41 | 1.37 | 8.4 | 0.57 | 1.27 | 1.29 | −4.2 | −0.69 |

（续）

| 变量 | 匹配前后 | 农地流转行为 | | | | 农地流转意愿 | | | |
|---|---|---|---|---|---|---|---|---|---|
| | | 均值 | | 偏误（％） | T | 均值 | | 偏误（％） | T |
| | | 确权组 | 非确权组 | | | 确权组 | 非确权组 | | |
| 家中有无干部 | 前 | 1.84 | 1.91 | −18.9 | −1.44 | 1.85 | 1.83 | 4.4 | 0.74 |
| | 后 | 1.84 | 1.82 | 7.9 | 0.53 | 1.85 | 1.82 | 7.2 | 1.21 |
| 家庭总收入 | 前 | 2.79 | 2.85 | −4.7 | −0.36 | 2.68 | 2.79 | −9 | −1.51 |
| | 后 | 2.79 | 2.74 | 4.5 | 0.34 | 2.68 | 2.7 | −1.9 | −0.33 |
| 农业收入占比 | 前 | 33.65 | 31.56 | 6.1 | 0.46 | 32.2 | 32.8 | −1.8 | −0.31 |
| | 后 | 33.65 | 35.74 | −6.1 | −0.46 | 32.2 | 31.82 | 1.2 | 0.2 |
| 务工收入占比 | 前 | 48.01 | 51.55 | −9.2 | −0.7 | 53.54 | 53.08 | 1.3 | 0.21 |
| | 后 | 48.01 | 50.31 | −6 | −0.46 | 53.54 | 54.04 | −1.4 | −0.24 |

表 3 - 2 表明，经过匹配后，农户流转行为的协变量偏误均值从 12.3％下降为 5.1％；流转意愿的协变量偏误主要集中在 0 附近，偏误的均值从 7.0％下降到 2.4％，这表明倾向匹配得分法确实能够降低确权组与非确权组农户之间的差异，使得协变量的组别间差异得到了更有效的控制。进一步地，T 统计值也表明不能拒绝确权组和非确权组之间不存在差异的假设。由此表明，样本匹配通过了平衡性检验，匹配后两组之间协变量不存在显著差异，基本达到类似随机试验的效果。

## （二）模型结果分析

本节使用 Stata/SE 13.0 软件，用基于 Probit、基于 Logit 的最近邻匹配法分别估计确权对农户农地流转行为和意愿所产生的因果效应。两种估计方法的结果基本一致，结果稳定。表 3 - 3 报告的是基于 Logit 的最近邻匹配法的模型估算结果。

**表 3 - 3　基于 Logit 的最近邻倾向得分匹配法结果**

| 变量 | 农地流转行为 | | | | | | 农地流转意愿 | | | | | |
|---|---|---|---|---|---|---|---|---|---|---|---|---|
| | 匹配前 | | | 匹配后 | | | 匹配前 | | | 匹配后 | | |
| | ATT | S.E. | T | ATT | S.E. | T | ATT | S.E. | T | ATT | S.E. | T |
| 是否流转 | 0.02 | 0.02 | 0.83 | 0.02 | 0.03 | 0.69 | 0.11* | 0.06 | 1.91 | 0.12* | 0.07 | 1.72 |
| 流转对象 | −0.03 | 0.10 | −0.31 | 0.02 | 0.11 | 0.16 | 0.1** | 0.04 | 2.27 | 0.04 | 0.05 | 0.79 |

（续）

| 变量 | 农地流转行为 | | | | | | 农地流转意愿 | | | | | |
| | 匹配前 | | | 匹配后 | | | 匹配前 | | | 匹配后 | | |
| | ATT | S.E. | T | ATT | S.E. | T | ATT | S.E. | T | ATT | S.E. | T |
| 流转期限 | −0.04 | 0.19 | −0.22 | −0.03 | 0.22 | −0.13 | −0.08 | 0.09 | −0.89 | −0.04 | 0.10 | −0.37 |
| 流转租金 | −74.37 | 100.57 | −0.74 | −38.99 | 134.2 | −0.29 | 591.78** | 264.53 | 2.24 | 566.91** | 264.46 | 2.14 |
| 合约形式 | 0.08 | 0.11 | 0.69 | 0.08 | 0.13 | 0.58 | 0.12*** | 0.04 | 2.98 | 0.09* | 0.05 | 1.83 |

注:***、**、*分别表示1%、5%和10%的显著性水平。

匹配的实质在于消除组别间农户系统差异对结果变量造成的影响，由此可以将确权政策对农户农地流转行为的影响独立出来进行观察。从表3-3所显示的匹配后的结果看，确权在短期内对农户的农地流转行为并没有显著影响。这与"程文"的"确权促进农户农地流转参与率"结论并不一致。之所以确权尚未对农户的转出行为产生显著性影响，其可能的原因是农地确权政策尚处于起步与试点阶段，一方面农户对政策形成稳定预期并诱致其流转行为的改变，需要一个知识与经验积累的过程；另一方面，农户对确权之后的农地流转市场做出反映，也需要等待当期合约结束后才能对已流转农地的对象、期限、租金及合约形式等做出调整。可见，确权政策对农户农地流转行为的影响可能存在滞后效应。这也进一步印证了我们前文对"程文"讨论时所指出需虑及政策影响时滞性的质疑。

但值得关注的是，尽管新一轮确权尚未对农户的转出行为产生显著的影响，但对农户的流转意愿能够产生显著的影响。从鼓励农地流转的层面上来说，讨论确权对农户农地流转的意愿，或许更具政策意义与现实价值。

对比匹配前后的结果，发现多个变量的显著性程度及其系数值都发生了一定变化，这表明采用PSM进行匹配存在必要性。利用匹配后的计量结果，进一步分析农户的农地流转意愿，有助于准确评估确权政策可能带来的长期影响。

**1. 确权对农户的农地流转意愿具有显著的促进作用。**匹配后，确权农户比非确权农户在流转意愿强度值上多0.12（ATT值），且在10%水平上显著。这意味着，长期内确权会刺激农户的农地流转交易行为，这印证了"产权明晰是市场交易的前提条件"的基本理论逻辑。因为确权的本质在于强化地权的明晰性与稳定性，这有利于建构起"秩序观念"的约束规则体系（朱岩，2009），从而有效约束交易双方的机会主义行为，以及防范第三方的侵权行为，进而增加农地流转交易的可预见性，降低交易成本，提升农户农地流转意愿。

**2. 确权对农户流转农地的意愿租金提升有显著影响。**匹配后，确权农户比非确权农户在意愿租金上多 566.91 元（ATT 值），且在 5％水平上显著。这表明，在排除组别之间协变量的影响后，确权政策依然对农地流转的意愿租金提升具有显著的影响。这与 Dowall 和 Leaf（1991）、Jimenez（1982）、Feder 等（1988）对菲律宾、印尼和印度等发展中国家土地确权政策效应研究的结论具有一致性，即产权权利状态显著影响土地价格。课题组对广东东莞确权试点的典型调查进一步证实了上述结论，麻涌镇试点前后的农地流转意愿租金，由之前的每亩 700～800 元提高到了1 500 元左右。

关于确权带来意愿租金提高的一个主流解释是：确权从本质上反映了因交易机会增加和产权交易成本降低所产生的价值增量，内生出产权稳定的溢价效应，是农户对农地产权价值提升的一种理性价格预期。从"禀赋效应"理论层面来说，意愿租金提高也可以视为由"人—地"剥离过程中的情感价值所驱动的结果。但需要指出的是，后一理论对于解释短期内老一代农民的行为特征是站得住脚的，但随着新一代农民的代际转换以及市场化的转型发展，长期而言其对流转租金的要价将更多地是由市场价值所驱动。必须重视的是，农地确权推高农地产权价值及其意愿租金，一方面有利于农户财产性收入的增加，但另一方面，过高的租金诉求可能反过来抑制农地的流转。因此，从长期看，一个公开并不断拓展的农地产权流转市场的发育，会显得尤为重要。

**3. 确权对农户选择正式流转合约的意愿有显著促进作用。**匹配后，意愿合约形式选择的 ATT 值为 0.09，在 10％水平上显著，这意味着在消除系统差异以后，农户在确权后比确权前更倾向于签订书面的正式合约。农户对合约形式选择意愿的变化，可能是由于随着确权工作的推进，农地产权的法律保障效应将日渐强化，农户作为行动层面的响应者，更容易感受到法律的外在的硬约束功能及其权益保障效应。因此可以预期的是，在"制度—生活"的逻辑视角下，随着土地交易半径与市场规模的扩大，农户将会更倾向于选择相比于口头合约更具正规化、可视化、保障性等优点的正式合约（胡新艳等，2015），以此约束交易主体的机会主义违约行为，降低可能面临的侵权或违约风险。可见，从长期的影响趋向看，确权促进农户建立更规范的正式合约，这有利于促进农地流转市场的发育。

**4. 确权对农户农地流转合约期限选择意愿的影响，尽管不显著，但 ATT 值为－0.04，作用方向为负。**这表明：从作用方向看，农户存在合约短期化趋向，只是这种行为选择目前并不是农户的普遍选择意愿，从而导致在统计上不显著。事实上，农地合约长短往往和产权的明晰程度有关，当地权不稳定时，转出农户倾向于长期合约，因为这有利于把未来地权不稳定的风险转嫁给转入方（刘文勇等，2013）。相应地，一旦确权，会带来产权稳定性的溢价效应，为防止因长期合约所导致的"锁定"或"套牢"而错失租金调整的灵活性，则会趋向于选择短期化合约。也就是说，从作用方向看，农户表现出试图凭借合约期限的短期化来获取农地流转租金的谈判优势，只是在统计上不显著。

**5. 确权对农户农地流转对象选择意愿的影响，尽管不显著，但 ATT 值为 0.04，作用方向为正。**这表明确权后，农户的农地交易行为并没有出现普遍化的非"身份交易"转变，但在作用方向上表现出从农村熟人网络走向市场交易网络，存在交易对象多元化以及交易半径扩张的态势；也就是说，从作用方向看，农地流转交易更多的是对交易价格而不是交易对象做出反应，表现出"价高者得"的市场竞价趋向，传统熟人圈的身份交易开始向市场化的契约交易转型。

## 四、结论与讨论

产权和经济选择行为之间存在内在的联系（卢现祥，2011）。本节研究表明：

（1）新一轮农地确权对目前农户的农地流转行为并没有显著影响，但会显著强化其流转意愿。

（2）确权对流转合约选择意愿的影响上，表现出"提高流转租金、促进正式合约采用"的显著影响；尽管对流转对象和合约期限的影响不显著，但从作用方向看，则表现出合约短期化、对象选择非身份化的趋向。

（3）确权会诱导农户农地流转行为从关系情感转向理性计算，从非市场化转向市场化。

由此，本节的基本判断是：新一轮农地确权对推进我国效率导向的农地流转市场发育具有重要的制度意义，在形塑整个农村经济改革的路径和空间上将扮演不可或缺的重要角色。

尽管通过新一轮确权政策的推进，农民的土地权利在法律制度文本上被更清晰地界定和赋予了，但是，法律必须被信仰，否则形同虚设（伯尔曼，2003）。因此，政府须保障赋权的连贯性和稳定性，不仅使地权规则能够成为农民的基本主张，而且使关于土地权利的法律界定能够成为社会的普遍认同，由此所形成的确定性、排他性与合法性并存的产权预期，将是诱致农户农地流转意愿转化成实际行为的重要条件。因此，如何有效地推进确权并保障确权政策的稳定性，对于农户将农地流转意愿转化为流转行为尤显重要。需要进一步指出的是，确权仅仅是农地产权流转市场发育的基础制度条件，并非充分条件。要促进农地要素市场发育，还需要从农地流转市场的治理结构与规范，农地流转市场与劳动力和资本市场的联结与互动，以及社会文化生态等层面寻求多重整合的推动力量。

# 第三节  农地确权如何影响农地流转：传导机制分析

## 一、机理分析

### （一）农地确权、农业生产激励与农地流转

农地确权有助于激发农户从事农业生产经营的积极性，进而促使其增加农地转入并减少农地转出。具体而言，农地确权提高了地权安全性，从而保障使用权排他、交易自由化以及收益权独享，进而促进农业投资。主要表现为：首先，农地确权通过法律赋权的方式，明晰了地权边界、提高了地权稳定性预期以及强化了地权的排他性。这不仅意味着农地承包经营权的固化和不可调整（程令国等，2016），而且提高了农户在土地征用过程中的谈判地位和议价能力（付江涛等，2016），还降低了农地遭受承租

方非法侵占的可能性（Yami & Snyder，2015）。其次，土地承包经营权证书能够有效地抵制村集体干预，确保农地使用权的交易自由化（张娟、张笑寒，2005）。而较为完善的农地交易权能可以提高农户对现值农业投资在未来实现市场价值的信心，从而增强其进行农地投资的积极性。再次，农地确权不仅有效地降低了地权重新界定与保护的成本，而且防止了产权模糊及其所引致的外部性、部分财产权利留置于公共领域以及租值耗散等问题造成农业投资收益损失。此外，农地确权赋予承包经营权抵押、担保权能，有助于缓解农业生产经营的资金压力，从而提高农户扩大农业长期投资、增加耕地保护性投入的积极性。

### （二）农地确权、交易费用与农地流转

农地确权通过增强地权稳定性、确保交易自由化、减少农地纠纷、降低信息不对称性等方式，有效地降低了农地流转的交易费用，从而促进了农户农地流转。具体表现为以下三点：

首先，增强农户对抗政府征地的排他能力。农地确权通过法律赋权的方式强化了土地承包经营权的排他能力，提高了农户在土地征用过程中的谈判地位和议价能力，从而促使其安心地流转农地。

其次，抵制村集体干预和农地调整。一方面，土地承包经营权证书突破了农户与村集体之间债权性质的承包合同关系，使得农地合法转让权可以有效地抵制村集体对农地流转的严格限制和干预，从而扩大了其交易范围和规模。另一方面，农地确权发证不仅减少了村庄农地调整的发生频率（丰雷等，2013），而且维护了土地承包关系的长期稳定，因此促进农户农地流转。

再次，降低农地交易双方的信息不对称性。一方面，农地确权明确承包地的四至、空间位置、面积大小和用途等信息，为农地流转后地权边界被打破、面积大小不准和空间位置无法还原等问题的解决提供准确而有效的依据。另一方面，农地确权是依靠国家权威和信用所建成的公信制度，不仅超越了村庄熟人圈子而得到更加广泛的社会认同，而且成为替代乡规民约、村集体力量的正式产权担保机制，从而有效地减少了农地流转的事前（比如信息搜寻成本）、事中（比如谈判、协调和签约成本）以及事后（比如合约实施与维护成本）等交易费用。

### （三）农地确权、交易价格与农地流转

由于农地具有农户身份象征、交易价格非市场化以及交易对象亲缘化等特殊性，农地流转市场的交易机制不完全等同于一般商品交易（胡新艳等，2016；胡新艳、罗必良，2016）。根据市场特殊性和农地依赖性的差异，可以将确权后农地流转行为分为如下三种类型：

首先，农户对农地具有"恋农情结"、"惜土心理"的情感依赖，农地确权增加了农地的情感价值，进而抑制农地流转。新一轮农地确权在制度和法律层面上根据农村集体成员权将农地承包经营权赋予农户，从而促使其在情感上获得更大的满足和依赖（罗必良，2014）。农户由于情感价值提升而给予农地更高的价值评价，并直接反映在交易意愿价值上，使其对特定地块的租金诉求高于市场平均估价而产生禀赋效应，从而减少了农地交易达成的可能性（胡新艳、罗必良，2016）。

其次，农户对农地具有生存依赖，农地确权强化了农地的保障价值，进而抑制农地流转。社会保障不健全、外出务工有风险以及未来不确定性，不仅使得农地承担着生存、就业以及养老保障等功能，而且促使农户产生将已出租农地完好无损地收回的控制权偏好（罗必良，2014）。同时，新一轮农地确权通过明晰地块四至等地理空间信息、颁发土地承包经营权证书以及赋予农地抵押担保权能等方式，不仅无法改变农户对农地的控制权偏好，而且提升了农地保障价值，从而抬高了农户的交易意愿价格并减少农地交易规模（胡新艳等，2016）。

最后，在农户外出务工较为稳定、家庭经济水平较高，并且对土地的情感和生存依赖程度较低的情况下，农地确权将提高农地交易价格，从而促进农地流转。一方面，农地确权凸显了农地因交易费用降低、交易可能性增大所引致出的溢价效应，从而强化了农户对农地的未来增值预期（胡新艳、罗必良，2016）；另一方面，农地确权增大了产权强度，不仅提升农地的交易价值，而且提高农地的资源配置效率和潜在收入，从而促使农地承租者愿意支付更高的农地使用成本（程令国等，2016）。可见，农地确权提高了农地流转租金，进而促进农地流转。

### （四）农地确权、农村要素市场联动与农地流转

农地确权通过与农村劳动力市场、农村金融市场进行有效联动，促进了农户农地流转。具体表现为以下两点：一方面，农地确权增强农地使用权的安全性和稳定性，农户不再害怕长期出租会失去土地，因而可以更加安心地转出农地和外出打工。农地确权不仅提高了农村劳动力外出务工的概率（Chernina et al.，2014；de Janvry et al.，2015），而且使得家中有人外出务工的农户更愿意出租农地（程令国等，2016）。另一方面，赋予农地经营权抵押、担保权能，有助于刺激农户通过转入农地来提高其信贷可得性（付江涛等，2016）。农地确权使得具有地理空间位置不可移动、地租预期趋升以及不易受破坏等特性的农地，成为正式信贷机构的有效抵押品（Feder & Nishio，1998；陈江龙等，2003）。显然，这有利于缓解农户获得生产性资金的需求压力，解决农村抵押品不足、农业发展融资难等问题，从而增加农户转入农地和扩大投资的可能性。

## 二、数据、模型与描述

### （一）数据来源

本节研究所用数据主要来自中国健康与养老追踪调查（CHARLS）2011年的全国基线调查和2013年的全国追踪调查。其中，形成追踪调查的样本分布在28个省份的150个县、450个村庄或社区，共计8 875户。本节主要研究5 481个农户家庭，其中，农地确权组1 221户，未确权组4 260户。

需要指出的是，对于单个农户的农地流转行为而言，很大程度上可以将村庄层面的农地确权视为一个政策性外生变量（程令国等，2016）。但是，如果村庄农地流转市场发育较为完善，则其被上级政府选择作为农地确权试点村的可能性会相对较大。因此，为了避免农地确权颁证政策与农地流转存在反向因果关系，本节采用2011年的农地确权、中介变量以及控制变量对2013年的农户农地流转行为进行回归分析，从而确保了农地确权政策、中介变量以及控制变量都早于农户的农地流转决策，并有效地解决了反向因果关系可能引发的内生性问题。

## （二）模型设定

依据上述，农地确权可能通过农业生产激励、交易费用、交易价格以及农村要素市场联动四种中间传导机制，对农户农地流转行为产生影响作用。因此，根据 Baron & Kenny（1986）的方法，可以构建如下中介效应模型：

$$Y_i = \beta_0 + \beta_1 CERT_i + \sum \beta_2 X_i + \varepsilon_1 \qquad (3-1)$$

$$TRAN_i = \alpha_0 + \alpha_1 CERT_i + \sum \alpha_2 X_i + \varepsilon_2 \qquad (3-2)$$

$$Y_i = c_0 + c_1 CERT_i + c_2 TRAN_i + \sum c_3 X_i + \varepsilon_3$$

$$(3-3)$$

（3-1）式、（3-2）式和（3-3）式中，$Y_i$ 为农户的农地流转行为（包括农地转出和农地转入），$CERT_i$ 表示农地确权状况，$TRAN_i$ 为中间传导机制（包括农业生产激励、交易费用、交易价格和农村要素市场联动），$X_i$ 是可能同时影响农地确权和农地流转的控制变量。（3-1）式表示农地确权对农地流转的总效应，（3-2）式表示农地确权对中间传导机制的影响效应，（3-3）式中的系数 $c_2$ 表示中间传导机制对农地流转的直接效应。将（3-2）式代入（3-3）式可以进一步得到中间传导机制的中介效应 $c_2\alpha_1$，即农地确权通过中间传导机制对农地流转所产生的影响作用。

## （三）指标选择与描述统计

本节的变量和指标选择具体如下：首先，因变量是农户农地流转行为，包括农地转出和农地转入两个方面，分别采用"是否将耕地出租给其他人"和"是否从别人（包括集体）租用耕地"测度。其次，核心变量是农地确权，采用"二轮承包以来，村庄进行了农地确权，并且农户已经领到土地承包经营权证书"测度。再次，中介变量包含农业生产激励、交易费用、交易价格、农村要素市场联动四种中间传导机制。其中，农业生产激励包括务农实物投入和务农时间投入两个方面；交易费用通过村庄农地流转市场发育程度来间接反映；交易价格采用出租耕地能够获得的租金水平进行测度；农村要素市场联动包括农村金融市场和农村劳动力市场两个方面。最后，控制变量包括交通便利性、农地调整、村工业收入比重、实物资产专用性、土地依附程度、地区变量六个方面（表3-4）。

　　从表3-4可知，与未确权农户样本相比，已确权农户样本具有如下特征：农户农地转出和农地转入的可能性都相对较低；务农实物投入和务农时间投入相对较高；农地转出和转入的市场交易费用略低；家庭信贷款项、非农受雇时长以及农业受雇时长都相对较低；农地流转租金则相对较高；农地调整、实物资产专用性以及土地依附程度都相对较高；交通便利性和村工业收入比重则相对较低。

表3-4　变量定义及统计描述

| 变量名称 | 变量定义 | 已确权样本 | | 未确权样本 | |
| --- | --- | --- | --- | --- | --- |
| | | 均值 | 标准差 | 均值 | 标准差 |
| 农地转出 | 是否将耕地出租给其他人（是＝1，否＝0） | 0.130 | 0.336 | 0.132 | 0.339 |
| 农地转入 | 是否租用耕地（是＝1，否＝0） | 0.092 | 0.289 | 0.111 | 0.314 |
| 农地确权 | 农户领到土地承包经营权证书（是＝1，否＝0） | 1.000 | 0.000 | 0.000 | 0.000 |
| 生产激励 | 务农实物投入（单位：元） | 1 744.634 | 3 389.829 | 1 375.702 | 2 773.736 |
| | 务农时间投入（单位：小时） | 1 602.200 | 1 679.125 | 1 326.278 | 1 611.392 |
| 交易费用 | 1－本村其他农户农地转出的比重 | 0.092 | 0.120 | 0.100 | 0.135 |
| | 1－本村其他农户农地转入的比重 | 0.042 | 0.051 | 0.051 | 0.050 |
| 交易价格 | 农地流转租金（单位：千元/亩·年） | 0.348 | 0.486 | 0.288 | 0.360 |
| | 家庭农业贷款总额（单位：元） | 5 042.857 | 22 697.890 | 5 948.274 | 37 653.210 |
| 要素市场 | 非农受雇的劳动供给时间（单位：小时） | 155.472 | 595.737 | 231.895 | 709.929 |
| | 农业受雇的劳动供给时间（单位：小时） | 23.917 | 191.367 | 28.055 | 211.805 |
| 交通条件 | 交车能到达村庄（是＝1，否＝0） | 0.467 | 0.499 | 0.558 | 0.497 |
| 农地调整 | 二轮承包以来，农地发生过调整（是＝1，否＝0） | 0.181 | 0.385 | 0.155 | 0.362 |
| 农村工业 | 村庄工业收入占村庄工农业总收入的比重 | 0.079 | 0.212 | 0.122 | 0.280 |
| 资产专用性 | 拖拉机、脱粒机、机引农具、抽水机和加工机械等固定资产的现值（单位：元） | 1 157.385 | 9 118.773 | 880.332 | 3 272.711 |
| 土地依附 | 种植业收入占家庭总收入的比重 | 0.383 | 0.384 | 0.322 | 0.384 |
| 地区变量 | 中部地区（中部地区＝1，其他＝0） | 0.288 | 0.453 | 0.299 | 0.458 |
| | 西部地区（西部地区＝1，其他＝0） | 0.420 | 0.494 | 0.339 | 0.474 |
| | 东北地区（东北地区＝1，其他＝0） | 0.141 | 0.348 | 0.030 | 0.169 |

## 三、实证结果与分析

### (一)农地确权对农地流转行为的综合影响

本节采用 STATA 软件对农地确权的影响效应进行回归分析。更进一步地,对于原有地权较为稳定、更适合农地规模经营的村庄,农地确权可能产生差异化作用。对此,本节根据农地调整(是否发生过农地调整)、交通便利性(是否有公交车到达村庄)以及村庄农业机械化程度(平均值以上及以下)进行分组回归(表 3-5)。

表 3-5 农地确权与农地流转行为

| 变量/统计量 | 回归 I 全部农户样本 | 回归 II 有农地调整 | 回归 III 无农地调整 | 回归 IV 有公交车到达 | 回归 V 无公交车到达 | 回归 VI 农业机械化高 | 回归 VII 农业机械化低 |
|---|---|---|---|---|---|---|---|
| 农地确权 | 0.029 | 0.165*** | −0.049 | 0.153** | −0.152* | 0.036 | 0.227*** |
| | (0.055) | (0.064) | (0.133) | (0.077) | (0.084) | (0.087) | (0.084) |
| 观测值 | 5 350 | 3 633 | 1 403 | 2 878 | 2 472 | 2 401 | 2 620 |
| Log likelihood | −2 026.960 | −1 361.378 | −443.808 | −1 196.391 | −810.881 | −920.503 | −861.587 |
| LR chi$^2$ | 97.490*** | 79.82*** | 45.05*** | 37.90*** | 79.16*** | 59.04*** | 70.72*** |
| Pseudo $R^2$ | 0.024 | 0.029 | 0.048 | 0.016 | 0.046 5 | 0.031 | 0.039 |
| 农地确权 | −0.226*** | −0.191*** | −0.498*** | −0.184** | −0.277 0*** | −0.169* | −0.317*** |
| | (0.061) | (0.069) | (0.149) | (0.090) | (0.085) | (0.101) | (0.084) |
| 观测值 | 5 354 | 3 636 | 1 404 | 2 877 | 2 477 | 2 402 | 2 623 |
| Log likelihood | −1 745.862 | −1 240.840 | −438.434 | −927.370 | −811.643 | −763.905 | −905.428 |
| LR chi$^2$ | 134.62*** | 88.12*** | 38.60*** | 86.41*** | 61.88*** | 72.21*** | 58.51*** |
| Pseudo $R^2$ | 0.037 | 0.034 | 0.042 | 0.044 | 0.036 7 | 0.045 | 0.031 |

注:限于篇幅,其他控制变量的估计结果略;*、**、***分别表示在 10%、5% 和 1% 的水平上显著;括号中数字为标准误。

表 3-5 中的回归 I 是农地确权对农户农地转出和转入行为的总效应,即对应于上文模型设定(3-1)式中的 $\beta_1$。回归 II~VII 分别是基于农地调整、交通便利性以及农业机械化程度的分组回归结果。限于篇幅,本节仅报告了核心解释变量(农地确权)影响农户农地流转的估计结果。从表 3-5 中的卡方检验统计量(LR chi$^2$)可知,回归模型的拟合效果很好,都在 1% 的统计水平上显著,因此具有进一步分析的意义。具体而言:

首先，农地确权对农户农地转出不具有统计意义上的显著影响，但对农地转入具有负向作用。其原因可能在于，农地确权对农地转出的直接效应和间接效应的作用方向恰好相反、相互抵消，从而导致其综合影响出现了"遮掩效应"（回归Ⅰ）。由此可见，农地确权在整体上非但无法促进农户转出农地，反而降低其扩大经营规模的可能性。

其次，对于发生农地调整的村庄，农地确权更能显著促进农户农地流转。农地确权不仅对农地转出存在显著的正向作用，而且对农地转入的负向影响相对较低（回归Ⅱ和Ⅲ）。这说明，农户转出农地和扩大经营规模的可能性都相对较大。村庄曾经发生过农地调整使得农户对地权稳定性的预期相对较低，因此农地确权的促进作用较为明显。

再次，对于交通条件较为便利的村庄，农地确权对农地流转的促进作用较为显著。农地确权不仅促进农地转出，而且抑制农地转入影响作用相对较弱（回归Ⅳ）。与之相反，对于交通条件较差的村庄，农地确权对农地流转具有显著的负向作用（回归Ⅴ）。交通条件便利强化了农地的地理位置专用性，进而更有利于农业规模化经营，因此，农地确权更加能够增加农地交易的可选择范围。

最后，对于农业机械化程度较高的村庄，农地确权产生较为明显的农业生产激励。农地确权不影响农户农地转出，并且对农地转入的负向作用相对较低（回归Ⅵ）；与之相反，对于农业机械化程度较低的村庄，农地确权促进农户转出农地，并且较大地降低其扩大经营规模的可能性（回归Ⅶ）。村庄的农业机械化程度较高，不仅有利于发挥农业机械替代农业劳动力和农业用地的比较优势，而且提高了农业生产效率，还降低了农业生产经营成本。因此，农地确权对农户产生较为明显的农业生产激励，从而促使其自行进行农业耕作而不参与农地流转。

### （二）农地确权影响农地转出的作用机制：中介效应分析

在表3-6中，路径Ⅰ、Ⅱ的系数值分别表示农地确权对中间传导机制、中间传导机制对农户农地转出的影响效应，即分别对应于上文模型设定（3-2）式与（3-3）式中的 $\alpha_1$ 和 $c_2$。而表3-6中的中介效应则表示农地确权通过中间传导机制对农户农地转出行为所产生的影响作用，即中间传导机制的中介效应 $c_2\alpha_1$。限于篇幅，本节仅报告了核心解释变量

（农地确权）影响农户农地转出的估计结果。由表 3-6 中介效应的索贝尔检验（Sobel test）和自抽样检验（Bootstrap test）可知，务农实物投入、务农时间投入、交易费用以及农地流转租金四个中介变量，至少在 10% 的统计水平上显著。具体而言，农地确权通过务农实物投入、务农时间投入以及交易费用三个中介变量，对农户农地转出具有负向影响，并且通过农地流转租金机制对农地转出产生正向作用。在显著发挥作用的中介效应中，交易费用的中介作用最大（-0.008），务农时间投入次之（-0.004），而务农实物投入则最小（-0.001）。由此可见，农地确权主要通过交易费用机制对农地转出产生负向作用。

需要指出的是，尚无证据表明，农地确权通过农村要素市场联动的传导机制，对农地转出产生显著的影响作用。一方面，农地确权不影响家庭信贷款项和农业受雇时长，并且家庭信贷款项和农业受雇时长同样不影响农户农地转出；另一方面，虽然非农受雇时长能够显著促进农户转出农地，但是，农地确权并不影响非农受雇时长。

表 3-6　农地确权对农地转出影响的中介效应

| 路径I：确权对传导机制影响 | 系数 | 路径II：传导机制对转出影响 | 系数 | 确权对转出的中介效应 | 索贝尔检验（Z值/P值） | 自抽样检验（Z值/P值） | 中介效应占比(%) |
|---|---|---|---|---|---|---|---|
| 农地确权→务农实物投入 | 0.143*<br>(0.077) | 务农实物投入→农地转出 | -0.009***<br>(0.002) | -0.001*<br>(0.001) | Z值：-1.707 5<br>P值：0.087 7 | Z值：-1.70<br>P值：0.090 | -24.76 |
| 农地确权→务农时间 | 0.304***<br>(0.106) | 务农时间投入→农地转出 | -0.013***<br>(0.002) | -0.004***<br>(0.002) | Z值：-2.728 3<br>P值：0.006 4 | Z值：-2.76<br>P值：0.006 | -77.25 |
| 农地确权→交易费用 | 0.009***<br>(0.004) | 交易费用→农地转出 | -0.914***<br>(0.034) | -0.008***<br>(0.004) | Z值：-2.045 2<br>P值：0.040 8 | Z值：-2.20<br>P值：0.028 | -114.49 |
| 农地确权→农地租金 | 0.061***<br>(0.014) | 农地流转租金→农地转出 | 0.059***<br>(0.013) | 0.004***<br>(0.001) | Z值：3.102 9<br>P值：0.001 9 | Z值：2.79<br>P值：0.005 | 36.66 |
| 农地确权→家庭信贷款 | -0.029<br>(0.109) | 家庭信贷款项→农地转出 | -0.001<br>(0.001) | 0.000<br>(0.000) | Z值：0.247 4<br>P值：0.804 6 | Z值：0.14<br>P值：0.885 | 0.54 |
| 农地确权→非农受雇时长 | -0.126<br>(0.079) | 非农受雇时长→农地转出 | 0.004*<br>(0.002) | -0.000 5<br>(0.000 4) | Z值：-1.228 1<br>P值：0.219 4 | Z值：-1.16<br>P值：0.245 | -9.18 |
| 农地确权→农业受雇时长 | -0.005<br>(0.040) | 农业受雇时长→农地转出 | 0.003<br>(0.004) | 0.000<br>(0.000) | Z值：-0.128 1<br>P值：0.898 1 | Z值：-0.09<br>P值：0.932 | -0.32 |

注：限于篇幅，其他控制变量的估计结果略；*、**、***分别表示在 10%、5% 和 1% 的水平上显著，括号中为标准误；Bootstrap 的重复次数为 1 000。

## （三）农地确权影响农地转入的作用机制：中介效应分析

在表 3-7 中，路径 I、II 的系数值分别表示农地确权对中间传导机制、中间传导机制对农户农地转入的影响效应，即分别对应于上文模型设定（3-2）式与（3-3）式中的 $\alpha_1$ 和 $c_2$。而表 3-7 中的中介效应则表示农地确权通过中间传导机制对农户农地转入行为所产生的影响作用，即中间传导机制的中介效应 $c_2\alpha_1$。限于篇幅，本节仅报告了核心解释变量（农地确权）影响农户农地转入的估计结果。由表 3-7 中介效应的索贝尔检验（Sobel test）和自抽样检验（Bootstrap test）可知，务农时间投入和交易费用两个中介变量都在 1% 的统计水平上显著。具体而言，农地确权通过务农时间投入的作用机制对农户农地转入具有正向作用，并通过交易费用机制对其产生负向影响。在显著发挥作用的中介效应中，交易费用的中介作用最大（-0.015），务农时间投入次之（0.002）。由此可见，农地确权主要通过交易费用机制对农地转入产生负向作用。

需要指出的是，虽然农地确权能够激发农户增加务农实物投入，但更多地体现在精耕细作上，务农实物投入仍旧不足以促进农户扩大经营规模。同时，农地确权提高了农地流转租金，但交易价格机制还不足以显著抑制农地转入。不仅如此，家庭信贷款项和农业受雇时长能够促进农户转入农地。但是，农地确权通过农村要素市场联动机制（包括家庭信贷款项、农业受雇时长和非农受雇时长）对农地转入产生影响作用，仍然未能得到充分体现。

表 3-7　农地确权对农地转入影响的中介效应

| 路径 I：确权对传导机制的影响 | 系数 | 路径 II：传导机制对转入的影响 | 系数 | 确权对转入的中介效应 | 索贝尔检验（Z值/P值） | 自抽样检验（Z值/P值） | 中介效应占比（%） |
|---|---|---|---|---|---|---|---|
| 农地确权→务农实物 | 0.142*<br>(0.077) | 务农实物→农地转出 | 0.003<br>(0.002) | 0.000<br>(0.000) | Z值：1.117<br>P值：0.264 | Z值：0.96<br>P值：0.335 | -0.99 |
| 农地确权→务农时间 | 0.310***<br>(0.106) | 务农时间→农地转入 | 0.008***<br>(0.001) | 0.002***<br>(0.001) | Z值：2.602<br>P值：0.009 | Z值：2.70<br>P值：0.007 | -6.44 |
| 农地确权→交易费用 | 0.015***<br>(0.002) | 交易费用→农地转入 | -1.016***<br>(0.088) | -0.015***<br>(0.002) | Z值：-6.930<br>P值：0.000 | Z值：-7.09<br>P值：0.000 | 41.57 |
| 农地确权→流转租金 | 0.061***<br>(0.014) | 流转租金→农地转入 | -0.015<br>(0.012) | -0.001<br>(0.001) | Z值：-1.165<br>P值：0.244 | Z值：-1.24<br>P值：0.215 | 2.23 |

（续）

| 路径Ⅰ：确权对<br>传导机制的影响 | 系数 | 路径Ⅱ：传导机制<br>对转入的影响 | 系数 | 确权对转入<br>的中介效应 | 索贝尔检验<br>（Z值/P值） | 自抽样检验<br>（Z值/P值） | 中介效应<br>占比（%） |
|---|---|---|---|---|---|---|---|
| 农地确权→ | −0.021 | 家庭信贷款→ | 0.003*** | −0.000 | Z值：−0.188 | Z值：−0.18 | 0.19 |
| 家庭信贷款 | (0.109) | 农地转入 | (0.001) | (0.000) | P值：0.851 | P值：0.859 | |
| 农地确权→ | −0.126 | 非农受雇时长→ | 0.000 | −0.000 | Z值：−0.005 | Z值：−0.00 | 0.003 |
| 非农受雇时长 | (0.079) | 农地转入 | (0.002) | (0.000) | P值：0.996 | P值：0.997 | |
| 农地确权→ | −0.006 | 农业受雇时长→ | 0.011*** | −0.000 | Z值：−0.151 | Z值：−0.13 | 0.17 |
| 农业受雇时长 | (0.040) | 农地转入 | (0.004) | (0.000) | P值：0.880 | P值：0.893 | |

注：限于篇幅，其他控制变量的估计结果略；*、**、***分别表示在10%、5%和1%的水平上显著，括号中为标准误；Bootstrap的重复次数为1 000。

## 四、结论与讨论

本节通过识别出农业生产激励、交易费用、交易价格以及农村要素市场联动四种中间传导机制，构建了新一轮农地确权影响农户农地流转行为的理论分析框架，并采用2011年和2013年中国健康与养老追踪调查（CHARLS）的全国追踪数据对其进行实证分析，得到如下研究结论：

第一，农地确权对农户农地转出不具有统计意义上的显著影响，但对农地转入具有负向作用。可见，农地确权在整体上非但无法促进农户转出农地，反而降低其扩大经营规模的可能性。对于发生农地调整、交通条件较为便利的村庄，农地确权更能促进农户农地转入和转出。对于农业机械化程度较高的村庄，农地确权产生更大的农业生产激励；与之相反，农地确权促进农户转出农地并抑制农地转入。

第二，农地确权通过交易价格机制促进了农户农地转出，并通过农业生产激励（增加务农实物和务农时间投入）和交易费用等传导机制对农户农地转出发挥抑制作用。其中，交易费用的中介作用最大，务农时间投入次之，而务农实物投入则最小。此外，农地确权尚未能通过农村要素市场联动的传导机制对农户农地转出产生任何影响。

第三，农地确权通过农业生产激励（增加务农时间投入）促进农户农地转入，并通过交易费用机制对农户农地转入产生负向影响。其中，交易费用的中介作用最大，务农时间投入次之。农地确权能够激发农户增加务农实物投入、提高农地流转租金，但是，务农实物投入和交易价格机制仍然不足以对农地转入产生显著影响。此外，农村要素市场联动机制对农户农地转入的作用同样未能得到充分发挥。

## 第四节　禀赋效应、产权强度与农地流转抑制

上节多次提到，农地确权会强化农户对农地的禀赋，从而抑制农地流转。那么农地流转市场是否存在禀赋效应构成了本节论证的一个重要逻辑起点，本节的写作目的是为了论证农地市场的禀赋效应，并利用广东的数据定量证明该效用的存在，重点分析不同产权强度下禀赋效应的差异。

### 一、产权强度及其交易含义：引入禀赋效应

在研究财产与人格的过程中，Radin（1982）提出"一种描述人与物之间关系的方法"，以测量人们失去该物时的痛苦程度。而且，如果一项财物的损失所造成的痛苦不能通过财物的替代得到减轻，那么这项财物就与其持有者的人格（personhood）密切相关。进而，他将财产分为人格财产（personal property）和可替代财产（fungible property）。

人格与财产的紧密相连，使得丧失人格财产的痛苦无法通过替代物来弥补。这种感受被 Thaler（1980）定义为"禀赋效应"：与得到某物品所愿意支付的金钱（Willingness to Pay，WTP）相比，个体出让该物品所要求得到的金钱（Willingness to Accept，WTA）通常更多。即指某物品一旦成为自己拥有的一部分，人们倾向给予它更高的价值评价。Kahneman 等（1991）认为，禀赋效应是"损失规避"的一种表现，即损失比等量收益所产生的心理感受更为强烈，因此人们更计较损失。从交换的角度来说，对于同样的物品，一个人的意愿卖价要高于意愿买价。

产权经济学认为，市场交易在本质上是交易主体的产权交易，要解决的是由于使用稀缺资源而发生的利益冲突，必须用这样或那样的规则即产权来解决。Alchian（1965）强调，所有定价问题都是产权问题。价格如何决定的问题，就成了产权如何界定、交换以及以何种条件交换的问题。其中，产权主体对所交易物品的价值评价，关键取决于交易中所转手的产

权的多寡或产权的"强度"。

产权经济学区分了两个重要的概念，一是产权赋权，二是产权行使。明晰的赋权是重要的，但产权主体是否具有行使其产权的行为能力同样是重要的。产权的行使包括两个方面：一方面是产权主体对产权的实际处置，另一方面是对产权的转让与交易。

由于产权在实施中的强度问题，使得同一产权在不同的实践环境、对于不同的行为主体，都可能存在实施上的差异。Alchian（1965）指出，产权的强度，由实施它的可能性与成本来衡量，这些又依赖于政府、非正规的社会行动以及通行的伦理与道德规范。可以认为，产权强度决定着产权实施，是政府代理下的国家赋权、产权主体行为能力与社会规范的函数。

通常认为，如果物品的产权边界是不明确的，或者说产权易于被减弱，那么将其参与交易的可能性会被抑制。正如 Barzel（1989）所说，任何对产权施加的约束，都会导致产权的"稀释"（attenuation of right）。因为每个人利用财产获利的能力大小，取决于其产权的实现程度。而施加各种约束，会限制个人的行动自由；对个人产权而言，将减少个人财产的价值或者导致租值耗散。

我们的问题是，提升物品的产权强度，就必定能够改善人们对物品潜在价值的评价，进而促进物品的交易？第一，交易费用范式关注了资产专用性、交易频率、不确定性等因素对交易成本的影响（Williamson，1985）。这一范式的特点是假定交易参与者具有明晰的产权，且具有同样的交易意愿。显然，该范式忽视了交易主体的主观差异。因为，不同的人将其所拥有的物品进行交易的意愿程度是不同的。第二，对于不同的产权主体来说，提升物品的产权强度，其所能发现的潜在价值也是不同的，进而参与交易的可能性倾向也是不同的。

因此，产权强度对交易的意义并非是明确的。引入禀赋效应理论，有助于做出进一步的解释。

**1. 产权及其产权交易不仅依赖于法律，在实际运行中更依赖于社会及其道义支持，乡土村庄更是如此。**在实际运行中，人们从交易中得到的东西，不仅来自于自己对生产、保护、行窃的选择，而且也取决于别人的认同，而社会规范基本上依赖于人们对公正性的伦理选择。如果违背了任何权利制度赖以存在的公正性，交易所得乃是一种幻影（Baumol，1982）。假定不存在法律约束，当社会认同无法通过交易来强化农民的权益时，或者实施交易可能导致其产权的租值耗散时，产权主体势必会选择继续持有，因为这是防止其物品价值损失的唯一方法。不交易即是最好的交易，此时的禀赋效应很强。

2. 假定某个人拥有的物品，既得到法律的赋权，也得到社会认同，如果他对这类物品具有继续持有的依赖性特征，那么其禀赋效应将尤为强烈（例如，一个以农为生、将土地人格化的主体）。产权赋权的"权威"主要表现为排他性。正如 North（1993）所说："产权的本质是一种排他性的权利，……产权的排他对象是多元的，除开一个主体外，其他一切个人和团体都在排斥对象之列"。法律赋权和社会认同的物品排他性强，持有者的行为能力也对应较强。特别是当完整权利下的行为能力的产出物成为其赖以维生的来源，持有者本身也成为物品权利的一部分，从而使得这类物品的交易将转换为物与人结合的权利交换，其排他性将变得尤为强烈。此时持有者的禀赋效应很强，即使存在潜在的交易对象，也难以取得这件物品的完整权利（排他权），交易也就难以达成。

3. 如果一个人对所拥有的物品具有生存依赖性，并且具有在位控制权，特别是当其控制权的交易具有不均质性、不可逆的前提下，那么其禀赋效应将较为强烈。在承包权与经营权分离的情形下，农地流转意味着对农地实际使用的控制权掌握在他人手中，并有可能导致土地质量、用途等发生改变。当承包者重新收回经营权时，处置权的强度已经发生改变。如果存在事前的预期不确定性，并且这种改变及其风险又是承包农户难以接受的，那势必会导致承包权主体的禀赋效应增强，交易必然受到抑制。

4. 值得指出的是，禀赋效应理论一直关注交易过程中"人—物"的关系，却未考虑到面对不同交易对象时的情景差异。在产权经济学家看来，隐含在物品交换背后的是人与人之间的权利交易，而就同一物品而言，面对不同的交易对象，产权主体所拥有的产权排他能力是不同的。正如 Barzel（1989）指出的，个人权利的实现程度取决于他人如何使用其自己的权利。可以认为，同一个人对其所拥有的物品，面对不同交易对象时的禀赋效应是有差异的。

## 二、理论线索与假说

### （一）农地产权的法律赋权

《中华人民共和国土地管理法》规定"农村和城市郊区的土地，除由法律规定属于国家所有的外，属于集体所有"；"农民集体所有的土地依法属于村农民集体所有，由村集体经济组织或村民委员会经营、管理"。家庭承包制后，土地的集体所有制普遍表达为社区集体的每个成员都天然地享有对土地的同等权利。由于成员身份资格的天赋性，使得家庭承包普遍选择了"均分制"。

从赋权角度而言，尽管集体所有制相对于土改时期的私有制具有产权弱化的特征，但比之于人民公社时期的所有权与经营权合一的制度安排来说，家庭承包所形成的所有权与承包经营权的分离，却有产权强化的特点。尽管均分制引发了众多的后遗症，但对农村社区集体天然成员权的认可，大大提升了农户的产权强度。第一，农村土地属于农民集体所有，农民凭借其成员权所获得的承包经营权，具有了"准所有权"的性质；第二，《农村土地承包法》以国家法律的形式赋予农民较为稳定的土地承包经营权，强化了农民土地权利的稳定性预期。

因此，现行法律对农民土地的赋权，使得承包权与经营权的分离成为了可能。其中，承包权的"流转"意味着农民的集体土地成员权的丧失与放弃，而经营权的流转则意味着农户对土地潜在收益的实现。但是，经营权的交易有可能稀释承包权的产权强度。由于产权交易中的权利重新界定（合约）及其交易费用，必然会导致"公共领域"（Barzel，1989）。因此，可以认为，越是看重承包权的农户，越不愿将承包权与经营权分离。

假说1：相对于参加农地流转的农户，没有参与农地流转的农户的禀赋效应较高。

### （二）农地产权的社会认同

村庄秩序的生成具有二元性：一是村庄内生，二是行政嵌入。前者使得一套关于土地产权的法律规定，往往具体表达为实际运行的乡规民约；后者则随着国家力量对农村社会的不断渗透与直接介入，导致国家权力机关及其人员的认同逐步成为了决定土地交易秩序的主流观念（谢琳、罗必良，2010）。

已有研究表明，在中国乡村社会所发生的大量土地纠纷中，人们往往援引不同的政策法规来说明自己的"正确"。之所以如此，一个重要的根源在于有关农村土地的法律规则具有不确定性与不一致性（张静，2003）。由于在土地权利方面存在多种不同的规则，而它们又分别包含着不同原则和价值，这就为相机的规则选择提供了机会。于是，纠纷的处理与规则的选择过程已经不是典型意义上的法律过程，而是一种政治过程，它遵循利益政治逻辑。由此，普遍存在的农村集体土地的"公有制"理念，使得"公家"机构或人员成为了重要的规治主体。

写在纸上的"制度"与实际实施的"制度"并不总是一致的（罗必良，2005），农村土地制度尤其如此。当国家权力渗透到农地产权的实际运作中之后，农村干部就成为了国家的代理人，国家意志往往是通过乡村干部来达成的。

假说2：干部群体的认同会影响农民的产权强度，进而会导致不同的禀赋效应。

### （三）农地产权的行使能力

农民对土地产权的行使，既有赖于国家的法律赋权与社会的道义偏好，也与其自身的行为能力密切相关。可以认为，明晰产权赋权是重要的，农户是否具有产权的行为能力同样是重要的。

农民土地产权的行为能力可以细分为三个维度，即排他能力、交易能力和处置能力。

第一，农户对土地产权权属和收益的排他占有能力，涉及不同交易主体之间对产权权益的争夺和控制。农户越是强调其对土地已经形成事实占用的"占先"优势，其禀赋效应越强。

第二，农户实施土地流转交易的能力，主要涉及的是农户与其他市场主体间关于"剩余索取权"的缔约与履约能力。产权主体的交易能力越强，其对契约安排及其权益分享的自由选择空间越大，讨价还价的余地越大，进而有利于产权交易频率和规模的扩大。因此，农户参与流转交易的能力越强，其禀赋效应将具有弱减的趋势，否则则反之。

第三，农户的处置权能力，主要涉及的是产权主体自身对农地使用用途的处置。一方面，处置能力是行为主体在产权实施过程中所表现出来的可行性能力。一般地，产权主体的处置能力越强，其配置资产用途的选择空间越大，利用和配置资源的效率也越高；另一方面，农民具有天然的恋土情节，对土地在生存上的安身立命与情感上的浑然一体，往往会使他们会认为自己才是如何处置土地的真正主人。因此，农民越是强调"在位处置"的权利，所表达的禀赋效应将越强。

假说3：农户行使土地产权的行为能力不同，会表现出不同的禀赋效应，并导致农地流转的不同绩效。

### （四）农地产权的交易对象

乡土中国的社会关系是以个人为中心的，其他所有的个人和群体都按照与这个中心的社会距离而产生亲疏远近关系。在这个差序格局中，人们的血缘关系或亲情关系成为最为亲密稳固的社会关系（费孝通，1998）。人情规则是农村土地流转的重要规则。因此，农民对土地资源的配置，并不由一个纯粹的要素市场所决定。周翔鹤（2001）的研究表明，传统乡土中国的地权交易并不是明确意义上的产权交易，而往往是通过"典契"以较低价格出让土地。"典契"包含了人情、道德、习俗等多重因素①。

假说4：农户的农地流转，面对不同的交易对象，会表现出禀赋效应的差序特征。

## 三、农地流转抑制：来自广东的证据

基于前述的理论分析及其假说，我们的实证研究可以分为两个部分，一是测算农户在不同情景下的农地禀赋效应，从而揭示农地流转抑制的内在根源；二是测算农户面对不同流转对象的禀赋效应差异，从而说明情感因素对农地流转的抑制作用。

### （一）数据来源与样本描述

本课题组于 2011 年对广东省 38 个村拥有承包地（耕地）的农户进行

---

① 地权的买卖、抵押、租赁等是纯粹市场形式的产权交易，但"典"则是不完全形式的产权交易，相对前者它具有产权模糊的特征。

入户问卷调查（包括了珠三角、粤东、粤西与粤北地区，代表了经济发展的不同水平）。发放问卷 280 份，有效问卷 271 份（有效率为 96.79%），样本农户基本特征见表 3-8。

表 3-8　样本农户的基本特征

| 指标名称 | 参与流转 | 未参与流转 | 总计 |
|---|---|---|---|
| 样本农户比例（%） | 55.72 | 44.28 | 271 |
| 务农人口占家庭人口比例（%） | 39.23 | 45.30 | 42.00 |
| 农业收入占家庭总收入比例（%） | 34.69 | 43.54 | 38.61 |
| 家庭人均承包地面积（亩） | 1.33 | 1.20 | 1.27 |

由表 3-8 可以发现，农户农地流转具有明显的状态依赖性。与参与农地流转的农户相比，未参与流转的农户具有明显的特征：一是以农为业，其家庭中务农人口的比例比前者高 6.07 个百分点；二是以农为生，其家庭收入中来自于农业的份额比前者高 8.85 个百分点；三是小规模经营，家庭中人均承包地比前者小 9.77%。表明越是依存于农业以及小规模经营的农户越发难于参与农地流转。

## （二）禀赋效应测度及其关联因素分析

**1. 测度指标选取。**如前所述，农户对土地的禀赋效应与其产权强度紧密关联。考虑到问卷数据的可用性，选取的测度指标见表 3-9 和表 3-10。其中，表 3-9 是关于农户农地流转行为及其家庭资源禀赋的问卷描述；表 3-10 则是关于产权强度的问卷描述。

表 3-9　农户行为及其资源禀赋的测度指标

| 分类指标 | 观察项 | 测度含义 | 农户问卷 | |
|---|---|---|---|---|
| | | | 样本数 | 比重（%） |
| 产权行使能力 | 是否流转农地 | 是 | 151 | 55.72 |
| | | 否 | 120 | 44.28 |
| | 农地种植目的 | 自用 | 189 | 69.74 |
| | | 出售 | 82 | 30.26 |
| | 承包地抛荒 | 是 | 43 | 15.87 |
| | | 否 | 228 | 84.13 |

（续）

| 分类指标 | 观察项 | 测度含义 | 农户问卷 | |
|---|---|---|---|---|
| | | | 样本数 | 比重（%） |
| 农户资源禀赋 | 农业收入占家庭总收入比例（%） | ≥36.23 | 113 | 41.70 |
| | | <36.23 | 158 | 58.30 |
| | 家庭中务农人口的比例（%） | ≥40 | 160 | 59.04 |
| | | <40 | 111 | 40.96 |
| | 人均承包耕地面积（亩） | ≥0.73 | 115 | 42.44 |
| | | <0.73 | 156 | 57.56 |

注：①农业收入比、家庭务农人口比例、人均耕地面积的分类方法是以整体样本的均值作为对比组的区分标准值；②农户产权的行使能力与表3-10中的部分观察项有关，这里仅仅是便于表述所做的简单分类。

表3-10 农地产权强度的测度指标

| 观察项 | 法律规定 | 社会认同度 | 农户认知 | | |
|---|---|---|---|---|---|
| | | | 问项 | 样本数 | 比重（%） |
| 土地属于农村集体所有 | 法律规定"是" | 2.10 | 同意 | 93 | 34.32 |
| | | | 不同意 | 178 | 65.68 |
| 应该签订承包经营合同 | 法律规定"应该" | 4.70 | 同意 | 220 | 81.18 |
| | | | 不同意 | 51 | 18.82 |
| 承包权应该长久不变 | 法律规定"30年不变" | 2.50 | 同意 | 115 | 42.44 |
| | | | 不同意 | 156 | 57.56 |
| 农户可以"抛荒"承包地 | 法律无明确规定 | 2.27 | （同表3-9） | | |

注：①社会认同的数据来源本课题组利用各种培训及会议机会在全国范围内对乡村干部群体所做的书面问卷（2010年2月至2011年3月）。共发放问卷600份，回收有效问卷533份，有效率为88.83%。其中东部地区333份，占总样本数的62.48%；中部地区78份，占14.63%；西部地区122份，占22.89%。②认同度为"1～5"打分，"1"为非常不认同，"2"为不认同，"3"为一般，"4"为认同，"5"为非常认同。当认同度的平均值高于3，即表明社会对观察项持认同态度。

**2. 测算方法。** 根据"禀赋效应"的定义，参照前述的经典实验（Kahneman et al.，1990）。本节将271个样本农户作为被调查对象，通过问卷获取每个农户参与农地承包经营权流转的意愿价格，以测算不同类型农户的禀赋效应。

根据《土地承包法》，通过家庭承包取得的土地承包经营权可以依法采取转包、出租、互换、转让或者其他方式流转。在承包权和经营权能够分离的前提下，可以将农户的土地转让、放弃或退回承包地界定为承包权流转，农户的土地流转（转包、出租等）则可视为经营权流转。

问题是，我国现行法律禁止农地的买卖，唯一的合法方式是国家对农户土地承包权的征收。因此，农地承包权的流转往往具有不可逆的单向性，只能流转"退出"而不能流转"进入"。这就意味着：①农户只能是农地承包权的潜在卖者，而绝对不可能是买者；②对农地承包权的购买（征地）往往带有强制性，并不由承包农户的意愿决定；③承包权的流转价格由国家强制规定，农户并不具备讨价还价的能力。由此，我们不可能测算农户承包权流转的禀赋效应。

基于上述，本节所讨论的农地流转，实际上是指农户农地经营权的流转。

（1）从逻辑上来说，在经营权流转过程中，每个农户都可能是潜在买者或者卖者，由此可以获得各自的意愿支付价格（WTP）和意愿接受价格（WTA）的报价。WTA／WTP 的比值便是禀赋效应强弱的反映。当大于1时，表明存在禀赋效应。一般而言，农户的禀赋效应越高，转出农地的可能性越小，因而能够解释农地流转的滞后与农户的"惜地"行为。

（2）赋权方式、社会认同和行为能力会影响禀赋效应的强弱，并进而影响农地流转行为。为了说明产权强度与农户资源禀赋对农户禀赋效应的影响，我们进一步分析不同背景下农户的禀赋效应差异及其形成特征。

**3. 测算结果。**根据上述，农户在农地经营权流转中的禀赋效应如表3-11所示。

表 3-11　农户经营权流转禀赋效应的测算结果

| 分类指标 | 观察项 | 测度含义 | WTP（元） | WTA（元） | 禀赋效应 |
|---|---|---|---|---|---|
| 行使能力 | 是否流转农地 | 是 | 561.17 | 664.83 | 1.18 |
| | | 否 | 998.92 | 2 346.92 | 2.35 |
| | 农地种植目的 | 自用 | 571.75 | 747.31 | 1.31 |
| | | 出售 | 1 392.12 | 4 132.32 | 2.97 |
| | 承包地抛荒 | 是 | 405.79 | 5 956.25 | 14.68 |
| | | 否 | 857.79 | 1 263.68 | 1.47 |

（续）

| 分类指标 | 观察项 | 测度含义 | WTP（元） | WTA（元） | 禀赋效应 |
|---|---|---|---|---|---|
| 资源禀赋 | 农业收入比（%） | ≥36.23 | 578.35 | 2 032.36 | 3.51 |
| | | <36.23 | 915.10 | 2007.53 | 2.19 |
| | 务农人口比例（%） | ≥40 | 927.93 | 2 634.31 | 2.83 |
| | | <40 | 580.93 | 685.32 | 1.18 |
| | 人均承包地面积（亩） | ≥0.73 | 995.30 | 1 838.30 | 1.85 |
| | | <0.73 | 631.40 | 2 119.58 | 3.36 |
| 法律赋权 | 土地属于农村集体所有 | 同意 | 1 176.45 | 1 599.82 | 1.36 |
| | | 不同意 | 570.79 | 988.51 | 1.73 |
| | 应该签订承包经营合同 | 同意 | 821.05 | 1 984.45 | 2.42 |
| | | 不同意 | 607.50 | 947.62 | 1.56 |
| | 承包权应该长久不变 | 同意 | 1 035.45 | 2 969.16 | 2.87 |
| | | 不同意 | 598.96 | 1 155.13 | 1.93 |

测算结果证明了本节的假说。具体而言：

（1）从表3-11可以看出，无论任何情形，农户对农地的禀赋效应均高于1，表明农户在农地流转中的"惜地"与高估其拥有的经营权价值，是普遍的现象。熊彼特（中文版，2009）曾经指出："农民可能首先把土地的服务设想为土地的产品，把土地本身看作是真正的原始生产资料，并且认为土地的产品的价值应该全部归属于土地"。赋予土地一种情感的和神秘的价值是农民所特有的态度，从而在农地流转中存在过高评估其意愿接受价格（WTA）的倾向。显然，普遍存在的禀赋效应必然对农地流转形成抑制。

（2）未参与农地流转农户的禀赋效应大大高于已参与流转的农户。主要特征在于：第一，以农为生。农业收入占家庭收入的比例越高，其禀赋效应越高；第二，以农为业。家庭中从事农业的人口所占比例越高，其禀赋效应越高；第三，以地立命。农户所承包的农地越少，其禀赋效应越高[①]。因此，对土地的生存性依赖所导致的禀赋效应，成为抑制农地流转

---

① 我们前期的研究表明，农户承包的土地面积越大，越倾向于农地的转出。计量分析证明，无论是经营权转出还是承包权转出，土地面积的正向影响均具有显著性（罗必良等，2012）。

的重要根源。

（3）尽管法律规定农地属于农村集体所有，但却有 65.68% 农户对此并不认可，干部群体的社会认同度也只有 2.10。问卷结果表明，无论是干部群体还是农户，均倾向于认可土地属于"国家所有"，其认同度分别为 3.98 和 3.86。之所以如此，可能的原因是农户或许认为"国家所有"更能够赋予其承包经营权以公正性和权威性，而"集体所有"所形成的"内部人控制"将弱化其产权强度。因此，农户对土地的"非集体"认知以及干部群体的道义支持，会增强其禀赋效应，进而抑制农地流转。

（4）无论是法律规定还是社会认同，均支持土地承包经营合同的签订，农户对此的同意率亦高达 81.18%，其禀赋效应是"不同意"农户的 1.55 倍。可见，承包经营合同所形成的明晰产权，能够显著强化农户的行为能力并增强其禀赋效应，从而抑制农地流转。这表明产权经济学教科书所强调的产权明晰有利于促进产权交易的判断（张军，1991；黄少安，1995），并不完全适用于农地产权流转这一特殊市场的交易情形。

（5）无论是法律规定还是社会认同，均未支持农户享有土地的长久承包权。尽管政策导向已经倾向于承包权的长久赋权，但却仍有 57.56% 的农户并不认可。但是，由于农户天然的身份权使其在承包经营权的赋权中占有"垄断"地位，身份权、承包权、经营权的合一，大大强化了农户土地的人格化财产特征。一旦农户诉求于长久承包权，其排他性产权的占先优势，势必导致在农地流转交易中对产权准租金的追求，从而大大提升其禀赋效应。因此，强化农户的产权强度与鼓励农地的流转集中，存在政策目标上的冲突。

（6）与以农为生的农户一样，农户商业化的种植行为所形成的禀赋效应将显著增强。这表明如果土地经营能够改善农民收入状况，农户流转其农地的可能性将大大减少。可见，增加农民的务农收入与促进农地流转之间亦存在政策目标上的冲突[①]。

（7）对承包地的抛荒，尽管法律没有明确限制，但干部群体与农户均持反对的态度。没有过抛荒行为的农户其禀赋效应为 1.47，而抛荒农户尤为重视其产权行使，禀赋效应高达 14.69，这表明有 15.87% 的农户宁

---

① 我们已经证明，农户务农收入与承包经营权流转存在显著的负相关（罗必良等，2012）。

愿闲置土地亦不愿意流转。总体来说，无论是否存在抛荒，均说明了农户对"在位处置权"的重视，从而普遍抑制着农地流转。

### （三）禀赋效应的差序格局与对象性特征

尽管农户对于农地存在明显的禀赋效应，但考虑到农地流转的地域限制、对流转对象的选择性特征，其禀赋效应应该存在差异。

农户的土地流转对象一般包括亲友邻居、普通农户、生产大户、龙头企业[①]。在问卷设计中，农户可以进行多个对象的选择。其中，愿意将农地流转给亲友邻居的农户有 38 个，占意愿转出样本总数 140 个的27.14％，意愿比例最高，但意愿接受价格（WTA）最低；意愿从亲友邻居那里转入农地的农户则高达 95 个，占意愿转入样本总数 233 个的40.77％。表明农户的农地流转更倾向于在亲友邻居之间进行交易。

采用与上节同样的测算方法，可以得到农户选择不同交易主体的禀赋效应（表 3－12）。

表 3－12　农户对不同意愿流转对象的禀赋效应测度

| 流转对象 | 意愿转出样本数 | WTA 均值（元） | 意愿转入样本数 | WTP 均值（元） | 禀赋效应 |
|---|---|---|---|---|---|
| 亲友邻居 | 38 | 553.42 | 95 | 643.53 | 0.86 |
| 普通农户 | 27 | 732.59 | 72 | 524.79 | 1.40 |
| 生产大户 | 36 | 1 158.89 | 30 | 731.67 | 1.58 |
| 龙头企业 | 33 | 3 304.55 | 11 | 1 272.73 | 2.60 |

观察表 3－12 可以发现：

（1）农户的禀赋效应依"亲友邻居—普通农户—生产大户—龙头企业"而逐次增强，从而证明了农户对于不同的交易对象存在明显的禀赋效应的差序化特征。

（2）与亲友邻居的流转交易，不存在禀赋效应（WTA／WTP 的比值均小于1）。一方面，亲友邻居之间的农地流转，并不是纯粹意义上的要素市场的交易，而是包含了亲缘、人情关系在内的特殊市场交易，其较低

---

① 当然，农户还会选择合作社进行土地流转，但通常是以股份合作的方式参与，并不是一个土地经营权的"买卖"交易。因此本节不考察这类流转的禀赋效应。

的禀赋效应表明了这类交易存在一种"非市场"的定价机制。另一方面，考虑到农户对"在位处置权"的重视，亲友邻居基于其长期交互所形成的"默契"与声誉机制，一般不会随意处置其所转入的农地，从而能够为转出农户提供稳定预期①。

（3）农户对普通农户、生产大户、龙头企业等流转对象的较高的禀赋效应，意味着：第一，农户在农地流转对象的选择上，对生产大户与龙头企业具有明显的排斥特征，同时亦表明了农户产权交易能力的明显不足；第二，局限于与亲友邻居间的流转，排斥其他主体的流转进入，导致土地流转主体的单一与交易范围的窄小；第三，农地流转的"人情市场"占主导地位，抑制着流转市场的发育与规范。

我们于 2011 年进行的全国农户抽样问卷调查支持了这一判断。在 890 个有效样本农户中，参与农地流转的样本农户占总样本的 28.43%，而农地的实际流转率只有 16.61%。不仅农地流转率低下，而且高达 74.77% 的农地流转给了亲友邻居，流转给生产大户和龙头企业的比例十分有限（表 3-13）。

表 3-13 样本农户农地流转的对象分布

| 农地流转对象 | 占流转面积的比例（%） | 农地流转对象 | 占流转面积的比例（%） |
|---|---|---|---|
| 亲友邻居 | 74.77 | 合作社 | 1.83 |
| 一般农户 | 14.91 | 龙头企业 | 3.67 |
| 生产大户 | 4.82 | 合计 | 100.00 |

## 四、结论与讨论

本节得到的结论是：

**1. 农户在农地流转中存在的禀赋效应，不仅具有普遍性，而且具有显著性。**其中，强化农户对土地的产权强度特别是其身份权利，会明显增强其禀赋效应。这表明，从推进农地流转集中的政策导向而言，以身份权

---

① 事实上，农户的农地抛荒往往会降低其土地质量（变为野地或荒地，严重者将难以复原），而将其流转给值得信任的亲友邻居，还可能获得良好的"照看"。

为主要赋权依据的家庭承包均分制，已经面临着重大变革。

**2. 农户的禀赋效应对家庭资源禀赋具有明显的状态依赖性。**以农为生、以农为业、以地立命的生存状态所导致的较高禀赋效应，成为抑制农地流转的重要约束。因此，改善农户的非农就业能力，增加农户收入的非农性来源，避免土地均分导致的小规模经营，均能够降低农户的禀赋效应，从而有利于农地的流转与集中。

**3. 农户的"恋地"、"惜地"情节与"在位处置"偏好，使得农户的禀赋效应具有明显的情感依赖性。**因此，农地承包经营权的流转，并不仅仅是一个土地要素的流动问题，也不仅仅是一个经济利益的诱导问题，而且还是一个农民的社会心理问题。

**4. 农户的禀赋效应具有显著的对象依赖性。**禀赋效应的差序格局所表达的含义是：第一，农地流转在相当程度上是一个亲缘与"人情"的关系市场；第二，农户农地流转对生产大户与龙头企业的排斥，一方面表达了农户交易能力的有限，另一方面也说明了农户对契约化交易的预期不足①。因此，推进农地流转市场的发育，既要兼顾到乡土社会人地关系的特殊性，又要改善流转交易的规范化与契约化。不考虑到前者，显然会违背农户的心理意愿，忽视后者，则会将有经营能力的行为主体隔离于农业之外，使得小规模、分散化的农业经营格局难以改变。

总之，禀赋效应的普遍存在是抑制农地流转市场发育的重要根源。其中家庭承包与土地均分导致的土地产权的人格化，对农地的生存依赖性、情感依赖性与对象依赖性，都在不同的层面上制约着农地产权的流转。因此，农地流转市场并不是一个纯粹的要素市场，而是包含了亲缘、人情关系在内的特殊市场。

由于禀赋效应是对物品交易的意愿接受价格（WTA）与愿意支付价格（WTP）的比值（WTA/WTP），当比值过高时就会抑制物品的交易。于是，对于农地转出来说，意愿接受价格就具有决定性作用②。

---

① 本课题组 2011 年的全国问卷结果表明，参与农地流转的 253 个农户中，签订合约的比例只有 52.77%，进行合约公证的比例仅有 40.56%。而生产大户与龙头企业进行农地租赁时，通常会与农户签订正式合约。

② 农户是农地承包经营的主体，从扩大经营规模的角度来说，鼓励小规模农户的农地转出，更有现实意义。

农民的意愿接受价格由什么决定呢？根据前文的理论说明，可以发现关键在于农户拥有的产权及其产权强度。产权经济学认为，产权不清晰、产权不能排他或者缺乏有效的保护，必将引发产权的租金耗散与资源利用的低效率。第一，由于不能排他，产权主体的收益权得不到保障，其改善资源配置效率的行为努力必定受到抑制，从而导致资源利用效率的损失；第二，一项不能排他的产权显然难以进行合理的交易，而不能交易意味着资源不可能向其价值评价更高者流动，从而导致资源配置效率与社会效率的双重损失。

问题是，本节的分析表明，无论是法律赋权还是社会认同均会强化农户的产权强度，并进一步增强农户对土地的禀赋效应，而过高的意愿接受价格将进一步抑制着农地的流转。之所以如此，原因在于农地对于农民来说是一种不可替代的人格化财产[①]，并由赋权的身份化（成员权）、确权的法律化（承包合同）、持有的长久化（长久承包权）而不断增强。

较高的禀赋效应，表达了农民对土地人格化财产的诉求。由此可以推断，没有农地的资本化，农地流转市场的发育不仅必然是滞后的，而且必定是扭曲的。

第一，如果农民"集体所有"的成员权与承包权无法通过资本运作获得增值，那么农民在农地经营权流转上就会有夸大其意愿接受价格的可能。这就是说，农地流转租金的定价并不仅仅由农地经营所产生的收入流所决定，而是土地所提供的全部收入流及其多重权益的保障程度所决定。企图构建独立于"准所有权"与承包权之外的农地经营权流转市场，显然是不现实的。

第二，增加农户的务农收入与促进农地流转集中存在政策目标上的冲突。如果农民通过土地承包经营只能获得产品性收入，那么农民的收入来源不仅是有限的，而且会因对土地的生存依赖所导致的禀赋效应使得农地流转越发困难。因此，赋予农民以土地财产权，将有效弱化农户对农业生产经营性收入的依赖，从而才有可能实现增加农民收入、保护农民土地权益、促进农地流转等多重政策性目标的兼容。

---

① 我们前期的研究同样证明，农户参与养老保险，不仅不能降低反而会进一步强化农户保留农地承包权与经营权的意愿（罗必良等，2012）。

第三，禀赋效应的差序化与经营对象的选择性流转，必然导致小规模、分散化经营格局的复制。农地产权流转仅仅局限于将农地作为生产要素，而不是作为财产性资本进行配置，那么农地流转一定会停留于"人情市场"。只有赋予农户以土地的财产性权利，通过土地与资本的结合、土地与企业家能力的结合，有经营能力的行为主体（投资能力、企业家能力）才有可能进入农业，农地流转集中与农业的规模经营才会成为可能，农民也才有可能因此而获得财产性收入。

# 第五节　还权松管、赋权强能与农地流转潜力

## 一、问题的提出

学界普遍认为，农地流转具有改善农业要素配置效率和提高农业经营绩效的作用（姚洋，2000；钱忠好，2002；李谷成等，2010；游和远，2014）。鉴于农地均包制引发的家庭经营的分散化、细碎化与规模不经济，中国政府一直在着力推进农地流转。

产权理论认为，资源的产权主体明确，并允许产权的自由转让，同时与之相对应的收益权得到有效保护，产权主体能够最大限度地在产权约束的范围内配置资源以获取最大化收益。因此其核心主张是，在产权明晰与稳定的前提下，市场能够自动解决交易问题（Alchian，1965）。与这一思想吻合，在强化农民土地产权基础上促进农地经营权流转，是中国政府政策努力的基本线索。这一努力无疑取得了显著成效。农业部数据显示，截至 2016 年底，中国农地流转面积已达到 4.71 亿亩，占承包耕地总面积的 35.1%[①]。

但值得关注的是，2006—2009 年中国农地流转的年均增长率为 38.88%，2010—2016 年则下降至 16.64%。由此引发的思考是，为什么农地流转呈现反差如此之大的阶段性转变？巧合的是，2010—2016 年农地流转增速的放缓，恰逢旨在推进农地流转的新一轮农村土地承包经营权确权登记颁证工作的全面推进期。本节的追问是，为什么农地确权没有能

---

够进一步促进农地流转率的加速提升呢？或者说，农地确权真的还能够促进农地流转吗？

中国对农民土地产权的强化，具有明显的阶段性特征：一是"还权松管"（2009 年之前）。即以"还权"的方式赋予农户以独立经营权①以及稳定的土地承包关系，以管制放松的方式允许农户在自愿、有偿的前提下依法进行承包经营权流转。郜亮亮等（2014）对全国 6 省农户的调查结果表明，在 2000 年，有 21％的农户在流转农地时受到村级管制。到 2008 年这一数据已下降至 3％。二是"赋权强能"（2009 年之后）。即以"赋权"的方式赋予农民更加充分且有保障的土地承包经营权，现有土地承包关系保持稳定并长久不变，以"强能"的方式在农地确权的基础上全面落实承包地块、面积、合同、证书"四到户"，并强化农户对农地经营权的物权保护、处置、抵押担保、自主流转等产权实施的行为能力。其重点在于，维护农民的土地承包经营权，通过农地确权给农民"确实权、颁铁证"，真正让农民吃上"定心丸"（韩长赋，2015）。显然，地权强化的不同阶段，对于农地流转的激励效果也是不同的。

我们的推断是：①对农地产权的还权与管制放松，尤其是对农地流转交易权的管制放松，能够有效促进农地的流转（Yao & Carter，1999；Deininger & Jin，2004；Kimural et al.，2011）；②作为土地法律和中央精神在地方政策执行和实践中的落实，各级政府对农地流转予以了大力支持，尤其是在 2006—2010 年期间密集的政策推进，加快了中国的农地流转（马贤磊等，2016；张建等，2017）；③农地流转的管制放松改善了农地流转的制度环境，极大地释放了农地流转的潜力，由此造成新一轮农地确权对农地流转的激励作用有限。农地确权对农地流转缺乏足够激励效果的原因还在于，作为对农民土地"赋权强能"的重要举措，它会强化农民的人格化财产权，使得农民对土地的禀赋效应进一步提高，从而存在抑制农地流转的可能（罗必良，2014，2016，2017）。显然，对上述推断的论证不仅有助于重新认识强化地权与农地流转的内在关联性，对于理解新一轮农地确权的功能定位及其制度性含义也具有重要意义。

---

① 自 1985 年中央 1 号文件规定"任何单位都不得再向农民下达指令性生产计划"后，农户越发拥有了较为充足的自主经营决策权。

## 二、分析线索与逻辑演绎

### (一) 分析线索

产权经济学认为，产权的实质是通过界定主体对其财产或所有物的权属关系，进而界定主体之间的权责关系（Alchian，1965；North，1994；Aoki，2001）。完善的产权制度，通过塑造一种稳定的合作和经济秩序，使得行为主体对其财产的处置预期能够更为稳定（North，1994）。而相较于其他权利，转让权尤其重要。完善的使用权和收益权虽然能够降低租值耗散，但转让权的界定才是市场交易的前提，并意味着收益权和使用权的可转移性，且一定程度上包含了二者（Steven，1983）。基于产权理论的分析范式，农业经济领域普遍关注于提高中国农地产权的稳定性及其经济效果。由此形成的基本共识是，强化农民的土地权利能够有效促进农地流转（Feng，2006；Holden et al.，2007；Jin & Deiniger，2009；Mullan et al.，2011）。

经典文献早就注意到产权的强弱对产权主体行为能力的影响。Alchian 和 Kessel（1962）所强调的产权限制、德姆塞茨（1988）所强调的产权残缺，都可表达为埃格特森（1990）所说的产权弱化，即对部分产权权属的"删除"、对行为主体权能的限制或削弱，均会影响到产权主体对他所投入资产使用的预期，也会影响资产对产权主体及他人的价值，以及作为其结果的交易的形式（菲吕博腾和配杰威齐，1972）。其中，对转让权的不当限制（更不用说对转让权的禁止），会使产权界定在很大程度上失去意义。它直接引致的后果是：一是资源不可能流向对其评价最高的地方，资源配置效率由此受到损害；二是必然导致有效竞争的缺乏。由于产权主体相互间的冲突不能通过竞争性的转让方式解决，那么就会陷入无休止的"内耗"或者容忍资源利用不充分的低效率；三是由于以上原因也必然导致行为主体的收益权受到限制与侵蚀（罗必良等，2013）。因此，产权强化的第一层含义是"归还"被删除的产权权属、减少或放松对产权权能的限制。本节将其称之为"还权松管"。产权强化的第二层含义，是在"还权松管"基础上的进一步赋权与强能，可称之为"赋权强能"。主要包括对某种资源的多种用途进行选择的权利（Alchian，1987），并分别表达为不减弱的可排他性（涉及时间、空间以及对资源各种有价值属性的清晰界定与保护）、可处置性（产权主体在实际使用和运作财产权利过程中所表现出来的可行性及行为能力）、可交易性（表现为产权主体根据资源的用途差异把权利通过契约形式与可能的潜在产权主体进行转让和交换的频率和规模）。一般来说，可处置性越低，其可交易性越差，进而其可排他性也越差。

改革开放以来，中国的地权改革具有显著的阶段性特征，即相继发生的"还权松管"与"赋权强能"。因此，必须区分两个不同阶段所内含的农地流转逻辑及其行为发生学意义。

自党的十一届三中全会之后，1984 年的中央 1 号文件首次提出，鼓励农地向种田能手转移，但规定必须经过村集体同意并统一安排才能流转。1988 年《土地管理法》和《宪法》修正案的颁布，国家才正式以法律形式承认村集体土地的流转权，但这仅限于集体层面的部分还权（孔泾源，1993）。直到 2002 年颁布的《农村土地承包法》，法律层面才首次提出，农户家庭所取得的土地承包经营权可以依法采取转包、出租、互换、转让或者其他方式流转。2007 年 10 月 1 日开始实施的《物权法》进一步规定承包经营权可以通过转让、入股、抵押或者其他方式流转。从此，农户对农地流转的主体地位及其自主决策权得到了法律肯定。从 2006 年开始，几乎历年的中央 1 号文件都会提及鼓励农民在自愿、有偿、依法的原则下流转农地，各省也陆续出台了推动农地流转的相关政策文件。这一阶段，中国政府的努力可以概括为：将农地流转权利还给农民，并不断放松对农地流转的管制，即"还权松管"阶段。

上述证据与农地流转取得的重要进展无疑增加了中国政府通过新一轮农村土地承包经营权确权登记颁证工作，进一步推动农地流转的信心。农地确权有助于进一步稳定土地承包关系、维护农民土地权益的保障，并被视为引导承包经营权流转、发展适度规模经营的重要基础（韩长赋，2015）。从 2009 年开始，中国政府开始实施新一轮农村农地确权登记颁证工作，在强化地权的同时力图赋予农民更多的土地财产权益。2009 年的中央 1 号文件提出，要搞好农村土地确权、登记、颁证工作，完善土地承包经营权权能，依法保障农民对承包土地的占有、使用和收益等权利。

2013 年党的十八届三中全会发布的《中共中央关于深化改革若干重大问题的决定》，中国政府明确了要稳定土地承包关系并保持长久不变，赋予农民对承包地的占有、使用、收益、流转、继承及承包经营权抵押、担保权能。2017 年党的十九大报告更是强调要在第二轮承包到期后承包期再延长 30 年，完善承包地的"三权"分置制度。很显然，在中国的农地制度改革已经完成对地权的管制放松与还权于农的基础上，2009 年以来的进一步努力则集中于赋予农民更多的土地财产权益、强化地权的功能属性等方面，并进入"赋权强能"阶段。

可见，已有关于强化地权与促进流转关系的研究，无疑忽视了几个重要的问题：其一，中国的地权强化具有典型的阶段性特征，并隐含着迥异的制度性含义；其二，地权是包含多重权利的权利束（张曙光、程炼，2012；张五常，2015），强化地权并不等同于强化农地流转权；其三，农地流转管制放松虽然属于强化农地产权范畴，但中国目前对农地的"赋权强能"更侧重于可排他性与行为能力，这并不必然表达为促进农地流转（罗必良，2017）。

事实表明，2006 年以来，中国的农地流转率虽然持续增加，但年际增长率从 2009 年开始出现大幅下滑（图 3-3）。应该强调，农地流转的减缓并不完全是农地确权政策实施的结果，也与两大因素紧密相关。一是农村劳动力非农转移的变化。"人动"必然影响"地动"。但前期的流转增速与农村劳动力的快速转移相一致，后期的流转减速则与农村劳动力转移减缓相一致。数据显示，2006—2010 年，中国农村非农务农劳动力的年均增长率为 5.85%，2011—2016 年该数据下降至 2.56%。二是政策环境的变化。一方面，中国政府推进农地流转管制放松的力度不断提高，但 2010 年之后农地流转管制放松的空间已经十分有限（郜亮亮等，2014）。另一方面，2010 年之前无论是中央还是地方政府文件，均反复强调促进农地流转的政策导向，但 2010 年之后，继续重申推动农地流转的政策文件明显减少[①]。

---

① 据笔者对 2006—2016 年期间全国 30 个省份政府工作报告的整理发现，2009 年和 2010 年明确提出推进或加强农地流转的省份占比分别为 53.33% 和 46.67%，较 2006 年的 3.33% 显著提高。但到了 2015 年，该数据已下降至 13.33%。

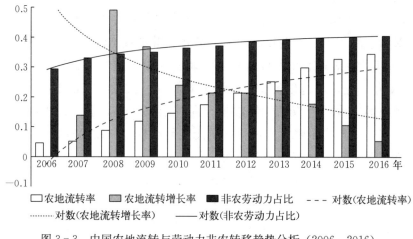

图3-3　中国农地流转与劳动力非农转移趋势分析（2006—2016）

注：数据来源于农业部经管司：《全国农村经营管理统计资料》（2006—2016）；农地流转率＝当年农村承包地流转总面积/当年农村承包地总面积；农地流转增长率＝（当年农地流转规模－前一年农地流转规模）/前一年农地流转规模；非农劳动力占比＝当年农村非农务工劳动力规模/当年农村劳动力规模。

可以认为，中国农地的流转管制已经得到了较大程度的放松，农地流转已接近农业基本经营制度环境下的极限，试图通过新阶段的"赋权强能"来推动农地流转，其潜力将是有限的。第一，如果"还权松管"已经将产权公共域中的租值完全内部化，那么进一步扩大农地流转必然受到潜在收益空间不足的约束；第二，由于目前对农地的"赋权强能"更侧重于提高农户地权的排他性和功能性，包括延长农地承包期、强化经营权、赋予抵押、担保权能等，对强化农地流转权的边际效果不大。换言之，在对农地流转已经基本完成"还权松管"的前提下，进一步"赋权强能"所侧重的内容只能是使用权和收益权及其衍生权能，并不存在对农地交易权的进一步强化；第三，农地对于农民是一种不可替代的人格化财产，而"赋权强能"所决定的排他性增强，将进一步由赋权的身份化（成员权）、确权的法律化（地块、面积、合同、证书的"四到户"）、持有的长久化（长久承包权）而不断增强土地的"人格化财产"特征，由此诱发的禀赋效应将加剧对农地流转的抑制（罗必良，2014，2016，2017）。因此，新一轮农地确权与农地流转管制放松具有根本性区别。

## （二）逻辑演绎

农地流转市场可以抽象为一个独立的经济系统。应该说，主张通过农地流转来优化要素配置结构和提高农业生产绩效，实际上就是从农地流转的生产性和交易性价值来考虑问题的。因此，可以将强化地权诱发的收益区分为三个主要部分：其一，由"还权松管"引致的农地流转的交易性收益（钱忠好，2002，2003）；其二，由"赋权强能"而稳定农户经营预期和提高农业生产性投资，引致的农地生产性收益（Jacoby et al.，2002；Deininger et al.，2011；Bai et al.，2014）；其三，由"赋权强能"而强化农地的"人格化财产"属性，引致的在位控制权收益（罗必良，2014，2016，2017）。

首先，农地流转的总交易性收益会随着"还权松管"程度的不断提高，表现出随流转规模增加而边际增长率下降的趋势。可以将它们的关系设置为：

$$S_1 = \log\ (\xi_1 + k_1 T_1)\ (\xi_1 \geqslant 1,\ k_1 > 0) \qquad (3-4)$$

其中，$S_1$ 表示农地的交易性收益，$T_1$ 表示"还权松管"程度（$0 \leqslant T_1 \leqslant 1$），$\xi_1$ 和 $k_1$ 为参数。

其次，"赋权强能"引致的农地生产性收益和在位控制权收益在目前的地权改革中呈现不断增加的趋势。这两类收益在"赋权强能"初期会加速提升。但类似的是，"赋权强能"程度的继续提高则会引发这两类收益的边际增速下降。由此，可以将"赋权强能"程度与农地生产性收益和在位控制收益的关系分别设置为：

$$S_{21} = \frac{k_{21}}{1 + \dfrac{k_{21} - s_{21}}{s_{21}} e^{-r_{21} T_2}} \qquad (3-5)$$

$$S_{22} = \frac{k_{22}}{1 + \dfrac{k_{22} - s_{22}}{s_{22}} e^{-r_{22} T_2}} \qquad (3-6)$$

式（3-5）和式（3-6）为逻辑斯蒂方程，即以自然生长规律来刻画强化地权对农地相关性收益的可能影响。其中，$S_{21}$ 和 $S_{22}$ 分别表示农地生产性收益和在位控制权收益，$k_{21}$ 和 $k_{22}$ 分别表示农地生产性收益和在位控制收益所能到达的极限，$s_{21}$ 和 $s_{22}$ 分别表示"赋权强能"程度为 0 时，农地生产性收益和在位控制收益的值，$r_{21}$ 和 $r_{22}$ 分别表示农地生产性收益和在位控制权收益的自然增长率，$T_2$ 表示"赋权强能"程度（$0 \leqslant T_2 \leqslant 1$）。

在"三权分置"背景下，农户是否会参与该市场（农地转出）或经营主体是否会从该市场租赁农地经营权主要取决于两个因素：农地交易性收益和农地流转的机会成本（即农地生产性收益与在位控制收益的加总）。因此，农地流转经济系统的增长可由农地流转的交易性收益和农地流转的机会成本共同刻画。参照经济增长理论中的普遍做法，本部分采用 C-D 生产函数来刻画农地流转经济系统的产出。具体表达式如下[①]：

$$Y = A\left(\frac{S_1 R}{S_{21} + S_{22}}\right)^{\beta} (S_1 R)^{1-\beta} \tag{3-7}$$

其中，$Y$ 表示农地流转经济系统的产出，$R$ 为农地流转规模，$A$ 表示技术、管理水平等，$\beta$ 为生产的弹性系数，且假定农地流转经济系统的规模报酬不变。

对于租入农地的主体来说，他们的效用函数（消费）和约束条件如式（3-8）和式（3-9）所示。需要指出的是，这里的消费是他们将一部分租入农地的产出用于自己的消费，而未用于资本积累和扩大农地租入规模再生产。为便于处理，将他们的消费设置为对数形式。

$$\max U^R = \int_0^{\infty} (\log C^R)\, e^{-\rho t}\, dt \tag{3-8}$$

$$\dot{R} = \{r + \partial S_1 / \partial T_1 - [\partial S_{21} / \partial T_2 + \partial S_{22} / \partial T_2]\}\, R - C^R / m \tag{3-9}$$

其中，$C^R$ 表示农户将租入农地的产出用于消费的价值，$\dot{R}$ 表示各期农地租入规模的变化率，$r$ 表示租入农地的自然增长率。$\rho$ 为贴现因子，$m$ 为单位农地的租赁价格。求解式（3-8）和式（3-9）组成的动态优化系统可得：

$$\frac{\dot{C}^R}{C} = [r + \partial S_1 / \partial T_1 - (\partial S_{21} / \partial T_2 + \partial S_{22} / \partial T_2) - \rho/m] \equiv \lambda \tag{3-10}$$

---

[①] 设置思路参考了 Alesina 和 Rodrik（1994），Persson 和 Tabellini（1994）年关于政府税收配置的分析，即税收包含促进和抑制经济增长的双重含义。强化地权对农地流转的影响也存在类似的特征。

进一步利用式（3-4）到式（3-10）的约束条件可得：

$$\frac{\dot{C}^R}{C}=\frac{\dot{R}}{R}=\lambda \tag{3-11}$$

式（3-6）对 $R$ 求偏导数可得：

$$r=\frac{\partial Y}{\partial R}=AS_1 \ [1/ \ (S_{21}+S_{22})]^\beta \equiv r \ (T_1, \ T_2) \tag{3-12}$$

式（3-12）给出了农地流转规模对经济增长的边际贡献率。由式（3-10)到式（3-12）可得：

$$\frac{\dot{C}^R}{C}=AS_1 \ [1/ \ (S_{21}+S_{22})]^\beta+\partial S_1/ \partial T_1-$$
$$(\partial S_{21}/ \partial T_2+\partial S_{22}/ \partial T_2) \ -\rho/m\equiv\lambda \tag{3-13}$$

通过式（3-13）对 $T_1$ 求偏导数可得：

$$\frac{\partial\lambda}{\partial T_1}=A\ \frac{k_1}{\xi_1+k_1 \ T_1}\ [1/ \ (S_{21}+S_{22})]^\beta-\left(\frac{k_1}{\xi_1+k_1 \ T_1}\right)^2$$
$$\tag{3-14}$$

由式（3-14）可以得出以下推论：

$$T_1>\frac{S_{21}+S_{22}}{A}-\frac{\xi_1}{k_1}\Rightarrow\frac{\partial\lambda}{\partial T_1}>0 \tag{3-15}$$

$$T_1<\frac{S_{21}+S_{22}}{A}-\frac{\xi_1}{k_1}\Rightarrow\frac{\partial\lambda}{\partial T_1}<0 \tag{3-16}$$

式（3-15）表明，当"还权松管"引致的农地流转性收益高于"赋权强能"引致的农地生产性收益与在位控制权收益，那么农地流转的管制放松将促进农地流转。相反，如果"赋权强能"程度不断提高，那么式（3-16）将得到满足。此时，进一步强化地权并不利于农地流转市场的进一步发展。在此基础上，通过式（3-13）对 $T_2$ 求偏导数可得：

$$\frac{\partial\lambda}{\partial T_2}=-\beta AS_1 \ (S_{21}+S_{22})^{-\beta-1}\left(\frac{\partial S_{21}}{\partial T_2}+\frac{\partial S_{22}}{\partial T_2}\right)-\left(\frac{\partial^2 S_{21}}{\partial T_2^2}+\frac{\partial^2 S_{22}}{\partial T_2^2}\right)$$
$$\tag{3-17}$$

由此，使得"赋权强能"能够提高农地流转增长率的必要条件是：

$$-\left(\frac{\partial^2 S_{21}}{\partial T_2^2}+\frac{\partial^2 S_{22}}{\partial T_2^2}\right)>\beta AS_1 \ (S_{21}+S_{22})^{-\beta-1}\left(\frac{\partial S_{21}}{\partial T_2}+\frac{\partial S_{22}}{\partial T_2}\right)$$
$$\tag{3-18}$$

式（3-18）表明，如果"赋权强能"呈现加速提高农地生产性收益和在位控制权收益的趋势，那么将不利于农地流转市场的进一步发展。为简化分析，将农地生产性收益和在位控制权收益作相同函数分析，那么式（3-18）可变为：

$$-(r_m k_m - 2r_m S)\frac{\partial S}{\partial T_2} > 2^{-\beta-1}\beta A S_1 S^{-\beta-1}\frac{\partial S}{\partial T_2} \quad (3-19)$$

于是有，当 $S > 2^{-\beta-1}\beta A S_1 S^{-\beta-1}/2r_m + k_m/2$ 时，"赋权强能"能够促进农地流转；当 $S < 2^{-\beta-1}\beta A S_1 S^{-\beta-1}/2r_m + k_m/2$ 时，"赋权强能"将抑制农地流转的发生。进一步通过式（3-17）对 $T_1$ 求偏导数可得：

$$\frac{\partial^2 \lambda}{\partial T_2 \partial T_1} = -\beta A (S_{21}+S_{22})^{-\beta-1}\left(\frac{\partial S_{21}}{\partial T_2}+\frac{\partial S_{22}}{\partial T_2}\right)\frac{k_1}{\xi_1+k_1 T_1} < 0$$

$$(3-20)$$

式（3-20）表明，随着"还权松管"程度的提高，"赋权强能"对农地流转的激励作用将不断下降。正如上文所述，如果式 $e^{2^{\beta+1}S^{\beta+1}(2r_m S - r_m k_m)/\beta A}/k_1 - \xi_1/k_1 < T_1$ 始终成立，那么"赋权强能"将对农地流转呈现持续性抑制作用，此时，由"还权松管"诱致的农地交易性价值的增长极限无疑会强化该效应。因此，在"还权松管"程度较低，且农地的"赋权强能"引致的农地生产性收益和在位控制收益低于农地交易性收益，那么"还权松管"将有助于激励农地流转。但是，当"还权松管"程度达到较高水平后，"赋权强能"并不必然能够促进农地流转，甚至对农地流转的抑制作用可能不断被强化。

## 三、数据、变量与模型

### （一）数据来源

本节数据来源于官方公布的有关资料。具体而言，全国 30 个省份（除西藏、香港、澳门、台湾外）的农地流转面积、流转合同签订份数、土地承包合同发放份数等数据，来自于农业部经管司始于 2006 年开始发布的《全国农村经营管理统计资料》；各省区的三次产业产值、农村居民总户数、农村承包耕地总面积、农机总动力、农村劳动力规模、农村劳动力非农转移规模等数据，来自《中国统计年鉴》。此外，文章数据来源还包括 2006—2016 年的中央 1 号文件，以及全国 30 个省份（除西藏、香港、澳门、台湾外）2006—2016 年共计 330 份的政府工作报告。

### （二）变量选择与统计描述

**1. 变量选择。**一是因变量。因变量为农地流转率，采用当年农村承包地流转总面积与占当年农村承包地总面积的比值来刻画（马贤磊等，2016；程令国等，2016）。

二是主要自变量。主要自变量为强化地权变量，具体包括"还权松管"和"赋权强能"两类。此外，"还权松管"变量采用政府推进农地流转的力度（如补贴或鼓励政策等）进行表征。但是，考虑到各省推动农地流转管制放松的力度无法直接获取，故本节采取了两种方式间接刻画政府推进农地流转管制放松的力度：一是利用 2006—2016 年历年中央 1 号文件中关于农地流转的阐述，捕捉当年中央政府对农地流转的推进力度。对推进农地流转力度的赋值，一方面是将中央 1 号文件中明确提出"加快"、"促进"、"推动"或"推进"农地流转等相近表述赋值为 1，其余赋值为 0。另一方面则是在前述赋值的基础上，进一步将中央 1 号文件中提出"规范"、"引导"和"允许"农地流转等相近表述赋值为 0.5；二是利用 2006—2016 年历年各省合计 330 份政府工作报告中关于农地流转的阐述，捕捉地方政府推进农地流转管制放松的努力。具体的赋值方式与对中央 1 号文件的处理方式相同。

"赋权强能"变量采用两种方式进行刻画：第一，根据 Feder 和 Feeny（1991）、Wang 等（2011）和 Ma 等（2013）的研究，土地承包合同是反映农地产权稳定性的重要指标，故本节选取了各省历年的土地承包合同发放份数刻画农地产权的稳定性；第二，针对目前中国正在大力推行农村农地确权工作，由于各省历年的农地确权进度数据无法获取，故本节采取了两种刻画方式进行替代：一是鉴于农业部从 2009 年开始土地承包经营权确权登记颁证工作试点工作，2009—2010 年以村为单位，并以 8 个村为试点，探索整村推进，故该阶段可赋值 0.2，2009 年之前则赋值 0；2011—2013 年以乡镇为单位，在数百县开展试点，故该阶段可赋值 0.5；2014 年以县为单位，进行 3 个省和 27 个县整县试点，2015 年又选择 9 个省开展试点，到 2016 年全面铺开，可以认为该阶段的农地确权在全国已经具备强烈的示范效应，故可赋值 1。二是根据农地确权的年度进度，2009 年及之前赋值 0，2010 年及之后每年赋值增加 1。

三是其余控制变量。控制变量包括第一产业产值占比、户均承包地规模、农机总动力、农地流转合同、非农劳动力占比等变量。地区的经济发展水平决定了农户农地经营的机会成本，可能会影响到农地流转的规模与水平；户均承包地大小则反映了农户的农地禀赋，耕地面积越小可能会促使农户转移出去（Wang et al.，2011；马贤磊等，2015）；农机总动力反映了经营农地对劳动消耗的较少，也能够表征农业社会化服务对农地流转市场的影响（仇童伟和罗必良，2018）；农地流转合同的签订率反映了市场的非人格化程度，可能有利于进一步促进农地流转（马贤磊等，2015；邹宝玲等，2016）；非农劳动力占比体现了农户对农地的依附程度，较低的依附性可能促进农地流转（罗必良等，2018）；最后，为了控制农地流转的时间趋势和区域特征，识别了时间趋势变量（陈强，2013）和省份虚拟变量。

具体变量定义与说明如表 3－14 所示。

表 3－14　变量定义与描述

| 变量 | 定　义 | 均值 | 标准差 |
|---|---|---|---|
| 农地流转率 | 当年农村承包地流转总面积/当年农村承包地总面积 | 0.201 | 0.159 |
| 政府推进力度 | 政府推进力度 1：2006—2016 年，当年中央 1 号明确提出推进农地流转的赋值 1，否则赋值 0 | 0.273 | 0.446 |
| | 政府推进力度 2：2006—2016 年，当年中央 1 号明确提出推进农地流转的赋值 1，引导和规范农地流转赋值 0.5，未提及农地流转赋值 0 | 0.545 | 0.335 |
| | 政府推进力度 3：2006—2016 年，当年各省政府工作报告中明确提出推进农地流转的赋值 1，否则赋值 0 | 0.306 | 0.462 |
| | 政府推进力度 4：2006—2016 年，当年各省政府工作报告中明确提出推进农地流转的赋值 1，引导和规范农地流转赋值 0.5，未提及农地流转赋值 0 | 0.443 | 0.432 |
| 土地承包合同 | 各省土地承包合同发放份数（份）（取对数） | 15.408 | 1.040 |
| 农地确权 | 农地确权 1：2009 年之前赋值 0，2009—2011 年赋值 0.2，2012—2013 年赋值 0.5，2014 年及之后赋值 1 | 0.445 | 0.388 |
| | 农地确权 2：2010 年之前赋值 0，2010 年及之后逐年加 1 | 2.545 | 2.503 |

（续）

| 变量 | 定义 | 均值 | 标准差 |
|---|---|---|---|
| 第一产业产值占比 | 各省第一产业生产总值占国民经济总产值的比重 | 0.110 | 0.056 |
| 户均承包地规模 | 各省家庭承包地面积与总户数的比值（亩/户） | 6.292 | 5.433 |
| 农机总动力 | 各省前一年末的农机总动力（万千瓦）（取对数） | 7.563 | 5.433 |
| 农地流转合同 | 各省农地流转签订的流转合同份数（份）（取对数） | 13.043 | 1.349 |
| 非农劳动力占比 | 各省农村常年非农务工劳动力占农村总劳动力的比重 | 0.357 | 0.106 |
| 时间趋势 | 以 2006 年为基准年，各年份减去 2006 | 5.000 | 3.167 |
| 省份虚拟变量 | 30 个省的区域虚拟变量 | NA | NA |

**2. 主要变量描述。** 表 3 - 15 是对 2006—2016 年中国农地流转及相关政策等主要变量的一个趋势性描述。初步的发现是：①中国的农地流转率呈逐年增长趋势，但农地流转增长率在 2008—2009 年达到峰值之后，呈现逐年下降趋势。②中国政府推进农地流转"还权松管"的力度在 2009 年达到峰值，并与农地流转增长率同期达到峰值。③中国政府对农地的"赋权强能"呈现逐年增长态势，尤其是 2009 年试点开展的农地确权在政策上进一步强化了地权，但这并没有加速推进农地流转。这说明，在 2006—2016 年期间，强化地权对中国农地流转的影响可能发生了内在机制的转换。

表 3 - 15　中国农地流转与相关政策：2006—2016

| 指标 | 2006 | 2007 | 2008 | 2009 | 2010 | 2011 | 2012 | 2013 | 2014 | 2015 | 2016 |
|---|---|---|---|---|---|---|---|---|---|---|---|
| 农地流转率 | 0.046 | 0.052 | 0.089 | 0.120 | 0.147 | 0.178 | 0.217 | 0.257 | 0.304 | 0.333 | 0.351 |
| 农地流转增长率 | NA | 0.143 | 0.703 | 0.376 | 0.247 | 0.219 | 0.219 | 0.227 | 0.182 | 0.109 | 0.054 |
| 政府推进力度 | 0.033 | 0.200 | 0.200 | 0.533 | 0.467 | 0.504 | 0.400 | 0.267 | 0.300 | 0.133 | 0.400 |
| 土地承包合同 | 15.373 | 15.387 | 15.378 | 15.412 | 15.419 | 15.419 | 15.424 | 15.427 | 15.419 | 15.421 | 15.413 |
| 农地确权 | 0.000 | 0.000 | 0.000 | 0.200 | 0.200 | 0.500 | 0.500 | 0.500 | 1.000 | 1.000 | 1.000 |

## （三）模型选择与说明

为探究强化地权对农地流转的影响机制，本节首先引入"还权松管"和"赋权强能"变量的独立估计模型。基本表达式如下：

$$transferrate_{it} = a_0 + a_1 T_{it-1} + \sum_m a_{2m} D_{mit-1} + u_{it} + \varepsilon_{it} \quad (3-21)$$

（3-21）式中，$transferrate_{it}$ 表示 $i$ 省 $t$ 期农地流转率；$T_{it-1}$ 表示 $i$ 省 $t-1$ 期的"还权松管"或"赋权强能"程度。其中，"还权松管"变量采用政府推进力度刻画，"赋权强能"变量采用土地承包合同和农地确权变量共同表征。需要指出的是，由于农地流转的发生与本节的控制变量是同期发生的，且控制变量作用发挥具有一定的时滞特定。由于"政府推进力度"变量是采用中央1号文件和省政府工作报告刻画的，这两类文件均是在当年年初或上一年年末发布实施，是当年农地流转的严格前定变量。其余变量均以滞后一期形式引入模型。$D_{mit-1}$ 表示各省的第一产业产值占比、户均承包地规模、农机总动力、农地流转合同等变量的滞后一期，$a_0$ 为常数项，$a_1$ 和 $a_{2m}$ 为待估计系数。$u_{it}$ 表示个体异质性的截距项，$\varepsilon_{it}$ 为随个体与时间而改变的扰动项，假设 $\varepsilon_{it}$ 独立同分布，且与 $u_{it}$ 不相关。

在独立估计的基础上，本节进一步考察中国农地流转发展过程中"还权松管"与"赋权强能"的交互作用，并理解"还权松管"与"赋权强能"是如何相互影响的。为此，引入表达式：

$$transferrate_{it} = a_0 + a_1 T_{1it-1} + a_2 T_{2it-1} + a_3 T_{1it-1} \times T_{2it-1} +$$
$$\sum_m a_{4m} D_{mit-1} + u_{it} + \varepsilon_{it} \qquad (3-22)$$

（3-22）式中，$T_{1it-1}$ 表示"赋权强能"变量的滞后一期，$T_{2it-1}$ 表示"还权松管"变量的滞后一期，其中，"政府推进力度"变量仍采用当期值，原因如（3-21）式所述。$T_{1it-1} \times T_{2it-1}$ 为"赋权强能"变量与"还权松管"变量的交互项。其余变量和参数设置与（3-21）式中一致。

## 四、实证结果与分析

### （一）"还权松管"与"赋权强能"对农地流转率的独立影响

**1. "还权松管"影响农地流转率的模型估计结果。**

（1）组内自相关、组间异方差、AIC 检验与 BIC 检验。进行面板数据的估计时，事先需进行组内自相关和组间异方差检验，以判断具体模型的选择。同时，如果面板为非平稳序列，那么 I（0）序列对其过去的行为将具有无限长的记忆，因此需要进行单位根检验。表 3-16 汇报了表 3-17中估计 1 到估计 4 的检验结果，它表明：①估计 1 到估计 4 均存在显著的组内自相关和组间异方差问题；②AIC 检验与 BIC 检验表明，为控制农地流转的自发趋势，最优的处理方式是引入因变量的滞后 1 期。基于上述检验，估计 1 到估计 4 将采用同时处理组内自相关与组间同期相关的 FGLS 模型。

表 3 - 16　　"还权松管"影响农地流转率的相关检验

| 检验类型 | | 估计 1 | 估计 2 | 估计 3 | 估计 4 |
|---|---|---|---|---|---|
| 组内自相关 | | 44.82*** | 45.46*** | 46.85*** | 45.99*** |
| 组间异方差 | | 4 264.24*** | 3 976.92*** | 44 075.76*** | 29 819.86*** |
| AIC | 滞后 1 期 | −1 213.19 | −1 207.73 | −1 212.73 | −1 212.42 |
| | 滞后 2 期 | −1 093.05 | −1 093.36 | −1 097.03 | −1 095.18 |
| | 滞后 3 期 | −995.57 | −994.07 | −997.34 | −994.62 |
| | 滞后 4 期 | −985.37 | −989.42 | −985.04 | −984.71 |
| | 滞后 5 期 | −839.39 | −842.55 | −837.68 | −837.42 |
| | 滞后 6 期 | −705.06 | −722.06 | −703.06 | −703.60 |
| BIC | 滞后 1 期 | −1 072.44 | −1 066.99 | −1 071.98 | −1 071.68 |
| | 滞后 2 期 | −952.71 | −953.02 | −956.69 | −954.84 |
| | 滞后 3 期 | −856.34 | −854.85 | −858.11 | −855.39 |
| | 滞后 4 期 | −848.14 | −852.19 | −847.81 | −847.48 |
| | 滞后 5 期 | −708.48 | −708.44 | −703.58 | −703.32 |
| | 滞后 6 期 | −578.61 | −592.06 | −573.60 | −573.60 |

注：***、**和*分别表示在 1%，5% 和 10% 水平上显著。

（2）估计结果分析。表 3 - 17 汇报了"还权松管"变量影响农地流转率的模型估计结果。它表明，在控制了农地流转的自发趋势后，中国政府对农地流转的推动作用，尤其是 2006—2009 年期间的密集性政策文件出台，确实在促进农地流转管制放松和激励农地流转上发挥了重要作用。这也表明，2008 年中国农地流转率的环比增幅超过 70% 以及 2009 年之后的迅速下跌，确实与政府的阶段性政策激励紧密相关。而且，从 2002 年《农村土地承包法》合法化农户的农地流转自主身份以来，直到 2005 年底，中国的农地流转率仅为 3.01%，这显然无法表达"还权松管"政策已经被充分落实了。换句话说，法律层面的"还权松管"实际上是通过 2006—2009 年地方政府的政策努力才得以实施的，否则根本无法解释郜亮亮等（2014）关于中国农地流转的集体管制所呈现的阶段性调整。

表 3-17 "还权松管"对农地流转率的影响

| 变量 | 估计1 | 估计2 | 估计3 | 估计4 |
|---|---|---|---|---|
| 政府推进力度1 | 0.009*** (0.002) | | | |
| 政府推进力度2 | | −0.003 (0.003) | | |
| 政府推进力度3 | | | 0.007*** (0.001) | |
| 政府推进力度4 | | | | 0.008*** (0.002) |
| L1 第一产业产值占比 | 0.332*** (0.074) | 0.422*** (0.081) | 0.414*** (0.084) | 0.360*** (0.093) |
| L1 户均承包地面积 | 0.010*** (0.003) | 0.011*** (0.003) | 0.009*** (0.002) | 0.006** (0.003) |
| L1 农机总动力 | −0.040** (0.018) | −0.011 (0.007) | −0.014* (0.008) | −0.012 (0.009) |
| L1 农地流转合同 | 0.003 (0.003) | 0.007*** (0.001) | 0.004 (0.003) | 0.004 (0.003) |
| L1 非农劳动力占比 | 0.091*** (0.026) | 0.095*** (0.012) | 0.061*** (0.018) | 0.074*** (0.027) |
| 时间趋势 | 0.016*** (0.002) | 0.057*** (0.041) | 0.013*** (0.001) | 0.012*** (0.002) |
| L1 农地流转率 | 0.584*** (0.042) | 0.571*** (0.041) | 0.593*** (0.041) | 0.621*** (0.054) |
| 省份虚拟变量 | 引入 | 引入 | 引入 | 引入 |
| 常数项 | 0.010 (0.124) | −0.254*** (0.075) | −0.170** (0.083) | −0.145* (0.084) |
| 观测值 | 300 | 300 | 300 | 300 |

注:***、**和*分别表示在1%、5%和10%水平上显著;括号内为标准误。

控制变量的影响方面,第一产业占比越高的地区,农业的经营重要性越高,地方政府和新型农业经营主体的流转参与性越强;户均承包地越多,农户从事规模化生产的可能性越高,这会促使他们转入农地以实现规模化经营(马贤磊等,2015);农机总动力越高,农户参与农业社会化服务市场的便利性越强,自主经营农地的积极性也会越高(农户经营农业的劳动成本下降),从而会抑制农地流转的发生;农地流转合同签订率越高,表明农地流转市场的规范化程度越高(邹宝玲等,2016),农户外出务工过程中转出农地的可能性也会越高;类似的,非农劳动力占比越高,表明农户从事农业经营的机会成本越高,这会促使他们转出农地;此外,从农地流转率的滞后期和时间趋势的影响来看,农地流转具有显著的"惯性"和自然发展规律。很显然,识别并消除这种自然趋势是解释其他变量的重要前提。

**2. "赋权强能"影响农地流转率的模型估计结果。**

(1)组内自相关、组间异方差与单位根检验。与前文的处理方式类似，表 3-18 汇报了对表 3-19 中估计 5 到估计 7 进行组内自相关、组间异方差、AIC 检验与 BIC 检验的结果。它表明：首先，组内自相关和组间异方差检验均表明，模型估计存在显著的组内自相关和组间异方差问题；其次，单位根检验结果表明，由于本节数据的时间周期较短，无法识别单位根问题，故不需要着重考虑；第三，由于农地流转存在自身的发展规律，需引入其滞后项以规避自然规律的干扰。为识别引入滞后几期能使模型的估计效率达到最高，文章汇报了 AIC（赤则检验）和 BIC（贝叶斯检验）的检验结果。它表明，估计 5 到估计 7 中需要控制因变量的滞后 1 期。综上所述，本节将使用同时处理组内自相关与组间同期相关的 FGLS 模型，并根据 AIC 和 BIC 的检验结果控制因变量的滞后 1 期。

表 3-18　"赋权强能"影响农地流转率的相关检验

| 检验类型 | | 估计 5 | 估计 6 | 估计 7 |
|---|---|---|---|---|
| 组内自相关 | | 54. 271*** | 51. 410*** | 44. 548*** |
| 组间异方差 | | 15 920. 31*** | 41 657. 19*** | 30 326. 65*** |
| AIC | 滞后 1 期 | −1 209. 848 | −1 010. 834 | −1 210. 080 |
| | 滞后 2 期 | −1 107. 022 | −1 098. 638 | −1 093. 189 |
| | 滞后 3 期 | −1 044. 363 | −997. 423 | −1 002. 688 |
| | 滞后 4 期 | −984. 747 | −997. 567 | −986. 706 |
| | 滞后 5 期 | −837. 424 | −848. 673 | −839. 392 |
| | 滞后 6 期 | −703. 120 | −718. 478 | −705. 056 |
| BIC | 滞后 1 期 | −1 069. 105 | −870. 090 | −1 069. 326 |
| | 滞后 2 期 | −966. 683 | −958. 300 | −952. 850 |
| | 滞后 3 期 | −905. 137 | −858. 197 | −863. 462 |
| | 滞后 4 期 | −848. 516 | −860. 336 | −852. 821 |
| | 滞后 5 期 | −703. 320 | −714. 568 | −708. 481 |
| | 滞后 6 期 | −573. 662 | −589. 020 | −578. 609 |

注：***、**和*分别表示在 1%、5%和 10%水平上显著。

　　（2）估计结果分析。表 3-19 汇报了"赋权强能"变量影响农地流转率的模型估计结果。它表明，土地承包合同变量显著抑制了农地流转率。这一发现与 Feng（2006）、de La Rupelle 等（2010）、Ma 等（2015）、冀县卿和钱忠好（2018）的研究结论并不一致。究其原因，已有研究对农地产权的指标刻画是以二轮承包为起点的，将中国农地产权两次大变革的其中一次涵盖了进来，易造成时间错位问题。利用时间序列模型并控制时间趋势，则可以规避这类不足。可以发现，与理论推断相一致，随着时间的推移，"赋权强能"会显著抑制农地流转。一旦地权强化程度超过阈值，其对农地流转的影响就会发生转变。从1998年二轮承包以来，中国政府对农地的"赋权强能"程度不断提高。2006年取消农业税，基本上宣告农民拥有了完全的农地收益权。农地使用权和收益权的强化，使得原来置于产权公共域的租值不断内化。内化程度越高，交易使用权或收益权所能获得的租值溢价就越低。而且，"赋权强能"还因提高了经营的预期收益和强化了农地的人格化财产属性，直接提高了农地流转价格，从而压缩了承租主体的预期收益，进而抑制了农地流转市场的发展。

表 3-19  "赋权强能"对农地流转率的影响

|  | 估计 5 | 估计 6 | 估计 7 |
|---|---|---|---|
| L1 土地承包合同 | −0.033* (0.021) | | |
| L1 农地确权 1 | | −0.033*** (0.005) | |
| L1 农地确权 2 | | | −0.002 (0.002) |
| L1 第一产业产值占比 | 0.410*** (0.098) | 0.285*** (0.085) | 0.365*** (0.053) |
| L1 户均承包地面积 | 0.011*** (0.004) | 0.006* (0.004) | 0.007** (0.003) |
| L1 农机总动力 | −0.022*** (0.008) | −0.049** (0.019) | −0.024*** (0.004) |
| L1 农地流转合同 | 0.007*** (0.002) | 0.005** (0.002) | 0.003 (0.002) |
| L1 非农劳动力占比 | 0.077*** (0.016) | 0.061** (0.025) | 0.063** (0.025) |
| 时间趋势 | 0.014*** (0.002) | 0.020*** (0.002) | 0.017*** (0.003) |
| L1 农地流转率 | 0.584*** (0.048) | 0.597*** (0.053) | 0.559*** (0.051) |
| 省份虚拟变量 | 引入 | 引入 | 引入 |
| 常数项 | 0.306 (0.281) | 0.117 (0.137) | −0.060 (0.064) |
| 观测值 | 300 | 300 | 300 |

注：***、**和*分别表示在1%、5%和10%水平上显著；括号内为标准误。

其次，农地确权变量总体上也表现出对农地流转率的显著抑制作用。

这与程令国等（2016）、付江涛等（2016）、许庆等（2017）和林文声等（2017）的研究结论并不一致。实际上，他们的研究依据是，农地确权通过稳定农户和经营主体的交易稳定性，进而会促进农地流转，即当前的"赋权强能"仍存在进一步内化产权租值的空间。但1998年以来相继颁发的以强化农民地权的法律法规，加之2006年以来中国政府大力推进农地流转管制的放松，已使得由地权管制导致的产权公共域不断内部化，农地流转市场的竞争程度也在不断提高，交易双方的流转收益不断逼近市场均衡水平。正如胡新艳和罗必良（2016）的研究表明的，新一轮农地确权实际上并不能有效激励农地流转的发生。此外，罗必良（2017）阐述的"赋权强能"与农地人格化属性增强的逻辑也将不断提升农地转出方的租金诉求，由此，价格信号的扭曲必然会抑制农地流转。

### （二）"还权松管"与"赋权强能"交互作用的检验

本节进一步识别在"还权松管"的不同阶段，"赋权强能"对农地流转的影响及其变化。为此，表3-20和表3-21分别引入了土地承包合同变量和农地确权变量分别与政府推进力度变量交互项的模型估计结果。估计方法前述一致，均为同时处理组内自相关与组间同期相关的FGLS模型。

**1. 土地承包合同、政府推进力度与农地流转率。** 表3-20汇报了土地承包合同变量与政府推进力度变量交互项影响农地流转率的模型估计结果。它表明，土地承包合同变量与政府推进力度变量的交互项总体上会抑制农地流转。正如理论部分所阐述的，"还权松管"具有释放农地流转内在潜力的作用，一旦这种作用的边际效果不断下降，那么"赋权强能"引致的生产性收益和在位控制收益将超过农地流转的交易性收益。实际上，目前农村很多地区出现农户对农地的预期价格显著高于当地流转价格的情况（罗必良，2016）。这一方面源于农业生产结构转型间接提高了农地的使用价值，另一方面，强化地权还会提高农户对农地的禀赋效应，从而提升农地交易的心理价值。而且，在对农地流转的"还权松管"程度几乎已达到可能性边界的阶段，"赋权强能"在给予交易双方更为自由的流转权能的过程中，必然造成农地流转的收益不断逼近其可能性边界。因此，进一步强化地权，可能产生适得其反的效果。

表 3-20　土地承包合同与"还权松管"对农地流转的交互影响

| | 估计 8 | 估计 9 | 估计 10 | 估计 11 |
|---|---|---|---|---|
| L1 土地承包合同 | −0.023（0.025） | −0.037*（0.022） | −0.030（0.036） | −0.026***（0.024） |
| 政府推进力度 1 | 0.149***（0.050） | | | |
| 政府推进力度 2 | | 0.072（0.072） | | |
| 政府推进力度 3 | | | 0.057（0.037） | |
| 政府推进力度 4 | | | | 0.130***（0.050） |
| L1 承包合同×推进力度 1 | −0.009***（0.003） | | | |
| L1 承包合同×推进力度 2 | | −0.003（0.005） | | |
| L1 承包合同×推进力度 3 | | | −0.003（0.002） | |
| L1 承包合同×推进力度 4 | | | | −0.008**（0.003） |
| L1 第一产业产值占比 | 0.463***（0.092） | 0.295***（0.102） | 0.290***（0.096） | 0.409***（0.095） |
| L1 户均承包地面积 | 0.007**（0.004） | 0.007**（0.004） | 0.009***（0.003） | 0.012***（0.003） |
| L1 农机总动力 | −0.024***（0.009） | −0.023***（0.009） | −0.004（0.012） | −0.008（0.010） |
| L1 农地流转合同 | 0.008***（0.002） | 0.006***（0.002） | 0.002（0.004） | 0.005（0.004） |
| L1 非农劳动力占比 | 0.095***（0.017） | 0.072***（0.014） | 0.074***（0.027） | 0.104***（0.022） |
| 时间趋势 | 0.014***（0.002） | 0.013***（0.002） | 0.013***（0.002） | 0.013***（0.002） |
| L1 农地流转率 | 0.596***（0.044） | 0.602***（0.055） | 0.596***（0.060） | 0.607***（0.043） |
| 省份虚拟变量 | 引入 | 引入 | 引入 | 引入 |
| 常数项 | 0.192（0.336） | 0.451（0.277） | 0.260（0.525） | 0.106（0.349） |
| 观测值 | 300 | 300 | 300 | 300 |

注：***、**和*分别表示在1%、5%和10%水平上显著；括号内为标准误。

**2. 农地确权、政府推进力度与农地流转率。**表 3-21 汇报了农地确权变量与政府推进力度变量交互项影响农地流转率的模型估计结果。它表明，政府推进力度越大，农地确权变量的增加会更为显著地抑制农地流转，且结果的稳健性较表 3-17 中的估计更为稳健。虽然目前中国政府在大力推动农地确权工作，试图以此来稳定承包权和放活经营权，但政府推进农地流转管制放松所释放的产权租值的提升空间却越发有限。此时，以农地确权来促进农地流转，无疑会鼓励更多主体进入市场，从而压低经营主体的平均利润。如果市场竞争不断增强，并形成卖方市场，那么流转租金的提高将进一步降低转入方的平均利润，由此必然会抑制农地流转。换言之，强化地权对农地流转的影响机制已经发生了逻辑和事实上的双重转变。

表 3 - 21　农地确权与"还权松管"对农地流转的交互影响

| 变量 | 估计 12 | 估计 13 | 估计 14 | 估计 15 | 估计 16 | 估计 17 | 估计 18 | 估计 19 |
|---|---|---|---|---|---|---|---|---|
| L1 农地确权 1 | −0.028*** | 0.017* | −0.028*** | −0.021*** | | | | |
| | (0.004) | (0.010) | (0.005) | (0.005) | | | | |
| 政府推进力度 1 | 0.014*** | | | | | | | |
| | (0.002) | | | | | | | |
| 政府推进力度 2 | | 0.022*** | | | | | | |
| | | (0.003) | | | | | | |
| 政府推进力度 3 | | | 0.011*** | | | | | |
| | | | (0.002) | | | | | |
| 政府推进力度 4 | | | | 0.013*** | | | | |
| | | | | (0.003) | | | | |
| L1 确权 1×推进力度 1 | −0.033*** | | | | | | | |
| | (0.008) | | | | | | | |
| L1 确权 1×推进力度 2 | | −0.071*** | | | | | | |
| | | (0.011) | | | | | | |
| L1 确权 1×推进力度 3 | | | −0.017*** | | | | | |
| | | | (0.003) | | | | | |
| L1 确权 1×推进力度 4 | | | | −0.020*** | | | | |
| | | | | (0.005) | | | | |
| L1 农地确权 2 | | | | | 0.001 | 0.003* | −0.000 | 0.001 |
| | | | | | (0.003) | (0.002) | (0.002) | (0.002) |
| 政府推进力度 1 | | | | | 0.013*** | | | |
| | | | | | (0.004) | | | |
| 政府推进力度 2 | | | | | | 0.014*** | | |
| | | | | | | (0.003) | | |
| 政府推进力度 3 | | | | | | | 0.010*** | |
| | | | | | | | (0.002) | |
| 政府推进力度 4 | | | | | | | | 0.014*** |
| | | | | | | | | (0.003) |
| L1 确权 2×推进力度 1 | | | | | NA | | | |
| L1 确权 2×推进力度 2 | | | | | | −0.011*** | | |
| | | | | | | (0.002) | | |
| L1 确权 2×推进力度 3 | | | | | | | −0.002** | |
| | | | | | | | (0.001) | |

（续）

| 变量 | 估计12 | 估计13 | 估计14 | 估计15 | 估计16 | 估计17 | 估计18 | 估计19 |
|---|---|---|---|---|---|---|---|---|
| L1确权2×推进力度4 | | | | | | | | −0.004*** |
| | | | | | | | | (0.001) |
| L1第一产业产值占比 | 0.239*** | 0.162* | 0.317*** | 0.260** | 0.317*** | 0.223*** | 0.416*** | 0.391*** |
| | (0.076) | (0.092) | (0.099) | (0.113) | (0.042) | (0.082) | (0.088) | (0.083) |
| L1户均承包地面积 | 0.006** | 0.007* | 0.005 | 0.006 | 0.007** | 0.005* | 0.008*** | 0.008*** |
| | (0.003) | (0.004) | (0.004) | (0.004) | (0.003) | (0.002) | (0.003) | (0.003) |
| L1农机总动力 | −0.053*** | −0.030** | −0.040** | −0.040** | −0.020*** | −0.0018 | −0.016* | −0.014* |
| | (0.018) | (0.015) | (0.018) | (0.017) | (0.004) | (0.018) | (0.009) | (0.008) |
| L1农地流转合同 | 0.002 | 0.004* | 0.005** | 0.004** | 0.003 | 0.004* | 0.005* | 0.005* |
| | (0.002) | (0.002) | (0.002) | (0.002) | (0.002) | (0.003) | (0.003) | (0.003) |
| L1非农劳动力占比 | 0.070*** | 0.056** | 0.052** | 0.061*** | 0.086*** | 0.060** | 0.067*** | 0.072*** |
| | (0.022) | (0.025) | (0.021) | (0.020) | (0.025) | (0.024) | (0.025) | (0.025) |
| 时间趋势 | 0.021*** | 0.017*** | 0.019*** | 0.018*** | 0.015*** | 0.016*** | 0.015*** | 0.013*** |
| | (0.002) | (0.002) | (0.002) | (0.002) | (0.003) | (0.003) | (0.003) | (0.003) |
| L1农地流转率 | 0.572*** | 0.585*** | 0.606*** | 0.605*** | 0.550*** | 0.591*** | 0.574*** | 0.587*** |
| | (0.049) | (0.059) | (0.048) | (0.049) | (0.049) | (0.054) | (0.061) | (0.058) |
| 省份虚拟变量 | 引入 | 引入 | 引入 | 引入 | 引入 | 引入 | 引入 | 引入 |
| 常数项 | 0.170 | 0.005 | 0.070 | 0.063 | −0.091 | −0.079 | −0.165** | −0.177** |
| | (0.143) | (0.103) | (0.138) | (0.139) | (0.060) | (0.130) | (0.083) | (0.083) |
| 观测值 | 300 | 300 | 300 | 300 | 300 | 300 | 300 | 300 |

注：***、**和*分别表示在1%、5%和10%水平上显著；括号内为标准误。NA是因为土地确权2变量与政府推进力度1变量的赋值恰好出现至少有一方为0的情况，由此造成交互项均为0，故无法汇报估计结果。

## 五、结论与讨论

通过强化地权以推动农地流转，曾一度成为中国政府和学界的普遍共识。但是，2009年实施新一轮农地确权以来，中国的农地流转却由过去的加速提升进入到增速下滑阶段，学界尚未对此做出解释。本节在构建"还权松管、赋权强能与农地流转"互动逻辑的基础上，厘清了农地流转管制放松不同阶段，"赋权强能"对农地流转的影响。利用2006—2016年中国省级面板数据的估计结果显示，"还权松管"表达的地权强化确实会促进农地流转，但是当前的"赋权强能"尤其是农地确权却存在显著抑制农地流转的趋势。进一步考察"还权松管"与"赋权强能"的交互作用发现，随着"还权松管"程度的不断提高，"赋权强能"尤其是新一轮农地确权对农地流转的抑制作用变得更为稳健和强烈。本节表明，中国政府对农地流转的"还权松管"程度已达到了较高水平，对农地的进一步"赋权强能"并不必然促进农地流转。

本研究对于重新认识中国农地产权制度改革的性质具有重要意义。它表明，地权改革及其实施绩效具有典型的情景依赖特征，必须因势而为，切忌行政过当。

首先，中国农地产权制度历经了 40 年的改革，基本实现了从严格管制、还权松管到赋权强能的转变。在改革过程中，农民的地权强度、要素流动与人地关系以及相应的制度环境，均发生了深刻变化，与之相对应的农地经营权的交易价值在封闭小农经济向市场化经济的转型中也发生了显著改观。一个值得重视的现象是，随着农村产权管制的不断放松与要素市场的不断发育，农地的潜在可交易收益已经得到了极大程度的释放并逐步逼近其极值点。从而意味着，以促进农地流转为主线的农地制度安排，应该做出重要的调整。

其次，农地产权具有基础性的制度性功能。产权经济学区分了两个重要的概念，一是产权赋权，二是产权实施。明晰的赋权是重要的，但产权主体是否具有行使其产权的行为能力同样是重要的。尽管农地流转及可交易性尤为关键，但却仅仅是产权实施的一个方面。"还权松管"已经大大促进了中国农地流转市场的扩展，"赋权强能"将侧重于产权的可排他性与可处置性。可排他性依赖于明确而分立的产权，包含着产权的保护、尊重与契约精神。可处置性则依赖于合乎要求的经济组织，即能够降低产权实施的交易成本，又能够改善产权的配置效率。因此可以认为，相比于我国农地流转市场的发育，推进我国农业要素市场发育与组织变革或许更具有必要性与紧迫性。在"三权分置"的制度背景下，从农地经营权流转转向农地经营权的产权细分与盘活，扩展相关要素市场及其配置空间，通过将农地流转转换为产权细分格局下的农户土地经营权交易、企业家能力交易与农业生产性服务交易的匹配，进而促进农业家庭经营向多元化经营主体以及多样化、多形式的分工经济与新型农业经营体系转型，可能是进一步挖掘农地制度红利的创新性方向。

# 第四章　农地确权与劳动力非农转移

地权稳定性一直被认为是影响发展中国家农业发展的重要因素（Ace-moglu et al.，2001）。目前已有大量文献关注了地权稳定性对我国农业投资（钟甫宁、纪月清，2009；黄季焜、冀县卿，2012）以及农地流转市场发育（胡新艳、罗必良，2016）的影响。显然，农业投资和土地要素投入的变化，最终必定通过影响农村劳动力务农收益而影响劳动力转移决策。农村劳动力转移既影响到我国工业化和城镇化发展，又关系到我国的农业生产安全及其现代化，所以关于农地确权如何影响农业劳动力的非农转移，值得学理上给予足够的关注。

## 第一节　地权稳定性与劳动力非农转移

### 一、问题的提出

梳理产权稳定性与劳动力转移的相关文献发现：

（1）已有主流研究主要立足于土地的财产功能展开分析，指出当农地产权不稳定时，农户往往会采用自己"占有耕种"行为以捍卫地权，导致劳动力被低效率地锁定于农业生产中，产生抑制农民非农转移的效应（刘晓宇、张林秀，2008；Mullan et al.，2008；Maëlys et al.，2009）；事实上，农地具有财产功能和生产功能，两者从相反方向作用于农户劳动力非农转移。进一步地，随着我国农地制度改革的推进，农村承包关系的稳定性不断强化，农民离地失地风险的相对得到控制，那么，产权稳定性对劳动力转移的影响路径和方向是否会发生变化？而上述"产权不稳定会抑制劳动力转移"的主流结论，基本是基于我国党的十八大三中全会之前的政策背景和调查数据的研究。

（2）已有研究关于地权稳定性大多仅从农地是否调整（0-1虚拟变

量）或调整次数的角度展开，较少从是否调整、调整幅度（大调整、小调整）、调整次数三个维度进行综合刻画，由此遮蔽了土地调整的现实复杂性及其丰富形态。

（3）未特别处理农地产权稳定性（农地调整）和农村劳动力非农转移之间可能存在的内生性问题。内生性问题主要可能源于两者之间的反向因果关系，即劳动力非农转移可能反过来影响农地调整。对于这一问题的解决，依赖于工具变量选择的严谨性和有效性。

基于上述讨论，本节从以下四个方面对已有研究形成补充：首先，整合土地的财产与生产双重功能，构建"2（两种功能）×2（两种权益诉求）×2（两种作用方向）"的分析框架；第二，从农地是否调整、调整幅度、调整次数三个维度的综合角度，验证分析地权稳定性如何影响劳动力非农转移；第三，设计相关计量模型深化验证地权稳定性与劳动力转移之间作用机制和路径；第四，寻找合适的工具变量，对地权稳定性与劳动力非农转移之间可能存在的内生性问题进行讨论。

## 二、理论线索

早期 Dixon（1950）关注了土地与人口迁移之间的关系，他指出，土地担当着维持生存的必需品以及心理文化财产的双重角色，是人类迁徙的动力机制，将两者之间的关系总结为"人口转移是土地的函数"。但是，即使是物质形态、生产功能完全相同的土地资产，若其所附着的产权权利存在差异，它们就并非同一资产，对农户的生产行为以及要素交易行为产生不同的影响（Furubotn & Pejovich，1972）。从地权制度角度出发，陈会广和刘忠原（2013）明确指出，农民持有土地的产权稳定性，直接影响农村劳动力转移成本及转移方式，是农户家庭劳动力配置决策的重要决定因素之一。但是，学界对于地权稳定性究竟是"促进"还是"抑制"劳动力非农转移，一直存有争议。争议主要是源于已有研究强调的要么是地权稳定性对土地财产功能的影响抑或对土地生产功能的影响。

关注地权稳定性对农地财产功能影响的研究指出，产权稳定性越高，越促进劳动力非农转移（Janvry et al.，2015）。其作用机制是：土地作为一种财产，当产权不稳定的时候，土地持有人不得不花费更多的时间和资源来捍卫和守护地权,抑制劳动力向非农领域的自由流动(Field,2007;Janvry et al.,2015)。相反,如果产权是稳定和明晰的,土地持有者将减少土地财产保护上所花费的时间和资源,他们不必因守护土地财产而被套牢或锁定于农业生产中,由此释放出更多的劳动力向非农部门转移。国外的Haberfeld等(1999)对印度、Janvry等(2015)对墨西哥的研究支持上述观点,即赋予地权更大的稳定性可以释放农村劳动力,促进劳动力非农转移。

中国作为一个转型经济国家,并没有引入西方的私有农地产权制度。农地属于集体所有,农户的承包经营权是凭借其农村集体成员权身份无偿获得的(罗必良,2011)。在这种农地产权制度安排下,农民获得是一种有限排他的不完全地权。而且集体产权存在天然的模糊特征(周其仁,1995),从而给地方政府和乡村组织侵犯农民土地权利提供了可乘之机(党国英,2008)。Holden和Yohannes(2002)的调查指出,当农民离农外出打工或将农地撂荒时,即使农地处于承包期期限内,也可能被村集体认为是无力耕作而存在被无偿收回的风险。面对这种失地风险,农民理性的相机选择是自己"占有耕种"以捍卫地权,这会导致劳动力被低效率地锁定于农业和农村中,抑制劳动力非农转移。反之,当产权变得稳定时,农户则不再需要通过"占有耕种"行为来稳固地权,他们可以根据劳动力市场信号做出有效的迁移决策,释放出更多的劳动力向非农转移。刘晓宇和张林秀(2008)、Mullan等(2011)以及Maëlys等(2009)等基于中国数据也证实了上述观点。

另一种分析关注地权稳定性对土地生产功能的影响,指出农地产权稳定性提高,将抑制劳动力的非农转移。其理论逻辑是:当土地赋权稳定时,土地被征收的风险降低,能确保土地使用者享有投资收益而鼓励投资(Besley,1995);以低成本和合法的方式验证边界而提高土地交易的简便性(Deininger,2003),有利于土地成为抵押品获取信贷(Soto,2000),激励投资。这些因素的共同作用将促进农业生产资源配置效率提高,这等同于提高了农业投入的边际收益,推高了非农就业转移的机会成本,从而对劳动力非农转移产生抑制效应。反之,农地产权不稳定意味着在不确定的未来,农户存在失地风险,使得他们没法进行长期的生产安排,造成农业生产投资收益预期不足(Jacoby et al.,2002;Krusekopf,2002),这相当于对农地征收随机税(Besley,1995),这会倒逼劳动力放弃农地耕种，促进劳动力非农转移。

显然，农地不仅具有财产功能，而且具有生产功能（Nakasone，2011）。众所周知，改革以来，我国农地制度不断朝着稳定承包关系的方向改革，原来抑制劳动力转移所蕴含的制度风险随着改革的深入可能发生变化，意味产权作用于劳动力的路径可能发生变化，不再是单独通过财产功能这一路径，农地的生产功能的作用路径可能也逐渐变得重要，两种路径的综合作用最终决定劳动力转移的方向。因此，仅从土地某一种功能出发展开分析，得出的结论会有失偏颇。因此，本节整合土地的财产与生产的双重功能，构建一个"2（两种功能）×2（两种权益诉求）×2（两种作用方向）"的整合分析框架（图4-1），从农地是否调整、调整幅度、调整次数三个维度的综合角度，分析地权稳定性对劳动力非农转移的影响，并验证地权稳定性究竟是通过何种机制影响劳动力流动的。

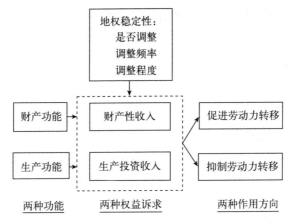

图4-1　地权稳定性对农户劳动力转移影响的分析框架

## 三、数据与模型

### （一）数据来源和描述统计

**1. 数据来源。**数据来源于课题组 2015 年年初进行的全国性大规模入户调查。本次调研重点在于关注农村土地制度以及劳动力转移，土地流转等要素流动的基本情况。调查采用的是多阶段分层随机抽样方法。首先，确定样本省。采用全国 31 个省份（除香港、澳门、台湾外）的总人口、人均 GDP、耕地面积、耕地面积比重、农业人口比重和农业产值比重 6 个社会经济特征指标，通过聚类分析方法将全国各省划分为三类地区。在三类地区中，按照全国东、中、西三大地带的划分各抽取 3 个省，共调查 9 省，即东部的广东、江苏和辽宁，中部的河南、江西和山西，西部的宁夏、四川和贵州。其次，确定样本县。根据上述 6 大指标分别对各样本省所辖的县级单位聚为三类，每类随机抽取 2 个县展开调查，共调查 54 (2×3×9) 个县。第三，确定样本镇、村和农户。在每个县抽取 4 个镇，每镇抽取 1 个村，每村抽取 2 个自然村，每自然村随机抽取 5 个农户。调查共发放问卷 2 880 份，回收问卷 2 783 份。根据本节研究需要，剔除部分重要变量缺失的无效问卷后，有效样本为 2 681 个。

**2. 描述统计。**从表 4-1 可知，广东、江西、四川和河南 4 省农户的非农就业转移比例较高，均达到 40% 以上；九省份农户都经历过不同程度的农地调整，其中，广东、河南、江苏和辽宁 4 省的农地产权相对稳定，五年内有调整的农户比例在 20% 以内。从以县为单位绘制的农地调整、非农就业转移的散点图（图 4-2）可以发现，尽管总体上大多数县的农地调整比例不高，但是调整依然普遍存在。从图 4-2 的拟合曲线可以发现，农地调整和劳动力非农转移之间存在正相关关系，相关系数达到 0.354，且在 1% 的水平上显著。

表 4-1 九省份劳动力非农转移和农地调整的基本情况

| 省份 | 广东 | 贵州 | 河南 | 江苏 | 江西 | 辽宁 | 宁夏 | 山西 | 四川 |
|---|---|---|---|---|---|---|---|---|---|
| 非农转移比例 | 0.450 | 0.368 | 0.401 | 0.392 | 0.425 | 0.233 | 0.224 | 0.283 | 0.417 |
| 农地调整比例 | 0.124 | 0.669 | 0.048 | 0.159 | 0.204 | 0.059 | 0.243 | 0.204 | 0.224 |

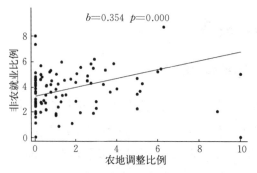

图 4-2 样本县的土地调整和劳动力非农转移的关系

进一步将样本农户根据是否调整，并细分为是否经历小调整、大调整，比较农户非农转移比例的组间差异（表4-2）。可以发现，目前农地调整更多表现为小调整，其中，近五年至少经历过一次"大调整"的农户约占5%，至少经历过一次"小调整"的农户约占11%。从劳动力转移看，五年内经历过农地调整的农户家庭非农转移比例为41.5%，未经历过农地调整的为36.9%，两者相差4.6个百分点，在5%的水平上显著；近五年内经历过至少一次小调整的农户非农转移比例39.2%，未经历过调整的农户非农转移比例为36.9%，两者区别为2.3个百分点，但不具备统计上的显著性。近五年内有大调整的农户家庭非农转移比例达到46.9%，没有调整的为36.9%，两者相差10个百分点，且在1%的水平上显著。由此得到一个初步的判断是，有过大调整的农户，他们将更多劳动力配置到非农部门。但是，有过小调整的农户，即产权不稳定的程度低时，对劳动力转移分配的影响不显著。

表4-2　农地是否调整、调整方式与劳动力非农转移的组间差异

| 变量 | 是否调整 | | | 是否小调整 | | | 是否大调整 | | |
|---|---|---|---|---|---|---|---|---|---|
| | 没调整 | 有调整 | Diff | 没调整 | 小调整 | Diff | 没调整 | 大调整 | Diff |
| 非农转移比例 | 0.369 | 0.415 | −0.046** | 0.369 | 0.392 | −0.023 | 0.369 | 0.469 | −0.100*** |
| 样本个数（个） | 2 274 | 407 | (0.018) | 2 274 | 285 | (0.022) | 2 274 | 122 | (0.032) |

注：*** $p<0.01$，** $p<0.05$，* $p<0.1$，括号中为标准误。

## （二）模型设置

基本模型如下：

$$y_i^* = \delta adjust_i + X_i'\beta + u_i \qquad (4-1)$$

被解释变量：首先，采用农户家庭中全职从事非农工作的劳动力（不包括兼业劳动力）占农户总劳动力的比例进行衡量；其次，为了避免测量误差，后文进一步采用包括兼业在内的非农转移劳动力比例进行验证分析。非农转移比例越大，意味着农户分配更多劳动力到非农部门，否则，反之。由于该变量是介于0～1的分数变量，因此采用分数逻辑回归（Fractional Logit Regression）模型进行估计。

核心自变量：农地产权稳定性。首先不区分调整程度，从是否调整以

及调整次数维度进行刻画；其次，考虑到不同调整程度所代表的产权稳定性含义不同，将调整区分为小调整和大调整，从是否经历小调整、大调整以及小调整、大调整次数的维度分析。

控制变量：包括种粮补贴、农地特征、区位特征、家庭特征变量、省份控制变量等，变量赋值及基本情况见表4-3。

表4-3 变量赋值及其描述统计（N=2 681）

| 变量名称 | | 赋值 | 均值 | 标准误 | 最小值 | 最大值 |
|---|---|---|---|---|---|---|
| 被解释变量 | 非农转移比例 | 非农转移劳动力/家庭总劳动力 | 0.376 | 0.344 | 0 | 1 |
| 产权稳定性 | 是否调整 | 是=1；否=0 | 0.152 | 0.359 | 0 | 1 |
| | 是否小调整 | 是=1；否=0 | 0.106 | 0.308 | 0 | 1 |
| | 是否大调整 | 是=1；否=0 | 0.046 | 0.208 | 0 | 1 |
| | 总调整次数 | 次数 | 0.197 | 0.537 | 0 | 8 |
| | 小调整次数 | 次数 | 0.145 | 0.489 | 0 | 8 |
| | 大调整次数 | 次数 | 0.051 | 0.253 | 0 | 3 |
| 政策补贴 | 种粮补贴 | 发放给实际种植者=1；否=0 | 0.359 | 0.480 | 0 | 1 |
| 农地特征 | 农地流转租金 | 元/亩 | 371.094 | 369.640 | 0 | 3 180 |
| | 人均承包地面积 | 家庭总承包面积/家庭总人口 | 1.666 | 2.728 | 0 | 45 |
| | 土壤肥力 | 从很好到很差五等级 | 2.729 | 0.846 | 1 | 5 |
| 区位特征 | 到县城时间 | 小时 | 0.960 | 0.637 | 0.06 | 6 |
| | 所在县在省的经济发展水平 | 从很好到很差五等级 | 3.207 | 0.813 | 1 | 5 |
| 家庭特征 | 家庭总人口 | 人 | 4.529 | 1.859 | 1 | 21 |
| | 家庭总劳动力 | 人 | 3.148 | 1.293 | 1 | 20 |
| | 家庭负担比 | （16岁及以下人口+70岁及以上人口）/家庭总人口 | 0.213 | 0.226 | 0 | 1 |
| | 初中劳动力比例 | 初中学历劳动力/家庭总劳动力 | 0.744 | 0.298 | 0 | 1 |
| | 妇女劳动力占比 | 妇女劳动力/家庭总劳动力 | 0.452 | 0.177 | 0 | 1 |
| | 家庭收入水平 | 从低到高五等级 | 2.666 | 1.123 | 1 | 5 |
| | 农业收入占比 | 农业收入占家庭总收入比例 | 36.850 | 33.142 | 0 | 100 |

注：农地肥沃程度、经济发展水平和家庭收入在下文回归中以虚拟变量进行处理。

## 四、实证结果与分析

### (一) 农地"是否调整"和"调整次数"对劳动力非农转移的影响

表 4-4 中模型 1-1、模型 1-2 分别用于分析农地是否调整、农地调整次数对劳动力非农转移的影响。从计量模型结果得到的基本结论是：

(1) 农地调整以及调整次数所表征的产权越不稳定，越促进劳动力非农转移。模型 1-1 结果中"是否调整"的系数为 0.171，在 5% 的水平上显著，边际效应为 0.037。表明农地调整能够显著促进农户劳动力向非农部门转移，有过调整的农户非农劳动力的比例比没有调整过的农户平均高 3.7%。模型 1-2 中"调整次数"的系数为 0.074，且在 10% 的水平上显著，边际效应为 0.016，调整次数增加 1 次，非农转移平均增加约 1.6%。模型 1-1 和模型 1-2 的结论基本是一致的。

(2) 地权稳定性主要是通过农地的生产功能影响劳动力非农转移的。从前文分析可知，农地兼具财产功能和生产功能，从两个相反方向作用于劳动力转移。从表 4-4 计量结果表明，产权稳定性越低，越促进劳动力非农转移，则表明地权稳定性主要是通过农地的生产功能影响农户劳动力的非农转移。此结论同刘晓宇和张林秀 (2008)，Mullan 等 (2008)、Maёlys 等 (2010) 不同。我们分析中国农地制度变革及其安排的一些细节特征，对上述影响机制进行拓展解释和分析。我国农村农地产权制度一直沿着强化产权稳定的方向改革，《中共中央关于一九八四年农村工作的通知》规定农地承包期到达 15 年，二轮承包期将农地承包期延长到 30 年，党的十九大明确指出二轮承包后农地承包期顺延 30 年，赋予了农民更加稳定的承包经营权。从村庄农地分田承包的实践准则看，农民集体成员权的户籍制度是基本依据；从现行法律规定看，只有承包方全家迁入设区的市，且转为非农业户口的，农地才会被收回。否则，即使承包方全家迁入小城镇落户的，集体仍然应当按照承包方的意愿，保留其土地承包经营权或者允许其依法进行土地承包经营权流转。农户家庭基于内部分工的需要，通常部分家庭成员外出务工，另一部分留在农村务农 (钱忠好，2008)，而且，外出打工的农民要获得当地户籍的难度往往很大 (杨胜利、段世江，2017)，因此即使外出打工也较少将户籍迁出集体。可见，农户因担心失去土地而"占有耕种"农地并非是普遍性事实。但是，村庄进行定时或不定时的农地调整依然普遍，频繁的农地调整会使得农户难以进行长期投资，导致土地的生产功能及其农业经营效率下降，相对降低了农户非农转移的机会成本，由此倒逼农户转向非农部门谋生发展。

表4-4　农地是否调整、调整次数对劳动力非农转移的影响（FLR）

| 变量 | 非农转移比例 | | | |
| --- | --- | --- | --- | --- |
| | 模型1-1 | | 模型1-2 | |
| | 系数 | 稳健标准误 | 系数 | 稳健标准误 |
| 是否调整 | 0.171**[0.037] | 0.078 | | |
| 调整次数 | | | 0.074*[0.016] | 0.038 |
| 种粮补贴 | −0.256*** | 0.060 | −0.256*** | 0.060 |
| 流转租金 | −0.050*** | 0.012 | −0.050*** | 0.012 |
| 人均承包面积 | −0.053** | 0.023 | −0.053** | 0.023 |
| 土壤肥力＝较好 | −0.292*** | 0.108 | −0.290*** | 0.108 |
| 土壤肥力＝一般 | −0.068 | 0.105 | −0.070 | 0.105 |
| 土壤肥力＝较差 | −0.634*** | 0.136 | −0.634*** | 0.136 |
| 土壤肥力＝很差 | −0.184 | 0.205 | −0.191 | 0.206 |
| 到县城时间 | 0.121** | 0.048 | 0.122** | 0.047 |
| 地区发展水平＝比较高 | −0.043 | 0.226 | −0.033 | 0.226 |
| 地区发展水平＝一般 | −0.120 | 0.218 | −0.113 | 0.218 |
| 地区发展水平＝相对低 | −0.176 | 0.223 | −0.167 | 0.223 |
| 地区发展水平＝很低 | −0.092 | 0.248 | −0.086 | 0.248 |
| 家庭人口数 | 0.009 | 0.028 | 0.008 | 0.028 |
| 劳动力总人数 | 0.161*** | 0.039 | 0.162*** | 0.039 |
| 家庭负担比 | −0.275* | 0.164 | −0.268 | 0.164 |
| 初中劳动力占比 | −0.598*** | 0.106 | −0.601*** | 0.106 |
| 妇女劳动力占比 | −0.389** | 0.187 | −0.382** | 0.186 |
| 家庭收入＝1万～3万 | 0.048 | 0.097 | 0.047 | 0.097 |
| 家庭收入＝3万～5万 | 0.076 | 0.104 | 0.076 | 0.104 |
| 家庭收入＝5万～10万 | 0.042 2 | 0.111 | 0.045 | 0.111 |
| 家庭收入＞10万 | 0.149 | 0.137 | 0.151 | 0.137 |
| 农业收入占比 | −0.009*** | 0.001 | −0.009*** | 0.001 |

（续）

| 变量 | 非农转移比例 | | | |
| --- | --- | --- | --- | --- |
| | 模型 1-1 | | 模型 1-2 | |
| | 系数 | 稳健标准误 | 系数 | 稳健标准误 |
| 截距项 | 0.556* | 0.301 | 0.548* | 0.301 |
| 省份虚拟变量 | 控制 | | 控制 | |
| 观测值 | 2 681 | | 2 681 | |

注：*** $p<0.01$，** $p<0.05$，* $p<0.1$，土壤肥力基准组为很好，地区发展水平基准组为很高，家庭收入基准组为小于 1 万。[] 中的数字为地权稳定性对劳动力转移影响的边际效应值。

其他控制变量系数与预期的基本一致。种粮补贴系数为负，在 1% 的水平上显著，说明种粮补贴增加了种地的净收益，有利于吸引劳动力务农。人均承包地面积的系数为负，在 5% 的水平上显著，说明人均承包地面积越大，农户会将更多劳动力分配到农业生产中，外出打工谋生的动机越小。土地肥力的系数为负，说明农地越贫瘠的地方，需要互补性投入的农业劳动越多。此外，租金的系数对劳动力非农转移表现出抑制效应，其原因可能在于：租金间接反映了当地务农的收益水平，租金上涨说明当地务农收益的提高，所以可以观察到的现象是：随着租金上涨，劳动力非农转移比例减少。

### （二）农地小调整、大调整以及调整次数对劳动力非农转移的影响

区分不同类型农地调整进行分析，为了保证不同调整类型农户的对照组都是未经历过调整的农户，在考察小调整的时候，将经历过了大调整的农户样本剔除；在分析大调整的时候，将经历过小调整的农户样本剔除。从表 4-5 计量结果得到的基本结论是：

（1）农地小调整及其调整次数对劳动力非农转移的影响在统计意义上不显著。从表 4-5 的模型 2-1 和 2-2 结果可知，是否小调整、小调整次数的系数值分别为 0.138、0.076，边际效应值分别为 0.029、0.016，但是不显著，表明经历了农地小调整对农户劳动力非农转移不存在显著影响。

（2）农地大调整及其调整次数所表征的地权不稳定，显著促进劳动力非农转移。模型 2-3 中"是否大调整"的系数为 0.291，在 5% 的水平上

显著，边际效应为 0.062，说明有过大调整的农户比未经历过的农户，劳动力非农转移比例高 6.2 个百分点。模型 2-4 中，大调整次数的系数为 0.184，边际效应为 0.039，在 10% 的水平上显著，即在其他条件不变下，平均多经历过一次"大调整"，农户的非农就业转移比例增加 3.9 个百分点。

总而言之，无论农地如何调整，都会影响到地权稳定性，但是农地"大调整"方式下农地全部被打乱重新分配，代表着更加不稳定的农地产权状态，易导致农户难以进行长期的农业投资，农业投资的收益预期不稳定，由此拉低非农就业转移的机会成本，显著促进劳动力非农转移。

表 4-5　农地小调整、大调整以及调整次数对劳动力非农转移的影响（FLR）

| 变量 | 非农转移比例 | | | |
| --- | --- | --- | --- | --- |
| | 模型 2-1 | 模型 2-2 | 模型 2-3 | 模型 2-4 |
| 是否小调整 | 0.138 [0.029] | | | |
| | (0.093) | | | |
| 小调整次数 | | 0.076 [0.016] | | |
| | | (0.054) | | |
| 是否大调整 | | | 0.291** [0.062] | |
| | | | (0.133) | |
| 大调整次数 | | | | 0.184* [0.039] |
| | | | | (0.107) |
| 截距项 | 0.521* | 0.518* | 0.603* | 0.602* |
| | (0.306) | (0.306) | (0.310) | (0.310) |
| 其他控制变量 | 控制 | 控制 | 控制 | 控制 |
| 省份虚拟变量 | 控制 | 控制 | 控制 | 控制 |
| 观测值 | 2 559 | 2 559 | 2 396 | 2 396 |

注：***、**和*分别表示在 1%、5% 和 10% 水平上显著。括号中为稳健标准误，[ ] 中为边际效应。

### （三）关于计量方法和因变量设置的讨论

**1. 计量模型设置问题。** 考虑到劳动力非农转移是一个介于 0 到 1 的连续变量，具有双受限特征的数据，故使用 Tobit 模型进行回归（模型 3-1）回归结果和表 4-4 的计量结果基本一致。

**2. 因变量的设置问题。** 表 4-4 模型中因变量采用全职外出打工劳动力占家庭总劳动力的比例进行衡量。为了避免测量误差，将因变量替换成包含兼业、全职两类劳动力非农转移人数占家庭总劳动力的比例进行分析。回归结果见表4-6模型3-2，同样可以发现，回归结果和表4-4基本一致，表明计量结果是稳健的。

表4-6　替换模型或因变量的回归结果

| 变　量 | 模型3-1（Tobit） | | | 模型3-2（FLR） | | |
|---|---|---|---|---|---|---|
| 是否调整 | 0.074** | | | 0.208** | | |
| | (0.032) | | | (0.083) | | |
| 是否小调整 | | 0.055 | | | 0.164* | |
| | | (0.038) | | | (0.093) | |
| 是否大调整 | | | 0.135** | | | 0.371** |
| | | | (0.056) | | | (0.162) |
| 截距项 | 0.688*** | 0.668*** | 0.701*** | 2.258*** | 2.212*** | 2.106*** |
| | (0.129) | (0.131) | (0.133) | (0.342) | (0.347) | (0.351) |
| 其他控制变量 | 控制 | 控制 | 控制 | 控制 | 控制 | 控制 |
| 省份虚拟变量 | 控制 | 控制 | 控制 | 控制 | 控制 | 控制 |
| 观测值 | 2 681 | 2 559 | 2 396 | 2 681 | 2 559 | 2 396 |

注：***、**和*分别表示在1%、5%和10%水平上显著，括号内数字为稳健标准误；模型3-2因变量包括全职非农和兼业非农劳动力，其他模型因变量只包括全职非农劳动力。

### （四）机制检验

上文分析表明，现阶段农地产权不稳定更多的是通过影响农地的生产性功能而影响劳动力非农转移的。如果上述结论成立，意味着农地产权不稳定，农户会减少农业经营中土地、资本等要素的投入，进而进行非农转移。为了检验该机制的存在，本节在模型中加入农户是否转入农地、是否转出土地和农业固定资本3个变量。其中，是否转入农地、是否转出农地是对农户农地要素配置的刻画；农业固定资本是对资本要素的刻画，之所以用固定资本是因为农业固定资本具有专用性特质，一旦投入就难以用于其他用途，所以农户在投入的时候会更加谨慎。如果农地调整会影响农地的生产功能，影响农户对农地长期受益的预期，那么农户则不会轻易投资购买固定资产。

为了检验该路径，按照如下步骤进行：①分析不同调整类型是否会影响以及如何影响农地转入、农地转出、农业固定资本价值；②分析农地转入，农地转出和农业固定资本价值是否会影响到劳动力非农转移；③在上述两个步骤的基础上，将显著的中介变量和农地调整变量放在同一个模型中，观察农地调整的效应是否变小或变得不显著，以及中介变量的显著程度，由此验证作用路径是否存在。

表4-7汇报了农地调整对中介变量的影响。可以发现，是否调整以及是否小调整会显著提高农户转出农地以及农户转入农地的概率，但对农业固定资产没有显著影响。这可能是因为农地调整降低农地的生产性功能，从而导致农户更多地转出农地，而更多的农地供给会降低农地流转市场的租金价格，从而引起更多的农地转入。结合 Bi-Probit 模型进行回归发现：相对而言，农地调整以及农地小调整对农地转出的影响程度要高于农地转入。是否大调整会显著提高农地转出的概率，并同时显著降低农户持有的农业固定资产价值。

表4-7　农地调整对中介变量的影响

| 变　　量 | 农地是否转出（Probit） | 农地是否转入（Probit） | 农业固定资产价值（OLS） |
|---|---|---|---|
| 是否调整 | 0.532*** (0.073) [0.532] | 0.191** (0.085) [0.186] | −0.095 (0.207) |
| 是否小调整 | 0.461*** (0.085) [0.498] | 0.204** (0.098) [0.207] | 0.194 (0.244) |
| 是否大调整 | 0.540*** (0.120) [0.579] | 0.114 (0.147) 　　[0.146] | −0.693** (0.340) |

注：考虑到篇幅问题，表4-7只报告各个回归模型中的核心自变量的系数，其他变量不报告，但是在模型中都进行了控制；***、**和*分别表示在1％、5％和10％水平上显著，括号内数字为稳健标准误，[ ] 内数字为 biprobit 模型的回归系数。

表4-8用于分析中介变量对劳动力非农转移的影响。考虑到农地流转和劳动力非农转移可能存在内生性（洪炜杰等，2016），故当因变量为非农转移比例，自变量为农地转出或者转入时，使用工具法进行回归。对农地流转使用的工具变量是本乡镇农地租赁平均价格（为了降低工具变量和农地流转的内生性，扣除该农户），该变量直接影响农地流转，但不会直接影响到农户的非农转移。可以发现，无论是农地是否转出，农地是否转入或者农业固定资产都会显著影响劳动力非农转移，且在1％的水平上显著。但是当农地转出和农地转入同时放在同一个模型中或者将三个中介

变量放在同一个模型中，发现农地转入变得不显著。故认为农地调整主要是通过农户的农地转出决策和农业固定资产购买决策作用于非农转移的。

表 4-8 中介变量对劳动力非农转移的影响（CMP）

| 变 量 | 非农转移比例 | | | | |
|---|---|---|---|---|---|
| 农地是否转出 | 0.890*** | | | 0.914*** | 0.810*** |
| | (0.256) | | | (0.253) | (0.270) |
| 农地是否转入 | | −0.982* | | −0.540 | −0.449 |
| | | (0.502) | | (0.495) | (0.471) |
| 农业固定资本 | | | −0.040*** | | −0.048*** |
| | | | (0.003) | | (0.007) |
| 截距项 | −0.075 | 0.264 | 0.770*** | −0.115 | 0.026*** |
| | (0.294) | (0.271) | (0.108) | (0.293) | (0.299) |
| 其他控制变量 | 控制 | 控制 | 控制 | 控制 | 控制 |
| 省份虚拟变量 | 控制 | 控制 | 控制 | 控制 | 控制 |
| 观测值 | 2,681 | 2,681 | 2,681 | 2,681 | 2,681 |

注:***、**和*分别表示在1%、5%和10%水平上显著。括号内数字为稳健标准误，第一阶段转出方程的回归系数为 0.000 7*** （0.000 1），转入方程的回归系数为−0.000 4*** （0.000 1）。

根据表 4-7 和表 4-8 的回归结果，将显著的中介变量和对应自变量放在同一个模型中分析作用路径（表 4-9），可以发现，中介变量依旧显著，但农地是否调整，是否小调整、是否大调整的系数都不再显著，说明土地调整是通过农地转出决策和农业固定资产购买决策作用于劳动力非农转移的。农地产权不稳定主要是影响农地的生产性功能，导致农业生产要素的投入减少，降低劳动力务农收益，进而促使农户劳动力非农转移。农地产权通过农地生产性功能作用于劳动力非农转移的路径是存在的。

表 4-9 产权稳定性如何影响劳动力非农转移（CMP）

| 变 量 | 非农转移比例 | | |
|---|---|---|---|
| 农地是否转出 | 0.886*** (0.256) | 0.906*** (0.269) | 0.729*** (0.278) |
| 农业固定资本 | | | −0.050*** (0.008) |
| 是否调整 | 0.036 (0.072) | | |
| 是否小调整 | | 0.026 (0.085) | |

（续）

| 变　　量 | 非农转移比例 | | |
|---|---|---|---|
| 是否大调整 | | | 0.085（0.123） |
| 截距项 | 0.072（0.294） | −0.096（0.298） | 0.146（0.310） |
| 其他控制变量 | 控制 | 控制 | 控制 |
| 省份虚拟变量 | 控制 | 控制 | 控制 |
| 观测值 | 2 681 | 2 559 | 2 396 |

注：***、**和*分别表示在1％、5％和10％水平上显著，括号内数字为稳健标准误。为了保证计量结果的稳健性，本节将农地转入放在模型中，发现农地转入不显著，而其他系数和显著程度基本一致，限于篇幅，只报告上表。

## （五）内生性讨论

**1. 农地调整和劳动力非农转移之间可能存在的内生性问题。** 农地调整是指基于公平原则，根据人地关系变化而对农户承包经营权所做的调整（仇童伟、罗必良，2017）。这意味着农地调整和劳动力非农转移之间可能存在内生性。主要表现为两方面：①由于人口增减以及农户劳动力非农转移的异质性及其分化，可能会导致"有田没人种"和"有人没田种"的两种极端现象，内生了农地重新调整的需要，即农地调整和劳动力非农转移之间可能呈现相互促进的关系，这会导致表4-7和表4-9的核心解释变量即农地调整的系数可能被高估。②随着非农转移的增加，意味着农地及其经营收益在农户家庭总收入中的地位降低，农户对通过农地调整所代表的公平重视程度降低，即劳动力非农转移增加会降低农地调整的需求；与此同时，随着非农转移的增加，留守农村的是处于非农就业比较劣势的弱势群体，劳动力非农转移会日渐趋缓，这也可能降低农地调整的需求。这种情况下，会导致表4-7和表4-9中核心解释变量即农地调整变量的系数可能被低估。

**2. 工具变量选择及其理论依据。** 本节寻找工具变量降低可能存在的内生性问题。理论上而言，同镇其他村的农地调整情况会影响到本村农地调整，但和本村劳动力转移不直接相关，是可能的工具变量。但是，考虑到同镇居民之间的社会网络关系强度较高，而非农转移存在羊群效应，同镇其他村的非农就业转移可能会通过羊群效应影响到本村的非农就业转移,而其他村的农地调整和非农就业转移相关,这就会导致其他村的农地调整既和本村农地调整相关,同时又通过其他村的非农就业转移影响到本村的非农就业转移,导致该工具变量非严格外生。基于这种考虑,本节选取同县其他镇的农地调整率作为本村农地调整的工具变量。同一个县农业部门对"三十年不变"政策的执行力度会影响到其管辖内各个村庄农地的调整情况,故同一个县下各个村农地调整之间是相关的,但是其他镇的非农转移情况,不会通过羊群效应影响到本村的劳动力非农转移,即其他镇的农地调整不会通过其非农转移间接影响到本村的非农就业转移。此外,考虑到其他镇的非农就业情况和本村的非农情况可能共同受到本地经济发展水平的影响,因此在模型中加入了"到县城时间"和"地区发展水平"两个控制变量。

**3. 工具变量法计量结果。**利用同县其他镇农地调整比例作为工具变量,结合 CMP[①] 方法进行估计(表 4-10)。从第一阶段看,农地调整相关变量的系数都为正,且在 1% 的水平显著,说明同县其他镇农地调整比例越高,本村农地调整也越频繁,和理论预期相符。从第二阶段的计量结果看,"是否调整"、"调整次数"、"是否小调整"、"小调整次数"、"是否大调整"、"大调整次数"的系数都为正,且控制内生性后,系数变大,显著性也有了明显的提高,说明表 4-4 和表 4-5 的计量模型低估了农地产权稳定性对劳动力非农转移的影响效应。

表 4-10 工具变量法模型结果(CMP)

| 被解释变量 | 非农转移比例 | | | | | |
|---|---|---|---|---|---|---|
| | 模型 a | 模型 b | 模型 c | 模型 d | 模型 e | 模型 f |
| 是否调整 | 0.874***<br>(0.255) | | | | | |
| 调整次数 | | 0.763***<br>(0.182) | | | | |
| 是否小调整 | | | 0.650***<br>(0.348) | | | |

---

① 在第一阶段模型设定中,核心自变量为 0-1 变量,则设定为 probit,调整次数则设定为 continue。

（续）

| 被解释变量 | 非农转移比例 | | | | | |
|---|---|---|---|---|---|---|
| | 模型 a | 模型 b | 模型 c | 模型 d | 模型 e | 模型 f |
| 小调整次数 | | | | 1.072*** | | |
| | | | | (0.265) | | |
| 是否大调整 | | | | | 1.162*** | |
| | | | | | (0.357) | |
| 大调整次数 | | | | | | 3.000*** |
| | | | | | | (0.389) |
| 其他控制变量 | 控制 | 控制 | 控制 | 控制 | 控制 | 控制 |
| 省份虚拟变量 | 控制 | 控制 | 控制 | 控制 | 控制 | 控制 |
| 第一阶段 | 是否调整 | 调整次数 | 是否小调整 | 小调整次数 | 是否大调整 | 大调整次数 |
| 工具变量 | 1.443*** | 0.579*** | 1.293*** | 0.394*** | 1.416*** | 0.143*** |
| | (0.165) | (0.077) | (0.179) | (0.057) | (0.266) | (0.034) |
| 观测值 | 2 538 | 2 538 | 2 417 | 2 417 | 2 262 | 2 262 |

注：***、**和*分别表示在1%、5%和10%水平上显著，括号内数字为稳健标准误。

# 五、结论与讨论

农地兼具财产与生产两种功能决定了农地产权稳定性对农户家庭劳动力分配的影响并非单一的作用逻辑。就财产功能而言，农地产权不稳定，农户为了保护财产，会分配更多劳动力对农地进行"守护"，抑制农民的非农转移；就生产功能而言，农地产权越不稳定，会抑制农户农地的长期投资，倒逼农户将更多劳动力转移到非农部门。所以，农地产权稳定性如何影响劳动力转移并非恒久不变，和不同时期土地制度下的失地风险有着密切的关系；随着我国农地制度改革的深入，两者的关系可能发现变化，需要重新审视。基于此，我们整合土地的双重功能来解决部分争议，化解单一割裂角度的缺陷，构建了一个"2（两种功能）×2（两种权益诉求）×2（两种作用方向）"的整合分析框架，实证测度分析地权稳定性对劳动力非农转移的影响，并验证分析地权稳定性究竟是通过何种机制影响劳动力流动的。研究表明，现阶段地权稳定性主要是通过影响农地的生产功能影响农户劳动力的迁移决策的；在其他条件不变的情况下，随着农地调整频率增加和调整程度变大，对家庭劳动力的配置行为影响也逐步增强，即农地产权越不稳定，农村劳动力越向非农部门转移。进而，本节利用同县其他镇农地调整率作为工具变量，控制内生性后，发现衡量产权稳定性的各个变量的系数增大，由此验证和强化了上述结论。由此认为：

（1）农地产权稳定性具有要素生产价值的提升功能。农地产权稳定性提高能够提升农地的生产功能及其效率，在一定程度上增加农户的务农收益，吸引农户向农业分配更多劳动力。从这一角度看，地权稳定在一定程度上可以缓解我国对"谁来种田"的担忧。当前正在全国范围内铺开的新一轮农地确权，这是在以往改革的基础上，进一步强调农地承包关系的"长久不变"，无疑能够进一步提高农地产权的稳定性，将有利于农地生产性功能的进一步发挥，吸引更多劳动力进入农业部门；并且，通过农地确权的产权稳定性提升信号，可以诱导在非农部门的"弱势人群"回乡创业。从这一角度看，产权稳定性更深层次的含义是，有利于减少人为的农地调整对就业成本收益的扭曲，促使农村劳动力依据比较优势选择务农或非农转移，推进农村劳动力的分工深化。

（2）研究农地调整引致的要素流动影响效应时，不仅需要从"是否"角度进行二分法的刻画，更需要从调整幅度以及次数的角度进行综合刻画分析。本节研究表明，不同程度的农地调整对农村劳动力非农转移的影响程度是不同的，"大调整"的影响比"小调整"更大，这比已有主流研究简单笼统地分析地权稳定性的影响更具针对性和科学合理性。

（3）从长远发展看，随着具有非农比较优势的劳动力向非农就业市场的转移，由农村劳动力转移对农地调整所衍生的生产资料公平诉求降低；与此同时，随着非农转移的增加，留守农村的是更具务农比较优势的群体，他们进行非农转移的动机相对弱，从而可以预计在没有政策干预下，只要放开非农劳动力市场，农地产权可能会自然趋于稳定。当然，这种产权自然趋于稳定的结果可能是一个较为漫长的过程，需要给予足够的耐心。

## 第二节　农地确权、地权稳定与劳动力转移

### 一、问题的提出

中国转型发展过程中面临的重大问题是地权稳定性与城市化过程中的

人口流动。我国农地制度改革一直沿着强化土地稳定性的方向演进。改革初期农地承包期为 2～3 年，1984 年延长至 15 年，二轮承包期延长至 30 年；2008 年《关于推进农村改革发展若干重大问题》中强调农户农地承包经营权的长久不变，2009 年启动了农地确权登记颁证试点工作，预计将于 2018 年基本完成。这一系列的政策制度都旨在强化农民的土地产权稳定性。那么，在人地关系调整的大背景下，我国农地制度变革中地权稳定性提高将如何影响农村劳动力流动？

已有研究农村劳动力流动的主流文献是沿着 Todaro 模型以及推拉理论的逻辑框架所展开，往往忽略了土地制度变量的影响。而侧重于土地产权制度对劳动力流动影响的研究，则形成了作用力相反的两派理论解释逻辑，而且经验层面的研究结论也并不一致。事实上，劳动力转移是土地的函数（Dixon，1950），农民持有土地产权的安全性和稳定性，直接影响劳动力转移成本及方式（陈会广、刘忠原，2013）。我国农地家庭承包经营改革促进劳动力大量转移的经验事实也表明：农地产权制度的变革必定影响到劳动力的流动，因此，从理论逻辑的拓展角度看，Todaro 模型应纳入土地制度变量，并将土地制度对劳动力流动的两种影响机理一并纳入模型中进行整合分析。

本节纳入土地制度变量，把产权稳定性对劳动力影响的两种逻辑纳入同一分析框架，构建拓展的 Todaro 模型，并进一步利用调查数据对其进行实证检验，试图回答以下两个问题：①农地产权越稳定究竟是激励劳动力非农转移还是回乡务农？②对于不同类型的农户是否存在异质性的影响效应及其强度？对于上述问题的回答，不仅能够辨明产权稳定性对劳动力的影响机理，在理论研究上具有"求真"的价值；也能进一步明确农地产权制度改革下我国农村劳动力的流动趋向，从而为我国劳动力城乡流动以及农业转型发展的政策选择提供有针对性的政策建议，在政策实践上具有"务实"的意义。

## 二、Todaro 模型拓展及逻辑分析

### （一）文献回顾

**1. 三种不同的结论。**权利是否被清楚界定至关重要（周其仁，

2001）。地权稳定性对经济发展产生四个方面的好处：增加投资收益（Alchian & Demsets，1973；Lin，1992），提升土地交易的便利性（Besley，1995；Deininger，2003），有利于土地成为抵押品获取信贷（De Soto，2002），促进农户的分工专业化发展（Field，2007）。但是，土地产权制度不仅仅影响农地资源的利用方式、效率以及农地流转交易，也会直接影响劳动力转移的成本、方式与效率（陈会广、刘忠原，2013）。不过，现有文献关于农地产权制度对劳动力影响的研究并未达成一致的观点。

一些学者认为，农地产权越稳定，越促进农村劳动力转移（Yang，1997；Janvry et al.，2015）。这种观点的理论解释是：农地产权越稳定，农民在就业转移后面临的失地风险越少，农民不必因害怕失地而低效率地依附于土地耕种，导致农民转移到高收益的非农部门。反之，产权越不稳定，农民离地离农后的失地风险增大，这时即使存在较高的非农就业收益，他们也可能会为避免土地财富的流失而被迫锁定于农业生产中，而不是外出务工，从而抑制非农就业转移。在我国的现实情形中，农民的失地风险表现在两个方面：一是在村集体土地重新调整时，离农转移农户的土地有可能被收回，不再分得土地；二是因农户不在农村居住、不从事农业，他的土地可能被他人非法侵占（付江涛等，2016）。刘晓宇等（2008）利用中国农户调查数据，采用广义最小二乘法（GLS）模型估计的结果显示：稳定的农地产权可以有效促进农村劳动力外出打工，而频繁的土地调整则会挤压农民离乡进城的积极性，抑制劳动力的非农转移。Mullan 等（2011）、De la Rupelle 等（2009）对中国的研究也得到了类似的结论，指出农地产权不稳定导致中国农村转移劳动力承受较大的失地或换地风险，这是阻碍农村劳动力非农就业的重要因素。国外研究方面也有证据表明：农地确权颁证能释放出大量的农村劳动力，促进农民非农就业转移（Haberfeld 等，1999；Field，2002；Janvry，2015）。

然而，Yao（2001），田传浩、贾生华（2004）等指出，土地调整越频繁，分配越平均，越促进劳动力转移，也就是说，产权不稳定反而会促进劳动力非农转移。陈会广和刘忠原（2013）对南京市农民工的调查研究也支持了上述观点。之所以土地调整越频繁越促进农民非农转移，最为经典的理论阐释是：土地不定期调整的作用如同一种随机税（Besley，1995；姚洋，2004），即地权调整意味着在不可预见的未来农民的土地被拿走时，会一同带走附着在土地上的中长期投资；地权调整越频繁，意味着被征收的随机税越多，农民投资的损失越大，导致农民从事农业生产的积极性降低，迫使他们改变就业方式，转移到非农领域。与之相反，一旦农地产权变得稳定，意味着农民预期被征的"随机税"损失减少，从而调动农民农业生产积极性，起到抑制劳动力非农转移的作用。

此外，也有学者指出，产权稳定性对农村劳动力流动产生什么影响，与当地的社会条件密切相关，这是导致土地产权制度对劳动力转移影响不一致的重要原因。Galiani 和 Schargrodshy（2010）对阿根廷的研究发现，通过农地确权提高产权稳定性，并不会促进劳动力非农转移，其可能原因在于确权前后当地并不存在对劳动力流动的特殊性制度限制因素。

**2. 基于托达罗模型的农村劳动力转移分析。**显然，农村劳动力转移并不仅仅取决于农地产权制度因素，还必须纳入影响农村劳动力流动的其他推力、拉力因素等。Todaro 模型是研究农村劳动力转移问题时被广泛接受（Lucas，1985）和运用的模型。该模型重点分析了经济因素在人口迁移中的作用，认为城乡预期收入差距对劳动力转移决策具有决定性影响（Todaro，1969）。这种简洁的理论为理解中国长期性、大规模的农村劳动力流动提供了思路。国内不少学者以改革后中国农村劳动力转移的调查数据为基础，利用托达罗模型进行实证研究，结果表明：城市务工收入是农民向城镇迁移的最大驱动力（李培，2009；中国农村劳动力流动课题组，1997）；与就业收入密切相关的"是否参加社会保险、是否签订劳动合同"两个变量对农民就业迁移行为也有显著影响（续田曾，2010）。

以 Todaro 模型为基础的后续研究，则逐步摆脱了侧重于经济因素分析的局限，也综合了相关人口学、社会学等因素，从更广泛的角度阐释劳动力转移的动因和障碍（王春超等，2009；蔡昉等，2002）。如纳入家庭依附、相对剥夺感、主观幸福感等社会学因素。此外，也有学者以 Todaro 模型为基础，将农村劳动力流动放置在国民经济发展的宏观背景下进行讨论，利用国家或区域层面的时间序列数据、面板数据展开研究（程名望等，2007；陆铭等，2014；吕炜等，2015）。显然，宏观层面的研究有利于把握经济发展因素对劳动力市场发展影响的规律，但宏观层面的劳动力市场发育的问题，是微观农户劳动力配置决策行为的累积结果。因此关注农户行为选择更具基础性和关键性的意义，也是主流的研究导向。

**3. 简要的评论。** 综上，已有关于农村劳动力转移的经验研究主要是沿着 Todaro 模型以及推拉理论的逻辑框架所展开，而对土地制度影响的研究仍不充分；而侧重研究土地产权制度对劳动力流动影响的研究，就此问题未达成一致的观点，其原因在于产权稳定性对农民迁移影响存在作用力相反的两种理论解释逻辑，一方面，产权越稳定，农民离地失地的风险越小，从这个角度看，产权稳定能够促进农民的非农就业转移；另一方面，产权越稳定，农民务农因产权稳定而导致的随机损失越小，从这个角度看，产权稳定能增加务农收益，越能激励农民务农，从而削弱农民非农就业转移的激励；但已有文献往往仅引入其中的一种理论逻辑展开分析。此外，不同理论逻辑的作用强度往往与农户特征的异质性相关，这也被已有研究所忽略。

鉴于此，本节纳入土地制度变量，把产权稳定性对农村劳动力转移影响的两种逻辑纳入同一个分析框架，并引入农户特征的异质性条件，构建拓展的 Todaro 模型，由此回答：地权稳定性如何影响农村劳动力转移？进一步地，归类分析不同特征农户的劳动力转移会有何不同？

### （二）Todaro 模型的基本形式

Todaro 模型认为劳动力转移决策取决于对城乡预期收入差距，原始模型可以表达为：

$$V(0)=\int_{t=0}^{n}\left[p_u(t)Y_u(t)-Y_r(t)\right]e^{-rt}dt-C\ (0) \quad (4-2)$$

（4-2）式中，$V(0)$ 是城乡预期收入差距的贴现值，$r$ 是贴现率，$p_u(t)$ 是 $t$ 期农村劳动力在城市得到工作的概率，$Y_u(t)$ 是 $t$ 期劳动力城市非农就业收入，$Y_r(t)$ 表示劳动力务农收入，$C$（0）是迁移成本。本节只考虑一期，则（4-2）式可简化为：

$$V=(p_uY_u-Y_r)-C \quad (4-3)$$

务农收入 $Y_r$ 是农产品价格（$P_r$）和产量（$Q$）的函数，设农业生产函数符合 Cobb-Douglas 函数，那么农村劳动力务农收入为：

$$Y_r=P_rQ(L_r,\ A,\ K)=P_r\alpha_0 L_r^{\theta_1}A^{\theta_2}K^{\theta_3} \quad (4-4)$$

（4-3）式中，$L_r$、$A$、$K$ 分别代表务农劳动力数、耕种面积和资本投入量，$\theta_1$、$\theta_2$、$\theta_3$ 是上述三种投入要素的产出弹性。

### （三）纳入地权稳定性的 Todaro 模型：两种理论逻辑下的三种情形

产权稳定性对农村劳动力转移的影响存在作用力相反的两种理论解释逻辑，进而形成对劳动力流动的不同激励效应。首先，考虑土地产权不稳定相当于对农产品产量进行随机征税的影响（Besley，1995，姚洋，2004）。式(4-5)中 $S$ 代表产权稳定性程度（为了方便讨论，假定产权稳定性是连续变量），假设产权不稳定导致的务农收入损失为 $h(S)$，则 $h(S) \in [0, 1]$，$h'(S) < 0$。从而有

$$Y_r = (1 - h(S)) P_r \alpha_0 L_r^{\theta_1} A^{\theta_2} K^{\theta_3} \qquad (4-5)$$

令 $f(S) = 1 - h(S)$，则 $f(S)$ 表示扣除产权不稳定导致随机损失后的剩余比例；产权越稳定，征收的随机税越少，获得的税后剩余越多。由此(4-5)式可简化为：

$$Y_r = f(S) P_r \alpha_0 L_r^{\theta_1} A^{\theta_2} K^{\theta_3} \qquad (4-6)$$

其次，考虑产权不稳定性可能导致的失地风险对劳动力转移的影响。假设农民离地导致失地损失概率为 $p(S)$，且 $p'(S) < 0$，表明随着农地产权稳定性增加，农民离地失地的概率 $p$ 减小；此外，假定农地对农民存在就业保障与生存保障功能等，其价值为 $G(A)$，那么农民离地后从事非农就业可能导致的土地财富损失为 $p(S)G(A)$，那么，城乡预期收入差距 $V$ 经过修正后为：

$$V = (p Y_u - Y_r) - C - p(S)G(A) \qquad (4-7)$$

由此，构建纳入产权稳定性对农村劳动力流动影响的两种理论逻辑的 Todaro 模型为：

$$\begin{cases} V = (p_u Y_u - Y_r) - C - p(S)G(A) \\ Y_r = f(S) P_r \alpha_0 L_r^{\theta_1} A^{\theta_2} K^{\theta_3} \end{cases} \qquad (4-8)$$

对式（4-8）求偏导数可得：

$$\frac{\partial V}{\partial S} = -\left[ \frac{\mathrm{d}f}{\mathrm{d}S} P_r \alpha_0 L_r^{\theta_1} A^{\theta_2} K^{\theta_3} + \frac{\mathrm{d}p}{\mathrm{d}S} G(A) \right] \qquad (4-9)$$

由于（4-9）式中，$\frac{\mathrm{d}f}{\mathrm{d}S} P_r \alpha_0 L_r^{\theta_1} A^{\theta_2} K^{\theta_3} > 0$，而 $\frac{\mathrm{d}p}{\mathrm{d}S} G(A) < 0$，所以 $\frac{\partial V}{\partial S}$ 的符号取决 $\frac{\mathrm{d}f}{\mathrm{d}S} P_r \alpha_0 L_r^{\theta_1} A^{\theta_2} K^{\theta_3}$ 和 $\frac{\mathrm{d}p}{\mathrm{d}S} G(A)$ 绝对值的相对大小，即产权稳定性对劳动力非农转移收益的影响取决于两种不同作用力的相对大小

### （四）地权稳定性对不同资源特征农户劳动力非农转移的影响

上面的逻辑推导假设农户拥有的资源禀赋是同质的，然而实际上，不同农户拥有的资源禀赋是不同的。对于不同资源禀赋的农户而言，他们打工或务农的收益显然是不同的。那么，地权稳定性对其劳动力转移的影响是否不同？对于农户而言，最重要的生产要素是土地和资本，因此仅考虑土地、资本两种要素。

从上文可知，劳动力非农转移对产权稳定性的偏导数同式（4-9）为：

$$\frac{\partial V}{\partial S} = -\left[\frac{\mathrm{d}f}{\mathrm{d}S}P_r\alpha_0 L_r^{\theta_1}A^{\theta_2}K^{\theta_3} + \frac{\mathrm{d}p}{\mathrm{d}S}G(A)\right]$$

那么，上式对土地 $A$ 求偏导数可得：

$$\frac{\partial^2 V}{\partial S \partial A} = -\left[\frac{\mathrm{d}f}{\mathrm{d}S}P_r\alpha_0\theta_2 L_r^{\theta_1}A^{\theta_2-1}K^{\theta_3} + \frac{\mathrm{d}p}{\mathrm{d}S}\frac{\mathrm{d}G(A)}{\mathrm{d}A}\right] \quad (4-10)$$

由于（4-10）式中，$\frac{\mathrm{d}f}{\mathrm{d}S}P_r\alpha_0\theta_2 L_r^{\theta_1}A^{\theta_2-1}K^{\theta_3} > 0$，而 $\frac{\mathrm{d}p}{\mathrm{d}S}\frac{\mathrm{d}G(A)}{\mathrm{d}A} < 0$，所以仅从（4-10）式看，$\frac{\partial^2 V}{\partial S \partial A}$ 的符号是不确定的，也即是对于拥有不同土地资源禀赋的农户而言，农地确权对其劳动力流动收益的影响是不确定的。

在式（4-9）的基础上，对农业资本 $K$ 求偏导数可得：

$$\frac{\partial^2 V}{\partial S \partial K} = -\frac{\mathrm{d}f}{\mathrm{d}S}P_r\alpha_0\theta_3 L_r^{\theta_1}A^{\theta_2}K^{\theta_3-1} \quad (4-11)$$

从（4-11）式中不难得出，$\frac{\partial^2 V}{\partial S \partial K}$ 小于 0，即随着农户拥有的农业资本增加，地权稳定提高对农村劳动力非农转移的抑制效应越大。

## 三、数据、模型与描述统计

### （一）数据来源

数据来源于 2014 年 12 月至 2015 年 4 月对全国范围内农户的抽样调查。首先根据全国各省份的资源社会经济特征指标聚为三类，按照东、中、西三大地带各选 3 个省进行调查。东部地区随机抽取的为广东、江苏和辽宁省，中部地区包括江西、河南和山西省，西部地区包括四川、宁夏和贵州省。其次，按照上述聚类指标，将每个样本省的所有县采用聚类分析法聚为三类，每类中随机抽取 2 个县展开调查，共调查 54 个县。最后，确定样本镇、村和农户。在每个县抽取 4 个镇，每镇抽取 1 个村，每村抽取 2 个自然村，每自然村随机抽 5 个农户，共调查 338 镇、528 村、2 160 户。课题组为进一步加强区域间的比较，将广东省、江西省的样本数均增加了 360 户，合计 2 880（2 160＋720）户。调查回收问卷 2 743 份，有效问卷 2 704 份，问卷有效率为 93.9％。由于本节使用到的部分关键变量存在缺失值，剔除无效问卷后有效样本为 2 695 个。

### （二）模型设置与描述统计

本节借助农户层面的数据，构建如下模型：

$$y_i＝\alpha_i＋\beta_1 rights_i＋X'_i\gamma＋\varepsilon_i \qquad (4-12)$$

被解释变量：农户非农就业比例（$y_i$），即以农户劳动力非农就业比例增减衡量劳动力转移的影响。

核心解释变量：地权稳定性（$rights_i$）。以农地是否确权衡量农地产权稳定性，是则赋值为 1，否则赋值为 0。确权变量属于村庄层面的变量，在模型中视为外生变量（郜亮亮等，2013）。

控制变量：包括资源禀赋特征、村庄特征、家庭特征等变量。农业政策的落实情况可能会影响到农民务农收益，进而影响劳动力非农转移，故本节进一步控制农业政策变量。其中，资源禀赋包括农地禀赋（承包地面积）、资本禀赋（农业资本价值）和劳动力禀赋（家庭劳动力总数）；村庄特征包括到县城时间、所在地区发展水平、所在村庄农业产值比重、地形特征等；家庭特征则包括家庭负担比、初中文化劳动力占比、女性劳动力占比；农业政策采用种粮补贴发放方式衡量。各变量赋值和基本情况见表 4-11。

由表 4-11 可知，确权组农户的非农就业比例均值为 0.363，非确权组农户的非农就业比例为 0.392，后者显著多于前者的均值。但是应该注意到，确权和非确权组的部分控制变量存在组间差异，这说明确权组和非确权组农户的非农就业比例组间差异可能是由于其他控制变量的不同所导致，不能就此判断地权稳定性与非农就业比例之间的因果作用效应，需进一步采用计量模型进行分析，以保证结论的严谨性。

表 4-11　变量设置与描述性统计

| 变量 | 变量定义及赋值 | 确权组 | 非确权组 | 方差 | 标准误 |
|---|---|---|---|---|---|
| 非农就业比例 | 非农就业人数/农户劳动力总数 | 0.363 | 0.392 | −0.028 5 | 0.013 3** |
| 承包地面积 | 亩 | 6.528 | 7.855 | −1.327 2 | 0.794* |
| 农业资本价值 | 万元 | 0.496 | 0.425 | 0.713 | 0.505 |
| 家庭劳动力总量 | 人 | 3.116 | 3.184 | −0.068 1 | 0.050 |
| 种粮补贴发放方式 | 发放给种植者=1；否则=0 | 0.379 | 0.334 | 0.045 2 | 0.018 5** |
| 所在地区发展水平 | 从很好到很差分为 5 等级 | 3.143 | 3.277 | −0.133 7 | 0.031 2*** |
| 到县城的时间 | 小时 | 0.982 8 | 0.929 | 0.053 7 | 0.024 6*** |
| 村庄农业产值比重 | 同村农村家庭农业占比均值 | 36.623 | 36.920 | 0.297 | 0.874 |
| 山区 | 地形为山区=0；否则=0 | 0.288 | 0.271 | 0.017 | 0.017 |
| 丘陵 | 地形为丘陵=0；否则=0 | 0.306 | 0.339 | 0.033 | 0.018* |
| 平原 | 地形为平原=0；否则=0 | 0.407 | 0.390 | 0.017 | 0.019 |
| 家庭负担比 | （16 岁以下人数＋70 岁以上人数）/家庭总人数 | 0.212 9 | 0.212 7 | −0.000 1 | 0.008 7 |
| 初中劳动力占比 | 初中学历劳动力×100/家庭总劳动力 | 0.751 4 | 0.732 6 | 0.018 7 | 0.011 5 |
| 女性劳动力占比 | 女性劳动力×100/家庭劳动力总数 | 0.450 3 | 0.455 28 | −0.005 0 | 0.006 84 |

注：***、**和*分别表示在1%、5%和10%水平上显著，家庭主要工作类型的观测值为 2 082，其他变量的观测值为 2 695，此外确权组的观测值为 1 450，非确权组的观测值为 1 245。Diff＝确权组均值－非确权组均值。

# 四、实证结果与分析

## （一）地权稳定性对农村劳动力转移的影响

地权稳定性与农村劳动力转移的模型估计结果见表 4-12。其中，模型 1 未纳入家庭特征变量和区域变量；模型 2 在模型 1 的基础上控制了家庭变量；模型 3 在模型 2 的基础上控制了东、中、西三大地带的区位哑变量。由于被解释变量非农就业比例是介于 0 到 1 之间的变量，是典型的双受限数据，所以采用 Tobit 模型进行估计。需要指出的是，表 4-12 的模型中并未纳入非农就业工资和农地租金等衡量要素报酬的变量，原因在于：一是理论上而言，农地产权状态对劳动力获得的非农就业报酬影响不大，这使得存在遗漏变量导致地权稳定性系数有偏的可能性较小。二是在前期调研问卷中，衡量劳动力非农就业工资的变量观测值有缺失，只获得了2082个观测值。这部分缺失变量很难确定是否属于随机缺失；如果不是随机缺失，纳入该变量反而会导致系数值估计有偏，且难以确定系数偏误的方向。不过，为了确保模型中不会因未纳入要素报酬变量而造成的偏误影响，在后文的稳健性检验中我们将对这个问题做进一步的讨论。

表4-12 地权稳定性对农村劳动力流动的影响（Tobit）

| 变量 | 被解释变量：非农就业比例 | | | | | |
|---|---|---|---|---|---|---|
| | 模型1 | | 模型2 | | 模型3 | |
| | 系数 | 稳健标准误 | 系数 | 稳健标准误 | 系数 | 稳健标准误 |
| 地权稳定性 | −0.050 2** | 0.024 5 | −0.045 6* | 0.024 3 | −0.046 3* | 0.024 4 |
| 承包地面积 | −0.002 94 | 0.001 84 | −0.002 97 | 0.001 88 | −0.002 84 | 0.001 83 |
| 农业资本价值 | −0.003 53** | 0.001 42 | −0.003 58*** | 0.001 38 | −0.003 56*** | 0.001 37 |
| 家庭劳动力 | 0.111*** | 0.012 2 | 0.097 8*** | 0.011 7 | 0.096 4*** | 0.011 8 |
| 种粮补贴 | −0.106*** | 0.024 9 | −0.104*** | 0.024 7 | −0.105*** | 0.024 7 |
| 地区发展水平 | −0.031 9** | 0.016 0 | −0.025 8 | 0.015 9 | −0.026 5* | 0.015 9 |
| 到县城时间 | 0.028 0 | 0.018 7 | 0.038 8** | 0.019 0 | 0.043 2** | 0.019 4 |
| 地形丘陵 | −0.011 5 | 0.032 2 | −0.017 3 | 0.032 0 | −0.030 8 | 0.033 8 |
| 地形平原 | 0.028 6 | 0.031 3 | 0.024 0 | 0.031 2 | 0.009 22 | 0.033 9 |
| 村庄农业比重 | −0.004 73*** | 0.000 604 | −0.004 77*** | 0.000 599 | −0.004 73*** | 0.000 600 |
| 家庭负担比 | | | −0.079 9 | 0.059 2 | −0.079 5 | 0.059 3 |
| 初中劳动力比例 | | | −0.298*** | 0.045 8 | −0.296*** | 0.045 8 |
| 妇女劳动力比例 | | | −0.167** | 0.079 7 | −0.165** | 0.079 8 |
| 区域控制变量 | 否 | | 否 | | 是 | |
| Constant | 0.585*** | 0.015 0 | 0.584*** | 0.097 4 | 0.606*** | 0.101 |
| F | 21.36*** | | 22.11*** | | 19.50*** | |
| Observations | 2 695 | | 2 695 | | 2 695 | |

注：***、**和*分别表示在1%、5%和10%水平上显著。

根据表4-12的计量结果，可得到如下结论：

（1）地权稳定性提高会激励农户务农，抑制劳动力的非农转移。从表4-12可知，模型1、模型2和模型3的系数分别为−0.050 2，−0.045 6和−0.046 3，且在5%以及10%的水平上显著，系数值相近，显著性水平一致，结果较为稳健；这表明，地权稳定性促进农户的非农就业比例减少,即农地确权带来的产权稳定性提高会激励部分从事非农就业的农民返乡务农;这一计量结果表明,地权稳定性的影响主要表现为对农户农业生产投资的"保证效应",即农民认为自己的地权权利更有保障,有利于稳定农户的生产投资收益预期,激励农民务农。

对于上述计量结论,结合我国农地制度安排特征可以得到进一步的解释。众所周知,农村集体成员权的户籍制度是我国农地分配的基本依据。即农民非农就业转移后是否会失去土地,以其户口是否转为城市户口为依据;然而,在现行的城乡户籍制度安排下,一方面城市化进程中农民工的住房、社保等多项制度缺失,而且他们在短时间内获得城市户口及其附带的城市福利是困难的(吕文静,2014),另一方面农村户口与农村集体分红福利相关联,为了依然可以享受农村集体分红等福利,农民也往往不愿意放弃农村户口(盛亦男,2014)。这表明我国农民因担心失去土地而死守农地并非普遍性事实。但是,农地产权不稳定必然会导致农户的中、长期投资沉淀损失以及衍生出生产调整的成本(许庆等,2005),从而影响农民务农的积极性与效率(Wen,1995)。总之,地权稳定性提高的作用主要表现为减少农户生产投资的"随机税"损失,提升投资安全的"保证效应",这对于吸引更多的劳动力务农有积极作用。

(2)控制变量的影响。承包地面积越大,农户劳动力的非农就业比例越小,意味着土地禀赋优势,有利于农户进行规模经营,提高务农收益,激励农户务农。同样的,家庭拥有的农业资本价值越多,起到激励务农、抑制非农转移的作用。家庭劳动力越多,在经营面积不变的情况下,越多的劳动力意味着务农劳动力边际收益的降低,从而导致更多劳动力非农就业。这三个变量的影响在一定程度上也佐证了农地产权稳定性对劳动力迁移的影响主要在于减少了因农地调整而产生的"随机税"损失。种粮补贴系数为负,在1%水平上显著,表明种粮补贴相对增加农户务农的收益,提高农民务农的积极性,抑制农民非农转移。地区发展水平显著为负,到县城时间系数为正,且在5%水平上显著,可能的原因是离县城越远,农产品价格偏低,务农收益差,从而激励劳动力转移就业。此外,初中及以下学历的人数越多,农户非农就业比例越小,这表明在城市产结构升级转型过程中,对低学历劳动力的就业排斥效应日益加大。女性劳动力越多,家庭非农就业比例越低,从侧面反映了务农劳动力的女性化现实问题。

### （二）地权稳定性对不同资源特征农户劳动力转移的影响

**1. 地权稳定性对不同土地资源特征农户劳动力转移的影响。**这部分考察地权稳定性对于拥有不同土地规模农户的劳动力转移影响有何不同？为了回答该问题，我们在表4-12模型3的计量模型基础上，加入"地权稳定性×承包地面积"的交互项（表4-13的模型1），进而通过交互项的系数符号及其显著性进行甄别。从计量结果可知，交互项的系数显著为负，说明随着承包地面积的增加，地权越稳定越能够激励劳动力务农；可能的原因在于：承包地越多，如果农地产权不稳定，意味着农户被征收的随机税损失越大。随着农地产权变得稳定，农户农业生产投资预期变得稳定，会激励其进行长期投资。特别地，承包地越多，长期投资收益可能越高，越可能激励劳动力务农。实际上，这和表4-12计量结论的理论逻辑是一致的，说明我国农地产权不稳定主要影响到的是农户的务农收益，而离地失地风险相对较小，离地失地风险并非是影响劳动力流动的主要因素。

**2. 地权稳定性对不同资本禀赋特征农户劳动力转移的影响。**为了验证地权稳定性对拥有资本优势农户劳动力非农转移的影响，在表4-12的模型3的基础上，加入"地权稳定性×农业资本价值"的交互项。从理论上而言，如果"地权稳定性×农业资本"交互项的系数为负，则上文的逻辑机理得到验证。从表4-13的模型2的计量结果可知，"地权稳定性×农业资本"交互项系数为-0.006 18，在1%的水平上显著。这表明，随着农户拥有的农业资本增加，地权稳定性越能够激励劳动力务农，起到抑制非农就业转移的作用。

表4-13　不同禀赋下地权稳定性对劳动力流动的影响

| 变量 | 被解释变量：非农就业比例 | | | |
| --- | --- | --- | --- | --- |
| | 模型1 | | 模型2 | |
| | 系数 | 稳健标准误 | 系数 | 稳健标准误 |
| 地权稳定性 | -0.007 31 | 0.031 3 | -0.026 0 | 0.025 6 |
| 承包地面积 | -0.002 18 | 0.001 51 | -0.002 92 | 0.001 79 |
| 农业资本价值 | -0.003 48*** | 0.001 34 | -0.001 98* | 0.001 09 |
| 地权稳定性×承包地面积 | -0.006 25** | 0.003 09 | | |

（续）

| 变量 | 被解释变量：非农就业比例 | | | |
| --- | --- | --- | --- | --- |
| | 模型 1 | | 模型 2 | |
| | 系数 | 稳健标准误 | 系数 | 稳健标准误 |
| 地权稳定性×农业资本价值 | | | −0.006 18*** | 0.002 35 |
| 其他控制变量 | 是 | | 是 | |
| 区位控制变量 | 是 | | 是 | |
| Constant | 0.581*** | 0.102 | 0.590*** | 0.102 |
| F | 18.84*** | | 18.96*** | |
| Observations | 2 695 | | 2 695 | |

注：***、**和*分别表示在1%、5%和10%水平上显著。

实际上，观察表4-13的模型1、模型2的计量结果不难发现，在加入交互项之后，地权稳定性的系数变得不再显著，这说明对于承包地少、农业资本少的农户，地权稳定性对农村劳动力转移不存在显著影响，并不会显著激励其务农。因为在这种情况下，农户务农资源禀赋有限，地权稳定性提高带来的务农边际收益增加并不多，导致对其务农的激励效应小。

### （三）稳健性检验

本节在主模型（表4-12的模型3）基础上进一步做稳健性检验（表4-14）。

首先，利用工具变量进行两阶段回归模型进行稳健性检验。由于模型能够控制的变量有限，所以可能因为遗漏重要变量问题，而使得地权稳定性和非农就业之间存在内生性，所以本节利用同县其他镇农地确权比例作为工具变量进行回归。该变量代表县相关部门对政策执行的彻底性，和自变量是相关的，但是其他镇产权情况和农户的非农就业是不相关的。模型3利用IV-Tobit进行回归，第一阶段显示，工具变量的系数为0.543，在1%的水平上显著，说明同一个县其他镇农地确权比例越高，样本农户被确权的可能性也高，符合逻辑预期。第一阶段 F 为256.824，远远大于经验值10，说明该工具变量不是弱工具变量，且 DWH 也显示有使用工具变量的必要。从模型3的计量结果看，地权稳定性的系数为负，且在1%的水平上显著，这和基本回归的结论是一致的。所以在考虑内生性后，本节的基本结论依旧稳健。

表 4 - 14　稳健性检验结果

| 变量 | 被解释变量：非农就业比例 | | | | | |
| --- | --- | --- | --- | --- | --- | --- |
| | 模型 1（OLS） | | 模型 2（FLM） | | 模型 3（IV - Tobit） | |
| | 系数 | 稳健标准误 | 系数 | 稳健标准误 | 系数 | 稳健标准误 |
| 地权稳定性 | −0.025 6** | 0.012 7 | −0.109* | 0.057 1 | −0.339*** | 0.086 0 |
| 承包地面积 | −0.000 984 *** | 0.000 350 | −0.016 2*** | 0.006 27 | −0.003 20* | 0.001 92 |
| 农业资本价值 | −0.000 905 *** | 0.000 225 | −0.011 9** | 0.005 46 | −0.003 42** | 0.001 34 |
| 家庭劳动力 | 0.047 8*** | 0.006 27 | 0.221*** | 0.027 5 | 0.090 8*** | 0.012 7 |
| 种粮补贴 | −0.055 5*** | 0.012 7 | −0.244*** | 0.058 0 | −0.092 4*** | 0.026 1 |
| 地区发展水平 | −0.014 8* | 0.008 12 | −0.056 5 | 0.036 8 | −0.037 9* | 0.017 7 |
| 到县城时间 | 0.020 3* | 0.010 4 | 0.101** | 0.045 7 | 0.051 9** | 0.021 9 |
| 地形丘陵 | −0.018 1 | 0.017 7 | −0.071 1 | 0.079 7 | −0.040 5 | 0.036 1 |
| 地形平原 | −0.000 973 | 0.017 2 | 0.028 7 | 0.079 3 | 0.009 39 | 0.036 3 |
| 村庄农业比重 | −0.002 55*** | 0.000 298 | −0.010 7*** | 0.001 43 | −0.004 71*** | 0.000 631 |
| 家庭负担比 | −0.020 1 | 0.029 1 | −0.116 | 0.135 | −0.102* | 0.062 3 |
| 初中劳动力比例 | −0.147*** | 0.023 6 | −0.650*** | 0.104 | −0.283*** | 0.048 5 |
| 妇女劳动力比例 | −0.077 0* | 0.039 9 | −0.361** | 0.183 | −0.199** | 0.084 0 |
| 区域控制变量 | 是 | | 是 | | 是 | |
| Constant | 0.557*** | 0.052 4 | 0.251 | 0.230 | 0.829*** | 0.122 |
| Observations | 2 695 | | 2 695 | | 2 552 | |

注：***、**和*分别表示在 1%、5%和 10%水平上显著，括号中的数字为稳健性标准误，模型 3 第一阶段回归系数为 0.549***，利用 2 sls 回归显示 DWH 为 15.165***，第一阶段 F 值为 256.824***。

其次，利用不同计量方法检验估计结果的稳健性。其中模型 1 是采用 OLS 进行回归分析，模型 2 是考虑到非农就业比例是一个介于 0 到 1 的连续变量，是典型的分数变量，伍德里奇（2015）指出，对于被解释变量是分数变量的模型，可以采用分数 Logit 回归模型进行回归分析。故此，本节采用 FLM 对模型 2 进行回归。表 4 - 14 模型 1 和模型 2 的计量结果显示，采用 OLS，FLM 回归的结果与表 4 - 12 模型结论基本一致。

## （四）进一步讨论：对不同非农化程度农户劳动力转移的影响

传统的计量模型估计的系数都是在均值处的系数，它无法观测到农地确权对不同非农化程度农户的劳动力转移的影响。基于此，本节进一步使用全部分位数回归，来观察地权稳定性对在非农就业比例为不同分位数时的影响效果（图4-3）。

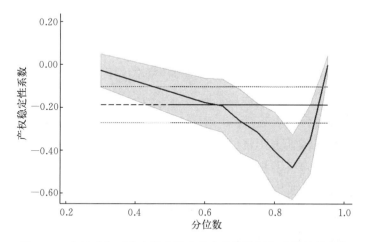

图4-3　农地确权对非农就业影响的全分位数回归系数及其变化

图4-3的横轴表示非农就业比例的分位数，纵轴表示地权稳定性对非农就业比例的影响系数，虚线表示 OLS 回归系数及其置信带（5%），实线表示分位数回归系数，阴影为其置信带。从图4-3可以发现，农地确权在非农就业的不同分位数对非农就业比例的影响系数在-0.01到-0.5的数值之间波动，即总体上，无论农户就业的非农化程度如何，农地确权带来的地权稳定性都表现为促进农村劳动力务农，起到抑制非农就业转移的作用。但是，对于不同非农就业比例的农户而言，农地确权对劳动力转移的影响是不同的，分位数回归系数大致呈 U 字形。可见，对于非农就业比例低即务农为主的农户、非农就业比例高的即完全非农型农户，他们在一定程度上实现了务农、非农就业的专业化，受到地权稳定性变化的影响较小；受影响较大的是非农化程度处于中间水平的尚未实现完全专业化的兼业型农户，他们的就业更易受到务农预期收益的变动而左右摆动。

# 五、结论与讨论

中国正处于深化农村土地制度改革的转型期，也处于推进城市化和农业现代化协调发展的重要阶段。明确目前正在推进的农地确权对我国劳动力转移的影响，能为我国劳动力要素市场发展以及城乡经济协调发展提供决策支持。本节纳入土地制度变量，把地权稳定性对劳动力非农转移影响的两种作用逻辑纳入同一个分析框架，并引入农户资源禀赋的异质性条件，构建拓展的 Todaro 模型，分析农地产物稳定性对于我国农村劳动力转移的影响，研究表明：

（1）总体而言，地权稳定性的提高会抑制农民非农就业转移。这表明产权稳定性提高减少了农户被征收随机税的损失预期，有利于农户务农增收而且收入更有保障，这能激励农民农业生产投资的积极性，能在一定程度上缓解目前我国普遍担忧的"谁来种田"问题。

（2）地权稳定性的提高对于具有不同土地、资本禀赋的农户影响是不同的；具体而言，地权变得稳定更能够激励具有更多承包地、更多农业资产的农户务农。这说明，地权稳定更利于激励具有农业资源优势的农户进行务农，推动我国农业经营的规模化发展。

（3）地权稳定性的提高对不同非农化程度的农户影响是不同的。对完全非农型、务农为主的农户而言，地权稳定性对其劳动力转移的影响较小；对于非农化程度处于中间水平的兼业型农户影响较大。这说明，地权稳定性对于在一定程度上实现了对务农专业化、非农专业化的农户影响较小，但对于亦工亦农这种不完全分工形态的兼业型农户影响大。地权稳定性提高激励兼业型农户的劳动力务农，有利于缓解我国农业"兼业化滞留"的低效率问题，促进劳动力分工从家庭内的自然分工转向社会化分工。

# 第五章　农地确权对投资和信贷行为的影响

农地确权颁证的政策效果评估，尤其是农地确权颁证对农户农业投资行为的影响分析，一直以来是学术界重视的研究领域。产权经济学认为，产权明晰有助于提升行为主体的投资预期。但考虑到农地产权的特殊性，迄今为止，农地确权对农户投资及信贷行为的影响，学界并未达成一致性结论。本章从农户意愿、农户类型、农地调整经历以及农户生产的对象特征等不同情境，讨论农地确权的投资激励效果。

## 第一节　农地确权与投资激励：农户的意愿

### 一、问题的提出

投资是拉动经济增长的"三驾马车"之一。自科斯提出产权理论后，产权安排成为经济学家研究投资问题的重要议题。被誉为产权领域天才、最具号召力的改革家 De Soto（2002）指出，正规产权制度是资本的水力发电机，为缺乏产权登记的资产发放证书，是促进社会经济发展的捷径。目前，许多发展中国家将提高农地产权安全性的确权计划视为解决农业问题的政策良方。2009 年我国在全国选择了 8 个村组开始推进新一轮农地确权登记颁证的小范围试点工作，"确权"开始成为政学两界的主流概念。2013 年中央 1 号文件更是明确提出"用 5 年时间基本完成农村土地承包经营权确权登记颁证工作，妥善解决农户承包地块面积不准、四至不清等问题"。随着新一轮农地确权工作在全国范围内推广，作为对政策热点问题的快速回应，农地确权政策的激励效应分析引起了研究者的兴趣。

新一轮农地"确权登记颁证"从法律制度层面正式化农地产权，这是建立安全产权的重要途径。但是农地确权是否引起投资激励、如何引起投资激励，不仅在理论分析方面存在争议和分歧，而且两者关系的经验研究结果并未取得一致结论；也缺乏文献将确权投资激励效应的多重作用路径进行区分并全部纳入实证验证中。鉴于此，本节以中国新一轮农地确权为背景，将确权通过收益保障、贷款可得性、农地流转进而影响投资激励的三条作用路径纳入实证检验框架中，揭示确权对农地投资激励的影响机制，由此避免建立单线因果关系而掩盖实践本身的复杂性，进而明确回答：确权引致的投资激励效应中，多少是源于产权安全的收益保障效应，多少是源于确权促进贷款可得性、农地流转的要素交易效应。可能的创新点在于：以农地确权对投资激励的主要影响机制为着眼点，结合中介路径分析方法，验证分析了确权与农地投资激励三条作用路径的显著性及其作用程度，进而提出相应的投资激励政策。

## 二、理论框架

主流文献强调产权制度对发展的重要意义（North & Thomas，1973），且其刺激经济发展的主要途径是激励投资。随着发展中国家农地确权工作的开展，已有大量文献从理论或实证角度对农地确权的投资激励效应进行了分析。

### （一）产权安全效应：确权—收益保障—投资激励

从产权安全效应出发分析农地投资激励行为，最经典的解释源自Besley（1995）。他指出，不稳定的农地产权制度相当于对农户征收随机税，会降低其投资积极性。因为地权越不稳定，意味着在不可预见的将来，农户的部分土地可能被分给其他人，这会一同带走他们在土地上的中长期投资，那部分被侵占的投资收益相当于对农户征收了随机税，会抑制农户的投资行为，甚至带来土地掠夺式利用、破坏地力、降低土地产出等一系列后果（Banerjee & Ghatak，2004）。与之相反，稳定的农地产权能够保护资产拥有者的未来收益不受其他人剥夺，强化对未来收益的稳定预期，由此激发农户长期资本投资动机，促进投资及资本形成。从上述分析中可以看出，产权安全效应形成的是"确权—收益保障—投资激励"作用路径。

在实证研究上，主流文献关注了确权对农地投资的激励效应；在验证路径上，一般直接采用农户是否拥有产权证书或承包经营合同证书来衡量确权，进而观察其对投资行为的影响。Alston 等（1996）、黄季焜等（2012）验证了两个变量之间的正向促进关系，由此指出，确权能够增强农户对投资收益的稳定预期，从而促进农地投资。其实，在他们的理论解释中，"对投资收益的稳定预期"暗含了将确权政策转化为农户主观认知的收益保障效应这一前提条件。也就是说，农地确权必须转化为农户对农地产权安全性带来的预期收益保障的认知，才能激励农户投资。这表明，与法律层面的产权安全性相比，人们对产权安全性的主观感知是决定其投资经营决策的关键（Broegaard，2005）。从这一角度看，在农地确权的法律赋权政策下，选择农户层面对农地投资收益保障的感知作为中间变量，则可以直接对"确权—收益保障—投资激励"作用路径进行验证。

需要指出的是，也有学者提出农地确权与农地投资并无显著联系（钟甫宁、纪月清，2009；Braselle et al.，2002），两者中存在其他重要影响因素。需要指出的是，确权不仅通过收益保障效应作用于投资激励，也会通过促进资金借贷、农地流转等要素交易行为影响农地投资。但这些作用路径，一般并未被全部纳入"确权—效益保障—投资激励"的分析框架中。

### （二）要素交易效应 I：确权—贷款可得性—投资激励

激励投资行为不仅要求有保障的产权，也需要产权充当抵押物进入资本市场，为农户生产投资提供重要的资金来源。信贷约束是制约农户生产投资的一个关键因素，而造成农户面临信贷约束的一个重要原因是缺乏有效抵押物。这意味着，农地投资行为与农地抵押贷款的可得性密切相关。

理论上而言，以法律制度方式正式化土地产权，使得土地资产能进入到正规制度体系中，资产权利的合法性转移到非个人化的法律背景下，有利于提供金融机构贷款所需的有效抵押担保品（De Soto，2002）。与此同时，确权后的土地作为有"可见标志"的资产，能成为资产所有者的信誉证明，改善信息流动（Dower & Potamites，2014），从而刺激信誉扩展和信任体系的建立，有利于放松农户在生产投资过程中的信贷约束，获取信贷资金，促进其投资行为发生，由此形成"确权—贷款可得性—投资激励"的作用路径。

但是已有实证研究并未沿着"确权—贷款可得性—投资激励"的逻辑进行正面回应并验证；既有研究要么验证农地确权对贷款可得性的影响，

要么分析贷款可得性对投资行为的影响，而且经验研究结论并未达成一致。关于确权对贷款可得性的研究，国外研究达成的主流观点是正式的土地法律文件会明显提高农户将土地作为抵押物获得贷款的可能性以及取得的贷款规模，因此对农村金融发展具有长期正向的影响（Beekman & Bulte，2012；Routray & Sahoo，1995）。国内研究中，米运生等（2015）的研究得出了类似的结论，认为农地确权有利于促进人际信任转向制度信任，降低地权抵押风险，土地更易成为被金融机构所接受的有效抵押品，提高农户的贷款可得性。但是钟甫宁等（2009）指出，由于农户土地规模小、农业用地价值低，即使进行土地确权，金融机构也不愿意接受农地作为贷款抵押物。关于贷款可得性与投资行为之间的研究，普遍认为资金借贷对农户投资有正向影响，两者存在很强的正相关关系（林毅夫，2000；刘承芳、樊胜根，2002）。然而，钟甫宁等（2009）的研究发现，农户投资意愿更多地取决于投资收益而不是贷款可得性。

## （三）要素交易效应Ⅱ：确权—农地流转—投资激励

假定资金信贷或其他投入要素的供给不受约束，过小的农场规模使得农业生产的资本边际生产率很低，因此土地经营规模小被认为是妨碍和抑制投资的重要因素（林毅夫，1994）。依此逻辑，可以预期：如果确权促进农地流转集中，那么投资会出现扩张的趋势。

理论上而言，确权以法律制度方式明晰地界定农地产权主体、权利范围和内容等，使得在农地流转交易过程中，产权制度将"作为个体行动空间限制模型"而存在，一方面约束了行动者的行为选择，另一方面使行动者的行为具有可预测性（诺斯，2008），降低交易的不确定性和交易成本，从而促进交易。此外，更清晰的产权界定，使得"谁是侵权者"更容易被发现并受到制裁，侵权机会成本的上升有利于规范双方交易行为，减少交易的纠纷与争议，由此保护产权本身及其交易安全性。可见，从产权理论角度而言，确权建构起"秩序观念"的约束规则体系，能缓解因产权模糊所导致农地流转交易滞后的问题，促进土地市场发育；进一步地，通过土地市场解决土地分配的暂时无效率，可以将土地资源集中到更有能力的投资经营主体手中，从而促进农地投资（吉登艳等，2014；姚洋，1998），上述的作用机理可以总结为"确权—农地流转—投资激励"。

但是"确权—农地流转—投资激励"作用路径也未得到全面的实证验证。已有研究重点关注了确权对农地流转的影响，有些研究分析了农地流转与投资的关系。程令国等（2016）、Deininger 等（2015）对中国的研究表明，确权颁证在减少交易成本、增加产权权利价值、促进农地流转等方面发挥了作用。但是，也有实证研究表明，确权对目前的农地流转行为并没有显著效果（胡新艳等，2016a），甚至存在抑制作用（林文声等，2016）。关于农地流转对农地投资行为的影响，有研究表明：农地规模小确实限制了农民对农地的投资（朱民等，1997），农户土地转入比例越高，土地投入也越大（叶剑平等，2010）；但也有研究指出，农地流转在一定程度上对投资激励没有促进作用，甚至可能不利于激励农户在现期增加对转入土地的长期投资（郜亮亮等，2011）。总之，目前缺乏将确权、农地流转和投资激励三者结合起来的实证研究。

从上述确权与投资激励之间的作用机理看，收益保障、贷款可得性和农地流转是影响确权与投资间关系的三个中间变量。在这种情形下，以中介变量为通道来研究是恰当的。但既有研究确权与投资的文献一般仅在理论机理分析中提及这些作用路径，在实证研究中未沿着"确权—收益保障—投资激励"、"确权—贷款可得性—投资激励"和"确权—农地流转—投资激励"三条作用路径的理论逻辑进行正面回应，并展开实证验证。鉴于此，本节结合中介路径分析方法，将确权投资激励效应的多重作用路径进行区分，并全部纳入到实证验证框架中（图 5-1）。

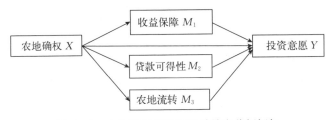

图 5-1　农地确权与投资激励效应分析框架

## 三、数据与变量

### （一）数据来源

数据来源于课题组 2014 年 12 月至 2015 年 4 月对全国 9 省农户的抽

样调查。抽样区域根据全国各省份资源社会经济特征指标进行聚类分区，同时考虑到七大地理分区特征，最终按照分区的五个类型选定广东、贵州、河南、江苏、江西、辽宁、宁夏、山西、四川 9 省展开调查，共调查了 54 县、338 镇、528 村。在调查地点选择上，所选乡镇兼具已完成确权试点村和未完成确权试点村，对两类村组的农户进行等比例抽样，以保证两类农户对比分析时的匹配性。在春节期间调查是考虑到春节有大量农民工返乡，有利于获得对新一轮土地确权有更清晰了解和认识的被调查者，以尽量保证调查信息的准确性。共发放问卷 2 880 份，回收问卷 2 779 份，有效问卷 2 704 份，问卷有效率为 93.9%。

### （二）变量选择

被解释变量：农地投资意愿。考虑到农地投资类型多样，不同农户的农地投资类型不同，难以归类加总。因此采用投资意愿作为被解释变量，将之区分为"很不同意"至"非常同意"五个等级对农户农地投资意愿进行考察，由此理解确权政策对其投资行为的影响趋势。

核心解释变量：农地确权。已确权，赋值为 1，否则赋值为 0。农地确权是政府推进的，通常在村庄层面统一落实，是村庄层面的变量；从农户农地投资意愿来说，村庄层面的变量对于个体农户来说是外生变量，由此将农地确权视为外生变量。

中介变量：①收益保障：采用农户对承包地产权强度的主观感知即"对承包的土地应该属于农户所有"这一问题的认可程度来衡量，从很不同意到非常同意五个等级顺序排列。②贷款可得性：已有研究表明农地产权改革和农地抵押可以缓解农户信贷约束，提高农户贷款可得性，增加农业投资，从而提高农户收入水平（Besley，1995）。在剔除需求压抑因素的前提下，农户最为期待的融资渠道仍是农村正规信贷（韩俊等，2007）。所以选取农户是否从正式机构获得贷款来衡量贷款可得性，获得赋值为 1，否则赋值为 0。③农地流转：本节关注农地转入户的投资意愿，所以采用农地转入行为进行分析，有转入行为赋值为 1，否则赋值为 0。

控制变量：考虑到不同行为决策的影响因素不同，但也并不排除可能存在相同的影响因素。中介分析需要对被解释变量和中介变量进行依次回归，因此基于学术惯例和已有研究，对不同的回归模型选择不同的控制变量。模型中所有变量的选择、赋值及描述统计值见表 5-1（剔除了农户农业收入占比为 0 的样本）。

**表 5-1　变量设置及其赋值表**（样本量 $N=2\,238$）

| 变量 | 变量说明 | 均值 | 标准差 | 最小值 | 最大值 |
|---|---|---|---|---|---|
| 投资意愿 | 从很不同意到非常同意 5 级赋值 | 3.375 | 1.134 | 1.000 | 5.000 |
| 农地确权 | 是=1；否则=0 | 0.539 | 0.499 | 0.000 | 1.000 |
| 收益保障 | 从很不同意到非常同意 5 级赋值 | 4.154 | 0.975 | 1.000 | 5.000 |
| 贷款可得性 | 获得贷款=1；否则=0 | 0.199 | 0.399 | 0.000 | 1.000 |
| 是否转入农地 | 转入农地=1；否则=0 | 0.129 | 0.335 | 0.000 | 1.000 |
| 年龄 | 岁 | 43.413 | 15.102 | 18.000 | 90.000 |
| 文化程度 | 小学=1；初中=2；高中=3；高中以上=4 | 2.079 | 0.988 | 1.000 | 4.000 |
| 务工经历 | 有=1；无=0 | 0.569 | 0.495 | 0.000 | 1.000 |
| 劳动力总数 | 人 | 3.129 | 1.211 | 1.000 | 7.000 |
| 家庭负担比 | （16 岁以下人数+70 以上人数）/家庭总人数 | 0.213 | 0.229 | 0.000 | 1.000 |
| 总收入 | 1 万元以下=1；1 万~3 万元=2；3 万~5 万元=3；<br>5 万~10 万元=4；10 万元以上=5 | 2.601 | 1.093 | 1.000 | 5.000 |
| 农业收入占比 | 农业收入/家庭总收入 | 44.378 | 31.451 | 0.500 | 100.000 |
| 是否大姓 | 是=1；否则=0 | 0.489 | 0.500 | 0.000 | 1.000 |
| 亲戚曾担任村干部 | 是=1；否则=0 | 0.883 | 0.322 | 0.000 | 1.000 |
| 农地调整经历 | 是=1；否则=0 | 0.143 | 0.350 | 0.000 | 1.000 |
| 粮食作物销售收入 | 元（取对数） | 8.535 | 1.155 | 4.094 | 13.590 |
| 参加金融组织 | 是=1；否则=0 | 0.012 | 0.108 | 0.000 | 1.000 |
| 农业固定资产价值 | 元（取对数） | 7.189 | 1.581 | 2.303 | 13.816 |
| 亲朋好友数量 | 多=1；否则=0 | 0.930 | 0.256 | 0.000 | 1.000 |
| 经营地面积 | 亩 | 6.595 | 9.348 | 0.000 | 60.000 |
| 土壤肥力 | 从很好到很差 5 级赋值 | 2.709 | 0.850 | 1.000 | 5.000 |
| 灌溉条件 | 从很好到很差 5 级赋值 | 2.893 | 1.031 | 1.000 | 5.000 |
| 实际租金 | 元（取对数） | 4.681 | 2.809 | 0.000 | 8.517 |
| 农业基础设施满意度 | 从很不满意到非常满意 5 级赋值 | 2.950 | 1.080 | 1.000 | 5.000 |
| 农业贷款政策满意度 | 从很不满意到非常满意 5 级赋值 | 2.994 | 1.090 | 1.000 | 5.000 |
| 农地流转政策满意度 | 从很不满意到非常满意 5 级赋值 | 3.482 | 0.973 | 1.000 | 5.000 |

## 四、实证结果与分析

### (一) 实证模型

中介变量是一个重要的统计概念，如果自变量 $X$ 通过影响变量 $M$ 对因变量 $Y$ 产生影响，则称 $M$ 为中介变量（Duncan et al.，1974）。以往研究探讨的多是仅存在一个中介变量的情况即简单中介效应分析，但经济学现象复杂，正如本节所探讨的在农地确权对投资激励影响中存在收益保障、贷款可得性和农地流转三个中介变量，这种在自变量与因变量之间存在多个中介变量发生作用的情况被称为多重中介模型（Taylor，2008）。多重中介模型的分析结果更准确、更具理论和实践意义，不仅可以得到特定路径的中介效应大小及各自占总效应的比例，而且可以对每条路径进行直观对比（瞿小敏，2016）。已有研究发现对等级或分类变量直接采用线性回归会导致中介效应、标准误低估和置信区间对真值覆盖比例偏低等问题（刘红云等，2013），所以建议用 Logistic 回归取代线性回归。对于图 5 - 1 所示的中介效应模型，当因变量为多个类别的等级变量时，应该采用累积 Logistic 模型进行回归分析。

设因变量 $Y$ 有 $K$ 个等级，自变量为 $X$，则有 $K-1$ 个累积 Logistic 回归模型。其中，当 $Y>k$（$0<k \leqslant K-1$）时的回归模型为：

$$LogitP\ (Y>k \mid X) = \ln \frac{P\ (Y>k \mid X)}{1-P\ (Y>k \mid X)}$$
$$= \alpha_k + \beta X + e \qquad (5-1)$$

对任一类别 $k$，$LogitP$ 是自变量 $X$ 的线性函数，$\alpha_k$ 和 $\beta$ 为待估参数，$\alpha_k$ 为方程的截距项，$\beta$ 为自变量的系数，$e$ 表示方程中的残差。累积 Logistic 回归模型严格遵循成比例发生比（Proportional Odds）假设，即自变量的回归系数 $\beta$ 与 $k$ 无关。根据刘红云等（2013）把累积 Logistic 回归拓展到中介效应的分析过程中，则图 5 - 1 描述的中介效应模型可以表示为：

$$Y' = LogitP\ (Y>k \mid X) = \ln \frac{P\ (Y>k \mid X)}{1-P\ (Y>k \mid X)}$$
$$= i_{1k} + cX + e_1 \qquad (5-2)$$

$$Y'' = Logit\ (Y > k \mid M,\ X)\ = \ln \frac{P\ (Y > k \mid M,\ X)}{1 - P\ (Y > k \mid M,\ X)}$$

$$= i_{2k} + c'X + bM + e_Y \qquad\qquad (5-3)$$

$$M = i_3 + aX + e_M \qquad\qquad (5-4)$$

方程中的 $Y'$ 和 $Y''$ 表示被解释变量投资意愿，$X$ 表示核心解释变量农地确权，$M$ 表示中介变量，分别为收益保障、贷款可得性和农地流转。系数 $c$ 是核心自变量对被解释变量的总效应，系数 $a$ 是核心自变量对中介变量的回归系数，$i_{1k}$、$i_{2k}$、$i_3$ 为截距项，系数 $c'$ 是加入中介变量后核心解释变量对被解释变量的回归系数，系数 $b$ 是中介变量对被解释变量的回归系数，$e_1$、$e_Y$ 和 $e_M$ 是残差项。

### （二）模型结果与分析

**1. 回归模型设置及其估计结果。** 基于前文的逻辑，分别建构 5 个模型：模型 1 考察的是在控制其他变量后，确权对投资意愿的净相关（即确权对投资意愿的总效应）。模型 2、模型 3 和模型 4 分别是核心解释变量对收益保障、贷款可得性和农地流转三个中介变量的回归分析，以检验核心解释变量对中介变量的影响。模型 5 则是同时加入核心解释变量和三个中介变量对投资意愿的回归分析。运用 STATA 软件得出回归的结果见表 5 - 2。

表 5 - 2　农地确权与农户农地投资意愿的回归分析

| 变量 | 投资意愿 | 收益保障 | 贷款可得性 | 农地流转 | 投资意愿 |
|---|---|---|---|---|---|
| 农地确权 | 0.189** | 0.224 * | 0.476*** | 0.224 | 0.181** |
| | (0.077) | (0.116) | (0.158) | (0.449) | (0.077) |
| 年龄 | −0.002 | 0.015*** | −0.018*** | 0.001 | −0.003 |
| | (0.003) | (0.005) | (0.006) | (0.017) | (0.003) |
| 文化程度 | 0.072 | 0.077 | −0.009 | −0.135 | 0.075 |
| | (0.048) | (0.071) | (0.096) | (0.244) | (0.048) |
| 务工经历 | 0.104 | 0.055 | 0.065 | 0.146 | 0.122 |
| | (0.079) | (0.110) | (0.153) | (0.409) | (0.079) |
| 劳动力总数 | −0.002 | −0.101** | 0.007 | −0.174 | 0.008 |
| | (0.033) | (0.046) | (0.066) | (0.162) | (0.034) |
| 家庭负担比 | 0.019 4 | −0.777*** | 0.916*** | −0.821 | 0.025 |
| | (0.187) | (0.246) | (0.320) | (0.986) | (0.189) |

（续）

| 变量 | 投资意愿 | 收益保障 | 贷款可得性 | 农地流转 | 投资意愿 |
|------|---------|---------|-----------|---------|---------|
| 总收入 | 0.044 | −0.149** | 0.232*** | 0.160 | 0.041 |
| | (0.041) | (0.062) | (0.078) | (0.236) | (0.041) |
| 农业收入占比 | 0.003** | −0.001 | 0.002 | 0.011 | 0.003** |
| | (0.001) | (0.002) | (0.003) | (0.007) | (0.001) |
| 是否大姓 | −0.048 | 0.256** | −0.244 | −0.077 | −0.062 |
| | (0.077) | (0.113) | (0.151) | (0.394) | (0.077) |
| 亲戚曾担任村干部 | −0.210* | −0.287 | −0.451** | −0.031 | −0.214* |
| | (0.121) | (0.202) | (0.229) | (0.575) | (0.122) |
| 农地调整经历 | −0.013 | 0.158 | 0.125 | 0.916** | −0.024 |
| | (0.102) | (0.163) | (0.202) | (0.417) | (0.103) |
| 粮食作物销售收入 | | 0.031 | −0.228*** | | |
| | | (0.056) | (0.079) | | |
| 参加金融组织 | | | 0.733 | | |
| | | | (0.559) | | |
| 农业固定资产价值 | | | 0.106*** | | |
| | | | (0.027) | | |
| 亲朋好友数量 | | | 0.425 (0.377) | −0.906* | |
| | | | | (0.501) | |
| 经营地面积 | 0.026*** | 0.003 | 0.029*** | 0.097*** | 0.022*** |
| | (0.004) | (0.006) | (0.007) | (0.036) | (0.005) |
| 土壤肥力 | 0.074 | 0.118 | −0.168 | −0.297 | 0.075 |
| | (0.059) | (0.075) | (0.108) | (0.293) | (0.059) |
| 灌溉条件 | −0.024 | 0.072 | 0.191** | 0.369 | −0.031 |
| | (0.051) | (0.068) | (0.083) | (0.263) | (0.051) |
| 实际租金 | | | | −0.161** (0.063) | |
| 农业基础设施满意度 | | 0.045 | | | |
| | | (0.053) | | | |
| 农业贷款政策满意度 | | | −0.011 | | |
| | | | (0.071) | | |
| 农地流转政策满意度 | | | | 0.005 | |
| | | | | (0.244) | |
| 收益保障 | | | | | 0.132*** |
| | | | | | (0.040) |

（续）

| 变量 | 投资意愿 | 收益保障 | 贷款可得性 | 农地流转 | 投资意愿 |
|---|---|---|---|---|---|
| 贷款可得性 | | | | | 0.202** |
| | | | | | (0.096) |
| 农地流转 | | | | | 0.259** |
| | | | | | (0.120) |
| Constant cut1 | -2.272*** | -3.321*** | | | -1.704*** |
| | (0.35) | (0.739) | | | (0.384) |
| Constant cut2 | -0.716** | -1.837*** | | | -0.146 |
| | (0.349) | (0.703) | | | (0.383) |
| Constant cut3 | 0.703** | -0.540 | | | 1.279*** |
| | (0.351) | (0.697) | | | (0.385) |
| Constant cut4 | 2.065*** | 1.048 | | | 2.651*** |
| | (0.355) | (0.694) | | | (0.389) |
| Constant | | | -0.644 | -2.127 | |
| | | | (0.964) | (2.204) | |

注：***、**和*分别表示在1%、5%和10%水平上显著。括号内为标准误，所有标准误均为稳健标准误，下同。Constant cut 为分界点的临界值。

**2. 三条作用路径的标准化回归系数及其显著性检验。**根据上述回归结果，通过标准化转换实现回归系数的等量尺化（MacKinnon & Dwyer，1993），得到三个中介变量在确权和投资意愿之间的标准化回归系数（表5-3）。

表5-3　三个中介变量在确权和投资意愿之间的标准化回归系数

| 变量 | $(Y')$ 投资意愿 | $(M_1)$ 收益保障 | $(M_2)$ 贷款可得性 | $(M_3)$ 农地流转 | $(Y'')$ 投资意愿 |
|---|---|---|---|---|---|
| 农地确权 | $c^{std}=0.052^{**}$ | $a_1^{std}=0.114^{*}$ | $a_2^{std}=0.590^{***}$ | $a_3^{std}=0.331$ | $c'^{std}=0.049^{**}$ |
| | (0.021) | (0.059) | (0.196) | (0.663) | (0.021) |
| 收益保障 | | | | | $b_1^{std}=0.071^{***}$ |
| | | | | | (0.021) |
| 贷款可得性 | | | | | $b_2^{std}=0.045^{**}$ |
| | | | | | (0.021) |
| 农地流转 | | | | | $b_3^{std}=0.048^{**}$ |
| | | | | | (0.022) |

注：***、**和*分别表示在1%、5%和10%水平上显著。

从表5-3可以看出，确权对投资意愿的总效应 $c^{std}=0.052$，且在5%的水平上显著。确权对中介变量收益保障、贷款可得性和农地流转的标准化回归系数分别为：$a_1^{std}=0.114$，$a_2^{std}=0.590$，$a_3^{std}=0.331$ 且收益保障和贷款可得性的回归系数分别在10%和1%的水平上显著，但农地流转的系数不显著。加入中介变量后，中介变量对被解释变量的标准化回归系数分别为：$b_1^{std}=0.071$，$b_2^{std}=0.045$，$b_3^{std}=0.048$，且收益保障系数在1%水平上显著，其他两者在5%水平上显著。在对等级因变量的中介效应估计中，系数乘积法得到的结果优于系数差异法（刘红云等，2013），所以采用系数乘积法来估计中介效应量即 $a^{std}b^{std}$。而且最常用的中介效应占比是中介效应量占总效应的比例（Alwin & Hauser，1975），即 $\dfrac{a^{std}b^{std}}{c^{std}}$。除了计算中介的效应量，还需要对其显著性进行检验。本节运用依次检验和 Sobel 检验的方法对中介效应进行检验（温忠麟、叶宝娟，2014）。从表5-3可知，"确权—收益保障—投资激励"和"确权—贷款可得性—投资激励"两条作用路径是显著的，但确权对农地流转的回归系数不显著，所以需要进行 Sobel 检验。为了更加严谨规范，本节对已判断显著的中介作用也进行 Sobel 检验（表5-4）。

表5-4　中介效应检验

| 项　目 | 效应值 | 效果量（%） | Z | 90%置信区间 |
|---|---|---|---|---|
| 总效应 | 0.052 | 100% | 2.450 | (0.017, 0.087) |
| 路径1：确权—收益保障—投资意愿 | 0.008 | 15.400 | 1.670 | (0.000, 0.016) |
| 路径2：确权—贷款可得性—投资意愿 | 0.027 | 51.900 | 1.730 | (0.001, 0.052) |
| 路径3：确权—农地流转—投资意愿 | 0.016 | 30.800 | 0.490 | (−0.009, 0.070) |

从表5-4可以看出，经由收益保障（$M_1$）的中介效应为 $0.115\times0.0696=0.008$，占总效应的比例为 $0.008\div0.052=15.4\%$，通过 Sobel 检验得出 Z 值等于 1.67；经由贷款可得性（$M_2$）的中介效应为 $0.590\times0.045=0.027$，占总效应的比例为 $0.027\div0.052=51.9\%$，对应的 Z 值是 1.73；经由农地流转（$M_3$）的中介效应为 $0.331\times0.048=0.016$，占总效应的比例为 $0.016\div0.052=30.8\%$，与之对应的 Z 值是 0.49；通过查表可知，经由 $M_1$ 和 $M_2$ 的中介效应均在10%的水平上显著，而经由

$M_3$ 的中介效应不显著。

**3. 计量结论分析。** 根据上述计量结果可得如下结论：

第一，"确权—收益保障—投资激励"作用路径显著，占总效应比例为 15.4%。即产权安全效应在农地确权与农户农地投资意愿中存在显著影响。这表明政府推行以明晰、稳定和排他为核心要义的农地确权政策，赋予土地产权的物权性质，有利于强化农户对农地产权安全信号的认同，进而使法律层面的产权安全转化为农户对产权安全性带来预期收益保障的认知，使得土地经营者预期能够有保障地获得土地长期投资所带来的收益，形成长期土地投资激励。这一结论与当前学界和政策界的主流观点相契合。

第二，"确权—贷款可得性—投资激励"作用路径显著，占总效应的比例为 51.9%。在三条作用路径中确权通过贷款可得性激励农户农地投资的作用路径所占比重最大，表明要素交易效应的贷款可得性这条作用路径发挥了重要作用。农地确权后贷款可得性显著提升，一方面是因为农地确权使农地成为有"可见标志"的资产，刺激信誉机制和信任体系的建立，增加了正式信贷机构对农户还款能力的信任，放松了因还款能力不足引起的信贷配给；另一方面，农地确权使得农地产权证书成为被法律认可的抵押品，能在一定程度上缓解农户因抵押不足而导致的信贷约束（胡新艳等，2016b）。因此，农地确权可以显著增加农户抵押贷款的可获得性，在资金有保障的前提下，进而能激励农户的投资意愿。可见，在稳步推动农地确权的前提下，完善农地抵押贷款政策，拓展农户资金获取渠道，缓解资金约束，是激励农户投资的重要途径。

第三，"确权—农地流转—投资激励"作用路径总体上不显著。在前半路径中，确权对农地流转表现出正向作用，但没有通过显著性检验；在后半路径中农地流转对投资激励的作用显著为正。这表明确权对农地流转的作用还没有得到充分发挥，但在确权对农地流转的影响不受约束时，参与农地流转的农户具有更强的投资意愿。也就是说，作用路径在"确权—农地流转"处出现断点，即确权目前并未显著促进农地流转行为的发生，其原因可能在于：农地确权会带来产权稳定性所诱发的溢价效应与租金看涨预期。显然，这有利于农户财产性收入的增加，但过高的租金诉求可能反过来抑制农地转入行为。农地确权引致农地租金看涨的观点，已得到程令国等（2016）、胡新艳等（2016a）实证研究的验证。因此，为保障要素交易效应中的农地流转路径充分发挥作用，应该从土地确权法律层面出发，引导实施配套的农地流转政策，促使农户有信心可以通过农地流转交易市场对投资进行回收，从而打通"确权—农地流转—投资激励"作用路径的断点，最大化释放确权的投资激励效应。

## 五、结论与讨论

农地确权如何激励农业投资的问题一直备受学界关注。本节以新一轮农地确权为背景，将"确权—收益保障—投资激励"、"确权—贷款可得性—投资激励"和"确权—农地流转—投资激励"三种作用机制纳入一个研究框架中，以中介变量为通道进行验证分析，进而明确地回答：确权引致的投资激励效应中，多少是源于产权安全的收益保障效应？多少是源于确权促进贷款可得性、农地流转的要素交易效应？研究发现：

（1）农地确权对农户农地投资意愿的影响机制中，源于产权安全效应中的收益保障作用显著，占总效应的 15.4%。这表明，通过农地确权登记颁证赋予农户法定权利，向社会以及农户传达了土地产权的合法性、稳定性和安全性，有利于强化农户主观层面对产权安全效应的认同，形成一个安全稳定的收益保障预期，从而激励其农地投资意愿。

（2）要素交易效应中的贷款可得性在确权对投资激励所发挥的作用中，占总效应的 51.9%，在三条路径中作用效应最大。表明了合法安全的农地产权证书可以提高农户的贷款可得性，能在一定程度上破解因资金不足导致的投资约束，激励农户农地投资意愿。今后应在稳步推动农地确权政策的基础上，应该强化农地抵押担保功能，进一步完善农地抵押贷款政策，由此提升确权促进资金借贷进而激励投资的作用。

（3）要素交易效应中农地流转的作用路径总体不显著，其主要原因在于农地确权对农地流转的作用未得到充分发挥，但路径中农地流转对投资激励具有显著正向影响。因此，要重点关注如何打通"确权—农地流转—投资激励"作用路径中前半路径的断点，进而释放确权通过农地流转所实现的投资激励效应。

# 第二节 农地确权与投资行为：农户分组对比

## 一、问题的提出

农地确权颁证的政策效果评估，一直以来是学术界重视的研究领域，尤其是农地确权颁证对农户农业投资行为的影响分析。大多数研究者认为，农地确权颁证对农户农业投资行为具有正向作用。具体表现为以下三个方面：一是增强排他能力而降低地权保护成本，并且提高地权稳定性预期（Galiani & Schargrodsky，2011）；二是强化了地权交易的自由化，增大了农户在未来市场交易中收回投资收益的信心（陈江龙，2003）；三是提升农地抵押价值而增加农户的信贷可得性，从而提升其农业投资能力（Newman et al.，2015）。在实证研究中，对赞比亚、越南、埃塞俄比亚、印度尼西亚的调查表明，持有农地确权证书的农户，更倾向于进行农业投资（Alston et al.，1996；Smith，2004；Holden et al.，2009；Saint - Macary et al.，2010；Grimm & Klasen，2015）。在国内，叶剑平等（2010）、黄季焜和冀县卿（2012）也发现，通过发放农村土地承包合同和土地承包经营权证书的确权方式，能够显著提高地权稳定性，进而激发农户长期投资意愿和施用有机肥料。

有的研究者则得出了相反的结论，并认为农地确权颁证对农户农业投资行为不具有显著影响、甚至会产生负面效应。具体表现为如下三个方面：首先，原有地权较为稳定（Jacoby & Minten，2007）、农户对政府部门不信任（García et al.，2015）、确权政策过时和不可实施（Place & Migot - Adholla，1998）、对习惯地权的法律认可受到当地居民的抵制等原因（Green，1987），导致了确权颁证政策非但无法提高地权安全性，反而容易引发新的不确定性和冲突。其次，强化占有权而固化农地零碎格局、农地转让权限制等原因，提高了农地市场的交易费用（Omar et al.，2009；贺雪峰，2015）。最后，地块面积小而缺乏抵押价值、丧失抵押品赎回权难以执行等原因，使得金融机构不愿意提供信贷服务（Deininger & Chamorro，2004；García et al.，2015）。在实证研究中，对马达加斯加岛、乌干达、肯尼亚、津巴布韦的研究发现，农地确权颁证非但对特定地块的投资不具有显著影响（Barrows & Roth，1990；Jacoby & Minten，2007；Deininger & Ali，2008），反而会产生负向的消极作用（Gerezihar & Tilahun，2014）。

综上可知，已有关于确权影响投资的研究结论不一，有必要作进一步探讨。已有文献主要存在三个方面的不足：首先，农地确权颁证影响农业投资行为的理论观点，局限于定性判断而缺少形式化的逻辑证明。其次，鲜有文献实证研究农地确权颁证对中国农户农业投资行为的影响，特别是来自全国范围内的调查证据。再次，农业投资涉及人力、物力和财力三个方面，已有研究侧重于从实物投资的单一角度对其进行测度，而较少涉及农地经营规模扩大、农业劳动力数量与时间投入三个维度。最后，已有文献往往未能有效地解决内生性问题，从而导致其估计结果存在潜在的偏误。

鉴于此，我们的主要贡献体现在如下三点：一是构建了农地确权颁证影响农户农业投资行为的数理模型，并采用"中国劳动力动态调查（CLDS）"2014年29省的大样本数据对其进行实证分析。二是从人力、物力、财力三个维度综合性地将农户农地投资分为农地经营规模扩大、农业劳动力数量、农业生产时间以及农业经营投入四种类型。三是采用倾向得分匹配法和工具变量法解决潜在的内生性问题，从而尽可能地修正实证分析中的估计偏误。

## 二、理论框架

### （一）内在机理

农地确权通过提高地权安全性、地权可交易性以及信贷可得性三种中间传导机制，对农户农业投资行为产生促进作用。首先，农地确权颁证强化了地权安全性，进而产生农户农业投资激励。具体表现为以下两点：一是增强排他能力而降低地权保护成本。通过法律赋权的农地确权颁证政策，不仅强化了农户的排他功能而降低其地权保护性投资，而且有助于解决潜在的农地纠纷，从而产生了农业生产经营的投资激励（陈江龙等，2003；Galiani & Schargrodsky，2011；米运生等，2015）。二是提高地权稳定性预期。农地确权颁证意味着农地产权的固化和不可调整，从而有利于农户对其未来收回农地投资收益形成稳定性预期（黄季焜、冀县卿，2012）。

其次，农地确权增强了地权交易的自由程度，从而提高了农户收回农地投资收益的可能性。具体表现为以下两点：一是强化地权可交易性而扩大农地经营规模，进而促使农户通过增加农业投资的方式，实现其农业资源的有效配置（陈江龙等，2003）。二是提高了农地的未来可交易性，从而增强了农户对当前农地投资在未来农地交易中获得投资增值的信心。

最后，农地确权颁证提升了农地经营权的抵押价值，进而提高了农户获得正规信贷的可能性，并强化其农业投资能力。为了降低信息不对称性所产生的信贷风险，金融机构往往追求安全性较高的抵押贷款方式。农地确权颁证赋予农地经营权抵押、担保权能，有助于农户通过农地经营权抵押方式提高信贷可得性和减少信贷配给问题，从而增加其投资能力和行为（Feder et al.，1988；Newman et al.，2015）。

## （二）数理模型

为了进一步厘清农地确权颁证政策影响农户农业投资行为的作用机理，并为计量分析的变量选择提供理论依据，我们借鉴了 Chankrajang（2015）的理论分析框架。具体而言，假定所有农民都具有同质性，并且某地区农业总生产函数为 $Y_{at} = \theta A_a L_a K_{at}^{\alpha} N_a^{1-\alpha}$。其中，$L_a$ 是固定的土地面积，将其标准化为 1。$K_{at}$（$K_{at} > 0$）表示农业投资总量，$A_a$ 表示农业生产的技术水平。$N_a$ 表示农业劳动力数量。$\alpha \in [0, 1]$ 表示生产要素投入的产出弹性。$\theta \in [0, 1]$ 表示该地区进行农地确权颁证的概率。显然，农地确权颁证不仅影响农户当期的投资决策，而且对农户长期的农业投资行为具有持久影响。在长期，农业投资函数为 $K_{at+1} - K_{at} \equiv \dot{K}_{at}$，并且农业投资的长期累积水平为 $K_{at+1} = q Y_{at} + (1-\delta) K_{at}$。其中，$q Y_{at}$ 表示农业投资总量；$q$ 表示当期农业产出用于下一期农业生产投资的比例；$\delta K_{at}$ 表示当期农业投资在农业生产过程中所遭受的资本折旧。

假定每个农户的平均农业产出数量 $y_{at} = Y_{at}/N_a$，并且每个农户的平均农业投资为 $k_{at} = K_{at}/N_a$。由于固定不变的农地已经标准化为 1，因此，每个农户 $i$ 平均生产农业产出为 $y_{at}^i = Y_{at}/N_a = \theta A_a K_{at}^{\alpha} N_a^{1-\alpha}/N_a = \theta A_a (K_{at}/N_a)^{\alpha} = \theta A_a k_{at}$。

考虑到投资总量的长期均衡应当满足 $K_{at+1} - K_{at} \dot{=} \dot{K}_{at} = 0$，又因为 $K_{at+1} = qY_{at} + (1-\delta)K_{at}$，因此 $K_{at+1} - K_{at} = qY_{at} - \delta K_{at} = q\theta A_a L_a K_{at}^\alpha N_a^{1-\alpha} - \delta K_{at} = 0$。对 $K_{at}$ 求一阶导数，并令其为零。因此，该地区的最优农业投资总量为 $K_{at}^* = \left(\dfrac{\alpha q\theta A_a}{\delta}\right)^{\frac{1}{1-\alpha}} N_a$。相应地，由 $qY_{at} + (1-\delta)K_{at} = 0$ 可以得到，最优农业产出为 $Y_{at}^* = \left(\dfrac{q}{\delta}\right)^{\frac{\alpha}{1-\alpha}} (\theta A_a)^{\frac{1}{1-\alpha}} N_a$。根据 $k_{at} = K_{at}/N_a$ 可以得到，平均每个农户的最优农业投资为 $k_{at}^* = \left(\dfrac{\alpha q\theta A_a}{\delta}\right)^{\frac{1}{1-\alpha}}$。

将 $K_{at}^*$ 和 $k_{at}^*$ 分别对 $\theta$ 求一阶导数，并令其为零。可以得到：

$$\frac{\partial K_{at}^*}{\partial \theta} = \frac{\alpha q A_a}{(1-\alpha)\delta}\left(\frac{\alpha q\theta A_a}{\delta}\right)^{\frac{1}{1-\alpha}-1} N_a = \frac{\alpha q A_a}{(1-\alpha)\delta}\left(\frac{\alpha q\theta A_a}{\delta}\right)^{\frac{\alpha}{1-\alpha}} N_a > 0$$

$$(5-5)$$

$$\frac{\partial k_{at}^*}{\partial \theta} = \frac{\alpha q A_a}{(1-\alpha)\delta}\left(\frac{\alpha q\theta A_a}{\delta}\right)^{\frac{1}{1-\alpha}-1} = \frac{\alpha q A_a}{(1-\alpha)\delta}\left(\frac{\alpha q\theta A_a}{\delta}\right)^{\frac{\alpha}{1-\alpha}} > 0$$

$$(5-6)$$

由此可见，农地确权颁证对农户农业投资行为具有正向的影响作用。

## 三、数据与变量

### （一）数据来源

数据来自中山大学社会科学调查中心开展的"中国劳动力动态调查"（CLDS）。其样本分布全国 29 个省份（除香港、澳门、台湾、西藏、海南外）124 个市（区、州）401 个村庄/社区，共计 14 214 户、23 594 人。问卷包含了个人、家庭以及村居三个层面的调查信息，特别是农村家庭的农业生产情况。我们最终使用的样本包含 199 个村庄，共计 6 727 户。

### （二）指标选择与描述统计

因变量农户农业投资行为从人力、物力、财力三个维度，主要包括农业经营规模扩大、家庭农业劳动力数量、家庭农业生产时间以及农业经营投入四个方面，分别采用"2013 年租用他人耕地（亩）、家庭从事农业生产的人数（人）、家庭从事农业生产的时间（天）以及农林牧副渔业的经营总成本（元）"测度。

核心变量农地确权颁证采用"是否领到《农村土地承包经营权证书》"测度。同时，为了解决反向因果关系可能引发的内生性问题，采用"本县域其他 $n_i - 1$ 被调查农户领到《农村土地承包经营权证书》的占比"作为农地确权颁证的工具变量。

控制变量包括家庭情况、村庄特征和地区变量三个方面。其中，家庭情况分别采用"家庭农林牧副渔毛收入（元）"和"家里有拖拉机"测度；村庄特征分别采用"村庄季节性外出务工的男性占比"、"本村是否有统一灌溉排水服务"、"本村是否有非农业经济（第二、三产业）"、"本村是否提供组织安排劳动力外出务工服务"、"本村是否实行土壤改造"以及"本村到最近乡镇政府/街道的距离（千米）"测度；地区变量以"东部地区"作为参照组，分别设置"中部地区"和"西部地区"两个地区虚拟变量。

从表5-5可知，与未确权组的农户样本相比，已确权组的农户样本具有如下特征：农户耕地租入规模较大；家庭农业收入较多，家中有拖拉机的占比较高；村庄男性季节性外出务工的占比、村集体提供灌溉排水服务的可能性较高；村庄有非农经济（第二、三产业）的占比较低、村集体提供外出务工服务和村庄进行土壤改造的可能性较低，并且村庄距离最近乡镇政府/街道较远。

表5-5 样本农户的描述统计

| 变量名称 | | 变量定义 | 总体样本 | | 已确权组 | | 未确权组 | |
|---|---|---|---|---|---|---|---|---|
| | | | 均值 | 标准差 | 均值 | 标准差 | 均值 | 标准差 |
| 因变量 | 农地经营规模扩大 | 2013年租用他人耕地（亩），自然对数值 | 1.716 | 24.150 | 3.296 | 36.354 | 0.535 | 3.811 |
| | 家庭农业劳动力数量 | 2013年家庭从事农业生产的人数（人） | 1.640 | 0.946 | 1.749 | 0.954 | 1.546 | 0.918 |
| | 家庭农业生产时间 | 2013年家庭从事农业生产的时间（天），自然对数值 | 183.240 | 218.301 | 224.464 | 232.758 | 150.001 | 197.345 |
| | 农业经营投入 | 2013年农林牧副渔业的经营总成本（元），自然对数值 | 7 697.876 | 25 983.090 | 8 890.335 | 28 989.210 | 6 841.237 | 24 103.300 |
| 核心变量 | 农户农地确权颁证 | 领到《农村土地承包经营权证书》。是＝1，否＝0 | 0.480 | 0.499 | 1.000 | 0.000 | 0.000 | 0.000 |

（续）

| 变量名称 | | 变量定义 | 总体样本 | | 已确权组 | | 未确权组 | |
|---|---|---|---|---|---|---|---|---|
| | | | 均值 | 标准差 | 均值 | 标准差 | 均值 | 标准差 |
| 控制变量 | 家庭农业收入 | 家庭农林牧副渔毛收入（元），自然对数值 | 9 858.415 | 25 218.170 | 13 212.700 | 30 546.400 | 7 316.949 | 20 223.270 |
| | 家中有拖拉机 | 家里有拖拉机。是=1，否=0 | 0.130 | 0.336 | 0.179 | 0.384 | 0.096 | 0.295 |
| | 男性外出务工 | 村庄季节性外出务工的男性占比 | 0.086 | 0.105 | 0.097 | 0.113 | 0.075 | 0.096 |
| | 村庄灌溉排水服务 | 本村有统一灌溉排水服务。是=1，否=0 | 0.467 | 0.499 | 0.478 | 0.500 | 0.450 | 0.498 |
| | 村庄非农经济 | 本村有非农业经济（第二、三产业）。有=1，无=0 | 0.358 | 0.479 | 0.282 | 0.450 | 0.432 | 0.495 |
| | 村庄外出务工服务 | 本村提供组织安排劳动力外出务工服务 | 0.113 | 0.316 | 0.088 | 0.284 | 0.134 | 0.341 |
| | 村庄土壤改造 | 本村实行土壤改造。是=1，否=0 | 0.088 | 0.283 | 0.075 | 0.264 | 0.10 | 0.300 |
| | 地理位置专用性 | 本村到最近乡镇政府/街道的距离（千米） | 5.433 | 5.478 | 5.724 | 5.900 | 4.898 | 4.390 |
| | 东部地区 | 东部省份=1，其他省份=0 | 0.440 | 0.497 | 0.357 | 0.479 | 0.527 | 0.500 |
| | 中部地区 | 中部省份=1，其他省份=0 | 0.259 | 0.438 | 0.257 | 0.437 | 0.270 | 0.444 |
| | 西部地区 | 西部省份=1，其他省份=0 | 0.301 | 0.459 | 0.387 | 0.487 | 0.203 | 0.402 |

# 四、实证结果与分析

## （一）模型设定

农地确权颁证对农业投资行为的影响，可能由于存在内生性问题而导致有偏的估计结果。具体表现为以下两个方面：一方面，农地确权颁证并非随机分配，而是受到土地质量（肥沃程度、面积大小）、农户家庭财富以及村庄基础设施建设等家庭和村庄特征的影响（Deininger & Chamorro，2004；Jacoby & Minten，2007）。在我国，新一轮农地确权试点的时间和地点选择主要是方便于政府组织实施确权试点工作和积累经验（程令国等，2016；胡新艳、罗必良，2016）。另一方面，农地投资对农地确权颁证存在反向因果关系问题。由于原先的农业投资增加了农地价值，农户倾向于对其土地申请确权颁证。农户可能为了获得农地确权颁证而投资于多年生作物（Hare，2008；Koo，2011）。对此，我们分别采用倾向得分匹配法和工具变量法克服潜在的内生性问题。

**1. 倾向得分匹配法。** 由于我国农地确权政策实施是政府选择的结果，直接对已确权组农户样本与未确权组农户样本进行比较分析，很难保证两组农户样本的概率分布保持一致。对此，采用 Rosenbaum & Rubin（1983）所提出的通过控制协变量和"反事实"情景假设的倾向得分匹配法（PSM），从而尽可能地消除样本非随机分布所导致的估计偏误。根据农户是否领到《农村土地承包经营权证书》，将农户样本分为处理组和对照组。由于无法获得已确权颁证的农户样本在未确权颁证时的农业投资行为，因此需要构造一个反事实的情景假设框架，并找到与其尽可能相似的对照组，从而有效地降低样本选择偏误。在给定一组协变量的情况下，通过将处理组（已确权颁证）和对照组（未确权颁证）的农户样本进行匹配，计算每个样本农户进入处理组的倾向得分值，从而使得形成配对的农户样本的协变量分布相同。此时，给定一组协变量，处理变量（确权颁证）与结果变量（农户农业投资行为）之间是相互独立的，并且可以得到农地确权颁证的平均处理效应。

**2. IV‑Tobit 模型。** 为确保计量结果的稳健性，我们借鉴许庆等（2017）的做法，采用"是否已经领到《农村土地承包经营权证书》"测度农地确权状况，并将其对因变量农户农业投资行为进行回归分析。由于部分被调查农户没有进行农业投资，模型的因变量 $INV^*$ 在"0"处估计存在数据截取问题（左截尾）。为避免选择性样本偏误问题，并克服遗漏变量、反向因果关系所引发的内生性问题，我们采用工具变量法建立 $IV$‑$Tobit$ 模型：

$$INV^* = \beta_1 X_1 + \alpha CRET + \upsilon_1 \qquad (5-7)$$

$$CRET = \delta_1 X_1 + \delta_2 X_2 + \upsilon_2 \qquad (5-8)$$

其中，因变量 $INV^*$ 为农户农业投资行为；核心变量 $CERT$ 为农地确权颁证；$X_1$ 为影响农地确权颁证和农户农业投资行为的控制变量，$X_2$ 是农地确权颁证的工具变量；$\alpha$ 和 $\beta_1$ 为待估计系数；$\upsilon_1$ 是随机误差项。

借鉴丰雷等（2013）的做法，选取"本县域其他 $n_i-1$ 个被调查农户领到《农村土地承包经营权证书》的占比"作为农户农地确权颁证的工具变量。其选择依据如下：首先，由于同一县域其他被调查农户领到《农村土地承包经营权证书》的占比反映了该县域的确权颁证状况，这显然与该农户是否同样领到土地证书密切相关。其次，由于剔除了该被调查农户，工具变量与该农户农业投资行为没有直接的联系。因此，可以采用同一县域其他 $n_i-1$ 个被调查农户领到《农村土地承包经营权证书》的平均占比作为农户农地确权颁证的工具变量。

## （二）基于倾向得分匹配法的估计结果

1. 平衡性检验。为了尽可能地降低不同分组农户样本的概率分布的差异性，我们分别对样本匹配前后已确权组、未确权组农户样本的协变量进行平衡性检验。从表5-6可知，农地确权颁证与家庭特征（比如家庭农业收入较高、家中有拖拉机）和村庄特征（比如集体提供社会化服务、男性外出务工和村庄非农经济以及地理位置专用性）密切相关。在样本匹配之前，已确权组与未确权组的协变量之间都存在显著的系统差异。但是，对样本进行匹配之后，在农业生产时间投入中，男性外出务工比例和地理位置专用性的组间差异性明显下降；在农业经营投入中，男性外出务工比例、村庄灌溉排水服务、村庄非农经济以及村庄土壤改造的组间差异性同样显著下降；其他协变量在样本进行匹配之后的差异性则变得不再显著。可见，倾向得分匹配法能够有效地降低已确权组、未确权组之间农户样本的组间异质性。

表5-6　最近邻匹配的平衡性检验

| 变量 | 匹配前后 | 农地经营规模扩大 均值 | | T值 | 家庭农业劳动力 均值 | | T值 | 家庭农业生产时间 均值 | | T值 | 农业经营投入 均值 | | T值 |
|---|---|---|---|---|---|---|---|---|---|---|---|---|---|
| | | 确权 | 未确权 | | 确权 | 未确权 | | 确权 | 未确权 | | 确权 | 未确权 | |
| 家庭 农业收入 | 前 | 6.08 | 4.35 | 15.02*** | 7.16 | 6.06 | 8.80*** | 6.50 | 4.67 | 15.49*** | 7.16 | 6.07 | 8.76*** |
| | 后 | 6.08 | 6.21 | −1.13 | 7.16 | 7.28 | −1.04 | 6.50 | 6.50 | −0.03 | 7.16 | 7.16 | 0.01 |
| 家中有 拖拉机 | 前 | 0.18 | 0.10 | 9.68*** | 0.22 | 0.14 | 6.84*** | 0.19 | 0.10 | 9.33*** | 0.22 | 0.14 | 6.81*** |
| | 后 | 0.18 | 0.18 | 0.31 | 0.22 | 0.23 | −1.31 | 0.19 | 0.19 | 0.10 | 0.22 | 0.22 | −0.55 |
| 男性 外出务工 | 前 | 0.10 | 0.08 | 7.98*** | 0.10 | 0.09 | 4.01*** | 0.10 | 0.08 | 8.02*** | 0.10 | 0.09 | 3.97*** |
| | 后 | 0.10 | 0.09 | 0.83 | 0.10 | 0.09 | 1.54 | 0.10 | 0.09 | 2.60*** | 0.10 | 0.09 | 1.68* |

（续）

| 变量 | 匹配前后 | 农地经营规模扩大 | | | 家庭农业劳动力 | | | 家庭农业生产时间 | | | 农业经营投入 | | |
|---|---|---|---|---|---|---|---|---|---|---|---|---|---|
| | | 均值 | | T值 | 均值 | | T值 | 均值 | | T值 | 均值 | | T值 |
| | | 确权 | 未确权 | | 确权 | 未确权 | | 确权 | 未确权 | | 确权 | 未确权 | |
| 村庄灌溉排水服务 | 前 | 0.48 | 0.45 | 2.06** | 0.49 | 0.45 | 2.11** | 0.46 | 0.44 | 1.96** | 0.49 | 0.45 | 2.12** |
| | 后 | 0.48 | 0.47 | 0.78 | 0.49 | 0.46 | 1.55 | 0.46 | 0.46 | 0.30 | 0.49 | 0.46 | 1.70* |
| 村庄非农经济 | 前 | 0.28 | 0.43 | −11.99*** | 0.27 | 0.36 | −5.91*** | 0.28 | 0.43 | −11.99*** | 0.27 | 0.36 | −5.93*** |
| | 后 | 0.28 | 0.28 | −0.10 | 0.27 | 0.27 | −0.10 | 0.28 | 0.28 | 0.09 | 0.27 | 0.27 | 0.05 |
| 村庄外出务工服务 | 前 | 0.09 | 0.13 | −5.61*** | 0.09 | 0.12 | −3.52*** | 0.09 | 0.13 | −5.47*** | 0.09 | 0.12 | −3.49*** |
| | 后 | 0.09 | 0.10 | −1.30 | 0.09 | 0.09 | −0.34 | 0.09 | 0.09 | 0.43 | 0.09 | 0.09 | −0.10 |
| 村庄土壤改造 | 前 | 0.07 | 0.10 | −3.43*** | 0.08 | 0.10 | −3.26*** | 0.07 | 0.10 | −3.22*** | 0.08 | 0.10 | −3.28*** |
| | 后 | 0.07 | 0.07 | −0.69 | 0.08 | 0.08 | 0.08 | 0.07 | 0.07 | −0.23 | 0.08 | 0.06 | 2.14** |
| 地理位置专用性 | 前 | 5.70 | 4.89 | 6.04*** | 5.23 | 4.88 | 2.89*** | 5.64 | 4.83 | 6.08*** | 5.23 | 4.88 | 2.85*** |
| | 后 | 5.70 | 5.62 | 0.48 | 5.23 | 5.12 | 0.89 | 5.64 | 5.96 | −2.01** | 5.23 | 5.34 | −0.92 |

注：***、**和*分别表示在1%、5%和10%水平上显著。

**2. 模型结果分析。** 为了更加有效地获取农地确权颁证对农户农业投资行为的影响效应，我们通过对样本进行匹配的方式，尽可能地消除不同类型农户样本的组间差异性对估计结果产生影响。在表5-7中，从系数值大小和变量显著性水平两个方面都可以看出，农地确权颁证在样本匹配前后对农户农业投资行为的影响作用存在显著差异。可见，采用倾向得分匹配法修正样本选择偏误是十分必要的。不仅如此，如果不消除组间协变量差异所产生的估计偏误，实证结果将极大地高估农地确权颁证的正向促进作用。模型估计结果具体如下：

首先，农地确权颁证对农户耕地租入规模存在显著的正向影响。在进行样本匹配之前，农地确权颁证的平均处理效应为0.140，并且都在1%的统计水平上显著。但是，在样本匹配之后，其效应下降到0.064和0.096之间。由此可见，若不排除组间协变量差异的影响作用，将大大高估农地确权颁证对农户耕地租入规模的促进作用。

其次，农地确权颁证对家庭农业劳动力数量具有显著的正向作用。在样本匹配之前，农地确权颁证的平均处理效应为0.202，并且在1%的统计水平上显著。但是，在样本进行匹配之后，其影响效应值大小和显著性都变得更小，主要介于0.109和0.121之间。可见，在排除不同类别的组间协变量差异性之后，农地确权颁证能够增加家庭农业劳动力数量。

再次，农地确权颁证对家庭农业生产时间具有显著的正向影响作用。在样本进行匹配之前，农地确权颁证的平均处理效应为0.983，并且在1%的统计水平上显著。但是，在样本匹配之后，其效应下降到0.241和0.286之间。这同样表明，掺杂了组间协变量的差异性影响，将极大地高估了农地确权颁证的正向促进作用。同时，在消除组间协变量的差异之后，农户在确权颁证后将倾向于增加农业生产时间。

最后，农地确权颁证对农业经营投入具有显著正向作用。在样本匹配之前，农地确权颁证的平均处理效应为0.794。但在样本进行匹配之后，其效应下降到0.230和0.362之间。这同样表明，掺杂了组间协变量的差异性影响，将极大地高估了农地确权颁证的正向促进作用。同时，在消除组间协变量的差异之后，农户在确权颁证后将倾向于增加农业经营投入。

表 5-7  农地确权颁证的平均干预效应（ATT）

| 变量 | 匹配方法 | 样本 | 均值 | | 平均干预效应（ATT） | 标准误（S. E.） | T 值（T - stat） |
|---|---|---|---|---|---|---|---|
| | | | 确权组 | 未确权组 | | | |
| 农地经营规模扩大 | — | 匹配前 | 0.237 | 0.097 | 0.140 | 0.017 | 8.31*** |
| | 最近邻匹配 | 匹配后 | 0.237 | 0.147 | 0.090 | 0.026 | 3.42*** |
| | 半径匹配 | 匹配后 | 0.188 | 0.124 | 0.064 | 0.021 | 3.12*** |
| | 核匹配 | 匹配后 | 0.237 | 0.141 | 0.096 | 0.018 | 5.44*** |
| 家庭农业劳动力 | — | 匹配前 | 1.753 | 1.551 | 0.202 | 0.029 | 6.97*** |
| | 最近邻匹配 | 匹配后 | 1.753 | 1.644 | 0.109 | 0.039 | 2.79** |
| | 半径匹配 | 匹配后 | 1.675 | 1.619 | 0.056 | 0.047 | 1.18 |
| | 核匹配 | 匹配后 | 1.753 | 1.632 | 0.121 | 0.030 | 4.04*** |
| 家庭农业生产时间 | — | 匹配前 | 3.719 | 2.736 | 0.983 | 0.074 | 13.28*** |
| | 最近邻匹配 | 匹配后 | 3.719 | 3.478 | 0.241 | 0.112 | 2.15* |
| | 半径匹配 | 匹配后 | 3.420 | 3.235 | 0.186 | 0.119 | 1.56 |
| | 核匹配 | 匹配后 | 3.719 | 3.433 | 0.286 | 0.079 | 3.63*** |
| 农业经营投入 | — | 匹配前 | 7.294 | 6.500 | 0.794 | 0.087 | 9.18*** |
| | 最近邻匹配 | 匹配后 | 7.294 | 7.064 | 0.230 | 0.115 | 2.00* |
| | 半径匹配 | 匹配后 | 7.001 | 6.906 | 0.095 | 0.146 | 0.65 |
| | 核匹配 | 匹配后 | 7.294 | 6.932 | 0.362 | 0.091 | 3.98*** |

注:***、**和*分别表示在1%、5%和10%水平上显著。

## （三）基于工具变量法的稳健性检验

为了检验上述计量结果的稳健性，我们进一步采用基于工具变量的 IV - Tobit 模型进行回归分析。从表 5 - 8 可知，Wald 内生性均显著，说明回归模型存在内生性问题，因此采用工具变量法是有效的。同时，模型 I、Ⅲ、Ⅴ和Ⅶ的工具变量 F 值均远远大于 10（经验法则），并且都在 1% 的统计水平上显著。可见，采用本县域其他被调查农户领到土地证书的占比作为工具变量，并不存在弱工具变量问题。由此再次证明了农地确权颁证对农地经营规模扩大、家庭农业劳动力数量、家庭农业生产时间以及农业经营投入都具有显著的正向作用。不仅如此，与"是否领到《农村土地承包经营权证书》"的测度方法相比，不采用工具变量法解决潜在的内生性问题，则估计结果将大大低估了农地确权颁证的正向促进作用。

其他控制变量同样对农户农业投资行为有显著影响，具体表现为以下四个方面。首先，家庭农业收入和家中有拖拉机对农户农业投资行为有显著的正向作用，且都在 1% 统计水平上显著。可见，农地依附性和农业实物的资产专用性促进了农户农业投资行为。其次，村庄男性外出务工比例对农业经营投入具有显著的正向作用，其系数值为 2.320 9，并且在 1% 的统计水平上显著（模型Ⅷ）。再次，村庄非农经济对家庭农业劳动力具有显著的负向作用，其系数值为 -1.041 1，并且在 1% 的统计水平上显著（模型Ⅳ）。可见，村庄非农经济水平抑制了家庭农业劳动力投入。最后，地理位置专用性对家庭农业劳动时间投入和农业经营投入具有显著的负向作用。其系数值分别为 -0.020 5 和 -0.069 4，并且在 10% 的统计水平上显著（模型Ⅵ和Ⅷ）。可见，地理位置专用性降低了家庭农业时间投入和农业经营投入。

**表 5 - 8　稳健性检验**

| 变量 | 农地经营规模扩大 | | 家庭农业劳动力 | | 家庭农业生产时间 | | 农业经营投入 | |
|---|---|---|---|---|---|---|---|---|
| | 模型 I | 模型 Ⅱ | 模型 Ⅲ | 模型 Ⅳ | 模型 Ⅴ | 模型 Ⅵ | 模型 Ⅶ | 模型 Ⅷ |
| | Tobit | IV - Tobit | Tobit | IV - Tobit | Tobit | IV - Tobit | Tobit | IV - Tobit |
| 农户农地确权颁证 | 0.085*** | 0.288** | 0.284 | 1.051* | 0.212*** | 0.466*** | 0.826*** | 2.140*** |
| | (0.028) | (0.117) | (0.196) | (0.567) | (0.061) | (0.166) | (0.219) | (0.580) |

(续)

| 变量 | 农地经营规模扩大 | | 家庭农业劳动力 | | 家庭农业生产时间 | | 农业经营投入 | |
|---|---|---|---|---|---|---|---|---|
| | 模型 I | 模型 II | 模型 III | 模型 IV | 模型 V | 模型 VI | 模型 VII | 模型 VIII |
| | Tobit | IV - Tobit | Tobit | IV - Tobit | Tobit | IV - Tobit | Tobit | IV - Tobit |
| 家庭农业 | 0.015*** | 0.012*** | 0.479*** | 0.468*** | 0.169*** | 0.166*** | 0.669*** | 0.651*** |
| 收入 | (0.003) | (0.003) | (0.028) | (0.028) | (0.009) | (0.009) | (0.034) | (0.034) |
| 家中有 | 0.442*** | 0.418*** | 0.687*** | 0.603*** | 0.430*** | 0.400*** | 1.331*** | 1.177*** |
| 拖拉机 | (0.095) | (0.087) | (0.211) | (0.215) | (0.073) | (0.074) | (0.248) | (0.244) |
| 男性外出 | −0.203 | −0.254 | 1.526 | 1.340 | 0.465 4 | 0.414 | 2.593* | 2.321* |
| 务工 | (0.227) | (0.250) | (1.094) | (1.098) | (0.373) | (0.375) | (1.348) | (1.384) |
| 村庄灌溉 | −0.036 | −0.044 | −0.423 | −0.448 | 0.031 5 | 0.022 | 0.184 | 0.137 |
| 排水服务 | (0.040) | (0.040) | (0.289) | (0.291) | (0.088) | (0.089) | (0.315) | (0.319) |
| 村庄非农 | −0.032 | −0.022 | −1.078*** | −1.041*** | −0.099 | −0.087 | −0.636* | −0.573 |
| 经济 | (0.031) | (0.032) | (0.333) | (0.340) | (0.100) | (0.102) | (0.347) | (0.351) |
| 村庄外出 | −0.012 | 0.012 | 0.044 | 0.136 | 0.041 | 0.072 | −0.223 | −0.065 |
| 务工服务 | (0.037) | (0.040) | (0.524) | (0.526) | (0.177) | (0.178) | (0.597) | (0.605) |
| 村庄土壤 | 0.089 | 0.102 | 0.807 | 0.853 | 0.072 | 0.085 | 0.699 | 0.772 |
| 改造 | (0.078) | (0.073) | (0.585) | (0.602) | (0.168) | (0.171) | (0.561) | (0.579) |
| 地理位置 | 0.001 | −0.001 | 0.012 | 0.007 | −0.019 | −0.021* | −0.060 | −0.069* |
| 专用性 | (0.003) | (0.003) | (0.032) | (0.032) | (0.012) | (0.012) | (0.038) | (0.039) |
| 中部地区 | 0.134** | 0.124** | 0.388 | 0.348 | 0.093 | 0.082 | 0.066 | 0.008 |
| | (0.062) | (0.058) | (0.350) | (0.358) | (0.111) | (0.115) | (0.393) | (0.403) |
| 西部地区 | −0.030 | −0.074 | 1.622*** | 1.452*** | 0.271*** | 0.214** | 0.558 | 0.265 |
| | (0.037) | (0.048) | (0.338) | (0.354) | (0.091) | (0.091) | (0.341) | (0.355) |
| 常数项 | −0.006 | −0.063 | −1.208** | −1.422*** | −0.243 | −0.314* | −0.317 | −0.681 |
| | (0.045) | (0.057) | (0.478) | (0.531) | (0.151) | (0.168) | (0.548) | (0.599) |
| 观测值 | 5 964 | 5 964 | 5 528 | 5 528 | 5 320 | 5 320 | 5 320 | 5 320 |
| 工具变量 F 值 | 5.83*** | 237.13*** | 37.41*** | 229.48*** | 40.52*** | 218.36*** | 43.90*** | 218.36*** |
| 伪 $R^2$ | 0.054 | — | 0.097 | — | 0.122 | — | 0.094 | — |
| 伪对数似然比 | −5 615.14 | −8 829.27 | −10 299.94 | −13 262.16 | −7 194.25 | −10 054.38 | −11 548.12 | −14 400.18 |
| Wald chi$^2$ | — | 66.86*** | — | 421.25*** | — | 453.95*** | — | 505.94*** |
| 内生性 Wald 检验 | — | 4.53** | — | 2.77* | — | 3.72* | — | 7.92*** |

注:***、**和*分别表示在1%、5%和10%水平上显著。

## 五、结论与讨论

### (一) 主要结论

农地确权颁证对农业投资行为的影响尚无统一定论。我们构建了农地确权颁证影响农户农业投资行为的数理分析框架，并且在克服潜在的内生性问题的基础上，采用 2014 年"中国劳动力动态调查"(CLDS) 的 29 省 6 727 户农户调查数据进行实证分析。得到如下结论：

(1) 农地确权颁证不仅增强地权的排他能力、降低地权保护成本以及提高地权稳定性预期，而且强化了当期和未来的地权可交易性，还提升农地抵押价值而增加农户的信贷可得性，从而增大了农户的农业投资能力。

(2) 农地确权颁证的农户样本并非随机分布。家庭特征（比如家庭农业收入、家中有拖拉机）与村庄特征（比如村集体提供社会化服务、男性外出务工的比例、村庄非农经济以及地理位置专用性）都会影响农户获得农地确权颁证的可能性。

(3) 通过解决样本选择偏误、遗漏变量和反向因果关系引发的内生性问题，可以发现农地确权颁证对农业经营规模扩大、家庭农业劳动力数量、家庭农业生产时间以及农业经营投入都具有显著正向作用，且其估计结果较为稳健。反之，如果不消除组间协变量差异、反向因果关系等内生性问题所产生的估计偏误，将会高估或者低估了农地确权颁证的影响效应。

### (二) 进一步讨论

理论分析表明，农地确权颁证主要通过地权安全性、地权可交易性以及信贷可得性三种中间传导机制，对农业投资行为产生促进作用。与此同时，实证研究进一步表明，农地确权颁证对农业投资行为具有显著的正向影响作用。那么，我国的农地确权颁证政策何以促进农户农业投资行为？首先，目前我国农地经营权具有抵押和担保权能只存在于极少数试点地区，显然，农地确权颁证尚不可能通过抵押信贷的渠道来促进农户农业投资行为。其次，对 1999 至 2010 年 5 次全国 17 省的调查研究表明，通过发放土地承包经营权证书的土地确权方式能够减少土地调整的次数，进而增进了地权稳定性（丰雷等，2013）。再次，对 2011 年全国 28 省 5 920 个农户的研究发现，农地确权颁证能够有效地增加农户参与土地流转的可能性及其流转规模（程令国等，2016）。综上可知，我国农地确权颁证政策主要通过强化地权安全性和地权可交易性两种渠道，对农业投资产生正向的促进作用，而通过地权抵押增加信贷可得性的影响作用则尚未得到充分的发挥。

我们更感兴趣的问题是，在世界范围内（特别是发展中国家），为什么已有文献对农地确权效应会产生截然不同的研究结论？第一，确权颁证政策能否有效地强化地权安全性是决定其影响作用的关键。农地确权颁证只有通过增强排他能力、降低地权保护成本以及提高地权稳定性预期等方式，才能更好地强化当期和未来的地权可交易性，并提升农地抵押价值而增加农户的信贷可得性，从而产生农业投资激励。与之相反，如果法律赋权无法得到有效实施，那么拥有农地确权颁证则并不意味着更高水平的地权稳定性。不仅如此，原有地权较为稳定、确权颁证政策不可实施或者侧重于追求发证数量而非质量，法律赋权与习惯地权之间产生冲突，都将导致农地确权颁证政策非但无法有效增强地权安全性，反而容易引发新的不确定性和冲突。第二，农地确权效应的发挥需要某些特定的配备条件。农地确权颁证政策只是农地投资行为的必要条件，而绝非充分条件。不同国家的法制环境、要素市场发育程度都会影响农地确权颁证政策的实际有效性。农地确权颁证政策之所以对农业投资行为产生不同的影响效应，主要是因为缺少必备条件而导致某些传导机制无法有效地发挥作用（Grimm & Klasen，2015）。具体表现为如下两点：一是需要具备与农业产业发展相关联的基础设施，比如灌溉系统、储存设备、电力设施以及交通网络等，从而才能在需求层面对农业投资行为产生激励作用（Domeher & Abdulai，2012）。二是需要发展较为完善的农村要素市场。Fort（2008）发现，97％的农户农业投资资本主要来源于自有资金，并且确权颁证对原先地权稳定性较差的地区的投资影响效应较为明显，从而证明了农地确权颁证主要通过改变地权稳定性而非抵押效应的方式促进了农户农地投资。与之相反，泰国原有的农地产权安全性普遍较高，并且农户几乎不会遭受被驱逐的风险，因此，农地确权颁证主要通过提高信贷可得性的渠道促进农户农业投资行为（Feder & Feeny，1991）。第三，部分文献忽视了样本选择、反向因果关系以及不可观测变量所产生的潜在的内生性问题，从而导致已有估计结果存在偏误。我们的实证结果再次表明，如果不消除组间协变量差异、反向因果关系等内生性问题所产生的估计偏误，将会高估或者低估了农地确权颁证的影响效应。

## 第三节　农地确权、调整经历与农户投资激励

### 一、问题的提出

激励农户对农地的投资，对于发展中国家走出贫穷，挣脱农业发展滞后状态及其遏制土地资源严重退化的恶性循环无疑是重要的（WECD，1987）。在影响农业投资的众多因素中，发展中国家的地权制度问题日益受到关注。目前主流的观点是，通过确权建立起稳定及可预期的地权，会产生正向的投资激励效应。但依然有人对确权激励农户投资提出了质疑（Lemel，1988），认为并没有完全一致的实证证据支持土地确权颁证的投资激励效应（吉登艳等，2014）。

自改革开放以来，中国一直处于农地制度的改革转型期，通过地权政策的持续改进，农民的土地权利不断强化（冀县卿、钱忠好，2010）。2009 年我国启动了新一轮的农地确权试点工作，2013 年的中央 1 号文件明确"用 5 年时间基本完成农村土地承包经营权确权登记颁证工作"。目前中国开展的农地确权是在坚持土地集体所有制基础上，对农户的农地承包经营权进行确权，把承包地块、面积、合同、权属以证书的方式全面落实到户。这是具有鲜明中国特色的农地承包经营权确权，而并非西方私法意义上拥有"独立性"与"排他性"的私有产权确权。我们关注的问题是，已有主流产权理论所强调的产权界定的正向投资激励效应，是否会因为中国农地产权制度安排的特殊性而不同？显然，对于中国农地确权的研究，不仅能够在理论上进一步深化对确权与投资激励关系命题的验证，也有助于在实践上对类似于我国这样存在投资约束的发展中大国的农业转型提供决策依据。

必须强调的是，法律制度并非存在于体制和经济的真空中，对于新一轮农地确权可能引致效果的判断，应当考虑到制度被引入的特定历史情

境。中国自家庭承包制改革以来，尽管国家出台了系列政策法律一再强调农地承包权的稳定性[①]，但由于多种原因，法律的制定与执行并不总是一致，一个普遍的现象是，长期以来，我国农村承包地的大调整、小调整仍时有发生（许庆、章元，2005；叶剑平等，2010）。这意味着，在新一轮农地确权前，不同区域农户的农地调整经历是不同的。那么，调整经历作为个人产权体验的"事实因素"（刘易斯，2007）是否会、会如何作用于人们的认知框架并影响农户投资行为呢？事实上，目前在心理学、教育领域、经济管理领域已有大量相关研究关注并验证了当事人曾经的经历对行为决策的影响。因此，从理论逻辑的延伸拓展角度看，研究新一轮农地确权对农户农地投资行为的影响，既需要考虑地权法律赋权的影响，也需要区分农户不同地权调整经历对其投资行为可能产生的差异性影响。

鉴于此，我们从"写在纸上的法律规定与农户地权调整经历之间存在偏差"的现实背景出发，验证分析农户面临同样的新一轮农地确权，是否会因为其地权调整经历不同，而出现投资行为及其意愿上的差异。本研究可能的创新点在于：已有大部分研究只是简单地测试法律上的产权界定对农业投资的影响，而很少讨论农户地权调整经历可能存在的影响，因此我们有助于拓展标准的地权赋权概念及其对农业投资影响的研究。

## 二、理论框架

### （一）产权稳定性与投资激励：经验证据的分歧

地权稳定性是中国农村社会中的一个核心问题，引发了众多学科领域的关注。已有关于产权稳定性对农户投资行为影响的研究并未达成一致。主流观点认为，产权稳定性促进农户农地投资行为，并通过三条路径实现：一是投资收益的保障机制。Beekman et al.（2012）指出，投资者只有预期将来可获得收益时，才会进行投资；当产权不稳定时，意味着在不

---

① 1984 年中央提出了"土地承包经营权 15 年不变"，以及"大稳定、小调整"政策；1993 年提出二轮承包"土地承包期限 30 年不变"，并提倡有条件的地方实行"增人不增地"、"减人不减地"。这些稳定地权的要求，写入了 1998 年的《土地管理法》和 2002 年的《农村土地承包法》。2008 年中共十七届三中全会提出"现有土地承包关系要保持稳定并长久不变"。对于地权稳定性问题在多个中央 1 号文件中也被反复强调。

可预见的某一天，农户土地可能被拿走，与此同时，也会一同带走他们在土地上的中长期投资，使得部分投资项目的收益无法收回。在其他条件相同的情况下，产权不稳定会导致农户减少农地投资（Banerjee，2004），甚至带来土地掠夺式利用、破坏地力、降低土地产出等一系列后果。进一步地，Besley（1995）和姚洋（2004）认为，不稳定产权导致不可预期的投资收益损失，这一损失就相当于对农民的产出征收随机税，会挫伤农户的投资积极性。二是农地抵押贷款可得性的促进机制。地权稳定有利于降低产权风险，提高制度信任在商业银行风险控制中的重要性，使得土地更易成为被金融机构所接受的有效抵押品（米运生等，2015），有利于农户利用农地进行抵押，获得投资资本（Beekman et al.，2012），并激发投资行为（胡新艳、罗必良，2016）。三是农地流转的市场激励机制。即通过土地流转市场的资源配置效应，将土地资源集中到更有能力投资的经营主体手中，从而促进土地投资（Besley，1995；Platteau，1995）。部分经验研究支持了上述逻辑。叶剑平等（2006）通过对全国17个省的调查发现，土地权利证明文件的发放会提升农户对农地的投资量。之后于2008年的跟踪调查得到了类似的结论：持有符合规定的合同或者证书的农户对农地投资的比例为28.2%，大大高出没有持任何法律证件的农户（20%）（叶剑平等，2010）。马贤磊（2009）利用Double Hurdle组合模型对江西省丘陵地区的研究发现，农村土地承包合同能够提高农户对投资收益的稳定预期，从而增加对农地的投资。黄季焜、冀县卿（2012）以有机肥为例的分析表明，地权稳定性促进农户对农地的长期投资。国外方面，Alston等（1996）对巴西、Saint-Macary等（2010）对越南的研究也发现，有正式土地确权证书的农户对土地的投资明显高于未持有相关证书的农户。不过，这些研究受研究时间起点或数据可得性的限制，所得结论并不能有针对性地反映中国正在实施的新一轮确权政策对农户投资行为的影响。

然而，也有研究表明，产权稳定性与农业投资之间并非上述简单的促进关系，产权稳定性对农业投资可能并无显著影响，甚至存在负向影响效应。Carter等（2003）对巴拉圭的研究发现，土地确权只对富裕阶层农民的投资行为有正向促进作用，而对穷人投资行为的影响并不显著。这表明：首先，土地产权证书对不同类型农民的投资行为影响可能是不同的，往往也是复杂的；其次，因发展中国家社会制度背景的复杂性，确权对农地投资的影响效果也并非是单一的正向促进影响所能完全概括的,需要更为细致的观察与解读。对非洲的研究表明,农地确权对农地投资几乎没有影响(Braselle et al.,2002;Domeher & Abdulai,2012),甚至产生负向影响(De Zeeuw,1997)。由此可见,同样是农地确权,对于不同国情背景下的农民,其影响效果是不一样的。我们应该谨慎对待已有关于土地产权安全与土地投资间关系的研究结论。

### (二)农地调整经历对确权投资激励的可能影响

即使是同一个国家,产权制度对其投资影响也可能不尽相同。我国推进新一轮农地确权是从书面法律制度层面对农地产权的正式化,从法权上强化农民的地权,意味着未来土地重新调整的可能性几乎不存在。但每一个法律问题根本上就是一个心理问题(明辉,2009)。心理学上认为,人类行动的依据来源于人们对过去的知识和经验的记忆,通过条件反射和学习,人们会形成对当前和未来行动的指导。行为经济学研究发现人们基于便利性和显著性来评估事件发生的概率,其中便利性是指通过能想到的例证或事件发生的容易性来评估这类事件发生的概率,而显著性是指人们对于亲身经历或新近发生的事情,主观上会认为它发生的概率更大(Tversky & Kahneman,1973)。Carroll 等(2000)发现习惯了低消费模式的新兴国家居民,在经济得到增长之后,仍然会倾向于保持原先的低消费模式,这是新兴国家高储蓄率形成的重要原因。程令国、张晔(2011)在对我国经历过大饥荒人民储蓄行为发现也发现类似的结论。那么,新一轮农地确权是否影响,如何影响农户的投资激励,是否也和农户过去产权经历的有关呢?

众所周知,2003 年 3 月开始实施的《中华人民共和国农村土地承包法》规定耕地承包期 30 年不变,然而据叶剑平等(2006)以及叶剑平等(2010)的调查发现,部分地方农地依旧有农地调整的情况,且不同地区调整程度存在很大的差异。这意味着不同区域农户的地权调整经历是不同的,他们对地权制度的感知既可能是"稳定"的,也可能是"不稳定"的。对于当前外界同样的法律赋权输入,具有不同地权调整经历的农户,他们可能会以不同方式诠释相同的信息,形成不同的地权稳定性预期,进而做出不同的农地投资决策。具体而言:①如果农户经历了频繁的农地调整，基于便利性和显著性的评估，可能会认为再次发生农地调整的概率更高从而会减弱新一轮确权所赋予的地权稳定性预期，导致主观上认为地权依然是不稳定的，对新一轮确权产生不信任；②未经历地权调整的农户，先验相对安全的产权体验会再一次强化新一轮农地确权所赋予的产权稳定性。总之，农户历史性的调整经历作为"事实因素"，会以习惯方式在人脑中留下痕迹，可能形成不同的产权稳定性预期，进而导致农户农地投资决策与行为的差异。进一步地，关于农地调整已有研究多从农地是否调整（0-1虚拟变量）或调整次数的角度展开，较少从是否调整、调整幅度（大调整、小调整）、调整次数三个维度进行综合刻画，由此遮蔽了土地调整的现实复杂性及其影响效应的差异。

鉴于上述，我们以新一轮农地确权为背景，分两步展开研究：首先估计新一轮确权对农户农地投资意愿的影响，进而观察具有不同地权调整经历的农户在面对新一轮确权时，他们在农地投资上的差异。前者在于考察法律赋权对农户投资激励的影响，后者在于同时考虑"农地确权"和"地权调整经历"两个变量时，对农户投资激励可能产生的差异性影响。

## 三、数据、模型与变量

### （一）数据来源

数据来源于课题组于2014年12月至2015年3月进行的全国性大规模入户调查。此次调研针对农户土地相关要素发育以及农地产权状态展开。为避免数据偏差，获得对新一轮土地确权的代表性认知，调研选择在大量农民工返乡的春节期间进行。此次调查共发放问卷2 880份，回收问卷2 779份，有效问卷2 704份，问卷有效率为93.9%。

调查采用的是多阶段分层随机抽样方法。首先，确定样本省。采用总人口、人均GDP、耕地面积、耕地面积比重、农业人口比重和农业产值比重6个社会经济特征指标，通过聚类分析方法将全国31个省份（除香港、澳门、台湾外）划分为三类地区。在三类地区中，按照全国东部、中部、西部三大地带划分并兼顾七大地理分区，从三类地区中各抽取3个省，其中，东部为广东、江苏和辽宁三省，中部为河南、江西和山西三省，西部为宁夏、四川和贵州三省。其次，确定样本县。按照上述聚类指标，将每个样本省的所有县采用聚类分析法聚为三类，每类中随机抽取 2 个县展开调查，共调查 54 个县。最后，确定样本镇、村和农户。在每个县抽取 4 个镇，每镇抽取 1 个村，每村抽取 2 个自然村，每自然村随机抽 5 个农户，共调查 338 镇、528 村、2 160 户。课题组为进一步加强区域间的比较，将广东省、江西省的样本数均增加了 360 户，合计 2 880（2 160＋720）户。在调查地点选择上，所选乡镇必须兼具已完成确权试点村和未完成确权试点村，并对两类村组的农户进行等比例抽样，以保证两类农户对比分析时的匹配性。

相对于已有的有关农地确权的研究文献，我们研究使用的调研数据的特点是：一是相比于程令国等（2016）、林文声（2017）以及许庆等（2017）等利用 2011 年 CHARLS 公开数据的研究而言，我们的调查数据更具针对性和信息准确度。CHARLS 数据是针对中老年人的健康与养老进行的全国调查，并非完全针对新一轮农地确权进行调查，在地权制度变量的获取上受到一定的限制，并且 2011 年的调研时间节点不足以反映新一轮农地确权的实际情况，因为当年土地确权颁证仅仅是局部试点，尚未在全国大范围推进实施，因此该调查所能得到的用以观察农地确权新政对农户行为影响的样本是有限的；进一步地查阅 CHARLS 数据库信息发现，问卷中关于确权问项的原文为"最近五年是否进行了土地产权界定和确权"，但即使从农业部小范围的村确权试点算起，确权至早的时间起点也是 2009 年。因此，CHARLS 数据库中"五年"期限的设置，无疑会干扰被调查者对是否为新一轮确权的准确判断，由此可能导致问卷数据的针对性及信息的准确度不够。二是针对局部地区有关确权问题的调查研究显然缺乏代表性，如付江涛等（2016）利用江苏省 3 县 305 个农户样本的研究。我们的全国性大规模农户调查数据能够有助于对全局性问题的判断。

## （二）模型设置与变量选择

设定如下方程：

$$y_i^* = \delta titling_i + X_i'\beta + u_i \qquad (5-9)$$

$$y_i^* = \delta titling_i + \varphi readjust + \phi titling \times readjust + X_i'\beta + u_i$$
$$(5-10)$$

其中，前式用于估计农地确权对农地投资的激励效应，后式用于考察不同调整经历下，农地确权对农地投资的激励效应。

被解释变量采用农户的农地投资意愿 $y_i^*$ 指标，将之区分为"非常不同意"至"非常同意"五个等级。采用投资意愿指标进行分析是因为：①农业投资类型多样，不同农户农地投资类型不尽相同，难以归类加总；②全国范围内的新一轮农地确权尚未完成，即使是已经完成的地区其实施的时间不长，虑及其对投资行为的影响存在时滞性。因此我们通过考察投资意愿来判断确权政策可能性影响趋向。

核心解释变量：①农地确权。已确权赋值为 1，否则为 0。由于农地确权工作通常是在村庄层面推进和落实的，因此对于单个农户的农地投资而言，确权可以视为一个政策性外生变量。②调整经历。将农户的农地调整经历区分为"小调整"和"大调整"两种类型。其中"大调整"是指在村庄集体范围内对农户原已承包的农地进行全部打乱重新分配；"小调整"是指在承包期内对部分农户进行承包地的多退少补的局部调整。

控制变量：①到县城的时间。该变量表达农户所在地的经济区位与交通条件，它影响农户的信息获取以及参与市场的交易成本，影响农户对农地的投资意愿。②种粮补贴作为影响农业生产投资的制度环境变量纳入到模型中，发放给实际种粮者赋值为 1，否则为 0。③农地特征变量包括实际经营面积、农地肥沃程度与地形。④家庭特征变量包括家庭总收入水平、农业收入占比、家庭总人数、劳动力人数、家庭赡养负担比、初中以下学历劳动力占比与女性劳动力占比等。

具体的变量赋值及描述统计值见表 5-9。

表 5-9 变量设置及其赋值表（$N=2704$）

| 变量 | 定义 | 均值 | 标准误 | 最小值 | 最大值 |
| --- | --- | --- | --- | --- | --- |
| 农地确权 | 有=1；无=0 | 0.539 | 0.499 | 0.000 | 1.000 |
| 小调整（过去 5 年） | 有=1；无=0 | 0.107 | 0.309 | 0.000 | 1.000 |
| 大调整（过去 5 年） | 有=1；无=0 | 0.045 | 0.208 | 0.000 | 1.000 |
| 到县城时间 | 小时 | 0.957 | 0.637 | 0.060 | 6.000 |
| 种粮补贴 | 发放给种粮者=1；否则=0 | 0.354 | 0.478 | 0.000 | 1.000 |
| 实际经营面积 | 亩 | 8.166 | 48.100 | 0.000 | 1 600 |
| 农地肥沃程度 | 从好到差五个等级 | 3.272 | 0.844 | 1.000 | 5.000 |

（续）

| 变量 | 定义 | 均值 | 标准误 | 最小值 | 最大值 |
|---|---|---|---|---|---|
| 家庭总收入水平 | 1 万以下=1；1 万~3 万=2；3 万~5 万=3；5 万~10 万=4；10 万以上=5 | 2.668 | 1.126 | 1.000 | 5.000 |
| 农业收入占比 | 农业收入/家庭总收入（%） | 36.730 | 33.161 | 0.000 | 100.000 |
| 家庭总人口 | 人 | 4.518 | 1.861 | 1.000 | 21.000 |
| 劳动力人数 | 人 | 3.137 | 1.302 | 0.000 | 20.000 |
| 家庭赡养负担比 | 16 岁以下与 70 以上人数/家庭总人数 | 0.213 | 0.228 | 0.000 | 1.000 |
| 初中以下劳动力占比 | 初中以下劳动力人数/劳动力总数 | 0.743 | 0.299 | 0.000 | 1.000 |
| 女性劳动力占比 | 女性劳动力人数/劳动力总数 | 0.453 | 0.177 | 0.000 | 1.000 |
| 丘陵 | 是=1；否=0 | 0.321 | 0.467 | 0.000 | 1.000 |
| 平原 | 是=1；否=0 | 0.400 | 0.490 | 0.000 | 1.000 |

注：描述统计发现有些农户农业收入占比为 0%。这类样本是否影响估计结果将在后文稳健性检验中讨论。

## （三）描述性统计

由表 5-10 可以看出，农户的农地投资意愿从"非常不同意"到"非常同意"等五级选项上所占比例分别为 5.73%、16.83%、32.32%、27.18%和 17.94%。比较确权组和未确权组农户的投资意愿，可以发现投资意愿在"比较不同意"、"非常同意"两个级别上存在显著差异。其中，投资意愿为"比较不同意"的占确权组农户的比例为 15.52%，比未确权组农户的 18.35%低 2.83 个百分点，且在 5%的水平上显著；投资意愿为"非常同意"选项的，占确权农户的 20.26%，比未确权农户的 15.22%高出 5.04 个百分点，且在 1%的水平上显著。因此，从描述统计结果看，确权农户相比于未确权农户表现出更强的农地投资意愿。

表 5-10　确权农户和未确权农户投资意愿的组别差异

| 投资意愿 | 总体情况 | | 频数 | | 百分比（%） | | 百分比差异（%） |
|---|---|---|---|---|---|---|---|
| | 频数 | 百分比（%） | 已确权 | 未确权 | 已确权 | 未确权 | |
| 非常不同意 | 155 | 5.73 | 82 | 73 | 5.63 | 5.85 | -0.22 (0.009) |
| 比较不同意 | 455 | 16.83 | 226 | 229 | 15.52 | 18.35 | -2.83** (0.014) |
| 一般 | 874 | 32.32 | 467 | 407 | 32.07 | 32.61 | -0.54 (0.018) |

（续）

| 投资意愿 | 总体情况 | | 频数 | | 百分比（%） | | 百分比差异（%） |
|---|---|---|---|---|---|---|---|
| | 频数 | 百分比（%） | 已确权 | 未确权 | 已确权 | 未确权 | |
| 比较同意 | 735 | 27.18 | 386 | 349 | 26.51 | 27.96 | −1.45 (0.017) |
| 非常同意 | 485 | 17.94 | 295 | 190 | 20.26 | 15.22 | 5.04*** (0.015) |
| 合计 | 2 704 | 100.00 | 1 456 | 1 248 | 100 | 100 | — |

注:***、**和*分别表示在1%、5%和10%水平上显著。括号内数字为标准误。

表5-11显示，总体而言，"近5年农地调整"相对减少，其中，全部农地没有调整过的农户占85.24%，进行了不同程度调整的农户占14.76%户。经历小调整（部分农地调整过）的农户占10.65%，经历大调整（全部农地都调整过）的占4.51%。

**表5-11　农地确权、地权调整经历与农地投资意愿的组别差异**

| 投资意愿 | 没有调整 | | | 小调整 | | | 大调整 | | |
|---|---|---|---|---|---|---|---|---|---|
| | 百分比（%） | | 差异（%） | 百分比（%） | | 差异（%） | 百分比（%） | | 差异（%） |
| | 已确权 | 未确权 | | 已确权 | 未确权 | | 已确权 | 未确权 | |
| 非常不同意 | 5.92 | 6.23 | −0.30 (0.01) | 1.50 | 5.16 | −3.66* (0.022) | 8.77 | 1.54 | 7.23* (0.039) |
| 比较不同意 | 15.56 | 18.29 | −2.73* (0.016) | 12.78 | 18.71 | −5.93 (0.043) | 21.05 | 18.46 | 2.59 (0.073) |
| 一般 | 31.43 | 32.49 | −1.05 (0.020) | 35.34 | 34.19 | 1.14 (0.056) | 38.60 | 30.77 | 7.83 (0.087) |
| 比较同意 | 25.91 | 28.02 | −2.11 (0.019) | 33.08 | 28.39 | 4.70 (0.055) | 24.56 | 26.15 | −1.59 (0.080) |
| 非常同意 | 21.17 | 14.98 | 6.19*** (0.016) | 17.29 | 13.55 | 3.75 (0.043) | 7.02 | 23.07 | −16.06** (0.065) |

注:***、**和*分别表示在1%、5%和10%水平上显著。括号内数字为标准误。

具有不同地权调整经历的农户，其农地投资意愿受农地确权的影响表现出一定的差异性。对于未经历过地权调整的农户，尽管在"非常不同意"、"一般"、"比较同意"选项上，确权农户和未确权农户没有显著的差别；但是在"比较不同意"选项上，确权组农户的占比（15.56%）比未确权组农户的占比（18.29%）低2.73个百分点，且在10%的水平上显著；在"非常同意"选项上，确权农户的占比为21.17%，比未确权农户（14.98%）显著高6.19个百分点。对于经历了小调整的农户，在"非常不同意"选项上，确权组农户的占比（1.50%）比未确权农户的占比（5.16%）低3.66个百分点，且在10%的水平上显著；在"比较不同意"选项上，确权组农户的占比相对较少；而"比较同意"和"非常同意"选项上，确权农户的占比更高。对于经历大调整的农户，投资意愿在"比较不同意"、"一般"和"比较同意"三个选项上，确权组农户和未确权组农户的占比不存在显著差异；但是在"非常不同意"选项上，确权组农户占比为8.77%，且在10%的水平上显著高于未确权组农户；不过，在"非常同意"选项上，确权组农户的占比仅有7.02%，比在未确权组农户的占比（23.07%）低16.05个百分点。

基于上述可以得出的初步判断是：具有不同农地调整经历的农户，在同样的新一轮农地确权政策影响下，其投资意愿是不同的。对于未经历过地权调整的农户，已确权农户的农地投资意愿更强烈；而经历了大调整的农户，已确权农户的农地投资意愿相对更弱。

## 四、实证结果与分析

### （一）农地确权对农地投资意愿的影响

从计量模型估计的系数（表5-12）看，可以得出：农地确权对农户投资意愿的影响显著为正。表5-12的结果显示，单变量回归时，Model1中农地确权的系数为0.191，在1%的水平上显著，说明农地确权能够显著增进农户的农地投资意愿。Model2在Model1的基础上控制了其他变量，Model3进一步固定省份效应。Model2和Model3中农地确权的回归系数分别为0.199和0.187，和Model1的系数相近，且都在1%的水平上显著，再次印证农地确权能够增进农户的农地投资意愿，表明"农地确权能够增进农户的农地投资意愿"的估计结果稳健，这一结果和黄季焜、冀县卿（2012）得出的结论基本一致。从而表明：土地确权从书面法律制度对农地产权的正式化，增强了地权的排他性，保障了农户的产权权利（巴泽尔，2000）。事实上，稳定的产权制度是"作为个体行动空间限制模型"而存在的（格雷夫，2008），它一方面规范了行动者的行为选择，另一方面使行动者的行为更具可预测性（诺斯，2013），由此减少了不确定性，有利于形成稳定的产权预期，从而刺激生产投资行为，产生"有恒产者有恒心"的投资激励效应。反之，当产权不稳定时，则往往会导致实际投资量少于潜在的合意投资量。

表5－12　农地确权对农地投资意愿的估计结果

| 解释变量 | Model1 | | Model2 | | Model3 | |
|---|---|---|---|---|---|---|
| | 系数 | 标准误 | 系数 | 标准误 | 系数 | 标准误 |
| 农地确权 | 0.191*** | 0.069 1 | 0.199*** | 0.070 | 0.187*** | 0.072 |
| 小调整 | | | 0.023 | 0.111 | −0.075 | 0.114 |
| 大调整 | | | −0.091 | 0.170 | −0.173 | 0.170 |
| 农地肥沃程度 | | | 0.003 | 0.043 | 0.025 | 0.044 |
| 实际经营面积 | | | 0.004*** | 0.001 | 0.003** | 0.001 |
| 到县城时间 | | | −0.037 | 0.057 | −0.024 | 0.059 |
| 农业收入占比 | | | 0.005*** | 0.001 | 0.004*** | 0.001 |
| 家庭总收入水平 | | | 0.047 | 0.034 | 0.038 | 0.034 |
| 种粮补贴 | | | 0.100 | 0.073 | 0.067 | 0.074 |
| 家庭总人口 | | | 0.008 | 0.030 | 0.022 | 0.031 |
| 劳动力人数 | | | −0.028 | 0.041 | −0.006 | 0.042 |
| 家庭赡养负担比 | | | 0.024 | 0.181 | −0.039 | 0.181 |
| 女性劳动力占比 | | | −0.572*** | 0.197 | −0.607*** | 0.198 |
| 初中以下劳动力占比 | | | −0.177 | 0.120 | −0.191 | 0.121 |
| 丘陵 | | | −0.016 | 0.093 | 0.020 | 0.104 |
| 平原 | | | −0.316*** | 0.091 | −0.285*** | 0.110 |
| 省份固定效应 | 否 | | 否 | | 是 | |
| Constant cuts | 省略 | | 省略 | | 省略 | |
| Prob（LR statistic） | 0.000 | | 0.000 | | 0.000 | |
| Observations | 2 704 | | 2 695 | | 2 695 | |

注：***、**和*分别表示在1%、5%和10%水平上显著。

上述计量结果引发我们思考的问题是：中国作为一个转型经济国家，并没有引入西方式的私有农地产权制度，这与其他国家相比有很大的特殊性。目前所开展的农地确权是在坚持土地集体所有制基础上，对农户的农地承包经营权进行确权登记颁证，是具有鲜明中国特色的农地产权界定方式。但我们的研究表明，这并不影响确权对农户的农地投资激励效应。也就是说，已有主流产权理论所强调的产权界定正向投资激效应，并不会因为中国农地产权制度安排的特殊性而变得不显著。这与张五常（2015）提出的"所有权并不重要"的观点不谋而合。他指出，如果个人的权利和义务界定清楚，并赋予农民完整的转让权，保障农民的使用权和收益权，那么这种产权结构和私有产权的效率并无二致。从这个角度看，中国选择"明晰农户承包经营权"的确权政策，是符合中国国情的重大制度创新和有意义的实践探索。

其他变量的系数符号和显著性程度都基本一致，从侧面证实了模型估计结果的稳健性。实际经营面积变量的系数显著为正，说明随着农户的实际经营面积变大，农户的农地投资意愿随之增强，可能的原因是实际经营面积越大的农户，其投资具有规模经济性，所以投资意愿越强。农业收入占比变量的系数为正，在1%的水平上显著，说明农业收入越高的农户，对农地投资的意愿越强烈，这可能是因为农业收入占比越高，农户对农地进行投资越有利于增加家庭的总收入。女性劳动力占比变量的系数在1%的水平为负，这可能是由于女性劳动力更加传统，习惯沿袭既有的传统经营方式；另一方面，女性劳动力对于农机以及各种装备的操作能力的缺乏，会弱化其投资意愿。地形变量的系数显著为负，可能的原因是地处平原的农户更加有机会获得社会化服务，相应弱化了他们直接投资农业的激励。

## （二）农地确权、调整经历对农户农地投资意愿的影响

为了观察不同地权调整经历的农户，比较他们的农地投资意愿受农地确权影响的差异性，我们进一步加入"地权调整经历"和"农地确权"交互项进行计量检验（表5-13）。

表5-13 农地确权、调整经历对农户农地投资意愿的估计结果（$N=2\,695$）

| 变量 | Model4 (Ologit) | | Model5 (Ologit) | | Model6 (Ologit) | | Model7 (OLS) | |
|---|---|---|---|---|---|---|---|---|
| | 系数 | 标准误 | 系数 | 标准误 | 系数 | 标准误 | 系数 | 标准误 |
| 农地确权 | 0.165** | 0.077 | 0.228*** | 0.074 | 0.211*** | 0.079 | 0.130*** | 0.048 |

（续）

| 变量 | Model4（Ologit） | | Model5（Ologit） | | Model6（Ologit） | | Model7（OLS） | |
|---|---|---|---|---|---|---|---|---|
| | 系数 | 标准误 | 系数 | 标准误 | 系数 | 标准误 | 系数 | 标准误 |
| 农地确权×小调整 | 0.186 | 0.222 | — | — | 0.137 | 0.223 | 0.091 | 0.139 |
| 农地确权×大调整 | — | — | −0.862*** | 0.333 | −0.844** | 0.335 | −0.554*** | 0.206 |
| 小调整 | −0.165 | 0.157 | −0.070 4 | 0.114 | −0.137 | 0.157 | −0.056 | 0.097 |
| 大调整 | −0.172 | 0.170 | 0.250 | 0.235 | 0.242 | 0.236 | 0.172 | 0.142 |
| 其他控制变量 | 是 | | 是 | | 是 | | 是 | |
| 省份固定效应 | 是 | | 是 | | 是 | | 是 | |
| Constant cuts | 省略 | | 省略 | | 省略 | | 省略 | |
| Prob（LR statistic） | 0.000 | | 0.000 | | 0.000 | | 0.000 | |

注：***、**和*分别表示在1%、5%和10%水平上显著。

表5-13中，Model4只加入"农地确权×小调整"的交互项，Model5只加入"农地确权×大调整"的交互项，Model6则纳入上述两个交互项。各个模型变量的方向和显著性水平相近。

可以根据Model6的计量结果进行分析。在Model6中，农地确权的影响系数为0.211，且在1%的水平上显著，说明对于没有调整经历的农户来说，农地确权对其农地投资意愿具有显著的促进作用；"农地确权×小调整"的系数不显著，这意味着经历农地"小调整"并不会影响农地确权政策的正向投资激励效应；"农地确权×大调整"的系数为负，且在5%的水平上显著，这意味着经历"大调整"会减弱农地确权对农地投资意愿的影响。进一步从Model7的OLS估计结果看，农地确权变量的系数为0.130，"农地确权×大调整"交互项的系数为−0.544，两个系数值加总后为负值，意味着农地确权对经历"大调整"农户的投资影响总效应为负[①]。可见，以往农地制度实际执行的稳定性程度会影响农户对新一轮确权制度的信任感知。具体而言，面对强制性的新一轮农地确权的法律制度输入时，如果农户经历过特别不具稳定性的"大调整"时，减弱新一轮确权所赋予的地权稳定性预期，导致投资意愿的弱化。这种作用机制可以进

①　排序Logit模型（Ologit）计量结果报告的系数并非边际效应。Angrist和Pischke（2009）指出，当考虑边际效应时，线性模型和非线性模型结论的差别会很小，所以Model7使用OLS进行回归，目的在于得到一个直观的边际效应。

一步从制度的本质方面进行阐释。诺斯（2013）指出，制度在本质上来说是人们信念或者意向性的产物。依此逻辑，产权的基本问题也就变为了"社会行为者是否认为他们拥有的产权具有可信度"的问题（张五常，2015），而人们是否信任制度，又与他们曾经经历的产权制度的稳定性程度直接相关。这一计量结论所隐含的政策要义是：要有效释放出确权改革的投资激励作用，必须强调制度执行的基本稳定性及其制度的可信本质。

## （三）稳健性检验

从上文变量描述统计分析中发现，样本中部分农户的农业收入占比为零，这部分农户可能不再从事农业，他们可能没有农地投资意愿或不关心农地投资，因此纳入这部分农户讨论的意义不大，且可能影响估计结果的有效性。为此，我们剔除农业收入占比为零的样本农户再进行回归分析（表 5-14）。表 5-14 中 Model8 仅讨论农地确权对农业投资意愿的影响，Model9 则考虑农地确权、农地调整经历两个变量的影响。Model8 中农地确权的系数显著为正，而 Model9 中"农地确权×小调整"的系数不显著，"农地确权×大调整"的系数显著为负，与前文计量结论基本一致，计量结果具有稳健性。

表 5-14　计量结果的稳健性检验

| 变量 | Model8（Ologit） | | Model9（Ologit） | |
|---|---|---|---|---|
| | 系数 | 标准误 | 系数 | 标准误 |
| 农地确权 | 0.182** | 0.079 5 | 0.209** | 0.086 |
| 农地确权×小调整 | | | 0.004 | 0.249 |
| 农地确权×大调整 | | | −0.701* | 0.398 |
| 小调整 | −0.046 | 0.126 | −0.045 | 0.171 |
| 大调整 | −0.101 | 0.203 | 0.232 | 0.277 |
| 其他控制变量 | 是 | | 是 | |
| 省份固定效应 | 是 | | 是 | |
| Constant cuts | 省略 | | 省略 | |
| Prob（LR statistic） | 0.000 | | 0.000 | |
| Observations | 2 232 | | 2 232 | |

注:***、**和*分别表示在1%、5%和10%水平上显著。

## 五、结论与讨论

中国目前既正处于深化农村土地制度改革的转型期，也处于农业改变生产方式向现代化迈进的重要阶段。明确农村土地制度对农户农地投资的影响，能为农业供给侧改革提供政策决策支持。我们重点关注正在推进的新一轮农地确权对农民农地投资意愿的影响，并进一步比较新一轮农地确权对于具有不同农地调整经历农户的影响。研究发现，新一轮农地确权能够显著强化农户的农地投资意愿，但是对于不同农地调整经历的农户投资激励效果有所不同，对于未经历农地调整的农户，表现为显著的正向作用，但这种正向投资激励会随着农户所经历的地权不稳定程度加大而被削弱。我们研究结论的政策含义在于：

（1）农地确权的投资激励效应在中国特殊的农地制度下同样存在。产权学派关于"产权越清晰越有效率"的观点（钱龙、洪名勇，2015）不仅在私有制背景下成立，在集体所有制情景下依然适用，也进一步验证了张五常（2015）"所有权不重要"的判断。也就是说，尽管我国农地确权确的是农户的农地承包经营权，而不是所有权，但只要确权促进了产权的清晰和稳定，就不会影响农地确权的正向投资激励效应。这不仅能够质疑"私有制最有效率"的谬论，也意味着学界关于我国农地所有制的争论尤其是关于土地私有制的主张并没有多少现实意义。可以认为，我国在坚持农地集体所有制的基础上，以"明晰农户承包经营权"为核心的农地确权政策，是中国本身地权制度变迁特定阶段的反映，是中国在农地制度上的重大创新和实践探索，也是未来改革必须坚持的方向。

（2）农地确权对促进农业投资固然重要，但保障实际地权的基本稳定同样重要。如果农地确权政策无法保障实际地权的基本稳定，经常出现农地的"大调整"，那么会在替代弱化效应机制作用下，减弱农民对新一轮确权赋权下的稳定性预期，难以得到农民对该政策的信任，降低确权政策的正向投资激励效应，使得农业投资水平难以达到社会最优。由此认为，土地一旦确权后就不应再进行"大调整"，要保障农户的承包经营权基本稳定，在此基础上强化社会民众的法律信仰，是释放新一轮农地确权制度红利的关键。

（3）研究农地调整引致的地权不稳定影响效应，不仅需要从"是、否"角度进行二分法的刻画，也需要从调整方式角度进行进一步的细化分析。我们研究表明，"小调整"对确权的投资激励并未产生显著的负向影响。这可能是由于农地"小调整"并不足以影响农户对于新一轮农地确权政策的地权稳定性预期。从这个角度看，同样是农地调整，但由于调整幅度不同，其影响效应可能不同，因此我们不应一概而论地仅从农地"是、否"调整角度分析问题，也应从农地调整的程度或幅度角度进行更为细化的刻画、验证和分析。

（4）土地确权不能单兵挺进，必须协同推进其他制度变革。中央政府的确权目标在于赋予农民清晰且稳定的土地承包经营权。实地调查中可以发现，在确权政策的执行过程中，人为抵制作用往往大于技术限制的影响，究其主要原因在于：中国农地制度的初始安排糅合了公法层面的基层治理与社会保障功能等，农地调整符合农民公共福利的均等性诉求。与此同时，农地调整也得到了一些法规制度的支援，是村民自治运作的组成部分。因此，需要制定全国性统一的农地法律体系，并慎重考虑改革本身引起的农村社会保障以及基本治理制度结构的联动问题，尽早出台相关配套政策制度，为确权政策执行提供足够的操作空间。

最后要指出的是，鉴于全国范围内的农地确权工作尚未完成，且农户对确权政策的行为响应具有滞后性，因此，农地确权政策对农户实际投资的影响还有待进一步的跟踪研究。

# 第四节 农地确权、产品异质性与投资激励效应

## 一、问题的提出

改革开放使中国农业实现了近40年的快速发展，但驱动中国农业长期增长的内生动力却存在"青黄不接"的尴尬境地。一方面，随着家庭联产承包责任制对劳动要素的激励效应日益枯竭，劳动力流动与重新配置对农业增长的贡献也趋于式微（蔡昉，2017）。与此同时，城乡要素的双向流通渠道尚未通畅，被价值低估的资本等现代要素继续从农村向城市、工业大规模单向输出（罗必良，2017）。资本单向流动的深层次原因是，农

业的相对低收益使得那些已经跨越"生存"而步入"理性"阶段的农户缺乏从事农业、投资农业的经济动力和内在意愿（朱喜等，2010）。微观病因的宏观症候是，农业转型升级步履维艰，农业经济增长新动能即资本动能依然非常乏力。

资本对发展中国家的农业增长来说是如此重要（WECD，1987），但中国农业却正在被严重的投资激励不足问题所困扰。路在何方？考虑到产权制度的基础性作用，决策者和学术界本能地想到了农地确权。事实上，许多学者们不但将农地确权视为脱贫的魔术公式（Domeher & Abdulai，2012），而且认为其对于提高农业生产率及保证农业可持续发展都具有重要意义（Saint - Macary，2010）。不难理解，作为一项最为重要的农村基础性制度变革，中国正在推进的农地确权被赋予了多重政策性目标：微观上激发农业投资、宏观上实现农业增长新旧动能转换进而促进农业转型升级等（宋才发，2017）。

产权是重要的。农地确权的投资激励效应也是重要的（Besley，1995），却不是自发实现的。产权对农业投资的激励效应，既受制于农业商品化等前置性条件，也受制于信贷可得性等限制性因素。在中国还面临着因耕地细碎化而带来的投资成本特别是交易成本过大等特殊问题（罗必良，2017）。产权理论的明晰性和现实的复杂性之间形成了鲜明反差。于是，大量的实证分析也自然难以得到一致性结论（吉登艳等，2014）。这种分歧也体现在最新的一些文献：如王士海和王秀丽（2018）对山东的实证研究发现，土地确权可以明确促进农业投资；而许庆等（2017）则认为随着当前非农业就业机会的增加，土地确权并不能有效激励农户对土地进行长期投资。这就带来如下后果：一些学者开始质疑产权理论在中国农业领域的适用性，并进而在实践方面怀疑农地确权的历史意义。

在外部性特征较为鲜明的农业领域，产权真的不重要吗？那些针对中国农地确权投资激励效应而进行的早期研究，是否代表了一般性规律？如果考虑到农地确权的滞后效应和巨大的省情差异而产生的样本选择偏差，一些早期结论是否会得到修正？特别是，如果考虑到农产品的类型多样性（胡瑞法、黄季焜，2001；于晓华等，2012），那么差异性观点能否得到逻辑一致的理论解释？产品特性鲜明性是农业的基本特征，不同产品在要素特征和生长周期等方面又存在鲜明差异。农地确权的投资激励效应，是否随产品特性差异而不同？对这些问题的回答，不但能够深化对农地产权激励的理论认识，也有利于全面理解农地确权的历史意义，并更加充分认识到资本在改造传统农业和促进中国农业增长新旧动能转换的实践意义。基于此，本节关注于农地确权的投资激励效果，既考察其总体效果，也寻找基于农产品异质性方面更为丰富的证据。

## 二、文献梳理与理论假说

### （一）文献梳理

产权稳定是投资的关键因素，这对于发展中国家的农业来说更是如此。相应地，农地确权被认为能够从多方面促进资本形成和农业增长。学者们普遍认为土地确权对农户长期投资的主要机理是稳定地权。Besley（1995）对加纳两个地区的比较研究发现，土地确权通过提高地权稳定性而促进投资。不过，确权影响投资的具体作用机理问题，学者们存在不同的观点。Thomas（2006）和 Galiani & Schargrodsky（2010）等少数学者认为，确权可直接促进实物投资，尽管这一过程是缓慢的。这对于中国来说，也是如此，即确权通过保障收益（胡新艳，2017）而促进投资（何凌云、黄季焜，2001；叶剑平等，2010）。不过，也有学者对此持不同看法。朱民和尉安宁（1997），钟甫宁和纪月清（2009）等学者发现，中国的农地确权并未能够有效促进农业投资。再如，这种效应可能因产品特性而异。Koo（2011）认为，土地确权对于生长周期长的作物，可以促进其土地的长期投资。Holden 等（2009）也发现土地确权能促进树木等长生长周期农作物投资。此外，如果虑到变现能力等因素，那么确权主要影响农家肥（马贤磊，2009；黄季焜、冀县卿，2012）等与特定地块相连的农业长期投资（应瑞瑶等，2018），而不会显著影响流动性资产的投资。如果考虑到农业机械服务，产权就更没有那么重要了（仇童伟、罗必良，2018）。

但是，也有学者认为，即使没有发现确凿证据，也不能否认产权的有效性。因为，确权只是促进农业投资的必要条件，而非充分条件。或者说，确权的投资效应依赖于一系列的制度、经济条件。比如，Brasselle（2002）和 Domeher & Abdulai（2012）等认为在农业商业化程度比较高

的地区，长期投资与地权稳定性之间才会呈正相关关系。考虑到土地细碎
化问题，农地确权主要是通过促进农地流转和扩大经营规模（辛翔飞、秦
富，2005；罗明忠、陈江华，2016）而间接促进农业投资的（李金宁等，
2017）。考虑到农地流转对新型农业经营主体发育和农业劳动力转移程度
等多重前置条件的制约，也有学者认为在全国范围内"确权—农地流转—
投资激励"的作用路径尚不显著（胡新艳，2017）。此外，在非自给自足
的商品农业中，农地确权对投资的影响，在很大程度上受制于信贷可得
性。德·索托（De Soto，2002）认为，发展中国家的穷人拥有很多资产，
但是因为产权不明晰而不能资本化并成为沉睡资本。相应，产权改革能使
发展中国家农村的土地等沉睡资本转换为可交易的资本，并可扩大抵押品
范围，从而有利于提升农户信贷可得性。"德·索托效应"（The De‐Soto
Effect）能否充分发挥是确权促进农业投资的最重要前置性因素。胡新艳
（2017）进一步指出，就确权的要素交易效应而言，"确权—贷款可得性—
投资激励"作用路径占总效应的 51.9%，远远超过"确权—收益保障—
投资激励"的作用路径即 15.4%。

上述分析表明，一般情况下农地确权是能够促进农业投资的，但也受
制于诸多前置性因素或限制性条件。具体就中国而言，考虑到耕地资源禀
赋、农村金融发展、农业新型经营主体发育程度等方面的巨大差异，那些
基于个别省份、少数样本的实证分析，也就难以提供一致性的经验证据，
并且也难以成为否定产权有效性的基本命题。一些早期研究中国农地确权
投资效应的实证分析，由于考察时间范围较短和数据较旧等缘故，难以揭
示出农地确权投资效应的一般规律。特别是，这些文献是基于粮食等大宗
农产品种植者为研究对象，也在一定程度上弱化了其结论的有效性。在新
一轮农地确权全面铺开、诸多前置性因素逐渐具备和限制性因素逐渐弱化
的情况下，农地确权的投资效应也应体现得更为充分。特别是，农户种植
结构的变化，也为实证分析确权的投资效应提供了更丰富的视角。基于上
述考虑，本节将根据全国 9 省的随机抽样调查问卷，以产品异质性为视
角，理论和实证分析新一轮农地确权的投资效应。

## （二）理论假说

**1. 农地确权、农业投资：基于产品不同的生产周期。**农业产品具有

异质性，并首先表现于生长周期（薛宇峰，2008；黄季焜等，2012）。生产周期是与投资风险直接相关的。农民对于不同生产周期之产品的选择，受到需求特征或生产动机、自然、制度等多方面的影响。比如，面对满足家庭的热量供应与利润导向的不同动机，前者情况下农户会选择短周期的粮食作物，而在后者情况下会种植周期较长的经济作物。再如，农业的脆弱性也会影响到农户行为。"脆弱性"首先源于自然风险。自然灾害往往会对农业生产造成很大的不利影响，所以农民也较少种植受自然风险影响更大的长期作物。"脆弱性"也表现在市场方面。低端农业是处于一个几乎完全竞争的市场结构，产品同质性、资源流动性、信息完全性以及大量的买者和卖者。买卖双方都只是价格的接受者，供给弹性大、需求弹性小的市场特点，往往造成丰产不丰收、"谷贱伤农"的现象。作为价格被动接受者的农民往往不会选择生产周期长、供给调整滞后于市场的长期作物。制度因素特别是农地产权，更会深刻影响到农户对于不同生产周期农作物的选择。地权和承包期的不稳定与不明晰，使得农户不愿意种植长期作物。或者说，模糊不清的承包经营权所带来的投资风险，使得农户更多地会选择短期作物（熊万胜，2009）。另一方面，作物生产周期特点，也影响到确权的投资激励效果。土地确权后对短期农作物，如蔬菜、五谷等可能影响甚微，因为短期作物本身的投入少且最长只需要等待一年以内的时间便可以调整生产结构。少数文献如钟甫宁和纪月清（2009）等之所以没有发现确权与投资之间的显著性关系，在很大程度上是因为他们的调研对象是粮食种植者。但是，对于长期作物而言，土地确权则可能发挥出较好的投资促进作用。作用机制主要是如下几种：

（1）农地频繁调整导致农地的细碎化会抑制农户农业投资。这不但会影响到农户对经济作物和果蔬等长期作物的投资（Koo，2011），同时也会影响到农户对土地的长期性投资（林文声等，2017）。一旦土地产权在法律上得到认可和保护，它就具有了排他性、独立性、交易性和可分割性的特征。30年承包经营权的土地确权证书能够增加农户维护好自身土地、保障后代土地利益的使命感。农地产权因素激励农户进行自发的土壤保护性投资（马贤磊，2009），颁发农村土地承包合同和经营权证书能够显著提高农户有机肥施用的概率和施用量（黄季焜、冀县卿，2012），家庭倾向于提高长期投资水平。

（2）土地确权产生的地权稳定性有利于土地流转、提高土地价值、扩大规模化经营，从而缓解农地确权投资效应的前置性因素和限制性条件。这尤其表现在信贷可得性方面。土地确权证记录了关于土地的相关信息，如地理位置、块数、大小、肥沃程度等方面的详细信息。这对于解决农户贷款无抵押物和银行农户间的信息不对称有很大的帮助，同时银行对于农户贷款风险大、无抵押品的惜贷、慎贷情绪也能够得到很大的缓解。土地确权在某种程度上确实能够提高农户土地抵押的可行性，同时也更有利于农户联保、公司担保，以及未来土地银行的实施。因此，土地确权在某种程度上提高了农户信贷可得性（米运生等，2015），农户将有更多的资金用于投入回报更加丰厚的长期作物的生产，进而增加农地投资。

根据上述分析，可以提出假说1：

$H_1$：土地确权对短期作物影响不显著，对长期作物有显著影响；作物周期越长，农地确权的投资激励效应越显著。

**2. 土地确权与农地投资：基于不同要素特征的差异。**农业产品的异质性同样表现在要素特征上（于晓华等，2012）。以要素特征为标准，农业发展过程可分为传统农业、低资本技术农业和高资本技术农业三个阶段。不同发展阶段对应于不同的增长动能。传统农业意味着靠劳动这种传统要素的投入来增加其边际产出。高资本农业通过在生产过程中更多的资本投入以替代劳动力投入，如通过投入大量资本购买机械设备的方式增加边际产出（梅尔，1998）。改造传统农业最重要的一环是引进资本和技术等新的现代农业生产要素（Schultz，1966）。改革开放以来，我国农业生产要素结构发生了较大的变化，劳动密集型程度相对下降，资金密集型程度相对提高。不过，就后者而言，也存在一定的产品差异：资金要素在土地密集型作物（如粮食）的种植中对劳动力要素的替代相对显著，而在劳动力密集型作物（如园艺作物）的种植时对劳动力的要素替代相对不显著（胡瑞法、黄季焜，2001）。导致这种情况的原因固然与土地禀赋状况相关。但是，耕地细碎化在抑制了灌溉效率、农户土地连片化、集成化经营的同时，也阻碍了农业技术要素（如机械设备）的投入（许庆等，2008）。

更重要的是产权不稳定等制度性因素。资本密集型农业指的是将更多资本投资到土地上，无论是购买农机具或是耕地的基础设施建设。农地产权的模糊性与不稳定性，使农户不敢冒风险投入大量的专用性程度较高的资本性资产。相反，农地确权则可以通过如下因素促进农民投资于资本密集型产品：①拿到土地确权登记证书后，农户的农地是字迹清晰且红本黑字受到法律保护的，农户对自家农地未来的稳定性预期提高。以务农为主业的绝大多数农民将会更愿意进行长期农地投资，如添置机械设备、增加自身农业技术方面素养等资本和技术方面的生产要素。②稳定清晰的产权有助于农地的流转规模化，优化农地资源配置效率（程令国等，2016），并在很大程度上有利于地块距离的缩减，甚至合并成更大的农业用地从而减少了地块间的交通成本。更大的地块又将促进农户的规模经营，带动农户机械投资和共用设施投资倾向。机械和共用设施资本的投资属于农户农业投资，而在此已投入的沉没成本基础上，由于沉没成本效应将干扰农户的后续投资，导致更多的资金投入农业生产，从而实现规模经营的良性循环，增加农地投资。③在人口红利逐渐消失，劳动成本不断上升和资本对劳动的替代作用日益突出的情况下，农地确权对农业资本的激励作用，将会更为突出（应瑞瑶、郑旭媛，2013）。根据上述分析，可提出假说2：

$H_2$：土地确权对劳动密集型农业有显著的反向影响，对技术密集型农业有显著的正向影响；技术密集型程度越高，农地投资倾向越大。

## 三、数据与变量

数据来源于2015年课题组在全国范围的农户抽样调查问卷。首先利用《中国统计年鉴》2012年的数据，选取了全国31个省份（除香港、澳门、台湾外）的总人口、人均GDP、耕地面积、耕地面积比重、农业人口占省区总人口比重、农业产值占省区GDP的比重六个指标进行聚类分析，按照中国大陆地理分区最终选定广东、贵州、河南、江苏、江西、辽宁、宁夏、山西、四川9个省来进行抽样调查。随后从9个省分别选择了6个县域，共计54个县域，每个省区抽取240个样本户，最终发出问卷2 880份，回收到问卷2 704份，问卷有效率93.89%。本节将农户没有利用借贷进行农地投资、没有进行作物生产以及不清楚自家土地是否确权的农户数据移除，最终得到本论文可用的样本共893份。

因变量为是否进行农地投资。农地投资是指农户将其家庭资金投资于农业生产从而取得收益的行为，包括农业生产原料如种子、种苗等投入，以及用于农业生产的配套投资，如有机肥、设施设备、农用工具机械等资本性资产的投入。

核心自变量为土地确权状态、主要作物生产周期、采用农机具和设施的程度。本节把从栽培到收获时间跨度大于一年的作物定义为长期作物，如水果、苗木、树木等，其作物从种植、生长直至有产出需要等待至少一年以上的时间，因此将这些作物归类为长期作物；否则为短期作物。对于要素密集型，则以采用农机具和设施的程度来衡量。

在控制变量方面，选取家庭收入水平、户主年龄、户主教育程度、家庭成员外出打工比例来衡量农户家庭禀赋；选取每块地平均大小、地块间距离、农地地形、农地交通条件、土地肥力、灌溉条件、主要作物生产周期和土地确权状态来衡量农户耕地禀赋；选取该村在本镇的发展水平、本村农业基础设施来衡量社会环境；选取采用农机具和设施的程度、机械配套服务（有无专业技术协会）、农机购置补贴、是否接受过农业技术培训来衡量机械使用与农机培训相关情况；选取年纪大了孩子是否继续种地、接受新事物的态度来衡量农户主观认知。表5-15是各变量描述性统计。

表 5-15　描述性统计

| 变量属性 | 变量名称 | 变量赋值 | 均值 | 方差 |
|---|---|---|---|---|
| 因变量 | 农户投资选择 | 非农户农业投资＝0；农户农业投资＝1 | 0.274 7 | 0.446 |
| 核心自变量 | 土地确权状态 | 是否确权颁证？否＝0；是＝1 | 0.653 6 | 0.476 1 |
| | 采用农机具和设施的程度 | 很低＝1；较低＝2；一般＝3；较高＝4；很高＝5 | 2.671 5 | 1.077 7 |
| | 作物生产周期 | 短期＝0；长期＝1 | 1.126 7 | 0.332 8 |
| 农户家庭禀赋 | 家庭收入水平 | 1万元以下＝1；1万～3万元＝2；3万～5万元＝3；5万～10万元＝4；10万元以上＝5 | 2.648 0 | 1.118 9 |
| | 年龄 | 18～35＝1；35～45＝2；45岁以上＝3 | 42.989 9 | 13.794 0 |
| | 教育程度 | 文盲＝0；小学＝1；初中＝2；高中＝3；高中以上＝4 | 2.030 3 | 0.947 7 |
| | 外出打工比例 | 单位：% | 0.109 1 | 0.178 8 |

（续）

| 变量属性 | 变量名称 | 变量赋值 | 均值 | 方差 |
|---|---|---|---|---|
| 农户耕地禀赋 | 每块地平均大小 | 单位：亩 | 1.954 4 | 4.357 7 |
| | 地块间距离 | 很分散＝1；较分散＝2；部分连片＝3；连片＝4 | 1.890 1 | 0.786 6 |
| | 交通条件 | 很差＝1；较差＝2；一般＝3；较好＝4；很好＝5 | 3.236 5 | 0.913 2 |
| | 土地肥力 | 很差＝1；较差＝2；一般＝3；较好＝4；很好＝5 | 2.764 6 | 0.866 2 |
| | 灌溉条件 | 很差＝1；较差＝2；一般＝3；较好＝4；很好＝5 | 3.000 0 | 1.076 2 |
| | 承包地近5年有无调整 | 没有调整＝0；调整＝1 | 1.164 8 | 0.460 3 |
| | 农地地形 | 山区＝1；丘陵＝2；平原＝3 | 1.986 5 | 0.799 7 |
| | 是否转入 | 否＝0；是＝1 | 0.191 7 | 0.393 9 |
| | 是否转出 | 否＝0；是＝1 | 0.152 5 | 0.359 7 |
| | 自然灾害发生次数 | 较多＝1；一般＝2；较少＝3；没有＝4 | 2.581 8 | 1.026 6 |
| 机械使用与农机培训 | 机械配套服务 | 没有＝0；有＝1 | 0.089 7 | 0.285 9 |
| | 农机购置补贴 | 很不满意＝1；不太满意＝2；一般＝3；比较满意＝4；非常满意＝5 | 3.977 6 | 1.066 6 |
| | 是否接受过农业技术培训 | 没有＝1；较少＝2；较多＝3 | 0.207 4 | 0.405 7 |
| | 农户现有农机具价值 | 单位：元 | 7 634.299 | 27 675.910 |
| 农户主观认知 | 孩子愿意继续种地 | 说不清＝0.5；有可能＝1；不可能＝2；说不清＝3 | 1.102 0 | 0.622 9 |
| | 接受新事物的态度 | 比较积极＝1；一般＝2；不太积极＝3 | 1.623 3 | 0.710 2 |
| 社会环境 | 该村在本镇的发展水平 | 很高＝1；比较高＝2；中游＝3；相对低＝4；很低＝5 | 3.002 2 | 0.762 5 |
| | 本村农业基础设施 | 很不满意＝1；不太满意＝2；一般＝3；比较满意＝4；非常满意＝5 | 2.886 8 | 1.083 3 |

图5-2表明，种植长期作物农户的农地投资占比是种植短期作物农户的2.39倍。此外，从图5-3也能够直观地观察到，随着农户使用机械程度的提高，将其资金再投入到农业生产的农户比例逐渐上升。我们关注的问题是，这些变化是否是因农地确权而得以强化？

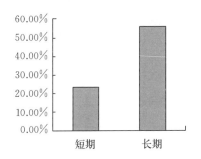

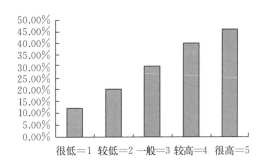

图 5 - 2　不同作物周期下农户农业
　　　　　投资户占比

图 5 - 3　不同机械使用程度下农户农业投
　　　　　资户占比

## 四、实证结果与分析

### (一) 回归估计结果

　　为了降低模型中自变量的较强相关性导致的多重共线性与避免过度拟合，首先运用方差膨胀因子来测度多重共线性[①]，随后利用 Lasso 回归方法对变量进行有效筛选，在运用因子分析法对不可剔除但存在共线性的变量进行简化后，使用二元 Logistic 回归进行实证分析。多重共线性检验结果显示，平均 VIF 值为 1.200 2，结果显示模型不存在多重共线性问题。进而，用 Lasso 方法对 26 个变量进行筛选降维，以提高模型解释性和预测精度。采用 R 软件中的 lars 包中的 lars 函数，得出以下变量选择结果。图 5 - 4 展示的是 LAR 结果图。

　　图 5 - 4 从左往右看，折线表示每个变量的系数的变化情况，带数字的竖线表示变量加入的步骤。可以看到有些折线在左端时系数一直是 0，到达某一条竖线时系数开始有变化，表明变量加入。变量选择顺序（$Step$）、自由度（$Df$）、残差平方和（$Rss$）、$Cp$ 值如表 5 - 16 所示：

---

　　① 核心自变量即作物生产周期和要素密集型之间可能有一定相关性。相比短期作物，长期作物（如水果、苗木等）的初始投入更大、投入后的维护成本更高。长期作物在运输设备投入、道路铺修、水利灌溉设置和虫害预防等方面所需的基础设施投入也更加大。多重共线性分析可尽量排除这些因素对实证分析的影响。

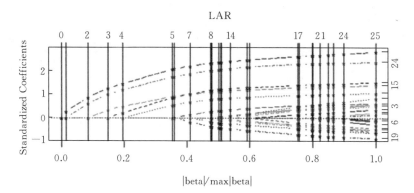

图 5-4　LAR 结果图

**表 5-16　Lasso 变量筛选结果**

| Var | Step | Df | Rss | Cp |
|---|---|---|---|---|
| Per | 1 | 1 | 178.23 | 163.412 |
| Imp | 2 | 2 | 176.54 | 155.379 |
| Trn | 3 | 3 | 169.25 | 116.293 |
| Area | 4 | 4 | 162.75 | 79.798 |
| Tin | 5 | 5 | 158.96 | 59.382 |
| Tout | 6 | 6 | 153.14 | 26.952 |
| Ser | 7 | 7 | 151.87 | 21.467 |
| Disa | 8 | 8 | 151.62 | 21.962 |
| Adj | 9 | 9 | 150.75 | 18.857 |
| Irr | 10 | 10 | 150.36 | 18.494 |
| Edu | 11 | 11 | 150.06 | 18.715 |
| Att | 12 | 12 | 149.97 | 20.204 |
| All | 13 | 13 | 149.86 | 21.565 |
| Inc | 14 | 14 | 149.38 | 20.732 |
| Dist | 15 | 15 | 148.93 | 20.052 |
| Dev | 16 | 16 | 148.74 | 20.94 |
| Frm | 17 | 17 | 147.65 | 16.508 |
| Reg | 18 | 18 | 147.17 | 15.661 |
| Inf | 19 | 19 | 147.07 | 17.049 |
| Com | 20 | 20 | 146.89 | 17.979 |

（续）

| Var | Step | Df | Rss | Cp |
|---|---|---|---|---|
| Chd | 21 | 21 | 146.72 | 19 |
| Age | 22 | 22 | 146.72 | 20.955 |
| Fer | 23 | 23 | 146.57 | 22.1 |
| Tsp | 24 | 24 | 146.5 | 23.657 |
| Work | 25 | 25 | 146.43 | 25.264 |

根据 Lasso 选择变量的 Cp 准则，Cp 值最小时为 15.661，对应第 18 步，此时残差平方和 RSS 为 147.17，筛选出前 18 个变量作为解释变量。需要说明的是，虽然农户耕地禀赋变量中的交通条件和土地肥力已通过 Lasso 方法从模型中移除，但根据实际情况和权威文献，交通状况对土地流转及土地流转平台的建设产生显著影响（甄江、黄季焜，2018；钱龙、钱文荣，2017）；同时土壤肥力影响到土地的租约（罗必良等，2017），进而影响到土地流转。本节上述推理也表明土地流转或显著影响到农户的投资意愿。出于谨慎考虑和尽可能避免遗漏变量，故将该两个变量添入模型。至此，便可以通过因子分析法对上述存在相同特征的变量进行因子合并降维。农户耕地禀赋中，经过筛选测试 KMO 检验，地块间距离、交通条件、土地肥力、灌溉条件、农地地形和自然灾害发生次数的 MSA 如表 5 - 17。

表 5 - 17 **KMO 检验结果**

| 变量 | MSA |
|---|---|
| 地块间距离 | 0.79 |
| 交通条件 | 0.77 |
| 土地肥力 | 0.69 |
| 灌溉条件 | 0.68 |
| 农地地形 | 0.78 |
| 自然灾害发生次数 | 0.78 |

整体 MSA 为 0.72，根据 KMO 检验原则，认为 MSA 大于 0.7 即适用于因子分析法。故以上 5 个变量适合因子分析法。

图 5 - 5 为地块间距离、交通条件、土地肥力、灌溉条件、农地地形和自然灾害发生次数的因子分析碎石图，提取特征值大于 1 的因子作为合

并变量，命名农地条件因子。对于机械相关情况中现有农机具设施价值、机械配套服务、农机购置补贴和是否接受过农业技术培训 4 个变量，*KMO* 检验下整体 *MSA* 为 0.56，故不对此 4 个变量进行因子分析。经过 *Lasso* 和因子分析法降维，最终模型变量汇总如表 5 - 18。

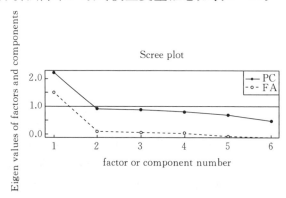

图 5 - 5　因子分析碎石图

**表 5 - 18　模型变量汇总**

| 变量名称 | 符号表示 |
| --- | --- |
| 农户投资选择 | *Inv* |
| 土地确权状态 | *Reg* |
| 采用农机具和设施的程度 | *Imp* |
| 作物生产周期 | *Per* |
| 收入水平 | *Inc* |
| 教育程度 | *Edu* |
| 每块地平均大小（地块总数/总亩数） | *area* |
| 承包地近 5 年有无调整 | *adj* |
| 是否转入 | *tin* |
| 是否转出 | *tout* |
| 该村在本镇的发展水平 | *dev* |
| 机械配套服务（有无专业技术协会） | *ser* |
| 农机购置补贴 | *all* |
| 是否接受过农业技术培训 | *trn* |
| 接受新事物的态度 | *att* |
| 农地条件因子 | *fac* |

确定变量及实证模型后，通过利用 SPSS 20 软件对选取并赋值的变量建立二元逻辑回归模型，模型回归结果如表 5 - 19 所示。

表 5 - 19　二元 logistic 回归结果

| 变量名称 | B | S. E. | Wald | Sig. | Exp（B） |
|---|---|---|---|---|---|
| Reg | 0.093 | 0.179 | 0.270 | 0.603 | 1.098 |
| Per | 1.364*** | 0.234 | 33.969 | 0.000 | 3.912 |
| Imp | 0.454*** | 0.083 | 29.827 | 0.000 | 1.575 |
| Inc | 0.056 | 0.076 | 0.544 | 0.461 | 1.058 |
| Edu | −0.115 | 0.090 | 1.612 | 0.204 | 0.892 |
| Area | 0.098*** | 0.027 | 13.480 | 0.000 | 1.103 |
| Adj | −0.279 | 0.196 | 2.037 | 0.154 | 0.756 |
| Tin | 0.511** | 0.204 | 6.297 | 0.012 | 1.667 |
| Tout | −0.526** | 0.253 | 4.311 | 0.038 | 0.591 |
| Dev | −0.119 | 0.114 | 1.088 | 0.297 | 0.888 |
| Ser | 0.387 | 0.281 | 1.894 | 0.169 | 1.472 |
| All | 0.093 | 0.082 | 1.307 | 0.253 | 1.098 |
| Trn | 0.606*** | 0.209 | 8.439 | 0.004 | 1.833 |
| Att | 0.159* | 0.120 | 1.732 | 0.088 | 1.172 |
| Fac | 0.105 | 0.091 | 1.337 | 0.248 | 1.111 |
| 常量 | −4.159*** | 0.766 | 29.512 | 0.000 | 0.016 |
| $\chi^2$ | 7.235 | | | | |
| P | 0.512 | | | | |
| Cox & Snell $R^2$ | 0.151 | | | | |
| Nagelkerke $R^2$ | 0.218 | | | | |

注:***、**和*分别表示在1%、5%和10%水平上显著。

总体看，模型整体回归整体效果良好。模型拟合度 Cox & Snell $R^2$ 为 0.151，Nagelkerke 判断系数为 0.218，模型 $\chi^2$ 值为 7.235，小于检验卡方临界值 24.99，因此最大似然对数值检验通过；模型的 P 值 0.512 > 0.05，据此可知通过 Hosmer & Lemeshow 假设检验。

从实证结果上看，土地是否确权对农户是否进行农业投资的影响并不显著，未对农户的进行农业投资行为产生实质性影响。出现该结果的原因可能有以下两点：第一，土地确权和调整改变的是农户土地的面积、质量和位置，主要影响的是农户用于自家生产的资本投入（Feder et al，1992）。由于村内机械配套设施和服务不发达，又或者村中有专业的技术生产队可提供机械租用和服务等种种原因，样本中的农户可能更多地通过使用出租或服务的流动资本（指不是直接投资在土地上的资本，如农机具、役畜、仓库等）来进行耕作（钟甫宁、纪月清，2009）。因此，土地确权对样本农户的农地投资并不显著。第二，土地确权是在农户原有耕地的基础上进行确权，所以土地确权对农户土地总面积、土地质量和位置的改变很小，因而农户农地投资受土地确权的影响自然也不大（Feder et al，1992；朱民、尉安宁，1997）。不过，总体分析只能显示一般的情况，因而掩盖了因为产品特征而可能存在的细节性差异。事实上，正如表 5-19 所表明的那样，作物周期对农户进行农业投资影响显著为正，与理论假设一致，假说 1 得到验证。二者都强烈地表明相比种植短期作物的农户而言，种植长期作物的农户相当于把未来长期的收入都寄托于此，则他们会更多地将其借贷资金用于添置农业资产和购买农业生产资料以加强对其作物的养护，从而更能够促进农户农地投资。同样，采用农机具和设施的程度对农户进行农业投资影响同样显著为正，符合理论预期，假说 2 得到证明。

## （二）稳健性检验

为了验证实证结果的可靠性，需要必要的稳健性检验。首先对作物周期的进行稳健性检验。粮食作物主要分为谷类作物、薯类作物和豆类作物，包括小麦、水稻、玉米、燕麦、黑麦、大麦、谷子、高粱和青稞等，绝大多数生产周期都比较短。经济作物指具有某种特定经济用途的农作物，由我国黄河流域（葡萄、梨、桃、杏、柿、枣、栗、核桃）和南方地区（柑橘、香蕉、荔枝、桂圆、菠萝、茶、油茶、油桐、漆树、毛竹、杉树、樟树、蚕桑、油菜、青梅等）的主要经济作物可知，经济作物绝大多数以长周期作物为主。因此，本节使用农户生产作物类型（type）作为作物周期的代理变量，将仅种植粮食作物的农户赋值为 1，仅种植经济作物的农户赋值为 2，两种作物都有种植的农户赋值为 1.5，而后对计量模型进行重新回归。作物周期的稳健性回归结果如表 5-20 所示。

表 5 - 20　作物周期与农户农地投资的稳健性检验

| 变量 | Per | Type |
|---|---|---|
| $Reg$ | 0.093 | 0.012 |
| $per$（$type$） | 1.364*** | 0.770*** |
| $Imp$ | 0.454*** | 0.481*** |
| $Inc$ | 0.056 | 0.081 |
| $Edu$ | −0.115 | −0.084 |
| $Area$ | 0.098*** | 0.100*** |
| $Adj$ | −0.279 | −0.323 |
| $Tin$ | 0.511** | 0.478** |
| $Tout$ | −0.526** | −0.634** |
| $Dev$ | −0.119 | −0.113 |
| $Ser$ | 0.387 | 0.522 |
| $All$ | 0.093 | 0.042 |
| $Trn$ | 0.606*** | 0.698*** |
| $Att$ | 0.159* | 0.128 |
| FAC1_1 | 0.105 | 0.097 |
| 常量 | −4.159*** | −3.476*** |
| $\chi^2$ | 7.235 | 15.348 |
| $P$ | 0.512 | 0.053 |
| Cox & Snell $R^2$ | 0.151 | 0.127 |
| Nagelkerke $R^2$ | 0.218 | 0.184 |

注：***、**和*分别表示在 1%、5%和 10%水平上显著。

使用作物类型（type）为作物周期的代理变量，模型结果显示：Hos-mer & Lemeshow 检验的卡方值为 15.348，通过假设检验。与前面的估计结果相比，虽然系数大小发生了变化，但农户生产作物类型估计系数均显著为正值。估计结果表明，使用农户生产作物类型作为作物周期的代理变量后，假说 1 依然成立。

接下来对生产要素进行稳健性检验。农户现有农机具价值（val）变量可衡量农户现有农机具价值的多寡，价值高这说明农户投入的技术要素更多。使用农户现有农机具价值作为技术要素投入的代理变量，对计量模型进行重新回归。生产要素的稳健性回归结果如表 5 - 21 所示。

表 5-21　生产要素与农户农地投资的稳健性检验

| 变量 | Imp | val |
|---|---|---|
| Reg | 0.093 | 0.081 |
| Per | 1.364*** | 1.393*** |
| imp（val） | 0.454*** | 0.000*** |
| Inc | 0.056 | 0.036 |
| Edu | −0.115 | −0.094 |
| Area | 0.098*** | 0.097*** |
| Adj | −0.279 | −0.266 |
| Tin | 0.511** | 0.476** |
| Tout | −0.526** | −0.560** |
| Dev | −0.119 | −0.136 |
| Ser | 0.387 | 0.234 |
| All | 0.093 | 0.081 |
| Trn | 0.606*** | 0.628*** |
| Att | 0.159* | 0.152 |
| FAC1_1 | 0.105 | 0.055 |
| 常量 | −4.159*** | −2.899*** |
| $\chi^2$ | 7.235 | 8.835 |
| P | 0.512 | 0.356 |
| Cox & Snell $R^2$ | 0.151 | 0.137 |
| Nagelkerke $R^2$ | 0.218 | 0.199 |

注：***、**和*分别表示在1%、5%和10%水平上显著。

使用农户现有农机具价值（val）为技术要素投入的代理变量，模型结果显示：其 Hosmer and Lemeshow 检验的卡方值为 8.835，通过假设检验。与前面估计结果相比，虽系数大小发生变化，但农户现有农机具价值估计系数均显著为正。这表明，使用农户现有农机具价值作为要素投入的代理变量后，假说 2 依然成立。

## 五、结论与讨论

本节通过理论与实证分析，基于产品生产周期与要素特征的差异两个角度分析土地确权对农户农地投资的影响，得出如下结论：①土地确权的总体投资激励效应已经初现端倪，尽管并不十分显著。农地确权解决了四至不清问题，明确了土地承包经营权归属，这不但稳定了权属关系，而且也有利于减少纠纷。这就会激发农户的生产性投资。当然，激励程度与投资类型和时间长度相关。短期内，主要影响有机肥等土壤改良型投资，中期内影响农业机械等固定资产投资，长期内也会促进喷灌、大棚等与特定地块相连的固定资产投资。不过，由于农地确权尚在进行之中，加之数据时间有一定的滞后性，计量结果显示投资激励效果并不十分显著，但也初现端倪。可以预见，随着确权工作的全面完成，投资激励效应也将会日趋显著。②确权的投资激励效应在局部领域已经充分显示出来。一方面，不同生产周期对农户的农地投资产生显著的正向影响。种植短期作物的农户投资比例小，而种植长期作物的农户进行农地投资的倾向更高。另一方面，确权的激励效应与要素特征也密切相关：劳动力要素投入高的农户农地再投资低，技术要素投入高的农户农地再投资高。这同时也表明，农地确权在激励农业投资的同时，也以市场方式促进了农业结构的转型升级。

要突出农地确权的投资激励效应，一方面需要在农地"三权分置"基础上进一步完成农地产权制度，另一方面需要进一步缓解制约投资的前置性条件和制约性因素。①建立健全土地产权配套机制，包括建立健全农村土地产权的抵押、评估、租赁等配套机制，解放农户贷款难的问题；建立完善的土地流转机制，引导与鼓励农民在自愿且互惠互利的前提下整合置换其承包地，以有效解决农民土地过度细碎化问题。②适当鼓励长期作物耕种，为农户收益保驾护航。对长期作物应提供更高的支持价格，可以鼓励农户更多地投向长期作物，从而提供风险防范、弥补风险损失；同时应加大农业保险推广力度。③建立农村基础设施投入的长效机制，提高对农户技术类要素的政策支出。

# 第六章　农地确权、资源利用与农业生产效率

农地确权是否有利于改善资源利用效率？对农业生产效率有着怎样的影响？这些问题至今依然没有定论。产权理论认为，明晰的产权是资源配置及其效率提升的根源，但已有文献表明，农地产权及其界定对农业效率的作用，具有环境条件的依赖性。考虑到中国农地产权的特殊性，进一步讨论农地确权对农业资源利用及其效率的决定性作用与机理，有最重要的制度经济学意义。

## 第一节　农地确权、相机决策与农地复耕行为

### 一、问题的提出

随着工业化与城镇化的深入推进和农村劳动力转移规模的持续扩大，中国"弱者种地、差地种粮"的现象已非常普遍，"农业被边缘化"倾向愈加严重（罗必良等，2015）。伴随着新一代农村劳动力不愿种地和老一辈农村劳动力不能种地，农地面临"无人耕种、被抛荒"的趋势及"谁来种地"的问题愈加需要引起关注，并势必成为国家农业安全的重要隐患。

一般的，农户实施农地抛荒的直接原因是耕作农地的劳动力缺失（Abolina，2015），进一步归因于农地的地形、海拔、气候、肥力等自然禀赋条件较差（Mottet，2006；Bakker，2005；Hodgson，2005；Lambin et al，2003）；所在地区的经济条件落后、工业化程度低、交通不便、农业基础设施薄弱引致较高的经营成本和不确定风险（杨国永等，2015a；杨国永等，2015b；Tasser，2002；Prishchepov，2013）；小规模、分散化、细碎化的农业经营格局使中国农业生产规模不经济（罗必良等，2015），致使部分农户退出农地经营；再者农地流转市场的缺失以及农地

流转机制的约束限制了农地经营权转移，进一步导致农地抛荒。总之，农地抛荒根源于农业整体比较收益偏低以及持续攀升的生产成本使得以劳动力为载体的资金、技术、人才、管理等资源要素流出农业（孔祥智，2015）。可见在中国，农地抛荒不仅仅是一个经济问题，也是一个社会问题，更是一个制度安排问题。2013 年的中央 1 号文提出，要在 5 年时间内基本完成农村土地承包经营权的确权工作，那么，农地确权是否有利于提高农地资源的利用效率，减少农地抛荒？本节将从理论和实证两个方面对该问题进行论证和分析。

## 二、机理分析

传统观点认为，农地确权可提高农地价值，使农地抛荒减少，其逻辑的前提在于确权前存在不明晰的地权。从时间维度看，围绕确权政策的不同时刻点分析，可以发现，农地确权对于产权稳定性的作用机理及其最终效应是具有阶段性差异。需要回答的问题是，以确权为关键线索的三个时间段内，从确权前的产权权属不明晰到确权执行时可能引发的产权弱化，再到确权后确立的完备产权，地权稳定性是否具有显著差异？农户的农地抛荒行为是否存在不同？

### （一）一个现实问题

农地确权真的促进了农地资源的优化配置吗？基于国家自然科学基金重点项目对四川、河南和山西 3 个省的农户系统抽样问卷调查数据（$N=$645）显示（表 6 - 1），事实并不一定如此：在被调查者中，已确权的农户和未确权的农户分别占 43.57%（281 户）和 56.43%（364 户）。其中，在四川和山西的样本中，已确权农户的农地抛荒率均低于未确权农户的农地抛荒率，但河南的情况则相反。已确权和未确权农户的农地流转率，3 个省的情况各异，河南没有明显差异，四川省已确权农户的农地流转率较高，而山西省未确权农户的农地流转率较高。可见，农地确权虽然提高了农户对农地产权的排他性，但并没有促进农地流转。

表 6-1　样本农户农地抛荒情况

| 项目 | 抛荒情况 | | | 项目 | 流转情况 | | | |
| | 抛荒率（%） | | 观察值（户） | | 流转率（%） | | 观察值（户） | |
| | 已确权 | 未确权 | 已确权 | 未确权 | | 已确权 | 未确权 | 已确权 | 未确权 |
| --- | --- | --- | --- | --- | --- | --- | --- | --- | --- |
| 河南 | 8.07% | 6.73% | 61 | 169 | 河南 | 22.95% | 23.07% | 61 | 169 |
| 四川 | 10.98% | 16.18% | 169 | 102 | 四川 | 19.55% | 14.79% | 169 | 102 |
| 山西 | 0.49% | 2.10% | 108 | 93 | 山西 | 9.79% | 12.01% | 108 | 93 |
| 总样本 | 6.32% | 8.20% | 281 | 364 | 总样本 | 16.54% | 17.92% | 281 | 364 |

注：抛荒率=荒面积/承包地面积；流转率=流出面积/承包地面积。

## （二）理论分析

假设农民是理性的，农地是一种稀缺性生产资料，农户对农地的处置方法主要有三种——自我经营、流转给他人耕种或抛荒。一般情况下，农地经营或农地流转均能获得收益，包括通过享受农业政策补贴获得经济收益，或通过农地劳动力承载功能解决家庭成员就业问题，由此，出于对农地的生存依赖、经济依赖，农户一般不愿意"弃耕农地"。

但也有"例外"：一是由于农户行为能力和农地的肥力、土壤、气候、交通等自然区位因素加之市场环境因素令其经营无利可图；二是由于家庭劳动力紧缺、劳动力质量较差或者务农机会成本过高，且无法雇佣劳动力或经营利润不足以支撑雇佣劳动力；三是由于农地流转市场发育不成熟，农地流转交易费用过高，导致农户无论是自我经营农地，还是将农地流转给他人耕种都会出现负利润，此时农户可能产生"农地抛荒"的念头。

**1. 产权不稳定情境：弃耕可能导致失地。**在产权不稳定的情况下，农地排他性被弱化，特别是出现农地可能的调整节点时。农户对农地的排他性能力来源于个人的行为能力、利益关联体的支持（比如家族、村庄、社区）、法律援助、政府支持以及社会道义。其中产权主体的行为能力主要由个人决定，其余则主要是由制度环境赋予。在农地产权不稳定的情境下，若无法从法律赋权上获得排他能力，社会环境所带来的排他能力又不具备强制性，如果农户"弃耕"，等同于不采取任何个人排他行为，此时"弃耕"可能会导致"失地"。但是"弃耕行为"与"失去农地"有着本质上差别，前者指的是有地不种，农地承包权保留；后者是指完全退出农地，农地承包权易主。在产权不稳定的前提下，出于担心农地抛荒后，权属不清晰的部分会被他人"侵占","弃耕"可能变成"失地",理性农户选择低成本粗放经营或低价甚至无偿转让农地予熟人,以保证农地承包权稳定。

**2. 农地确权引发农户的排他性措施:抛荒到复耕。**新一轮农地确权以期促进农地流转与资源再匹配。但是政策的落实并非一蹴而就,在实施过程中,具有诱发农村中因产权不明晰而存在潜在隐患的可能性,使农地利益纠纷集中爆发,导致农户间争夺农地承包权的局面。由于农业税与农业经营低收益,许多地区农户在二轮承包时放弃土地承包权,但在农业税费改革后,这些农户又对农地承包权提出诉求。确权正可能使农村相对稳定的人地权属关系陷入利益纠纷、利益争夺的混沌。虽然政府文件强调需维持以往承包关系,不得"打乱重来",但新一轮确权政策赋予了地方在农地确权过程中有较大的操作灵活性,致使农户可能站在自身利益最大化立场,寻求最有利的"确权标准",以夺得更多更优的农地承包权,继而可能引发各种矛盾争端。

可见,相对于新一轮农地确权前相对稳定的产权状态,确权阶段所显示的特征是:产权更为不稳定、农户排他成本更高。在此情况下,农户可能会在新一轮农地确权阶段采取"复耕"作为其自身农地承包权的保全手段,在一定程度上表现为农地抛荒减少。

**3. 农地确权后排他成本下降:二次弃耕或流转。**新一轮农地确权过后,农户拥有较为完备、排他性较强的农地承包权,更有可能基于成本——收益比较对农地进行新一轮的重新配置。一是农地确权后,由于排他性增强,农户经营农地的成本与收益并不因之发生改变,确权前被抛荒的农地面临二次抛荒的可能。二是农地确权使农地承包权属更稳定、四至更清晰、期限更长,加之产权的规范性可能促进农地流转的规范性和长期性,故而确权可降低农地在流转过程中的交易费用和减少承租方的投资风险,继而提高市场对农地的转入需求和投资欲望,将原本抛荒的农地流转予他人耕种(图6-1)。

图6-1　确权前后农户抛荒行为变化

总之，来源于法律赋予和社会认同的排他性越弱，产权主体为保护产权而承担的排他成本则越高；排他成本越高，农户对无利可得的农地采取粗放耕作策略的可能性越高，农地被抛荒的可能性越高，反之亦然。当处于农地确权登记颁证的时间节点，权属不清的农地面临被调整的风险，农户为保全其农地权益需要付出更高的排他成本。而在确权后，拥有了清晰的农地承包权和法律赋予的强排他性，农户个人需要付出的产权排他成本将大幅下降，并可在法律范围内经营、流转农地或将经营权抵押。由此，农地确权的不同阶段农地承包权的稳定性排序为：确权后＞确权前＞确权过程；农地承包权排他性排序为：确权后＞确权前＞确权过程；进而农户所需付出的农地承包权排他成本为：确权过程＞确权前＞确权后（图6-2）。

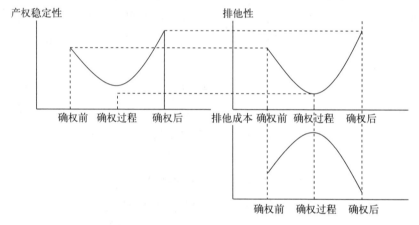

图6-2　确权前后农地稳定性、排他性与排他成本差异

可见，在农地确权的不同阶段，确权政策使农地抛荒减少的作用效应存在差异。具体的，在农地确权过程中，农户为增强其对农地的承包权排他性，可能对原来被抛荒的农地实施复耕；确权后，农地确权通过降低农地流转交易费用，提高农地的可流转性及其合约的规范性，可能促进被抛荒农地流转。

## 三、数据、变量与模型

### （一）数据来源

本节数据源于国家自然科学基金重点项目群项目"农村土地与相关要

素市场培育与改革研究"于 2014 年末对全国 9 省农户所做的问卷调查。针对本节研究目的，选取于 2014 年末农地确权登记进程较快、试点范围较广的山西（2014 年底完成试点地区确权登记）、河南（2014 年年内完成试点地区确权登记）和四川（2013 年底完成试点地区确权登记）3 个省的调查样本作为实证检验的数据来源，剔除数据缺失或作答倾向固定等无效问卷，最终获得符合本选题要求的有效问卷 645 份。

### （二）变量选择与测度

**1. 被解释变量。**选取农地抛荒率、流转率和耕作率作为观察农地处置状况的被解释变量，抛荒率、流转率与耕作率之和为 100%。

**2. 解释变量。**选取"是否确权"作为研究的关键变量。由数据来源可见，调研时间，山西和河南的样本处于确权阶段，而四川的样本处于确权后一年期间，并不足以使得政策效应充分显现，故可将其均视为处于确权实施阶段。同时选取相应控制变量，并分为四个维度：

（1）人力资本状况。家庭的劳动力数量与结构状况会影响农户的农地处置行为，当劳动力数量越少且具备非农就业优势的劳动力占比越多，那么其流转农地、增加非农劳动力配置的可能性及比例则越大（罗明忠、刘恺，2015；罗明忠、陶志，2015）。为控制上述变量对农地处置的影响，选择输入变量："家庭劳动力总数"、"纯务农劳动力人数"、"高中及以上劳动力比重"、"农业技术培训"、"非农技术培训"以及"外出务工经历"。

（2）社会资本状况。家庭社会资本状况分为村内社会资本状况和村外社会资本状况，村内的社会资本对于农业生产耕作和农地经营权流转具有促进作用（苏小松、何广文，2013；卫龙宝、李静，2014；牛晓冬等，2015）。村外的社会资本状况则会促进劳动力外流，并使其抛荒和流转农地的概率增加（蒋乃华、卞智勇，2007；罗明忠、刘恺，2015）。选取变量包括社会资本广度方面的"是否村里的大姓"、"亲朋好友多寡"及社会资本深度方面的"家庭中党员人数"、"亲戚中本村干部人数"以及"亲戚中村以外干部人数"。

（3）经济资本。由于经济条件状况会影响农户的农地处置行为（刘艳、韩红，2008；牛晓冬等，2015），需将农户家庭收入高低和收入结构进行控制，经济条件较好且农业依赖性低的农户，选择抛荒的可能性更大。选取变量包括"家庭总收入"和"农业收入占比"。

(4) 农业特征。农业特征如农地状况（张成玉，2011）、个人对农业偏好及其禀赋效应（钟文晶、罗必良，2013；钟文晶，2013）等对农地处置行为会产生一定影响。此外，当地农业服务外包市场发育程度、农户是否能够购买外包以及是否存在服务外包行为，也会影响农地经营行为（胡新艳等，2015）。综上，选取输入变量"农地质量"、"农地细碎化程度"、"农地禀赋效应"、"农地重视程度"以及"农业生产外包"。需要特别说明的是：农地质量由"（B1）村所处的地形"、"（B2）村的交通条件"、"（B3）农地土壤肥力"以及"（B4）农地灌溉条件"等在平衡各题项量级后平均权重进行衡量，计算公式为：

禀赋效应是指放弃该物品所愿意接受的价格（WTA）高于未拥有该物品的人购买这一物品愿意支付的价格（WTP）（Thaler，1980），因此，农地的禀赋效应使用"（C1）转出农地愿意接受的租金或分红"与"（C2）转入农地愿意接受的租金或分红"的比值进行衡量（表6-2），即 $ete = WTA/WTP = (C1)/(C2)$。当比值大于1表示存在禀赋效应。对禀赋效应进行赋值，处于 [1, 1.5] 区间为"1"，处于 (1.5, 2] 为"2"，处于 (2, 2.5] 为"3"，处于 (2.5, 3] 为"4"，处于"<1"或">3"为"5"。赋值越高，禀赋效应越大。

表6-2  变量选择与测度

| 变量 | 变量测度 | 均值 | 标准差 | 最小值 | 最大值 |
| --- | --- | --- | --- | --- | --- |
| 抛荒率（%） | 抛荒农地面积/承包地总面积 | 0.07 | 0.23 | 0.00 | 1.00 |
| 流转率（%） | 流出农地面积/承包地总面积 | 0.17 | 0.34 | 0.00 | 1.00 |
| 耕作率（%） | （承包地总面积-抛荒农地面积-流出农地面积）/承包地总面积 | 0.76 | 0.39 | 0.00 | 1.00 |
| 确权 | 已确权=1；未确权=0 | 0.44 | 0.50 | 0.00 | 1.00 |
| 家庭劳动力（人） | 家庭劳动力人数 | 3.05 | 1.11 | 0.00 | 7.00 |
| 家庭纯务农劳动力（人） | 家庭专门从事农业生产的人数 | 1.12 | 1.01 | 0.00 | 5.00 |
| 高中及以上劳动力比重 | 高中以上劳动力/家庭劳动力总数 | 0.24 | 0.28 | 0.00 | 1.00 |
| 受过农业技术培训 | 没有=1；较少=2；较多=3 | 1.19 | 0.46 | 1.00 | 3.00 |
| 受过非农技能培训 | 没有=1；较少=2；较多=3 | 1.18 | 0.43 | 1.00 | 3.00 |

（续）

| 变量 | 变量测度 | 均值 | 标准差 | 最小值 | 最大值 |
|---|---|---|---|---|---|
| 外出务工经历 | 没有＝1；一代人＝2；两代人＝3；三代人及以上＝4 | 2.10 | 0.75 | 1.00 | 4.00 |
| 社会资本广度 | Mean（A1，A2） | 2.28 | 0.57 | 1.00 | 3.00 |
| （A1）是否村里的大姓 | 小姓＝1；一般＝2；大姓＝3 | 2.22 | 0.77 | 1.00 | 3.00 |
| （A2）亲朋好友多寡 | 很少＝1；一般＝2；较多＝3 | 2.35 | 0.60 | 1.00 | 3.00 |
| 社会资本深度 | Mean（A3，A4，A5） | 1.26 | 0.40 | 1.00 | 3.00 |
| （A3）家庭中党员 | 没有＝1；1人＝2；2人及以上＝3 | 1.13 | 0.38 | 1.00 | 3.00 |
| （A4）亲戚中本村干部 | 没有＝1；1人＝2；2人及以上＝3 | 1.34 | 0.62 | 1.00 | 3.00 |
| （A5）亲戚中村以外干部 | 没有＝1；1人＝2；2人及以上＝3 | 1.30 | 0.65 | 1.00 | 3.00 |
| 家庭总收入（万元/年） | 1以下＝1；1～3＝2；3～5＝3；5～10＝4；10以上＝5 | 2.45 | 0.97 | 1.00 | 5.00 |
| 农业收入比重（%） | 农业收入比重＝农业收入/家庭总收入 | 0.40 | 0.33 | 0.00 | 1.00 |
| 农地质量 | flq＝［（B1）/3＋（B2）/5＋（B3）/5＋（B4）/5］ | 2.60 | 0.56 | 0.93 | 4.00 |
| （B1）村所处的地形 | 山区＝1；丘陵＝2；平原＝3 | 2.31 | 0.82 | 1.00 | 3.00 |
| （B2）村的交通条件 | | 3.05 | 0.94 | 1.00 | 5.00 |
| （B3）农地土壤肥力 | 很差＝1；较差＝2；一般＝3；较好＝4；很好＝5 | 2.83 | 0.84 | 1.00 | 5.00 |
| （B4）农地灌溉条件 | | 3.08 | 0.96 | 1.00 | 5.00 |
| 农地细碎化程度 | 承包地地块数 | 4.57 | 4.20 | 0.00 | 40.00 |
| 禀赋效应 | ［1，1.5］＝1；（1.5，2］＝2；（2，2.5］＝3；（2.5，3］＝4；<1或>3＝5 | 1.91 | 1.20 | 1.00 | 5.00 |
| （C1）愿意接受价格 | 直接数据 | 808.45 | 842.88 | 0.00 | 10 000.00 |
| （C2）愿意支付价格 | 直接数据 | 605.40 | 613.17 | 0.00 | 10 000.00 |
| 农地重视程度 | Mean（C1，C2，C3） | 2.06 | 0.62 | 1.00 | 3.00 |
| （D1）对转出农地的种植物 | 不在意＝1；一般＝2；很在意＝3 | 1.60 | 0.75 | 1.00 | 3.00 |
| （D2)对转出农地挖渠、打井 | 不在意＝1；一般＝2；很在意＝3 | 2.19 | 0.84 | 1.00 | 3.00 |
| （D3)对转出农地的使用用途 | 不在意＝1；一般＝2；很在意＝3 | 2.40 | 0.78 | 1.00 | 3.00 |
| 农业生产外包 | 有＝1；无＝0 | 0.13 | 0.34 | 0.00 | 1.00 |

### （三）模型选择

**1. 分数响应模型。** 该由 Papke & Wooldridge（1996）提出，适合拟极大似然的分数阶多项式模型，每个被解释变量介于 0 和 1 之间，多个被解释变量之和为 100%。本研究适合用该模型检验农地确权与农户抛荒行为的相关关系。但混合回归方法难以解决内生性问题及因果关系问题，因此，在通过分数响应模型的显著性检验后，再利用倾向值匹配法（PSM）检验变量之间的因果关系。

**2. "倾向值匹配法"。** 倾向值匹配分析（PSM）被证明是使用非实验数据或观测数据进行干预效应评估时是具有说服力的统计方法，适合对抽样样本数据的因果推断。本节分析农地确权政策是否有效减少了农地抛荒，适合采用 PSM 进行估计检验。

## 四、实证结果与分析

### （一）样本描述和分数回归结果

输入被解释变量农地流转率、耕作率以及抛荒率，解释变量农地"是否确权"以及控制变量，利用 STATA12.0 建立分数响应模型。结果显示（表 6-3），确权对于家庭农地处置具有显著影响，具体而言，以农地抛荒率为参照，确权对于农地流转率不具备显著影响，对于农地耕作率具有正向影响，在 5% 的统计水平上显著，由于三者之间是相互替代关系，该结果可解释为确权阶段的农地耕作率上升是由于抛荒率下降而致，即确权阶段的农地抛荒率降低是源于农地耕作率的上升（同理，若以耕作率为参照，确权对农地抛荒率具有显著负向影响）。

表 6-3　样本描述和分数回归分析结果

| 变量 | 是否确权 | | 家庭农地处置（抛荒率为参照） | |
| --- | --- | --- | --- | --- |
| | 已确权 | 未确权 | 流转率 | 耕作率 |
| 抛荒率（%） | 6.32（0.01） | 8.20（0.01） | | |
| 流转率（%） | 16.54（0.02） | 17.92（0.02） | | |
| 耕作率（%） | 77.14（0.02） | 73.88（0.02） | | |

（续）

| 变量 | 是否确权 | | 家庭农地处置（抛荒率为参照） | |
|---|---|---|---|---|
| | 已确权 | 未确权 | 流转率 | 耕作率 |
| 协变量: | | | | |
| 家庭劳动力 | 2.96（0.07） | 3.13（0.06） | 0.272* | 0.171 |
| 家庭纯务农劳动力 | 1.06（0.06） | 1.16（0.06） | −0.172 | 0.401* |
| 高中及以上劳动力比重 | 22.95％（0.02） | 24.75％（0.02） | 0.049 | 0.326 |
| 农业技术培训 | 1.20（0.03） | 1.17（0.02） | −0.171 | 0.715* |
| 非农技能培训 | 1.21（0.03） | 1.169（0.02） | −0.211 | −0.499 |
| 外出务工经历 | 2.09（0.05） | 2.10（0.04） | 0.292 | 0.385* |
| 社会资本广度 | 2.27（0.04） | 2.30（0.03） | −0.038 | −0.026 |
| 社会资本深度 | 1.27（0.02） | 1.25（0.02） | 0.115 | −0.052 |
| 家庭总收入 | 2.47（0.06） | 2.45（0.05） | −0.057 | −0.207 |
| 农业收入比重 | 38.47％（0.02） | 40.33％（0.02） | 0.130 | 1.498*** |
| 农地质量 | 2.52（0.04） | 2.66（0.03） | 1.449*** | 0.519* |
| 农地细碎化程度 | 5.35（0.32） | 3.96（0.15） | −0.042 | −0.038 |
| 禀赋效应 | 1.99（0.07） | 1.84（0.06） | 0.600*** | 0.537*** |
| 农地重视程度 | 2.09（0.04） | 2.04（0.03） | 0.910*** | 1.003*** |
| 农业生产外包 | 0.12（0.02） | 0.14（0.02） | 0.058 | 0.433 |
| 确权 | | | 0.471 | 0.622** |
| 截距 | | | −6.436*** | −3.734*** |
| 观测值 | 281 | 364 | 645 | 645 |

注:***、**和*分别表示在1％、5％和10％水平上显著。括号内为稳健标准误。

## （二）倾向性得分匹配

在通过分数响应模型获悉农地确权与农地抛荒、耕作行为具有显著相关关系后,利用PSM模型检验其因果关系。

**1. 首先将研究对象分为两组:已确权的农户和未确权的农户。**此二分变量定义了研究中的干预条件:已确权的干预组相对于未确权的控制组。为了评估ATT（干预效应）,必须控制多个协变量,以找出已确权组与未确权组中特征最相近的成员进行匹配,协变量描述统计见表6-3。

**2. 进行倾向性得分匹配,以最近邻匹配法为例。**图6-3中（a）、（b）分别为已确权组（干预组）和未确权组（控制组）的PS值匹配前后的核密度。可见，相对匹配前，匹配后的两组样本倾向得分的概率分布更为接近，更符合正态分布，说明两组样本各方面特征更为相似，匹配效果较佳。半径匹配和核匹配可得到相似的结果。接来下对匹配后的干预组和控制组样本进行平衡性检验。匹配后干预组和控制组在协变量上均不存在显著差异，即两组具有相同的倾向特征，平衡性检验得到通过。

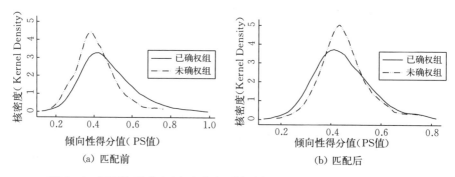

图 6-3　匹配前后"已确权组"与"未确权组"的 PS 值概率分布对比

**3. 确权的平均干预效应分析。**在估计样本平均干预效应 ATT 时，为保证结果稳健，这里综合使用了三种匹配方法。表 6-4 的结果显示，以最近邻匹配法的结果为例，在匹配前，确权对于抛荒率的干预效应并不显著，但匹配后，其干预效应皆在 10% 的统计水平上显著。说明未确权组的农地抛荒率比已确权组更高，半径匹配法和核匹配法均得出相似的结果。而针对农地流转率，最近邻匹配的结果显示：确权对农地流转率的干预效应没有通过显著性检验，半径匹配和核匹配的结果相同。可见，在确权阶段，确权对农地流转不存在显著影响。

表 6-4　确权的平均干预效应（ATT）

| 变量 | 样本 | 均值（%） | | ATT（%） | 标准差 | T-stat |
| --- | --- | --- | --- | --- | --- | --- |
| | | 已确权组 | 未确权组 | | | |
| 最近邻匹配 | | | | | | |
| 抛荒率 | 匹配前 | 6.32 | 8.20 | −1.88 | 0.018 | −1.04 |
| | 匹配后 | 6.72 | 10.80 | −4.08 | 0.021 | −1.92* |
| 流转率 | 匹配前 | 16.54 | 17.92 | −1.39 | 0.027 | −0.51 |
| | 匹配后 | 16.70 | 19.47 | −2.78 | 0.029 | −0.93 |

（续）

| 变量 | 样本 | 均值（%） | | ATT（%） | 标准差 | T－stat |
|------|------|---------|---------|---------|--------|--------|
| | | 已确权组 | 未确权组 | | | |
| **最近邻匹配** | | | | | | |
| 耕作率 | 匹配前 | 77.14 | 73.88 | 3.26 | 0.031 | 1.27 |
| | 匹配后 | 76.96 | 70.07 | 6.89 | 0.035 | 2.00* |
| **半径匹配** | | | | | | |
| 抛荒率 | 匹配前 | 6.32 | 8.20 | −1.88 | 0.018 | −1.04 |
| | 匹配后 | 6.48 | 9.93 | −3.45 | 0.019 | −1.80* |
| 流转率 | 匹配前 | 16.54 | 17.92 | −1.39 | 0.027 | −0.51 |
| | 匹配后 | 16.60 | 17.17 | −0.57 | 0.029 | −0.20 |
| 耕作率 | 匹配前 | 77.14 | 73.88 | 3.26 | 0.031 | 1.27 |
| | 匹配后 | 77.27 | 72.63 | 4.65 | 0.033 | 1.42 |
| **核匹配** | | | | | | |
| 抛荒率 | 匹配前 | 6.32 | 8.20 | −1.88 | 0.018 | −1.04 |
| | 匹配后 | 6.32 | 10.16 | −3.84 | 0.020 | −1.91* |
| 流转率 | 匹配前 | 16.54 | 17.92 | −1.39 | 0.027 | −0.51 |
| | 匹配后 | 16.54 | 18.94 | −2.40 | 0.028 | −0.84 |
| 耕作率 | 匹配前 | 77.14 | 73.88 | 3.26 | 0.031 | 1.27 |
| | 匹配后 | 77.48 | 71.21 | 6.27 | 0.033 | 1.90* |

注：***、**和*分别表示在1%、5%和10%水平上显著。

## （三）实证结果分析

**1. 确权对农地抛荒存在显著抑制作用，且对农地耕作率具有显著正向影响，但确权对农地流转影响未通过显著性检验。**确权对农地抛荒的干预效应为−4.08%，对农地耕种的干预效应为6.89%（以最近邻匹配为例）。匹配结果均显示确权对农地流转率不具备显著影响，表明确权能显著增加农地耕作，进而减少农地抛荒。根据理论可推断，已确权的样本农户大多仍处于"三个阶段"中的确权阶段，抛荒的减少可能源于产权保护目的的暂时性复耕。而通过农地确权提高产权强度、降低交易费用，以促进农地流转的作用仍未显现。

**2. 分数回归模型可见，家庭劳动力越多、受农业技术培训越多、家**

**庭农业收入比重越高的农户，农地耕作率越高、抛荒率越低。**但外出务工经历越多的农户，其农地抛荒率反而更低、耕作率更高，上述变量均对农地流转率的影响未通过显著性检验。究其原因，家庭劳动力越多的农户，其可分配的劳动力要素资源越充沛，由于劳动力不足而弃耕与抛荒概率越低；受农业技术培训越多的农户，其务农能力越强，农地抛荒率越低；农业收入比重越高的农户，对农业的依赖程度越高，抛荒可能性低。外出务工经历对农地处置行为的影响结果可从农村人口的城市融入角度进行探究，由于数据来源于农村，务农经历越多的农户依然留在农村生活，很大程度上说明其非农就业能力不足以融入城市（罗明忠等，2016）。城市生活的艰辛经历，让其认识到无法融入城市，使其安心地返乡务农或兼业。说明随着农业经营收益提高、乡镇城镇化水平加深，加之大城市的制度壁垒、经济壁垒和文化壁垒，引致农民工回乡兼业、务农的趋势愈加显现。

**3. 农地质量、农地禀赋效应、农地重视程度均显著促进农地流转与耕作，对农地抛荒行为产生显著抑制作用。**从分数回归模型可见，上述影响均在 10% 的统计水平上显著。表明农地质量越好，农户经营农地或流转农地的收益越高，则其抛荒的可能越小；农地禀赋效应越高的农户越重视农地经营权的行使，一方面，流转农地会面临着由于机会主义行为而导致的价值损耗风险，另一方面，长时间抛荒会直接降低农地的生产价值，进一步会降低其资产价值，故农地禀赋效应越高的农户，越不愿抛荒农地。同样，抛荒所引致的农地价值耗散是巨大的，农户对农地越重视，则越难以忍受农地价值耗散的损失。

## 五、结论与讨论

本节基于四川、河南和山西 3 个省的农户系统抽样问卷调查数据，利用分数回归模型和倾向性得分匹配法，实证检验农地确权对农户抛荒行为的影响。结果显示，农地确权对农地抛荒行为起到显著弱化作用，但对农地流转的影响未通过显著性检验。农地确权政策对农地抛荒的作用机理并不在于产权稳定性的增强与生产积极性的提高，相反，由于产权调整可能引起出于产权保护目的的复耕行为；家庭劳动力数量越多、外出务工经历越多、受农业技术培训越多、农业收入比重越高的农户，其农地抛荒行为越少；

农地质量、农地禀赋效应、农地重视程度对农户抛荒行为有抑制作用。可见：

（1）必须把农地确权与推进农业产业发展结合。涉农改革的最终目的是为了使农民增收、农业发展、农村富裕，农地确权作为新时期中国农村土地制度改革的重要举措，同样要以有利于"三农"问题的解决，有利于农业发展为根本。由此，必须在推进农地确权的同时，同步推进农业产业的发展与布局，为农业产业发展奠定基础。

（2）必须把农地确权与促进农地市场发育结合。农地确权无疑将增强农户的土地权能，也为农地的流转和交易准备了产权基础，有利于促进农地资源的优化配置，本应该对农户的农地抛荒行为产生抑制作用。但要以农地市场的发育做前提，为农地资源的优化配置提供交易装置，使农户在农地确权后受利益激励，以农地流转代替农地抛荒。

（3）必须把农地确权与规范农地使用立法结合。即在推进农地确权，强化农户对其家庭承包土地的权能的同时，必须通过健全完善相关法律法规，规范农地的使用，最大限度地避免农地抛荒行为的发生，使农地得到合理使用。

（4）必须把农地确权与提高群众认同教育结合。任何一项改革的推进，没有广大群众的认同和真心支持都难以达到全效，农地确权作为一项自上而下的宏大改革举措，需要各级政府加大宣传教育力度，以获得更加广泛的群众支持和理解，最大限度避免"确权悖论"。

# 第二节　农地确权、要素配置与农业生产效率

## 一、问题的提出

虽然农地确权对农业生产效率的影响一直以来受到学术界的高度关注，但已有研究尚无定论。对柬埔寨、越南的调查发现，农地确权有助于提高农业生产效率（Markussen，2008；Newman et al.，2015）。与之相反，对马达加斯加、坦桑尼亚的实证研究结果却表明，农地确权对农业生产效率的提高并不发挥显著作用（Jacoby & Minten，2007；Hombrados et al.，2015）。近年来，中国政府不断强化对农户农地承包经营权的保护。从 2009 年开始，政府以村组、整乡整镇、整县、整省试点的方式逐

步推进农地确权登记颁证工作。截至 2017 年 11 月底，全国 82% 的农村承包地已经完成确权颁证。显然，弄清农地确权影响农业生产效率的作用机理，对推动农地"三权分置"、培育新型农业经营主体和实现农业适度规模经营具有重要的参考意义。

研究者普遍认为，农地确权主要通过影响农业投资、农地交易和信贷抵押来提升农业生产效率。首先，农地确权明晰了农地产权关系，不仅可以提高地权安全性、减少农地纠纷，而且可以强化农户的投资收益预期，从而鼓励其农业长期投资、土壤改良和新技术采纳，并由此提高农业生产效率（Ghebru & Holden，2015）。其次，农地确权可以降低农地市场的交易费用，增强农地要素的流动性，促使农地资源流向利用效率更高的农业经营者，从而实现农业规模化和专业化经营，并提高农业生产效率（Deininger et al.，2011）。再次，农地确权使得农地资源成为有效抵押品，进而增强了农户的农业投资能力，并有助于提高农业生产效率（Newman et al.，2015）。更进一步地，Ghebru & Holden（2015）指出，农地确权提高农业生产效率主要通过两种途径：一是农业长期投资、土壤保护和新技术采纳所产生的技术变革；二是农业生产投入增加、农地抵押和农地市场自由化交易共同产生的要素集约化效应。

与之相反，也有研究者指出，农村要素市场不完善、确权政策无法强化地权安全性都将导致农地确权对农业生产效率的影响大打折扣。首先，原有农地产权制度足以保障地权安全性、农地确权政策执行过程中存在扭曲、农业发展面临着比农地产权制度更为关键的约束，导致农地确权并不能有效提升农业生产效率（Heltberg，2002）。其次，由于缺乏能够提高农业集约化水平的前提条件（例如完善的基础设施和要素市场），农地确权非但不能有效降低地权不稳定性，反而会产生诸多负面影响（Jacoby & Minten，2007）。再次，农地确权会使农地细碎化更为严重，农户并不能因此提高农业收入（贺雪峰，2015）。换言之，农地确权固化了农地细碎化的格局，造成农业生产效率损失。最后，农户在确权后无法感知到更高水平的地权安全性，并且确权后的农地资源仍旧不被农村正规金融机构视为有效抵押品，使得农地确权无法显著影响农业生产（Hombrados et al.，2015）。

上述研究虽然有助于更加深入地理解农地确权对农业生产效率的作用机制，但仍存在如下不足：一是忽视了家庭劳动分工的中介效应。现有文献笼统地介绍了农地确权有助于强化地权安全性，进而通过农业投资、农地交易和信贷抵押3类中介变量间接地影响农业生产效率，但不仅没有详细阐述其作用机理，而且忽视了家庭内部劳动力配置的中间传导作用。二是缺乏严密的中介效应估计方法。少数尝试验证农地确权对生产效率作用机制的实证研究主要采用如下两步骤的假说验证思路：先是测算农地确权对中介变量（例如农业投资、农地交易和信贷抵押）的影响，进而分别估计上述中介变量是否显著影响农业生产效率。显然，这并不能保证农地确权与中介变量的交互项对农业生产效率具有统计意义上的显著影响。三是未能充分地解决潜在的内生性问题。在估计农地确权对农业生产要素配置和农业生产效率的影响时，样本自选择、测量误差、遗漏变量、反向因果关系都可能引发内生性问题，导致出现有偏的估计结果。但是，鲜有文献同时采用倾向得分匹配法（PSM）、工具变量法和村庄层面的聚类稳健标准误对其进行修正。四是鲜有文献探究中国农地确权如何影响农户的农业生产效率。现有涉及中国农地确权政策效果评估的研究侧重于从农地流转、农业投资、农村金融发展和农地抛荒等方面进行分析，但鲜有研究涉及农户的农业生产效率。

　　鉴于此，本节尝试从以下四个方面丰富现有文献：一是引入家庭劳动分工作为中介变量，将农业生产要素配置细分为农业投资、农地流转、家庭劳动分工和经营权信贷抵押，进而构建"农地确权—要素配置—农业生产效率"的理论分析框架。二是基于2014年和2016年中国劳动力动态调查（CLDS）的混合截面数据，采用中介效应模型实证分析中国农地确权对农户农业生产效率的影响及其作用机制。三是采用倾向得分匹配法和工具变量法解决在估计农地确权对农业生产要素配置、农业生产效率的影响时可能存在的内生性问题；同时，采用聚类稳健标准误对村庄内部农户间的自相关性进行修正。四是采用分组估计方法进一步揭示农地确权能够显著提高农业生产效率的现实情境。文章余下部分的结构安排如下：第二部分是理论分析，第三部分是模型设定、数据来源与变量选择，第四部分是实证结果与分析，第五部分是结论、讨论与政策启示。

## 二、理论分析

　　农地确权从地权保证性（例如通过"三权分置"明晰产权归属、重新确认地块面积和四至范围、颁发《农村土地承包经营权证》）、地权持有时间（例如保持土地承包关系稳定并长久不变）、地权权利强度（例如赋予经营权抵押担保权能）三个层面进一步强化了农户的地权安全性，进而对农户的农业投资、农地流转、家庭劳动分工、经营权信贷抵押等要素配置行为产生影响，并最终影响其农业生产效率（图 6 - 4）。

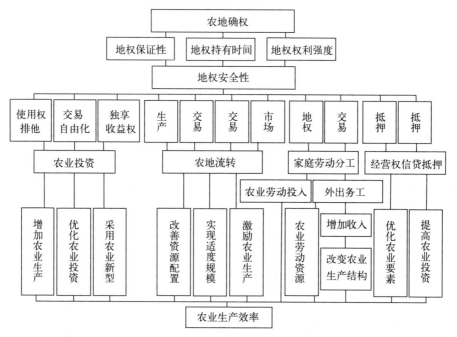

图 6 - 4 "农地确权—要素配置—农业生产效率"的理论框架图

### （一）农地确权、农业投资与农业生产效率

农地确权有助于强化农户的地权安全性感知，进而激发其农业投资，并由此提高其农业生产效率（Ghebru & Holden，2015）。一方面，农地确权通过强化使用权排他、确保交易自由化、保障收益权独享激励农户农业生产投资。首先，强化使用权排他。农地确权有助于增强地权的排他能力，不仅能够有效降低农地被政府随意征用、被村集体随意调整以及被承租者侵占的风险，而且可以减少农地纠纷、降低地权保护成本，从而有助于提高农户农业投资的积极性。其次，确保交易自由化。农地确权有助于保障地权交易自由化，可以增强农户在未来收回现期农业投资的能力和信

心，从而能够激励其增加现期农业投资（Hare，2008），最后，保障收益权独享。农地确权有助于弄清农地产权归属，避免产权模糊所引发的负外部性、公共域和租值耗散等问题，由此保障农户收益权独享并促进其农业投资（林文声等，2017）。另一方面，在农地确权政策的影响下，农户进行农业生产投资、优化农业投资结构、采取土壤保护措施和采纳农业新技术，都将有助于提升其农业生产效率。

## （二）农地确权、农地流转与农业生产效率

农地确权对农户农地流转的影响方向不确定，从而是否促进其农业生产效率的提高也不确定。一方面，农地确权通过激励农业生产、降低交易费用、提高交易价格、促进农村要素市场联动对农户农地流转产生不确定影响（林文声等，2017）。首先，激励农业生产。依据前述，农地确权有助于保障农地使用权排他、交易自由化和收益权独享，进而对农户农业生产经营产生极大的激励。这将促使农户倾向于增加农地转入并减少农地转出。其次，降低交易费用。农地确权依据《物权法》对承包地实行统一登记并颁发证书，使得农户的农地承包经营权超越了村庄熟人圈子而得到更加广泛的社会认同。这有助于减少农地交易双方的信息不对称性，从而降低农地流转的交易费用，并促进农户农地流转（林文声等，2017）。再次，提高交易价格。农地确权可能会强化农地的情感价值和保障价值。这非但没有弱化农户对农地的控制权偏好，反而强化其禀赋效应，从而提高农户的意愿交易价格并减少农地流转（胡新艳、罗必良，2016）。最后，促进农村要素市场联动。农地确权不仅有助于强化地权安全性，促使农户安心地外出务工并转出农地，而且能够通过赋予农地经营权抵押和担保权能，激励农户通过扩大农地经营规模来提高信贷可得性（付江涛等，2016）。

另一方面，农地流转有助于提高农业生产效率。首先，提高资源配置效率。农地流转促使农地资源从农业经营效率较低、想退出农业生产活动以及希望获取农地流转租金的农地承包户手中流向农业经营效率更高的承租者手中，从而优化农地资源配置（陈江龙等，2003）。其次，促进土地集中并形成农地适度规模经营。通过农地流转形成农地规模经营，不仅有助于农户获取潜在的规模效应而降低农业生产成本和市场交易费用，而且有利于农户引进更先进的农业机械、技术和管理手段，还促使农户调整农

业生产结构，从而提高生产要素的配置效率（钱龙、洪名勇，2016）。同时，超过一定阈值的农地经营规模有助于提高农户通过经营权抵押的信贷可得性，进而强化其农业投资能力。最后，产生农业投资激励。依据前述，农户在未来可以更加自由地变现农业资产（即地权的交易收益效应）将促使其更加放心地进行现期的农业生产投资。

### （三）农地确权、家庭劳动分工与农业生产效率

农地确权可以提高劳动力的专业化分工水平，促使拥有不同资源禀赋的农户发挥其自身的比较优势，进而影响农业生产效率。一方面，农地确权通过激励具有农业经营比较优势的农户增加农业劳动投入，进而提高其农业生产效率（Schweigert，2006）。农地确权有助于增强地权的安全性和交易自由化，不仅可以节省农户用于地权保护的额外投资，而且能够激励农户增加农业劳动的投入强度，从而提高其资源配置效率。

另一方面，农地确权在减少农户地权保护成本的同时，还鼓励具有非农就业比较优势的农户外出务工甚至转出农地，进而对农业生产效率产生不确定的影响。首先，非农就业通过农业劳动力流失效应对农业生产效率产生负面影响。具体表现为两点：一是随着家庭农业收入占比下降，农业受重视程度降低，农户逐渐减少农业劳动投入（钱龙、洪名勇，2016）；二是家庭农业劳动力短缺、兼业化或老龄化不仅不利于农业转型升级，而且阻碍农业新技术的采用，还造成农地经营粗放（卢华等，2016）。其次，非农就业改变农业生产要素投入结构，进而提高农户农业生产效率。具体表现为3点：一是农村劳动力转移激发农地规模经营，从而优化农业生产要素配置（李明艳，2011）；二是农户通过追加短期投入（例如化肥、农药）、增加农业雇工、购买农机社会化服务弥补家庭农业劳动力短缺的不足，从而维持甚至提升农业生产效率；三是外出务工增加农户家庭收入，使其有能力种植经济作物以替代粮食作物，引入新的农业生产技术（王子成，2015；钱龙、洪名勇，2016）。

### （四）农地确权、经营权信贷抵押与农业生产效率

农地确权有助于增加农户的信贷可得性，进而提高其农业生产效率。一方面，农地确权有助于农户将农地经营权进行抵押，从而缓解其信贷约

束问题。首先，促使农地经营权成为有效抵押品。农地确权赋予了农地经营权抵押和担保的权能，从而使其成为农村正规金融机构认可的有效抵押品（Heltberg，2002）。其次，提高农地经营权的抵押价值。农地确权能够凸显农地因地权安全性增强、交易费用减小、交易可能性增大所引致的溢价效应，从而可以提升农地的交易价值和抵押价值（胡新艳、罗必良，2016）。再次，激励农户通过转入农地来提高信贷可得性。农户将细碎化的农地整合成连片的宜耕地块，将极大地提升农地的抵押价值，从而有助于增加其信贷可得性。最后，增加农村正规金融机构提供抵押贷款服务的意愿。农地确权不仅可以通过赋予农地经营权抵押和担保权能克服信息不对称所引发的道德风险和逆向选择问题，而且可以通过强化地权交易自由化提高农村正规金融机构变现违约抵押物的能力和便利性。

另一方面，经营权信贷抵押有助于提高农业生产效率。信贷抵押往往是面临融资约束的农户投资于更先进的农业生产技术的决定性因素。农地确权有助于解决农户抵押品不足的融资障碍，使得农户能够通过农地经营权抵押、担保的方式从农村正规金融机构获取急需的生产性资金（Gerezihar & Tilahun，2014）。这不仅可以优化土地、劳动力和资本等要素配置，而且可以提高农户农业投资能力和投资水平（Newman et al.，2015），从而能够提升其农业生产效率。

## 三、模型、数据与变量

### (一) 模型设定

**1. 随机前沿生产函数。** 采用随机前沿生产函数方法测算农户的农业生产效率，需要事先假定农业投入与农业产出之间的函数关系。由于超越对数生产函数的设定形式较为灵活，不仅无须限定各要素替代弹性完全相同或者要素替代弹性之和为1，而且允许农业投入与农业产出之间存在非线性关系，因此，可将农户农业生产函数设定为：

$$\ln Y_i = \alpha_0 + \beta_L \ln L_i + \beta_A \ln A_i + \beta_M \ln M_i + \beta_{LA} \ln L_i \ln A_i +$$
$$\beta_{LM} \ln L_i \ln M_i + \beta_{AM} \ln A_i \ln M_i + 0.5\beta_{LL}(\ln L_i)^2 +$$
$$0.5\beta_{AA}(\ln A_i)^2 + 0.5\beta_{MM}(\ln M_i)^2 + \upsilon_i - \mu_i \quad (6-1)$$

(6-1) 式中，$Y_i$ 为第 $i$ 个农户的农业总产值；$\alpha_0$ 为常数项；$L_i$、$A_i$

和 $M_i$ 分别表示第 $i$ 个农户的劳动力、土地和资本投入；向量 $\beta$ 表示劳动力、土地和资本投入一次项、交互项和平方项的待估系数；$\upsilon_i$ 是第 $i$ 个农户的随机误差项；$\mu_i$ 是第 $i$ 个农户的农业生产效率损失项。假定 $\mu_i$ 独立于 $\upsilon_i$，并且服从均值为 $Y_i^U$、方差为 $\sigma_u^2$ 的非负半正态分布。

**2. 中介效应模型。** 依据前述，农地确权通过农业生产要素配置（包括农业投资、农地流转、家庭劳动分工和经营权信贷抵押）影响农户农业生产效率，因此，可以构建如下的中介效应模型[①]：

$$Y_i^U = a_0 + a_1 CERT_i + a_2 X_i + \varepsilon_1 \qquad (6-2)$$

$$MED_i = b_0 + b_1 CERT_i + b_2 X_i + \varepsilon_2 \qquad (6-3)$$

$$Y_i^U = c_0 + c_1 CERT_i + c_2 MED_i + c_3 X_i + \varepsilon_3 \qquad (6-4)$$

（6-2）～（6-4）式中，$Y_i^U$ 是第 $i$ 个农户的农业生产效率损失，$CERT_i$ 是第 $i$ 个农户的农地确权状况，$MED_i$ 是第 $i$ 个农户的农业生产要素配置行为（即中介变量，包括农业投资、农地流转、家庭劳动分工和经营权信贷抵押）[②]，$X_i$ 是影响第 $i$ 个农户农地确权、生产要素配置和农业生产效率损失的其他控制变量，$a_2$、$b_2$ 和 $c_3$ 是其他控制变量的系数值。（6-2）式中的 $a_1$ 是农地确权影响第 $i$ 个农户农业生产效率损失的总效应，（6-3）式中的 $b_1$ 是农地确权对中介变量要素配置的影响，（6-4）式中的 $c_1$、$c_2$ 分别是农地确权、中介变量要素配置对第 $i$ 个农户农业生产效率损失的直接效应。将（6-3）式代入（6-4）式可以得出农地确权的中介效应 $b_1 c_2$，即农地确权通过中介变量要素配置对农业生产效率损失所产生的间接影响。

验证中介效应显著性的方法包括如下两种（温忠麟、叶宝娟，2014）：一是依次检验方法。首先，将因变量农业生产效率损失对核心自变量农地

---

① 对于先估计生产函数和生产效率值，再分析生产效率影响因素的两阶段参数估计方法（即"两步法"），其不足在于上述两阶段对生产效率分布的假设相互矛盾，导致估计结果是有偏且不一致的（Wang & Schmidt，2002）。对此，本节采用一阶段参数估计法（即"一步法"）同时估计超越对数随机前沿生产函数、农业生产效率损失及其影响因素。

② 在中国劳动力动态调查（CLDS）数据中，农业投资（农业短期投入、农业长期投资）和农地流转（水田或水浇地转入、旱地转入）变量的取值包含大量 0 值，故本节采用 Tobit 模型估计（6-3）式；家庭劳动分工变量（家庭务农人数占比）取值限定在 0～100，故也采用 Tobit 模型估计（6-3）式；经营权信贷抵押变量（是否从正规金融机构获得过生产性贷款）为 0-1 取值的二元选择变量，故本节采用 Probit 模型估计（6-3）式。

确权进行回归估计（即（6-2）式），核心自变量农地确权显著。其次，将中介变量要素配置对核心自变量农地确权进行回归估计（即（6-3）式），核心自变量农地确权显著。再次，将因变量同时对核心自变量农地确权、中介变量要素配置进行回归估计（即（6-4）式），如果中介变量要素配置显著，则存在两种情形：①核心自变量农地确权仍旧显著，则中介变量要素配置发挥部分中介效应；②核心自变量农地确权不再显著，则中介变量要素配置具有完全中介效应。二是基于索贝尔检验（Sobel test）统计量直接验证中介效应 $b_1 c_2$ 的显著性。由于系数 $b_1$ 和 $c_2$ 均显著不为零时，并不能确保中介效应 $b_1 c_2$ 同时显著不为零，对此，采用索贝尔统计量对其进行稳健性检验。

**3. 解决潜在的内生性问题。**内生性问题可能导致农地确权对农业生产要素配置和农业生产效率损失的影响出现有偏的估计结果。引发内生性问题的根源有 3 个：首先，农地确权的时间和地点都是政府选择的结果（胡新艳、罗必良，2016）。家庭与村庄特征都会显著影响农户获得《农村土地承包经营权证》的可能性。政府选择确权地点的村庄大致分为两种：一是农地二轮承包完成情况较好、农地比较肥沃、人地矛盾不突出的村庄，以便组织实施确权试点工作；二是人多地少、人地矛盾较大的村庄，以便于积累经验（程令国等，2016）。显然，直接对已确权组农户样本与未确权组农户样本进行比较分析，很难保证两组农户样本的抽样概率分布保持一致。其次，农业生产要素配置、农业生产效率可能对农地确权存在反向因果关系。换言之，要素配置扭曲较小、农业生产效率较高的村庄可能更容易被选定为农地确权地点。最后，在模型设定和变量选择中，可能存在遗漏变量和测量误差，从而产生估计偏误。

对此，采用以下 3 种做法解决潜在内生性问题：首先，借鉴阮荣平等（2016）的做法，采用"县域除该样本农户之外其他样本农户已领到《农村土地承包经营权证》的占比（%）"作为样本农户农地确权状况的工具变量。一方面，工具变量具有相关性。上述工具变量反映了县域农地确权状况，显然与特定样本农户的农地确权状况息息相关；另一方面，工具变量具有外生性。剔除了特定个体信息后的工具变量与样本农户的农业生产要素配置、农业生产效率之间并没有直接联系。其次，由于无法获得已确权样本农户在未确权时的要素配置行为及农业生产效率，本节采用倾向得分匹配法（PSM）构造一个"反事实"的情境，并找到与其尽可能相似的对照组（未确权农户样本），从而有效降低样本选择偏误。在此基础上，将显著影响已确权组、未确权组农户样本抽样概率分布的协变量作为计量模型中的控制变量，从而有效避免了中介效应模型设定中遗漏了影响核心自变量、中介变量和因变量的关键因素[①]。最后，样本农户的农业生产要素配置行为、农业生产效率在同一村庄之内往往高度相关，而在不同村庄之间则较不相关，因此，本节采用村庄层面的聚类稳健标准误对组内自相关性进行修正。

## （二）数据、变量与描述

数据来自中山大学社会科学调查中心于 2014 年和 2016 年开展的"中国劳动力动态调查"（CLDS）。调查问卷包含个人、家庭和村庄 3 个层面的信息。由于 CLDS 采用轮换样本的追踪调查方式，并且采用多阶段、多层次、与劳动力规模成比例的样本抽样方法，仅有 2 245 个农户样本被追踪调查，高达 3 087 个农户样本未被追踪调查。同时，由于农户生产要素配置行为和农业生产效率损失的测度指标属于受限变量，非平衡面板数据模型、平衡面板数据模型都无法兼顾"诊断核心自变量的内生性问题并采用工具变量进行修正"和"调整村庄层面的聚类稳健标准误"的研究设计理念，因此，故采用 2014 年和 2016 年的混合截面数据进行实证分析。调查样本分布于全国 29 个省份（除香港、澳门、台湾、西藏、海南外）、135 个市（区、州）、199 个村庄或社区，共涉及 5 332 个农户，样本观测值个数共计 7 577 个。其中，已领到《农村土地承包经营权证》的农户样本的观测值个数为 4 273 个，尚未领到《农村土地承包经营权证》的农户样本观测值个数为 3 304 个。

变量的选择、定义和赋值见表 6 - 5，具体包括因变量、核心自变量、中介变量和控制变量 4 类。变量的描述性统计结果见表 6 - 6。

---

① 基于 CLDS 混合截面数据的分析表明，PSM 方法有效控制甚至降低了不同分组样本之间的异质性。采用最近邻匹配、核匹配方法都可以实现全部样本匹配。只有采用半径匹配方法才会出现少数样本没有落入匹配范围的情况。即便包含了上述未能实现匹配的农户样本，匹配效果也几乎不受影响；相反，将其删除会使匹配效果变差。因此，为了尽可能包含更多的农户样本信息，并且确保匹配效果更加科学合理，在随后的分析中使用全部农户样本。

**表 6-5　变量选择、定义和赋值**

| 变量名称 | | 变量含义和赋值 |
|---|---|---|
| 产出指标 | 家庭农业总产值 | 一年中农户家庭卖出所生产粮食作物、经济作物的产品总价值（元）；取自然对数值 |
| 投入指标 | 农业生产时间投入 | 一年中农户用于自家农业生产的时间（天）；取自然对数值 |
| | 农地经营规模 | 一年中家庭种植耕地总面积（亩）；取自然对数值 |
| | 农业物质投入 | 一年中家庭种植作物的总投入（元）；取自然对数值 |
| 因变量 | 农业生产效率损失 | 采用"一步法"估计随机前沿超越对数生产函数和农业生产效率损失。其中，投入指标是农业生产时间投入、农地经营规模和农业物质投入，产出指标是家庭农业总产值 |
| 核心变量 | 农地确权 | 农户是否已经领到《农村土地承包经营权证》？是＝1，否＝0 |
| 中介变量 | 农业投资 | 农业短期投入；取自然对数值 |
| | | 农业长期投资；取自然对数值 |
| | 农地流转 | 一年中水田或水浇地转入；取自然对数值 |
| | | 一年中旱地转入；取自然对数值 |
| | 家庭劳动分工 | 一年中家庭从事农业生产超过 3 个月的人数占比（％） |
| | 经营权信贷抵押 | 2014 年以来从金融机构获得生产性贷款？是＝1，否＝0 |
| 控制变量 | 家中有拖拉机 | 家里是否有拖拉机？有＝1，无＝0 |
| | 家庭农业收入 | 家庭农林牧渔业毛收入（元）；取自然对数值 |
| | 村庄非农产业 | 村庄是否有第二第三产业？有＝1，无＝0 |
| | 村庄劳动力外出务工 | 村庄劳动力外出务工的占比（％） |
| | 村庄土地调整 | 2003 年以来村庄是否发生过农地调整？有＝1，无＝0 |
| | 政府征地或企业租地 | 1990 年以来本村土地是否被政府征收或企业租用？是＝1，否＝0 |
| | 村庄购买生产资料服务 | 村庄是否统一购买农业生产资料？是＝1，否＝0 |
| | 村庄劳力外出务工服务 | 村庄是否组织安排劳动力外出务工？是＝1，否＝0 |
| | 村庄农业技术培训服务 | 村庄是否组织农民进行农业生产技术培训？是＝1，否＝0 |
| | 东部省份 | 是＝1，否＝0 |
| | 中部省份 | 是＝1，否＝0 |
| | 西部省份 | 是＝1，否＝0 |

表 6-6  变量的描述性统计

| 变量名称 | | 全部农户样本 | | 已确权组农户样本 | | 未确权组农户样本 | |
|---|---|---|---|---|---|---|---|
| | | 均值 | 标准差 | 均值 | 标准差 | 均值 | 标准差 |
| 产出指标 | 家庭农业总产值 | 8 445.59 | 21 700.82 | 10 609.62*** | 24 648.29 | 5 646.88 | 16 747.67 |
| 投入指标 | 农业生产时间投入 | 244.34 | 218.74 | 258.27*** | 224.91 | 226.32 | 209.16 |
| | 农地经营规模 | 7.96 | 21.48 | 9.45*** | 19.55 | 6.02 | 23.61 |
| | 农业物质投入 | 4 237.96 | 15 166.78 | 5 232.60*** | 15 945.41 | 2 951.61 | 13 994.07 |
| 因变量 | 农业生产效率损失 | 0.40 | 0.26 | 0.39** | 0.25 | 0.41 | 0.26 |
| 核心变量 | 农地确权 | 0.56 | 0.50 | 1.00 | 0.00 | 0.00 | 0.00 |
| 中介变量 | 农业短期投入 | 8 289.08 | 34 551.29 | 9 256.90*** | 37 092.44 | 7 037.42 | 30 917.75 |
| | 农业长期投资 | 481.28 | 7 465.52 | 529.80 | 7 693.13 | 418.53 | 7 161.10 |
| | 水田或水浇地转入 | 0.66 | 7.16 | 0.88*** | 9.30 | 0.37 | 2.34 |
| | 旱地转入 | 1.58 | 19.74 | 2.24*** | 24.81 | 0.73 | 9.78 |
| | 家庭劳动分工 | 42.14 | 25.15 | 45.22*** | 25.76 | 38.16 | 23.75 |
| | 经营权信贷抵押 | 0.01 | 0.09 | 0.01 | 0.10 | 0.01 | 0.09 |

注：①为了节约篇幅，没有列出控制变量的描述性统计结果；②\*\*\*、\*\*、\*分别表示变量在已确权组农户样本和未确权组农户样本之间差异的t检验结果在1%、5%、10%的统计水平上显著；③全部样本的观测值个数为 7 577，已确权组的观测值个数为 4 273，未确权组的观测值个数为 3 304。

**1. 因变量——农户农业生产效率损失。** 采用"一步法"对随机前沿超越对数生产函数、农业生产效率损失及其影响因素进行参数估计。农业投入包括农业生产时间投入、农地经营规模和农业物质投入，农业产出指标是家庭农业总产值。为了尽可能避免超越对数生产函数中高次项（二次项、交互项）与低次项（一次项）之间存在严重的多重共线性，在回归分析中对农业投入和农业产出指标进行了无量纲化处理。由表 6-6 可知，与未确权组样本农户相比，已确权组样本农户的农业投入、农业产出水平较高，且差异均在1%的统计水平上显著。通过采用随机前沿超越对数生产函数所测算的全部样本农户的平均农业生产效率损失为 0.40，但分组来看，已确权组样本农户的平均农业生产效率损失为 0.39，低于未确权组样本农户的 0.41，两者差异在5%的统计水平上显著。

**2. 核心自变量——农地确权。**农地确权采用"农户是否已经领到《农村土地承包经营权证》"进行测度。其工具变量为"县域除该样本农户之外其他样本农户已领到《农村土地承包经营权证》的占比"。中国农地确权的实施进度较为缓慢，并且不同地区的政策落实情况存在较大差异。在全部样本中，56.39%的农户已经领到《农村土地承包经营权证》。其中，西部省份已领证的农户比例最高（66.25%），中部省份次之（53.62%），而东部省份则最低（49.62%）。

**3. 中介变量。**本节以农业生产要素配置为中介变量，具体包含农业投资、农地流转、家庭劳动分工和经营权信贷抵押4个方面。其中，农业投资分为农业短期投入和农业长期投资；农地流转包括水田或水浇地转入、旱地转入两个变量。为了使农地确权对不同中介变量的影响值具有可比性，本节在回归分析中对中介变量也进行了无量纲化处理。首先，已确权组样本农户倾向于增加农业短期投入。表6-6中的结果显示，已确权组样本农户的平均农业短期投入为9 256.90元，在1%的统计水平上显著高于未确权组样本农户的7 037.42元。但是，已确权组与未确权组样本农户的平均农业长期投资不存在显著差异。其次，已确权组样本农户倾向于扩大农地（特别是旱地）经营规模。从组间差异看，已确权组样本农户的平均水田或水浇地转入规模、平均旱地转入规模分别为0.88亩和2.24亩，均在1%的统计水平上显著大于未确权组样本农户。从组内差异看，对于全部样本农户、已确权组样本农户和未确权组样本农户，平均旱地转入规模分别是平均水田或水浇地转入规模的2.39倍、2.55倍和1.97倍。再次，已确权组样本农户的家庭务农人数占比明显较高。全部样本农户的平均家庭务农人数占比为42.14%，但分组来看，已确权组样本农户的平均家庭务农人数占比为45.22%，明显高于未确权组样本农户的38.16%。最后，经营权信贷抵押试点尚未铺开。已确权组与未确权组样本农户的抵押贷款可得性不仅数值小（均值只有0.01），而且不存在显著差异。

**4. 控制变量。**控制变量包括家庭特征、村庄特征和地区变量。家庭特征和村庄特征是倾向得分匹配中显著影响已确权组、未确权组农户样本抽样概率分布的协变量。其研究设计目的在于将可能影响农地确权、农业生产要素配置和农业生产效率损失的因素纳入中介效应模型中，从而尽可能避免遗漏变量所引发的内生性问题。地区变量将"东部省份"作为对照组，"中部省份"、"西部省份"作为控制组。已确权组样本农户、未确权组样本农户的各个控制变量均至少在 10% 的统计水平上存在显著差异，因此，将其纳入计量模型是恰当的。

## 四、实证结果与分析

### （一）农地确权的总体效应与分组估计

基于全部农户样本，本节运用 Stata 软件估计了上文（6-1）式模型中所示的随机前沿超越对数生产函数。回归结果表明，只有农业生产时间投入的一次项不具有统计意义上的显著性，农业生产效率损失的均值在 1% 的统计水平上显著不为零。因此，本节将生产函数设定为随机前沿超越对数形式是恰当的。

表 6-7 中回归 1 是农地确权对农户农业生产效率损失总体影响的回归结果。另外，需要指出的是，对于原有地权稳定程度、农业机械化条件、农户非农就业机会截然不同的村庄，农地确权对农户农业生产效率的影响可能是有差异的。因此，本节根据农地调整状况（2003 年以来村庄是否发生过农地调整）、农业机械化条件（能否享受村庄机耕服务、农户在粮食生产中是否部分或全部实行了机械化作业）、农户非农就业机会（村庄是否有非农产业、村庄是否有劳动力外出务工服务、户主是否外出务工）进行分组估计（表 6-7 中回归 2 至回归 7 和表 6-8）。表 6-7 和表 6-8 中，农地确权变量的估计系数值对应于上文（6-2）式模型中的 $a_1$。从农业生产效率损失函数的内生性检验结果可知，表 6-8 回归 5 中农地确权变量是一个内生变量，因此需要采用工具变量法对其内生性进行修正[①]。在所有的回归结果中，瓦尔德检验值（Wald $\chi^2$）均在 1% 的统计水平上显著不为零，表明农地确权的总体效应和分组估计的拟合效果均较好，具有进一步分析的价值。

---

① 工具变量对潜在内生变量的影响系数值为 0.009 4，并且在 1% 的统计水平上显著不为零。工具变量估计第一阶段方程的 F 统计值为 298.76，远远大于作为经验法则的 10。可见，无需担心弱工具变量问题。

**表6-7　农地确权的总体效应及分组估计结果**（因变量：农业生产效率损失）

| 变量 | 回归1 全部农户 样本 | 回归2 村庄无 土地调整 | 回归3 村庄有 土地调整 | 回归4 粮食生产 机械作业 | 回归5 粮食生产 传统耕作 | 回归6 享受机耕 服务 | 回归7 无机耕 服务 |
|---|---|---|---|---|---|---|---|
| 农地确权 | −0.245* | −0.324** | −0.019 | −1.617*** | −0.009 | −0.647** | −0.141 |
| | (0.129) | (0.138) | (0.718) | (0.554) | (0.139) | (0.272) | (0.242) |
| 控制变量 | 已控制 | 已控制 | 已控制 | 已控制 | 已控制 | 已控制 | 已控制 |
| 常数项 | 0.643* | 0.840** | −4.395 | −2.496 | 1.173*** | −0.161 | −0.824 |
| | (0.389) | (0.338) | (6.168) | (1.794) | (0.356) | (0.821) | (1.960) |
| 观测值数 | 7 577 | 5 659 | 1 918 | 4 107 | 2 237 | 2 488 | 5 089 |
| 伪对数似然比 | −6 242.185 | −4 793.431 | −1 367.519 | −1 857.236 | −2 244.630 | −1 731.171 | −4 362.868 |
| 瓦尔德检验值 | 1 445.73*** | 974.24*** | 1 240.96*** | 3 194.30*** | 426.03*** | 1 265.22*** | 1 157.45*** |
| 农业生产效率损失 函数的内生性检验 | 0.01 | 0.06 | 0.45 | 1.67 | 0.01 | 2.10 | 0.46 |

注：***、**、*分别代表在1%、5%、10%的统计水平上显著。括号中数字是村庄层面的聚类稳健标准误。

**表6-8　按照非农就业机会分组估计的农地确权效应**（因变量：农业生产效率损失）

| 变量 | 回归1 村庄有 非农产业 | 回归2 村庄无 非农产业 | 回归3 村庄有 外出务工服务 | 回归4 村庄无 外出务工服务 | 回归5 户主 外出务工 | 回归6 户主未 外出务工 |
|---|---|---|---|---|---|---|
| 农地确权 | 1.577 | −0.367** | 0.473 | −0.288** | 0.152 | −0.292** |
| | (2.776) | (0.157) | (0.439) | (0.134) | (0.188) | (0.128) |
| 控制变量 | 已控制 | 已控制 | 已控制 | 已控制 | 已控制 | 已控制 |
| 常数项 | −15.052 | 0.677 | 1.729 | 0.616 | 0.686** | 0.664* |
| | (0.450) | (1.534) | (0.394) | (0.378) | (0.331) | (0.378) |
| 观测值数 | 1 914 | 5 663 | 959 | 6 618 | 811 | 6 766 |
| 伪对数似然比 | −1 559.621 | −4 509.486 | −788.301 | −788.301 | −1 223.268 | −5 608.557 |
| 瓦尔德检验值 | 3 024.21*** | 1 126.45*** | 783.56*** | 1 300.57*** | 2 440.45*** | 1 278.22*** |
| 农业生产效率损失 函数的内生性检验 | 0.27 | 0.02 | 0.31 | 0.02 | 3.35* | 0.02 |

注：***、**、*分别代表在1%、5%、10%的统计水平上显著。括号中数字是村庄层面的聚类稳健标准误。

　　首先，农地确权在总体上有助于提高农户的农业生产效率。农地确权对农户农业生产效率损失具有显著的负向影响，其总体效应为－0.245（表6－7中回归1）。可见，就总体而言，农地确权政策对农户提高农业生产效率发挥了积极作用。

其次，对于未曾发生过农地调整的村庄，农地确权能够显著提高农户的农业生产效率。从表6－7可知，对于没有发生过农地调整的村庄，农地确权对农户农业生产效率损失的影响显著且系数为负（表6－7回归2）；相反，对于发生过农地调整的村庄，农地确权并不影响农户农业生产效率损失（表6－7回归3）。区别于Markussen（2008）、Melesse & Bulte（2015）所认为的"对于原有地权安全性较低的村庄，农地确权能够强化地权安全性并提高农业生产效率"，农地调整作为政府或者村集体的决策行为，不仅可能会降低农户对原有农地产权安全性的感知，而且可能导致农户对具有法律赋权作用的农地确权政策不信任，还可能削弱农户对农地确权后农地制度稳定性的预期，致使农地确权政策的有效性大打折扣。

再次，对于农业机械化条件较好的村庄，农地确权能够显著提高农户农业生产效率。由表6－7可知，对于那些在粮食生产中部分或全部实行了机械化作业、能够享受村庄机耕服务的农户，农地确权对其农业生产效率损失具有显著的负向影响（表6－7回归4、回归6）；相反，对于粮食生产依旧采用传统方式、不能享受村庄机耕服务的农户，农地确权并不影响其农业生产效率损失（表6－7回归5、回归7）。一般而言，农地确权与外部农业生产条件相互匹配，更有助于发挥其政策效应。农户拥有较好的农业机械化条件更有利于发挥农用机械替代农业劳动力的比较优势，从而降低农业经营成本或者提高农作物产量。

最后，对于拥有较多非农就业机会的农户，农地确权并不影响其农业生产效率。从表6－8可知，对于村庄有非农产业、村庄有劳动力外出务工服务、户主外出务工的农户，农地确权并不影响其农业生产效率损失（表6－8回归1、回归3和回归5）。相反，对于村庄没有非农产业、村庄不提供劳动力外出务工服务、户主没有外出务工的农户，农地确权对其农业生产效率损失影响显著且系数为负（表6－8回归2、回归4和回归6）。总体而言，由于农业经营的比较收益低下，拥有较多非农就业机会的农户更加倾向于选择兼业甚至退出农业生产。因此，对于拥有较多非农就业机会的农户而言，农地确权非但无法产生预期的农业生产激励，反而通过强化地权安全性促使其转出承包地并外出务工。

## （二）农地确权影响农业生产效率的作用机制

表6-7和表6-8仅提供了农地确权影响农业生产效率损失的总样本回归结果和分组回归结果。为了进一步揭示农地确权通过农业生产要素配置间接影响农户农业生产效率，本节采用中介效应模型对其作用机制进行实证分析。

表6-9是农地确权对中介变量要素配置影响的估计结果，农地确权变量的系数值对应于上文（表6-3）式模型中的 $b_1$。表6-10给出了农地确权、中介变量要素配置对农业生产效率损失的直接效应，农地确权、中介变量（包括农业短期投入、农业长期投资、水田或水浇地转入、旱地转入、家庭劳动分工、经营权信贷抵押）的系数值分别对应于上文（表6-4）式模型中的 $c_1$ 和 $c_2$。从表6-9可以看出，除了回归2之外，其他回归的外生性瓦尔德检验值在统计上都是显著不为零的。这表明，农地确权变量除了在回归2中不是内生变量之外，在其他回归中都是内生的，因此，采用工具变量法修正其潜在的内生性问题是有效的。同时，表6-9和表6-10中各个回归的瓦尔德统计值（Wald $\chi^2$）均在1%的统计水平上显著不为零，表明各回归的整体拟合效果均较好，具有进一步分析的意义。

**表6-9 农地确权对农业生产要素配置的影响**

| 变量 | 回归1 农业短期投入 | 回归2 农业长期投资 | 回归3 水田或水浇地转入 | 回归4 旱地转入 | 回归5 家庭劳动分工 | 回归6 经营权信贷抵押 |
|---|---|---|---|---|---|---|
| 农地确权 | 0.219*** | 1.950 | −4.201*** | 3.111*** | 0.833*** | 0.277 |
| | (0.070) | (−2.905) | (1.128) | (1.033) | (0.145) | (0.204) |
| 控制变量 | 已控制 | 已控制 | 已控制 | 已控制 | 已控制 | 已控制 |
| 常数项 | −0.428*** | −32.044*** | −13.893*** | −13.680*** | −1.187*** | −2.935*** |
| | (0.064) | (3.279) | (1.567) | (1.213) | (0.130) | (0.243) |
| 观测值数 | 7 577 | 7 577 | 7 577 | 7 577 | 7 577 | 7 577 |
| 伪对数似然比 | −9 662.077 | −5 059.525 | −6 441.581 | −6 740.644 | −11 708.525 | −4 311.448 |
| 瓦尔德检验值 | 511.02*** | 464.58*** | 77.25*** | 148.48*** | 172.20*** | 50.29*** |
| 外生性瓦尔德检验 | 5.14** | 1.43 | 14.54*** | 7.77*** | 21.33*** | 3.00* |

注：***、**、*分别代表在1%、5%、10%的统计水平上显著。括号中数字是村庄层面的聚类稳健标准误。

表6-10 农地确权、要素配置对农业生产效率损失的影响（因变量：农业生产效率损失）

| 变量 | 回归1 | 回归2 | 回归3 | 回归4 | 回归5 | 回归6 | 回归7 |
|---|---|---|---|---|---|---|---|
| 农地确权 | −0.228* | −0.246* | −0.244* | −0.233* | −0.214* | −0.246* | −0.197* |
| | (0.122) | (0.129) | (0.128) | (0.127) | (0.124) | (0.129) | (0.116) |
| 农业短期投入 | −0.243*** | — | — | — | — | — | −0.201*** |
| | (0.071) | | | | | | (0.067) |
| 农业长期投资 | — | −0.017 | — | — | — | — | −0.024 |
| | | (0.058) | | | | | (0.055) |
| 水田或水浇地转入 | — | — | −0.182** | — | — | — | −0.157* |
| | | | (0.086 4) | | | | (0.081) |
| 旱地转入 | — | — | — | −0.283*** | — | — | −0.227** |
| | | | | (0.105) | | | (0.099) |
| 家庭劳动分工 | — | — | — | — | −0.201*** | — | −0.155*** |
| | | | | | (0.053) | | (0.044) |
| 经营权信贷抵押 | — | — | — | — | — | 0.867** | 0.979** |
| | | | | | | (0.391) | (0.391) |
| 控制变量 | 已控制 | 已控制 | 已控制 | 已控制 | 已控制 | 已控制 | 已控制 |
| 常数项 | 0.576 | 0.641* | 0.628 | 0.607 | 0.591 | 0.643* | 0.494 |
| | (0.369) | (0.389) | (0.388) | (0.384) | (0.376) | (0.387) | (0.366) |
| 观测值数 | 7 577 | 7 577 | 7 577 | 7 577 | 7 577 | 7 577 | 7 577 |
| 伪对数似然比 | −6 210.529 | −6 242.114 | −6 232.946 | −6 224.653 | −6 221.723 | −6 238.506 | −6 170.725 |
| 瓦尔德检验值 | 1 527.71*** | 1 446.03*** | 1 464.60*** | 1 345.16*** | 1 444.79*** | 1 435.04*** | 1 360.84*** |
| 内生性检验 | 0.03 | 0.10 | 0.04 | 0.02 | 0.04 | 0.06 | 0.01 |

注:***、**、*分别代表在1％、5％、10％的统计水平上显著。括号中数字是村庄层面的聚类稳健标准误。

回归结果表明，农地确权不仅直接影响农户农业生产效率，而且还通过中介变量间接影响农户农业生产效率。从表6-10中回归7可知，加入全部中介变量之后，核心自变量农地确权对农业生产效率损失依旧具有显著的负向影响。可见，农地确权对农户农业生产效率损失的直接效应为−0.197。不仅如此，农地确权还通过多重中介变量对农户农业生产效率损失产生间接作用，经计算其多重中介效应为−0.218。具体而言：

首先，农地确权能够使农户增加农业短期投入，进而提高农业生产效率。农地确权对农业短期投入影响显著且系数为正（表6-9中回归1）；同时，农业短期投入对农业生产效率损失影响显著且系数为负（表6-10中回归1、回归7）。此外，加入了中介变量农业短期投入之后，农地确权对农业生产效率损失依旧具有显著的负向影响（表6-10中回归1、回归7）。索贝尔检验结果表明，农业短期投入对农业生产效率损失的中介效应在5%的统计水平上显著，其系数值为−0.044。可见，农业短期投入具有部分中介效应，即农地确权通过促使农户增加农业短期投入提高了其农业生产效率。

其次，农地确权抑制农户水田或水浇地转入，进而降低农业生产效率。农地确权对农户水田或水浇地转入影响显著且系数为负（表6-9中回归3）；同时，水田或水浇地转入对农业生产效率损失影响显著且系数为负（表6-10中回归3、回归7）。此外，加入中介变量水田或水浇地转入之后，农地确权对农业生产效率损失依旧具有显著的负向影响（表6-10中回归3、回归7）。索贝尔检验结果表明，农户水田或水浇地转入对农业生产效率损失的中介效应在10%的统计水平上显著，其系数值为0.661。可见，水田或水浇地转入发挥了部分中介效应，即农地确权通过抑制农户水田或水浇地转入造成了其农业生产效率损失。

再次，农地确权促进农户旱地转入，进而提高农业生产效率。农地确权对农户旱地转入影响显著且系数为正（表6-9中回归4）；同时，旱地转入对农业生产效率损失影响显著且系数为负（表6-10中回归4、回归7）。此外，加入中介变量旱地转入之后，农地确权对农业生产效率损失依旧具有显著的负向影响（表6-10中回归4、回归7）。索贝尔检验结果表明，农户旱地转入对农业生产效率损失的中介效应在10%的统计水平上显著，其系数值为−0.707。可见，旱地转入具有部分中介效应，即农地确权通过增加农户旱地转入提高了其农业生产效率。

最后，农地确权促使农户增加家庭务农人数占比，进而提高农业生产效率。农地确权对农户家庭务农人数占比影响显著且系数为正（表6-9中回归5）；同时，家庭务农人数占比对农户农业生产效率损失影响显著且系数为负（表6-10中回归5、回归7）。此外，加入中介变量家庭劳动分工之后，农地确权对农户农业生产效率损失依旧具有显著的负向影响（表6-10中回归5、回归7）。索贝尔检验结果表明，家庭务农人数占比对农业生产效率损失的中介效应在 1% 的统计水平上显著,其系数值为—0.129。可见,家庭劳动分工具有部分中介效应,即农地确权通过改善农户家庭内部劳动分工状态提高了其农业生产效率。

需要指出的是,虽然农地确权促进了农户增加农业短期投入,进而提高了农业生产效率,但仍不足以促使农户通过增加农业长期投资来影响其农业生产效率(表 6-9 中回归 2、表 6-10 中回归 2 和回归 7)。其原因可能是,农户在短期内可通过追加化肥、农药等投入要素维持甚至提高农业产出水平,但是,农业长期投资具有资产专用性的锁定效应,因此,农地确权通过农业长期投资来提升农业生产效率的作用机制往往存在滞后效应。

同时,农地确权一方面通过促进旱地转入提高农户农业生产效率,另一方面通过抑制水田或水浇地转入导致农户农业生产效率损失。从需求的角度看,样本农户的户均旱地经营规模(4.65 亩)在 1% 的统计水平上显著高于户均水田或水浇地经营规模(2.29 亩)。换言之,旱地耕作的规模化程度相对较高,农地确权更能激励承租者通过扩大经营规模来提高农业生产效率。从供给的角度看,水田或水浇地的耕作往往具有较高的农业收益和较低的经营成本,农地确权能够激励承包户自己从事农业生产经营并减少水田或水浇地转出,从而使承租者很难进一步扩大水田或水浇地转入规模,进而造成农业生产效率损失。

此外,农地确权尚未能够通过经营权信贷抵押的传导机制对农户农业生产效率产生显著影响(表 6-9 中回归 6、表 6-10 中回归 6 和回归 7)。对此可能的解释是,虽然农地经营权被赋予了抵押和担保权能,但目前经营权信贷抵押服务只在极少数试点地区开展,并且农地经营权抵押政策的试行时间尚短,因此,农地确权尚未能通过经营权信贷抵押渠道影响农户农业生产效率。

## 五、结论与讨论

### (一)主要结论

本节将农业生产要素配置细分为农业投资、农地流转、家庭劳动分工和经营权信贷抵押 4 个方面,构建了"农地确权—要素配置—农业生产效率"的理论分析框架,并采用 2014 年和 2016 年中国劳动力动态调查

(CLDS) 29 个省份的混合截面数据实证分析了农地确权对农户农业生产效率的影响及其作用机制，得到以下 3 点研究结论：首先，农地确权总体上提高了农户农业生产效率。农地确权对农户农业生产效率损失的总体影响为－0.245。就总体而言，农地确权对农户提高农业生产效率发挥了积极作用。其次，对于没有发生过农地调整、农业机械化条件较好的村庄，农地确权能够显著提高农户农业生产效率；相反，对于拥有较多非农就业机会的农户，农地确权对其农业生产效率并不产生显著影响。再次，农地确权对农户农业生产效率的影响包括直接效应和间接效应。农地确权对农户农业生产效率损失的直接效应和间接效应分别为－0.197 和－0.218。农地确权通过促进农户加大农业短期投入、增加旱地转入、提高家庭务农人数占比对其农业生产效率损失产生了显著的负向影响。其中，旱地转入的中介效应最大（－0.707），家庭务农人数占比次之（－0.129），而农业短期投入则最小（－0.044）。此外，农地确权还抑制了农户水田或水浇地转入，造成其农业生产效率损失（其中介效应为 0.661）。

## （二）进一步讨论

从上文的计量分析结果可知，中国农地确权对农户农业生产效率存在多重效应。已有研究结果同样表明，农地确权在世界范围内（特别是在发展中国家）具有截然不同的影响。本节更感兴趣的问题是，在不同国家或地区甚至在同一国家内部的不同地区，为什么农地确权对农业生产效率的影响会有显著的差异？这可能是因为，首先，农地确权政策效应的有效发挥需要某些与之相互匹配的外部条件。本节的实证结果表明，在中国，对于原有地权较为稳定、农业机械化水平较高、非农就业机会较少的村庄，农地确权能够显著提高农户农业生产效率。对柬埔寨的调查研究表明，在地理位置较不偏远、基础设施和要素市场较为完善的地区，农地确权对农业生产效率的促进作用更加明显（Markussen，2008）。相反，较低的土地投资回报率、较为薄弱的农村信贷市场都将抑制农地确权政策效果的有效发挥（Jacoby ＆ Minten，2007）。

其次，在不同国家或地区，农地确权与农业生产效率之间实际有效发挥传导作用的中介变量不尽相同，进而导致农地确权的总体效应截然不同。本节的实证结果表明，在中国，农地确权政策一方面通过促使农户加大农业短期投入、增加旱地转入和提高家庭务农人数占比来提升农业生产效率,另一方面通过抑制农户水田或水浇地转入造成农业生产效率损失。对泰国的研究结果则表明,由于原有地权安全性较高、农村信贷市场较为完善,农地确权主要通过土地抵押融资渠道对农业生产效率发挥促进作用(Feder & Onchan,1987)。与之不同的是,在柬埔寨、赞比亚,农地原有地权安全性较低,农村信贷市场较为落后,通过强化地权安全性并产生农业投资激励成为农地确权提高农业生产效率的最主要途径(Markussen,2008;Melesse & Bulte,2015)。

再次,由于不同类型农户拥有异质性的农业资源禀赋,农地确权对其要素配置行为进而对农业生产效率会产生截然不同的影响。一般而言,拥有较多的农业资源禀赋意味着农户的农业资产专用性水平较高。农地确权通过明晰产权归属、激励农地投资的方式强化了农业资产专用性。为了避免专用性农业资产改作他用而遭受贬值的风险,农户往往选择继续从事农业生产经营。与之相反,对于拥有农业资源禀赋较少、非农就业机会较多的农户,农地确权非但无法产生农业生产投资激励,反而会因为强化了地权安全性而促使其转出农地、外出务工甚至逐步退出农业生产。可见,农地确权政策好比一种加速的"分离器",将加快拥有不同农业资源禀赋的农户实现职业分化和专业分工。

### (三)政策启示

上述研究结论的政策启示是:首先,避免出现"被确权"、"确空权"的问题。农地确权只有强化地权安全性进而确保使用权排他、交易权自由和收益权独享,才能促使农户通过调整生产要素配置行为来提高农业生产效率。其次,完善农村要素市场。政府的政策导向在于通过促进农户水田或水浇地转入、增加农村雇佣劳动力供给、落实农地经营权抵押政策等为农地确权政策效应的有效发挥创造有利的外部条件。再次,维持农村土地政策稳定。村庄过于频繁地进行农地调整可能会弱化农户对农地产权制度的稳定性预期,从而不利于农地确权政策效应的有效发挥。最后,推进农机作业外包服务。对于机耕服务较好、农业机械化程度较高的村庄,农地确权能够显著提高农户农业生产效率。因此,政府应当大力推进社会化农机作业服务。

# 第七章　农地确权方式及其效果：案例分析

农地确权在本质是产权界定。产权界定有不同的方式，农地确权在实践中也存在着多种模式。不同的确权模式有着不同的生成逻辑，进而形成不同的产权绩效。因此，通过对各地农地确权的案例分析和经验总结，有助于把握农地确权的内在规律、降低农地确权成本、提高农地确权的制度绩效。

## 第一节　农地确权的模式选择

农地确权是我国农村当前最主要工作之一，虽然大部分地区已经基本完成了农地确权颁证工作，但余下的是纠纷最多，完成难度最大的地区。农地确权包括土地登记申请、地籍调查、登记注册、颁发土地证书等多个复杂环节。全国各地存在着多套确权模式，有的地方确权到单位，有的地方确权到户，不同的确权模式具有不同的生成逻辑，面临着不同的制度约束。农地确权作为强制性的制度变迁，在人文地理特征差异性大的中国，必然存在兼容性问题。在农地确权进入攻坚冲刺阶段，选择合适的农地确权模式显得尤为重要，直接关系到农地确权工作的顺利完成。

随着新一轮农地确权工作在全国范围内展开，"确权"成为政学两界的热门话题。但已有的国内外文献，主要集中在农地确权的由来、作用、矛盾、影响因素以及实践经验总结等方面（贺雪峰，2015；谭砚文、曾华盛，2017；程令国等，2016；高名姿等，2015；严冰，2014），对于农地确权模式的多样性及其生成逻辑关注不够。对某一范围内土地的所有权、使用权的隶属关系进行确定是农地确权的主要内容，但实际执行过程十分复杂，面临着干部群众认识不统一、土地权属有争议以及经费不足等问题。因此，对农地确权模式生成逻辑的分析，有助于把握农地确权的内在规律，降低农地确权成本，提高农地确权效率，加快我国农地确权工作进程。

## 一、选择逻辑：产权结构角度

新制度经济学传统研究中，制度环境、制度安排、初级行动团体、次级行动团体和制度装置等构成了一项制度变迁所必需的五个主要因素，其中制度安排支配经济单位之间可能存在合作与竞争的方式，而制度装置则是行动团体所利用的装置和手段（Davis et al.，1971）。成功的制度安排需要有效的制度装置来执行，不同的制度装置决定着制度安排的执行力度与期望结果，农地确权本质上是一种制度安排，而农地确权模式则是制度的实施装置，直接决定着农地确权能否顺利执行。制度装置的有效性主要取决于作为经济环境部分的基本法律概念，制度装置的选择与所处的制度环境有关，更具体地说，是与新制度安排所规制的对象性质有关（诺斯，1994）。尤其当产权无法清晰划定或者产权主体之间信息不对称现象存在，致使产权无法发挥约束作用时，制度装置的合理设置是必要而且必需的，它甚至比国家法律更具有现实执行力，会带来更合理的制度变迁绩效。基于上述分析，本节沿着"对象性质—制度装置—制度安排"的分析框架，具体分析农地确权模式选择的一般逻辑。

从土地产权结构看，主要包括所有权、占有权、收益权和处置权四个基本权利。一方面，农村土地归集体所有，具有公共物品的属性，从根本上决定了农地确权模式的选择不能突破集体所有的底线（杜奋根，2017）；另一方面，家庭承包责任制的"两权分离"又使得农地私人物品属性得到增强，尤其是国家一再强调承包经营权稳定长久不变的大背景下，土地的私有产权强度得到了极大的增强，农地确权模式的选择又具有私人物品的特点。

对于一般地区来说，仍然延续的是以"准私有产权"形式安排的农村土地家庭承包经营制度（罗必良，2016），土地的私有产权较重，产权结构中除了所有权属于集体外，占有权、收益权和处置权都属于农户，并且随着承包经营权期限的延长，土地私有产权强度将进一步增强。选择确权到户的模式可能更符合实际情况。

在山区，虽然也遵循农村土地家庭承包的基本经营制度，但土地在实际经营过程中共有产权强度较高。现实中土地抛荒现象常见，土地产权不清晰状况十分普遍。土地大多还是由集体统一处置，然后再交给农户经营，也就是说，土地的所有权和处置权归村集体，占有权和收益权归农户，可见，相对于确权到户，土地的共有产权得到了增强。由此，选择整合确权模式可能更加适合山区需求。原因如下：①山区产权不清晰现象十分普遍，整合确权可以降低交易费用；②整合确权更容易实现农地流转，进而实现农地规模化经营，促进分工和专业化生产；③整合确权强化了村集体权能。

发达地区在城市化进程中历史的形成土地的"返租倒包"、"股份合作"等集体经营模式，其农地的实际处置权一般归属于集体，即土地的所有权、占有权和处置权都属于集体，只有收益权属于农户。可见，相对于前两类地区，这种条件下的土地共有产权强度最高。选择确权确股不确地模式可能更加适合。原因如下：①确权确股不确地避免了跟农户直接交易，降低了确权的交易成本。对村集体来说，土地的总体信息比较清晰和容易获得，采取确权确股不确地的方式可以降低确权的信息成本；②对于大部分农民来说，多年的集体经营，他们最看重的是其土地的收益权，"只在乎收益而不在乎占有"，农地确权只要能保证他们的收益权就容易得到他们的支持，由此，选择确权确股不确地更容易保证他们的收益权；③发达地区经济比较发达，集体经济组织比较完善，把农村土地交给集体统一经营更有效率，便于灌溉、机械作业等公共服务的提供，可获得规模经营收益剩余。

## 二、农地确权：主要模式及实践困境

现阶段农地确权工作在全国普遍展开，虽然各地做法不尽相同，但总体来看，主要有确权到户、整合确权、确权确股不确地3种主要模式。

### （一）确权到户模式

确权到户模式即按农户原始承包地的数量和地块位置确权确界，该模式是现在全国各地的主要做法，也是最简便的形式。确权到户具有操作简单、容易被农民接受等特点，既能最好地保障农民土地权益，又没改变集体经济组织制度。因此，农业部的文件主张更多地采用确权到户的模式。

从权利角度看，确权到户具有 3 个方面含义：①按照集体成员权将土地承包权和经营权界定给农户，实现土地所有权和承包权经营权的分离；②进一步对农户的地块、面积等产权范围进行界定，核实清楚农户现有土地的产权信息；③确权到户后，农户既享有对农地的实际占有、使用和部分处置权，也拥有收益权，使得农民土地权力的法律地位得到进一步增强，该模式一般以第一轮或第二轮土地承包的基数为基准，对于农地产权相对清晰的一般地区而言，在实际执行过程中成本较小，仅仅需要对承包经营权证书进行换发即可，农户易于接受。

在实际操作中，确权到户模式存在 2 个问题：①确权是以第一轮承包还是第二轮延包地的基数为准。由于第二轮延包时农业税费较重，种田收益比较低，所以农户对第二轮延包及承包地面积要不要调整并不在意。随着国家农业税的取消和农业补贴政策的实施，种田收益明显上升，部分农户会对第二轮延包的承包地面积提出异议，要求进行适当调整后再确权；②对于原抛荒地的确权纠纷处理。一些抛荒田地被其他农户耕种后已经改变了原来承包人田地的用途和地界，因为要确权，原来的土地承包人回来想对自己的承包地确权；但地界都发生了改变，有的使用人当时都交了税费甚至进行过较大的投资，原抛荒地的确权纠纷处理起来比较困难。

## （二）整合确权模式

整合确权是在确权前，将农户分散而细碎的承包地集中且连片，再进行农地确权。该模式既能保障农民土地权益，又能在不改变集体经济组织制度的前提下促进农地流转，形成农地规模经营，是对确权到户模式的组织性创新。

从农户的权利角度看，整合确权在农地产权主体内容的界定上并无区别，其区别在于农户间产权范围的界定上，由于进行了换地交易，农户的产权范围相应发生变化。整合确权最重要的创新就在于把农户分散的土地连片和集中，有利于机械化生产。整合确权后，地块数减少，降低了乡镇干部的工作量。另外，土地置换本身就是土地流转的重要形式之一，经营主体流入土地涉及的农户数减少，谈判费用降低，土地产权进一步明晰，促进了土地的市场流转。

整合确权在实际操作中一般存在三种情况：①确权前，村里为了集中成片进行耕种或养殖，由村组织出面对部分农户的承包地进行置换以及确权确界；②农户自愿协商把原来承包的分散地块换在一起便于集中经营，而且对于好地、近地进行适当的面积补偿，双方都同意确认，然后按置换调整后的田地进行确权确界；③面对承包地的分散化和细碎化，由政府出台相关政策，在最大限度消除农地地块之间质量差异的情况下，实现先调整整合，确保每户承包土地集中到1～2块，然后再按调整整合后的农地进行确权。

### （三）确权确股不确地模式

确权确股不确地模式即农户拥有原承包地土地的承包经营权和收益权，农户的承包地不确定具体的位置和地界，由集体进行发包。这种确权模式，采取法律文书形式明确土地的集体所有权和农户的承包权，同时，便于将经营权集中交给相应的主体，农户作为承包者并没有明确其承包土地的地界，只是明确承包地的份额，因而有利于农业的专业化和规模化经营。

从农户的权利角度看，确权确股具有三方面含义：①对农地产权主体的界定。主要是按照集体成员权将土地承包经营权界定给农户，利用土地股份合作的形式实现承包权和经营权的分离。②对农地产权范围的界定。主要依照农户的承包面积对其进行股权份额的界定。③对农地产权内容的界定。与确权到户方式相比，确股农户不享有对农地的实际占有、使用和部分处置权，只拥有收益权，土地股权是一种准按份共有的用益物权。同时，与确权到户相比，确权确股不确地最大差异在于土地承包权和经营权的分离，由村集体经济组织行使对土地的经营权，农户则享有土地的收益权（张雷等，2015）。

在具体的实施过程中，确权确股不确地包含2种情况：①村集体集中管理和经营村里的土地，每个农户就像村土地股份公司的一个股东，按农户各自拥有承包地面积的股份大小平等地分享集体经营土地的收益。有些村里的土地已经被集中开发了，农户承包地的地界已经不存在，不易对每家农户的承包地进行具体的位置确界。农户只能依自己承包地大小来获取自己的利益。②村集体对村里的土地进行集中整治分片经营，打破了原来农户承包地的地界。确权确股不确地具有适应性效率，一方面，愿意种地的农户可以通过包地的形式继续种地；另一方面，不愿意种地的农户可以把土地委托给村集体流转出去，自己则获得土地的租金。

## 三、典型案例解剖

针对农村土地承包经营权确权登记颁证问题，2014 年中央 1 号文件明确规定："可以确权确地，也可以确权确股不确地"，而 2015 年中央 1 号文件则规定："总体上要确地到户，从严掌握确权确股不确地的范围"。"确权到户"与"整合确权"作为"确权确地"的表现形式，与"确权确股不确地"安排存在异质的生成逻辑。

### （一）确权到户：安徽省宿州市埇桥区的案例分析

**1. 案例概述。** 宿州市埇桥区是安徽省首批农地确权试点地区，同时也是完成较快的地区之一。自 2014 年农地确权开始，在短短不到一年的时间内，埇桥区就已经全面完成了建立农户登记簿工作；颁发土地确权证书 302 220 份，颁证率达到 98%；完成信息数据入库的农户数 308 381 户，信息数据入库率 100%；完成资料归档 286 860 户，资料归档率 93%。相比一些地区农地确权进展缓慢，埇桥区农地确权进行如此顺利，背后有什么样的动因呢？

**2. 生成逻辑。** 埇桥区实行确权到户的农地确权模式，究其原因有以下 2 点：①埇桥区以平原为主，实行家庭承包经营制度多年，土地调整次数少，对于大部分村庄来说，农地产权清晰，农户对自家土地的面积、位置等信息都很清楚。即使一些村庄农地历史资料缺失，但在村落领域农地的实际权属是清晰的，也是被村民认可的。在这样的情况下，埇桥区农地的产权明晰，尤其在多年的稳定经营下，农地产权强度进一步提升。因此，选择确权到户的农地确权模式更易被农民接受，操作相对简单，只需对农地进行再次确认颁证即可。②从法律和政策环境看，确权到户是符合规定的农地确权基本模式，为农地确权实施提供了宽松的法律环境。可见，私有产权增强与法律政策环境宽松是确权到户生成的基本逻辑。

**3. 制度约束。** 确权到户固然加快了农地确权进程，但也面临以下制度约束：①土地分散和细碎化的问题无法有效解决。确权到户的仍是原有的地块和面积，土地仍然分散细碎，不利于规模经营。受制于人多地少的国情以及农业弱质产业的属性，农地的权能处分方式也难以摆脱小农经济的困境，实现适度规模经营目标（秦小红，2016）。②地方政府积极性不高。确权经费有限，干部下乡补贴的减少，有些干部根本不愿意，只是走过场的"程序主义"，非注重确权的"结果主义"。③市场化打破了村规民约。农村村约是通过熟人社会、血缘建立起来的，确权背离了农户公共选择的自由，实为"地方制造"产物，破坏了原来的村规村俗和乡土人情所建立的平衡，将原先各自模糊的土地产权归属给市场，容易引发"确空权"和租金上涨，导致本来由乡里情缘所形成的"忠诚过滤器"失效（钟文晶、罗必良，2013）。

### （二）整合确权：广东省阳山县的案例分析

**1. 案例概述。**阳山县是广东扶贫重点开发县，由于经济不发达，土地耕作条件差，加之劳动力转移，阳山土地撂荒现象十分严重。以阳山江英镇为例，全镇人口约4.3万人，二轮发包土地约4.3万亩，如今常住人口不到两万人，一半土地撂荒。由于二轮承包时仅登记了户主和地块面积，没有明确地块位置，时间长远已无法准确辨认四至，很难确权到户。为了减少纠纷，推进确权工作，阳山县政府在江英镇荣岗村试点，探索"确地界到村组、确面积到农户"的土地确权模式。即先把土地全部确权到村小组，再以二轮承包时各户所占面积来确地，耕地具体位置不在承包经营权证上表明，只列明每户的耕地面积。然后，经村民代表（户代表）会议表决后实施。该模式一经实施，立刻引起了其他村效仿，取得了较好的实际效果。同时，阳山县委县政府利用此次土地确权的契机，在农民自愿的前提下，探讨"先置换整合后确权"的农地确权模式，进一步促进了土地的有序流转和规模化经营。

**2. 生成逻辑。**土地共有产权强度的增强决定了整合确权的模式选择。农村土地地块位置信息的不清楚，使得土地的处置权又回归到了村集体，土地的公共物品属性增强，选择整合确权的模式比较适合。阳山选择整合确权模式，究其原因有以下2点：①从确权成本来看，整合确权实行确权到村，避免了因土地位置不清导致的纠纷；②从潜在收益看，为引入分工经济创造了条件。整合确权实施以来，阳山土地租金由整合确权前的150

元/亩增加至 300 元/亩，人均地块面积从 0.67 亩增加到 1.67 亩。

**3. 制度约束。**整合确权模式的应用，让农地得以适度集中连片，提高了农地配置效率，防止了农地的频繁调整，实现"生不增死不减"。整合确权动力源于内部，受到如下制度约束：①缺乏法律政策支持。目前确权到户仍然是政策和法律提倡的主要确权模式，整合确权属于来自基层实践的探索，在法律和政策层面还存在争议。②换地的折算和利益补偿困难。由于不同地块的质量、价格不同，在实际置换过程中换地利益补偿难以估算。③农地整合谈判费用较高。农地整合需要说服每个农户，谈判费用必然较高。④个人信用体系缺乏。若置换地块的农户将劣等的地块进行包装以次充好换取其他农户的地块，如何有效地甄别一直是个问题。⑤"钉子户"常有。农村公共服务的完善和公共物品的供给需要征用部分农户的土地，因谈判费用过高无法做到内部统一，常出现"钉子户"。

### （三）确权确股不确地：广东省佛山市南海区的案例分析

**1. 案例概述。**南海区地处珠三角腹地，从 1993 年开始，南海区便开始在全区推广农村股份合作，对集体土地和其他经营资产按股份制原则进行管理和运营，实行"统一管理、统一经营、统一核算、统一分配"。多年的集体经营，使得农户对自身的地块信息早已不清，在此情形下，南海区抓住集体资产股份权能改革以及国务院农村改革示范试点单位的契机，在全区范围内推行"确权确股不确地"的农地确权模式，得到了基层普遍认可，农地确权工作进展顺利。截止到 2017 年 1 月，南海全区股权确权总体完成进度达到 86%，其中，九江、丹灶、里水 3 镇表决完成率已达 100%。

**2. 生成逻辑。**从产权结构看，集体经营使得其土地的所有权、占有权以及处置权都归属于村集体，农户只有收益权，土地的共有产权强度极大，土地公共物品的属性决定了南海"确权确股不确地"的模式选择。①土地集体经营导致农地的四至不清，农地界定费用高，"确权确股不确地"避免了因农地信息不清导致的纠纷，加之农户的股权信息比较清晰，容易确定，进行"确权确股不确地"的成本较低。②"确权确股不确地"保证了集体收益，便于实现农地规模经营。

**3. 制度约束。**"确权确股不确地"保证了集体经济的壮大发展，但因改革动力源于内部，由借助农地组织而内生推动得以开展的制度安排，往往缺乏法律支撑以及科学性。具体来说，主要体现在以下方面：①成员资格界定中的村规民约和法律法规相抵触。由于我国法律对集体经济组织成员资格并没有明确界定，这就意味着确权确股缺乏法律支撑，缺乏对于农地组织建立起来的产权制度基础的支撑。②确股时点难以把握。不同时点对应不同的利益分配格局，如何把握确权时点是其关键制度约束。③内部人控制及"搭便车"行为。农户将农地让渡给农地组织，自身只具有农地股份的"份地"，不实质占有使用土地。农地组织部分领导可能将农地非农化，破坏农地经营结构，降低耕地地力；借农地占有的"搭便车"寻租损害公共资源；因内部人控制造成组织内耗而陷入"集体行动的公共主义困境"。④非农村集体农户公共意愿。将农地以股份制形式让渡到农地组织，可能是村落强势农户集体决策的意愿，进而代表其他弱势农户"被确权"。

## 四、结论与讨论

本节通过对当前我国农地确权模式的系统梳理，总结不同农地确权模式的主要做法，基于"对象性质—制度装置—制度安排"的农地确权模式选择分析框架，剖析农地确权模式的生成逻辑与制度约束，以期为加快我国农地确权进程提供借鉴。研究发现，当前农地确权主要存在确权到户、整合确权、确权确股不确地三种模式；土地共有产权强度的高低决定了农地确权的模式选择；确权到户面临着土地细碎化、地方政府积极性下降、村集体权能弱化的制度约束；整合确权面临着换地折算和利益补偿、农地整合改制费用较高、法律基础弱化、配套基础设施不完善的制度约束；确权确股不确地面临着村规民约和法律法规冲突、确股时点以及难以协调不同权利关系 3 个方面的制度约束。

在农地确权顶层制度设计总体安排下，基于中国的地区差异及其各地的历史、现实情况，应允许基层组织在合法合规的前提下创新农地确权模式，以实现农地确权"自上而下"推进过程中赢得"自下而上"的支持。①基层具体选择何种确权方式，取决于土地共有产权强度的高低。②以强制性制度变迁为特征的农地确权模式在村落领域面临着巨大的谈判和界定费用，应该从以诱导性制度变迁为特征的土地确权经验中吸取营养，完善现有的确权模式。③农地确权模式选择应该与村庄集体经济发展水平相适应，对于集体经济不发达村庄可以选择确权到户或整合确权模式，而对于集体经济发达的村庄可以选择确权确股不确地模式。④农地确权模式选择应该以农民自愿为基本原则，并完善乡村治理机制。

# 第二节 "整合确权"的农业规模经营效应

## 一、问题的提出

就总体而言，中国农业经营依然是"小农经济"（曹阳、王春超，2009）。农业农村部经管司数据表明，2013年全国户均承包地经营面积仅5.77亩，2016年为5.6亩。农户户均承包地面积不仅远低于世界银行对小农户（2公顷）的定义标准，而且仍在不断细小化。在很大程度上可认为超细小的农场规模是近30年来中国现代农业建设成效不显著的"罪魁祸首"（何秀荣，2009）。如何推动农业规模经营，实现"产业兴旺"是学界和政界关注的焦点问题。许多关于农业改革与转型的文献认为，土地产权在资源配置中始终占据显著影响，农地确权是解决发展中国家农业问题的政策良方（Binswanger et al.，1995；Conning & Robinson，2007）。中国于2009年开始推行农村土地承包经营权确权登记颁证试点（简称农地确权），2014年全面推广，并预计于2018年底基本完成。在此背景下，确权政策的影响评估成为备受关注的热点问题。

确权的本质是产权界定，具有基础性的制度功能。经典产权理论认为，农地确权能降低交易成本，有利于促进农地流转集中及其农业规模经营、提高资源配置效率等。但是农地确权政策的积极效应在实践中并不能总是被观察到。究其根本，可能的原因在于：一方面，与研究所用数据和方法的严谨性不够相关（Brasselle et al.，2002），主要表现为研究缺乏面板数据，在计量上未处理内生性问题；另一方面，现有研究对确权制度安排的复杂性、异质性认知不足（Deininger & Feder，2009）。事实上，不同国家和区域的农地确权制度存在明显差异，但已有主流研究基本以"是否确权"作为核心变量纳入进行分析，并未对确权制度进行归类细分。中国的"确权确地"的实践操作中，就存在有两种代表性的做法：一种是直接按照二轮承包时的土地台账进行"四至"确权，这是目前各地普遍推行的一种方式，可称之为"常规四至确权"；另一种是广东阳山、湖北沙洋等地创新实践的方式，即先进行土地整治、调整并块后再进行确权，可称之为"整合确权"。两种不同的产权界定实施方式都能被实施，意味着制度可以有不同的安排，其制度效应也可能存在重大的差异。但国内农地确权研究的主流文献并未对基层实践中出现多样性农地确权方式给予足够的关注。

鉴于此，本节关注确权制度的异质性，基于 2017 年初对阳山县整合确权试点前后的两期面板调查数据，利用 DID 政策效应评估模型展开分析，由此回答以下问题：整合确权方式对农业规模经营发展有怎样的影响？其制度效应的生成机理是什么？有怎样的政策含义？

## 二、文献回顾与分析框架

### （一）农地确权、农地流转与农地规模经营

主流文献强调产权制度对经济发展的重要意义（North & Thomas，1973）。农地确权登记的重要性经过 Soto（2000）的研究而广为所知。理论上，产权明晰是市场交易的前提（Coase，1988、1960），确权会促进农地流转，推进农业规模经营。一方面，在农地流转交易过程中，明晰的土地产权制度有利于农民对承包经营权形成长期稳定的预期（黄季焜、冀县卿，2012），规范交易流转行为，激励人们从争夺现有资源的对抗方式转向市场交易的合法方式来解决他们对稀缺资源的需求冲突，从而减少土地纠纷（于建嵘、石凤友，2012；Deininger et al.，2009）。另一方面，产权明晰便于交易各方根据确定的法律规则辨认自身的合法正当利益（张静，2003），消除不确定性（Feder and Nishio，1998），使自身的合法权益能更有效地免于受地方政府或社会强势群体的非法侵蚀。因此，通过稳步推动农地确权，促进农地流转集中实现农业规模经营，成为了政学两界的主流理论观点。

但是，农地确权对于农地流转影响的经验结论是不确定的，甚至在不同的国家与区域，出现了完全相反的结论。国外的农地确权研究主要是针

对亚非拉发展中国家展开的。部分学者肯定了确权对农地流转的推动作用（Mccarthy et al.，1998；Kemper，2015；Gandelman，2016）。但也有学者得出相反结论：Place 和 Migot－Adholla（1998）发现，肯尼亚土地确权并没有明显增加土地市场的活跃度；Jacoby 和 Minten（2006）对马达加斯加的研究则表明，土地登记对土地转出存在负向影响。国内早期的农地制度研究主要是针对农地产权稳定性展开的。随着农地确权登记颁证政策的实施，学界收集了新一轮的农地确权调查数据，验证确权对农地流转的影响，但研究结论也不一致。Deininger 等（2015）、程令国等（2016）、钱忠好和冀县卿（2016）等发现，确权颁证在减少交易成本，促进农地流转等方面发挥了作用。但罗必良（2014）将"确权与农地流转"问题置于行为经济学的理论框架下，引入禀赋效应概念的研究表明，确权会强化农户禀赋效应，因此抑制农地流转。

农地确权的积极政策效应在实践中并不能总是被观察到，从而导致无法获得一致的实证证据，主要源于：一方面，已有研究对确权制度安排的复杂性、异质性的认知不足（Deininger & Feder，2009），未对确权制度进行归类细分研究。另一方面，研究所采用的数据类型和计量方法不够精准。目前国内的研究主要是基于确权的横截面数据进行分析，但国外学者如 Deininger 等（2015）对中国的研究、Kemper（2015）对越南的研究、Gandelman（2016）对乌拉圭的研究等，要么是挖掘历史数据，要么是利用确权政策实施前后的准自然实验方法或随机控制实验法，识别农地确权政策的影响效应。严格来说，对于政策影响评估研究需要利用面板数据采用双重差分法（DID），剔除时间趋势和个体特质影响，来识别政策效果。

## （二）整合确权方式的产生原因及其制度效应分析

目前整合确权方式主要在广东省阳山县开展，实施时间较短，仍未在全国普遍推行，完全针对这种确权方式展开研究的文献较少，更多的是一般性新闻媒体报导。目前查阅到的学术文献，仅有两篇是针对阳山县整合确权方式的分析。其中，一篇文献主要是从交易费用角度分析了阳山县整合确权方式产生的原因（罗明忠、刘恺，2017）；另一篇文献则是从事实层面描述了阳山县整合确权方式的出现原因、实施过程以及推广可能存在的问题（谭砚文、曾华盛，2017）。这两篇文献均肯定了整合确权方式对于缓解阳山县农地细碎化以及促进农地流转的积极效应。与理论关注程度较低形成鲜明对比的是，阳山整合确权方式已经引起了国内不少地方政府的关注，且已出现了模式推广复制的学习效应：如内蒙古的"化零为整"（王艳超，2017）和安徽蒙城的合并小块地，推行"一块田"（汪洋，2016）。此外，湖北沙洋县通过"不动面积、调整地块"方式整合细碎化地权后再进行确权，与阳山的确权方式也颇为类似，但也存在一定的差异。湖北沙洋县普遍推行的是"各户承包权不变，农户间协商交换经营权"（贺雪峰，2016），但是承包权与经营权分离后，各家各户的承包地与耕种地不一致，农户的土地承包经营关系更复杂，且农户间协商互换经营权的程序比较烦琐（孙邦群等，2016）。相比较而言，广东阳山县的整合确权模式操作程序较为简便，连片效果更佳。也正是如此，阳山县在2013、2014 年先后获批中央农办、农业部的国家级农村综合改革试验区，更是农地整合确权改革政策实践的先行地区，因而对阳山县的整合确权方式展开研究更具代表性。总之，不同地区结合实际进行确权方式的探索创新，产生了不同的操作模式，亟须科学地评估不同确权方式的净政策影响效应，为确权方式选择提供决策依据和参考。

但上述已有研究受限于个案的面上调查数据，仅对整合确权方式的制度效应进行了描述性分析，无法回答整合确权方式在何种程度上通过何种途径对农业规模经营产生何种影响。进一步地，已有研究多将政策影响聚焦于对农地流转的影响，未将农地规模经营、服务规模经营两类规模经营两条发展路径纳入到一个分析框架中进行分析。事实上，对于如何推动我国农业规模经营发展，尽管在早期学界存在农地规模经营与服务规模经营的发展路径之争，但目前政学两界已日渐达成共识。农地流转仅仅是促进农业规模经营的选择路径之一，农地规模经营、服务规模经营共同发展应成为并行不悖的选择策略（罗必良、胡新艳，2016）。因此，本节将综合评估确权方式对农地规模经营、服务规模经营发展的差异性影响效应。

鉴于此，本节以广东省阳山县试点推行的整合确权为准自然实验场景，利用两期的面板调查数据，采用双重差分法评估整合确权方式对农业规模经营发展的影响效应。

## 三、整合确权试点与准自然实验设计

### (一)实施背景与实施流程

**1. 实施背景。**升平村位于广东省清远市阳山县,地处粤北山区,主要是丘陵地形。全村土地总面积约 17 486.56 亩,其中耕地 3 369 亩,以水稻种植为主,播种面积约 800 亩。全村共 18 个村民小组,712 户农户,约 3 500 人;村里已铺设水泥硬底化公路,交通较为便利。村民经济来源中,农业经营收入约占 70%,非农就业收入等占 30%。在整合确权实施前,农户户均地块数约 5 块,最多的有 20 多块,平均地块面积约 0.6 亩,土地细碎化、分散化问题非常突出。

2013 年阳山县获批为全国农村综合改革试验区,同年 7 月被确定为广东省 5 个土地承包经营权确权登记颁证试点县之一。2014 年中共中央办公厅、国务院《关于引导农村土地经营权有序流转发展农业适度规模经营的意见》提出,鼓励创新土地流转形式,重视农地互换并地解决承包地细碎化问题后,阳山县开始探索实施承包地整合确权方式,2015 年阳山县政府将黎埠镇升平村作为整合确权试点中的试点。

**2. 实施流程。**整合确权方式是一种兼顾公平理念下改进规模效率的分配机制。土地整合的目的在于解决分散、细碎经营带来的效率损失问题,而农地确权又必须兼顾公平。为兼顾农户土地权益的"公平"诉求,确保确权工作的顺利推进:首先,同一自然村或村组的农户,在自主自愿基础上,将各自分散、零碎、不合经济利用的承包地予以置换整合,坚持"三不变"原则,即房前屋后地块不变、果园不变、鱼塘不变。在此基础上尽量将兄弟间的土地连片,减少纠纷,促进农地集中连片经营。其次,在政府资金支持下,村集体统一规划修建灌溉水渠和机耕路,覆盖整个村小组的所有农田。修建基础设施所占土地按户均摊,每户约占 0.33 亩。通过修建农田水利设施、灌溉渠道等农田整治行动,缓解土地质量差异带来的分配不公平,解决涉及农民土地利益冲突矛盾的关键问题。这是保障整合确权方式得以顺利实施的物质性支持条件。农地整治工作的实施流程见图 7-1。

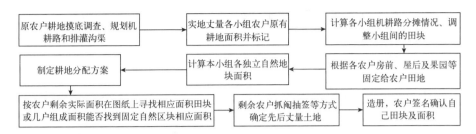

图 7-1 升平村整合工作流程图

## （二）准自然政策实验设计及其样本选择

数据来源于课题组 2017 年 1 月对广东省阳山县升平村的入户问卷调查。农户问卷内容涉及农户的基本情况、农地确权、农地流转以及农业服务外包等内容。升平村整合确权政策于 2016 年 1 月以村小组为单位进行试点，本次调查了 2015 年、2016 年两年的数据。其中，2015 年代表的是整合确权试点前的基线数据，2016 年是整合确权试点后的跟踪调查数据。准自然实验的实验组为升平村内开展整合确权试点的村小组，包括前锋、四新、联合、东风、中心 5 个村小组；对照组为邻近未开展整合确权的 5 个村小组（图 7-2），包括前进、上车、下车、河边、东方红 5 个村小组；根据村小组人口比重进行随机抽样，实验组获得有效样本 102 户，对照组有效样本为 163 户，两年有效样本总计为 530 个。

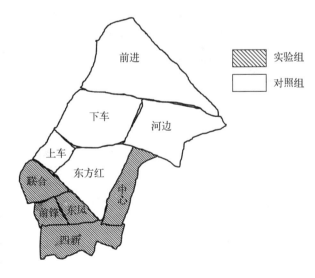

图 7-2 升平村整合确权试点图

## 四、模型设定与变量测度

### (一) 模型设定

DID 模型被广泛应用于评估政策的实施效果 (肖浩、孔爱国, 2014)。该模型将 "前后差异" 和 "有无差异" 有效结合, 在一定程度上控制了某些除干预因素以外其他因素的影响; 同时在模型中加入其他控制变量, 又进一步控制了实验组和对照组中存在的某些 "噪声" 影响因素, 补充了 "自然试验" 在样本分配上不能完全随机的缺陷, 因而能得到对政策效果的真实评估。本节以升平村实施整合确权方式的试点村小组农户作为实验组, 以未实施的村小组农户作为对照组, 设定如下双重差分模型:

$$y_{it} = \beta_0 + \beta_1 \, year + \beta_2 \, titling_i + \beta_3 \, year \times titling_i + \beta_4 X_{it} + \varepsilon_{it} \quad (7-1)$$

其中, 被解释变量 $y_{it}$ 表示第 $i$ 个农户的农业规模经营发展情况。$titling_i$ 和 $year$ 均为二值虚拟变量, 当 $titling_i = 1$ 表示农户 $i$ 属于实验组, 反之, 当 $titling_i = 0$ 时, 则农户 $i$ 属于对照组; 当 $year = 1$ 表示整合确权干预实施后; 反之, $year = 0$ 则为基准年, 表示未实施整合确权。观察整合确权的政策干预效应主要是看交互项的系数 $\beta_3$, 若 $\beta_3$ 的值在统计水平上显著且呈正相关, 则表示整合确权对农业规模经营产生积极影响; 否则, 反之。$X_{it}$ 表示其他控制变量; $\beta_1$、$\beta_2$、$\beta_3$、$\beta_4$ 是待估参数; $\varepsilon_{it}$ 表示随机扰动项。

### (二) 变量测度

**1. 被解释变量: 农业规模经营发展效应。**本节从农地规模经营、服务规模经营两个方面进行评估。

① 农地规模经营发展效应: 采用地块规模与农地流转参与程度两个指标衡量。农地规模经营发展强调的是通过土地规模扩张来培育适度规模化经营主体。土地规模扩张主要表现为两种状态, 一种是地块规模的扩张, 用平均地块面积衡量; 一种是通过农地流转集中引发的经营规模扩张。考虑到直接用农户是否流转的指标过于绝对化, 且不能反映出农户农地流转参与程度的高低, 而流转参与程度又直接影响着农地的规模经营改善程度 (胡新艳等, 2013)。因此, 选用农地流转参与程度指标进行测度,

计算公式为：农地流转参与程度＝［流转面积/（流转面积＋承包地面积）］×100%。

② 服务规模经营发展效应：采用外包服务可获取性与外包服务参与程度两个指标衡量。服务规模经营强调的是将农户与社会化服务市场联系起来，具体表现为农户将原本由家庭内部完成的某些农业生产环节剥离出去，从市场购买生产服务（王志刚等，2011）。区别于已有农户"是、否"选择生产环节外包的衡量方法，本节从外包服务的供求双方进行分析，一是考虑市场供给丰度。从升平村的调研中发现，目前该村外包服务市场仍然处于初级阶段，而且外包服务供给以跨区作业者居多。可见，外包服务供给方发育对于当地服务规模经营发展的影响大，因而选用外包服务的可获取性表达外包市场的供给丰度；二是考虑服务需求方（农户）的外包市场参与程度。根据 Feenstra 和 Hanson（1999）提出的外包服务参与程度的量化指标，即各行业服务产品中间投入额（服务外包额）占其所有中间投入的比重指标，设置农户外包服务参与程度的指标为：外包服务参与程度＝水稻生产外包费用/总费用×100%。

**2. 核心解释变量：**双重差分变量，即交互项 $year \times titling_i$。若农户 $i$ 在 2016 年已实施整合确权则取值为 1，否则为 0。

**3. 控制变量。**考虑到不同行为决策的影响因素不同，但也并不排除可能存在相同的影响因素，因此基于学术惯例和已有研究，根据不同被解释变量选择不同控制变量。具体而言：农地规模经营发展效应评估模型中，平均地块面积模型的控制变量主要为村小组人均耕地面积、家庭人口规模和地形；而农地流转参与程度模型不仅受到村小组人均耕地面积影响，同时与家庭特征、户主特征等也密切相关，因而均需要予以控制。在服务规模经营发展效应评估模型中，外包服务可获得性模型的控制变量为水稻种植规模、平均地块面积、村小组机耕路修建和地形等；外包服务参与程度模型设置的主要控制变量为农户家庭特征、户主特征、农地特征、村小组特征等。

### （三）描述统计

根据是否实施整合确权对农户进行分组，比较实验组和对照组两组样本农户之间的组间差异。从表 7-1 可以发现，两组农户在农地特征、农地流转、外包服务行为等方面存在一定差异，但两组农户不同指标的组间差异显著性程度不同。具体而言，已实施整合确权的实验组农户平均地块面积为 1.006 亩，而未实施的对照组农户平均地块面积为 0.618 亩，两组均值相差 0.387 亩，且在 1%的水平上显著；实验组农户与对照组农户在外包服务的可获得性方面也存在显著差异，两者相差约 15.6%。除此之外，已实施整合确权的农户在农地流转参与度和外包服务参与程度上均大于未实施的农户，但组间差异不具备统计上的显著性。由此得到一个初步的判断，整合确权方式已经对农户的农地规模经营以及外包服务分工产生了一定的影响。

表 7-1　实验组和对照组的描述性统计结果

| 变量名称 | 变量赋值或单位 | 实验组 | 对照组 | 组间均值差异 |
|---|---|---|---|---|
| 平均地块面积 | 承包地面积/地块数（亩/块） | 1.006 | 0.618 | 0.387*** |
| 农地流转参与度 | 流转面积/（流转面积＋承包地面积）×100% | 0.230 | 0.227 | 0.003 |
| 外包服务可获得性 | 容易获取＝1；其他＝0 | 0.721 | 0.564 | 0.156*** |
| 外包服务参与程度 | 水稻生产外包费用/总费用×100% | 0.241 | 0.229 | 0.030 |
| 家庭人口规模 | 家庭总人口（人） | 5.275 | 5.307 | −0.032 |
| 外出务工比例 | 外出务工人数/总人数×100% | 0.332 | 0.316 | 0.016 |
| 人口抚养比 | （16 岁以下＋70 岁以上人数）/总人数×100% | 0.208 | 0.190 | 0.018 |
| 家庭总收入 | 元（取对数） | 10.024 | 9.830 | 0.195* |
| 农业固定资产价值 | 元（取对数） | 6.868 | 6.903 | −0.035 |
| 是否属于大姓 | 属于大姓＝1；其他＝0 | 1.725 | 1.307 | 0.419*** |
| 水稻种植规模 | 亩 | 2.692 | 2.210 | 0.482** |
| 户主年龄 | 岁 | 59.039 | 56.626 | 2.413*** |
| 户主教育程度 | 年 | 6.480 | 6.252 | 0.229 |
| 雇工价格 | 元 | 105.882 | 108.681 | −2.799** |
| 村小组人均耕地面积 | 村小组耕地面积/村小组人口（亩/人） | 0.522 | 0.874 | −0.352*** |
| 丘陵 | 丘陵＝1；其他＝0 | 0.479 | 0.466 | 0.034 |
| 山地 | 山地＝1；其他＝0 | 0.336 | 0.294 | 0.107*** |

注：***、**和*分别表示在 1%、5%和 10%水平上显著。

# 五、实证结果与分析

## （一）整合确权方式的农地规模经营发展效应分析

表 7-2 中模型Ⅰ、模型Ⅱ分别用于评估整合确权对平均地块面积和农地流转参与程度的影响效应。

表 7-2　整合确权方式对农地规模经营发展影响的 DID 模型结果

| 变量 | 模型Ⅰ（平均地块面积） | 模型Ⅱ（农地流转） |
|---|---|---|
| 年份 | 0.000 (0.062) | −0.026 (0.030) |
| 确权 | 0.067 (0.082) | 0.002 (0.041) |
| 确权×年份 | 0.627*** (0.099) | 0.108** (0.051) |
| 家庭人口规模 | 0.000 (0.010) | 0.005 (0.006) |
| 外出务工比例 | | 0.125* (0.065) |
| 人口抚养比 | | −0.018 (0.071) |
| 家庭总收入（对数） | | 0.002 (0.011) |
| 农业固定资产价值（对数） | | 0.000 (0.006) |
| 是否属于大姓 | | 0.023 (0.015) |
| 平均地块面积 | | −0.059** (0.024) |
| 户主教育程度 | | −0.005 (0.004) |
| 户主年龄 | | −0.003** (0.001) |
| 村小组人均耕地面积 | −0.073 (0.116) | −0.005 (0.057) |
| 丘陵 | −0.165** (0.084) | 0.003 (0.042) |
| 山地 | −0.118 (0.073) | −0.052 (0.036) |
| Constant | 0.791*** (0.115) | 0.336** (0.146) |
| Observations | 489 | 385 |
| R-squared | 0.225 | 0.074 |

注：***、**和*分别表示在1％、5％和10％水平上显著。括号中的数字为标准误。

从表 7-2 的计量结果得到以下基本结论：

（1）整合确权显著促进了农户的平均地块面积扩大，在一定程度上缓解了地块层面的分散化与细碎化经营格局。模型Ⅰ中，"确权×年份"的

系数为 0.627，且在 1％的水平上显著，表明整合确权方式的实施将促使
农户的平均地块面积增加 0.627 亩。平均地块面积 0.627 亩的提升幅度，
相对于整合确权前的 0.618 亩的平均水平而言，增加了 1 倍左右，使农户
的平均地块面积达到了 1 亩以上。可见，整合确权基本达到了预期的直接
政策效果，促进了地块层面的规模化。这意味着，即使没有农地流转的集
中与经营规模的扩张，也能在地块层面推进当地农业规模经营的发展。

（2）整合确权显著促进了农户参与农地流转市场，有利于促进农地流
转集中，推进农户层面农地经营规模的动态扩张。从模型Ⅱ可知，"确
权×年份"的系数为 0.108，且在 5％的水平上显著。表明整合确权实施
后，农户农地流转参与程度显著提高了 10.8％。这一结果相比于已有关
于新一轮农地确权对农地流转的影响效应研究而言，表现出更大的作用强
度。程令国等（2016）研究表明，农地确权使得农户土地转出的可能性显
著上升约 4.9％。整合确权对农地流转市场发育的激励强度更大，主要可
能源于："确权"与"整合"两种作用效应的叠加。显然，整合确权延续
了常规四至确权下产权稳定带来的农地流转效应（Deininger et al.，
2007）。不仅如此，整合确权也带来了农地地块的标准化、规模化和精准
化，进而使得农地产权界定更安全、更明晰、更精确（Libecap & Lueck，
2011），从而有利于降低农地流转的交易费用。具体而言，对于农地转入
方而言，转入的地块面积大、质量好，便于进行专业化、规模化和标准化
的生产和管理，能提升转入方的流转收益，产生直接增收效应，从而激励
农地转入；而对于转出方而言，农地的面积和质量得到双重改进，意味着
参与农地流转市场时可以获得更高的租金，从而激励农地转出。可见，整
合确权在交易费用下降、经营权交易价值溢价的两种作用机制下，激励农
户参与农地流转，有利于缓解农地细碎化问题，促进农地规模经营发展。

## （二）整合确权方式的服务规模经营发展效应分析

表 7-3 中模型Ⅰ和模型Ⅱ分别用于评估整合确权对外包服务可获得
性和外包服务参与程度的影响效应。从回归结果可知，"确权×年份"系
数均为正，但没有通过统计检验。由此得到的基本结论是：整合确权对农
户生产性外包服务的可获得性以及外包服务参与程度均表现出潜在的正向
促进作用，但目前并未表现出显著的影响。

表 7 - 3  整合确权方式对服务规模经营发展影响的 DID 模型结果

| 变量 | 模型 I 外包服务可获得性 | 模型 II 外包服务参与程度 |
| --- | --- | --- |
| 年份 | −0.006 (0.048) | −0.006 (0.022) |
| 确权 | 0.119** (0.053) | 0.026 (0.022) |
| 确权×年份 | 0.018 (0.078) | 0.002 (0.034) |
| 水稻种植规模 | 0.103*** (0.008) | 0.003 (0.004) |
| 平均地块面积 | −0.011 (0.035) | 0.001 (0.015) |
| 丘陵 | −0.163*** (0.052) | −0.005 (0.023) |
| 山地 | −0.083 (0.054) | 0.036 (0.022) |
| 家庭总收入（对数） | | 0.020*** (0.007) |
| 外出务工比例 | | 0.103*** (0.038) |
| 老人劳动力占比 | | 1.031** (0.459) |
| 雇工价格 | | −0.001 (0.001) |
| 户主年龄 | | 0.001 (0.001) |
| 户主教育程度 | | 0.012*** (0.003) |
| Constant | 0.446*** (0.058) | 0.067 (0.109) |
| Observations | 489 | 362 |
| R - squared | 0.310 | 0.145 |

注：***、**和*分别表示在1％、5％和10％水平上显著。括号中的数字为标准误。

　　之所以出现整合确权对农业服务规模产生正向但并不显著的影响效应，其原因可能在于：从理论作用机制上而言，整合确权对服务规模经营存在潜在的正向影响。首先，整合确权有利于降低外包服务过程中的交易费用。具体来说，对农户而言，整合确权后的农地实现了单块土地的集中和规模化，这不仅有利于分摊外包服务成本，而且规模化、标准化、规整化农地大大降低了外包服务过程中的监督成本；除此之外，基础设施条件的改善，使得外包服务供给增多，降低了外包服务的市场价格。总之，整合确权实施后形成的地块规模化、标准化和规整化，不仅降低服务供给主体进入的"门槛"，而且降低了农户参与外包服务市场的交易费用，从而促进服务规模经营发展。其次，从市场容量扩张角度看，一方面"确权"可以通过细分产权促进农户根据自身的比较优势出现分化，深化农业生产中的纵向分工程度，带来交换规模和交易频率的上升，扩大外包服务市场容量（陈昭玖、胡雯，2016）；另一方面"整合"后，土地的集中连片规整，使农户将原来多地块多品种分散种植，转变为单一品种集中规模化生产（刘强等，2017），从而形成单个农户连片专业化，多个农户种植区域专业化的经营格局，促使农户形成一致的市场需求，扩大外包服务市场容量，进而促进服务规模经营发展（罗必良，2017）。升平村水稻整地与收割机械使用费用在农地整合后降低的事实与该推论吻合。

但是，由于升平村整合确权方式的实施时间不长，可能导致政策影响存在一定的滞后性，导致影响效应并不显著。进一步地，从村庄调研中发现，为升平村提供外包服务的大多是来自河南等地的跨区作业者，跨区作业者对异地服务需求的信息获取上存在不确定性与滞后性，这在一定程度上也削弱了整合确权方式对服务规模经营发展的影响效应。

### （三）稳健性检验

采用 DID 模型需要满足两个假设条件：一是实验组选择的随机性；二是实验组与对照组的共同时间趋势假设，即如果不存在干预冲击，实验组和对照组之间的发展趋势是一致的，并不随时间而发生系统性差异。为了验证本节模型采用是否满足上述两个假设条件，借鉴周黎安、陈烨（2005）以及郑新业等（2011）的处理方法进行稳健性检验。

**1. 整合确权村组选取是否具有随机性。**采用 Logit 模型进行检验，以"是否为整合确权试点村农户"为因变量，以两类农业规模经营衡量指标为解释变量。如果模型中解释变量的影响是显著的，表明试点村的选择不满足随机性假设条件，会导致内生性问题。否则，满足随机性的假设条件。

从表 7-4 回归结果看，承包地面积、地块数、转入耕地面积、转出耕地面积、外包服务价格和外包服务面积的估计系数均不显著，这说明村小组是否作为试点村并不是以上述变量为依据，表明试点村小组的选择满足 DID 模型的随机性假设条件。

表 7-4　整合确权村组选取是否随机的验证

| 变量 | 模型 I 农地规模经营与是否为试点村农户 | 变量 | 模型 II 服务规模经营与是否为试点村农户 |
|---|---|---|---|
| 地块数 | −0.054 (0.102) | 外包服务价格 | 0.003 (0.006) |

（续）

| 变量 | 模型Ⅰ 农地规模经营与是否为试点村农户 | | 变量 | 模型Ⅱ 服务规模经营与是否为试点村农户 | |
| --- | --- | --- | --- | --- | --- |
| 承包总面积 | −0.196 (0.210) | — | 外包服务面积 | | −0.013 (0.094) |
| 转入耕地面积 | — | 0.065 (0.115) | 丘陵 | 1.430*** (0.463) | 1.440*** (0.463) |
| 转出耕地面积 | — | −0.117 (0.234) | 山地 | 1.353*** (0.474) | 1.350*** (0.474) |
| 山地 | 3.898*** (0.727) | 3.778*** (0.698) | Constant | −0.977 (0.790) | −1.352*** (0.468) |
| 村人均耕地面积 | −24.02*** (4.707) | −24.81*** (4.732) | Observations | 169 | 169 |
| Constant | 8.793*** (1.856) | 8.399*** (1.811) | | | |
| Observations | 262 | 265 | | | |

注：***、**和*分别表示在1％、5％和10％水平上显著。括号中的数字为标准误。

**2. 实验组与对照组在政策实施前是否有相同的时间趋势。**为了验证实验组和对照组之间是否具有相同的时间趋势，以"2016年是否属于整合确权的试点村农户（试点村农户则取1，否则为0）"为核心解释变量，以2015年的农地规模经营、服务规模经营水平衡量指标为因变量，构建计量模型进行识别。

表7-5的模型结果表明，成为整合确权试点的村小组农户在政策实施之前与对照组村小组的农户在农地规模经营和服务规模经营方面并没有显著的差异。因此，可以认为整合确权试点村的选择是外生政策干预的结果，与村小组试点前农户的农业规模经营发展水平无关。

**表7-5　整合确权实施前试点村与非试点村农户农业规模经营发展水平差异**

| 变量 | 模型A | | 模型B | |
| --- | --- | --- | --- | --- |
| | 平均地块面积 (OLS) | 农地流转 (OLS) | 外包服务可获得性 (Logit) | 外包服务参与程度 (OLS) |
| 是否试点村农户 | 0.204 (0.214) | −0.093 (0.136) | −0.509 (0.733) | −0.104 (0.070) |
| 控制变量 | 已控制 | 已控制 | 已控制 | 已控制 |
| Constant | 0.313 (0.287) | 0.380* (0.229) | −0.069 (0.754) | 0.025 (0.166) |
| Observations | 260 | 202 | 260 | 194 |
| $R$ - squared | 0.118 | 0.142 | — | 0.132 |
| Pseudo $R^2$ | — | — | 0.307 | — |

注：***、**和*分别表示在1％、5％和10％水平上显著。括号中的数字为标准误。

## 六、结论与讨论

本节利用阳山县推行整合确权改革试点的准自然实验场景，以"确权方式-作用机制-规模经营发展"为理论线索，运用双重差分法，从因果关系层面推断整合确权方式对农地规模经营、服务规模经营发展的影响效应。研究发现：一是整合确权盘活了分散而固化的农地经营权，促使农户的平均地块面积增加了 0.627 亩，农地流转参与程度提高 10.8%。可见，整合确权不仅达到了"小块并大块"的预期政策效果，促进了地块层面的集中与规模化，而且促进了农地的流转集中及其农场经营规模的扩张。二是整合确权对服务规模经营发展也表现出了正向促进作用，存在改善农业的分工经济与外部服务规模经济的潜在空间，只是目前未形成普遍性趋势。

从政策效应的量化评估结果看，应肯定整合确权方式的农业规模经营发展效应，重视和关注地方基层农地确权方式的制度创新潜力与绩效，稳步推进整合确权的综合性改革措施，强化确权对农地规模经营的显著正向促进效应，与此同时，也需要积极引导和扶持从事生产性服务的新型经营主体发育，由此最大化地释放整合确权的规模经营政策效应。但是，农地确权改革具有情景依赖特征，因此推广和复制整合确权方式需要认识到模式所具有的特殊性和适用性。需要指出的是，确权方式的政策影响存在一定的时间滞后性，因此需要进一步跟踪观察。

# 第三节　交易费用、农地整合与确权绩效

## 一、问题的提出

沿袭中国长期以来的"均分"思想，我国家庭联产承包责任制中的农户土地承包基本是采取"均田制"，即肥瘦搭配、远近搭配、田地搭配，由此在体现公平的同时，致使人均耕地本来就不多的农户家庭，其承包土地被进一步细分在不同的地块，成为农业规模经营的硬约束，阻碍农业的分工深化与拓展，进一步影响农业生产效率提升，成为当前制约农业生产

发展的难题之一，被人们所诟病，愈益引起社会各界的关注。

在坚持家庭联产承包责任制的前提下，破解土地细碎化难题，推进农业经营规模化成为人们讨论的焦点之一。其中，可能的途径包括：一是通过政策引导并辅之以必要的行政手段，引导并帮助农户通过承包土地的置换，实现整合，达到单个农户家庭承包土地的相对集中与规模经营；二是进一步发挥农地三权分置的制度效应，助推农地市场发育，激励农户通过农地流转扩大农地经营规模。两种方式体现的经济学含义不同，可能的政策含义也不同。前者体现的经济学含义是：由于市场存在过高交易费用，此时产权的重新界定可以促进效率。后者体现的经济学含义是：在产权无法重新界定或者界定的成本过高时，产权的细分交易和迂回交易是改善效率的有效途径（程令国等，2016）。对于当前正在进行的新一轮农地确权而言，采取哪一种确权方式更有利于以更经济的方式完成确权并促进农地规模经营的目的？本节将以广东省阳山县黎埠镇升平村农地确权实践为例，从交易费用视角分析农地整合与确权的制度空间。

## 二、农地整合的效率逻辑：交易费用视角

### （一）理论基础

根据张五常（1999）的解释，制度变迁的交易费用可分作两类，一是现行制度的运行费用，即通常所说的非生产性费用；二是改制费用，即产权结构转变的费用（付江涛等，2016；胡新艳、罗必良，2016）。由此，①改制费用为零，运作费用最低的制度被采用；②改制费用不为零，运作费用较低的制度可能不被采用，且改制费用越高，现存制度越受保护；③若存在较低运作费用的制度，那么是否采用则取决于改制费用与改制后的运作费用节省的比较权衡。进一步地可将改制费用再分作三类，一是讯息费用，即获知其他制度安排的运作方式及运作效果的费用；二是抗拒费用，即说服或强迫认为改制会受到损害的人，尤其是现存制度的既得利益者的费用；三是界定费用，即产权重新界定所付出的费用。制度的变迁理当朝着交易费用较低的方向进行，则通过观察不同维度交易费用的转变，便可推导制度选择及其变迁的逻辑机理（图7-3）。

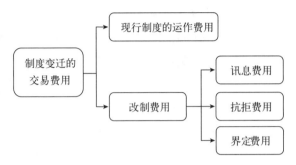

图 7 - 3　制度变迁的交易费用分类

## （二）农地整合的效率逻辑

1982 年中国农村全面推行家庭承包制，1985 年允许农地转让、互换、转包，农户开始拥有对农地的转让权。由此，名义上农村集体拥有农村土地所有权，行使农地调控的权力，农户掌控农地的使用权、收益权与转让权。但由于不同农村集体对农地调控权的把握权衡和使用方式的差异，形成了多样化的农地制度安排。理论上看，不同的制度安排虽都以农村集体福利最优化为目标，落实到农业生产上则是为实现生产效率最大化、土地租值极大化，但却暗含着不同的运作费用。一个重要效率原则是将有限的资源权利配置予对产权价值评价最高的行为主体（胡新艳等，2015），也即是将资源匹配予行为能力最强的主体。其中包含的逻辑，一是将资源配置予具有技术、资本或体力优势的主体，这是要素匹配的基本逻辑；二是将资源配置予具有经营管理优势的主体，实现规模经营，引入分工经济，这是生产分工的基本逻辑。传统的农业生产尤其是村集体农地分配遵循的是要素匹配逻辑，按照家庭人口均分农地即为最典型的例子，但其显然不适应现代农业生产发展对农地规模经营的要求。

从农业发达国家的经验上看，现代化农业生产必须引入分工逻辑，分工经济的获得又在一定程度上对经营规模存在门槛要求。因此，在中国人均耕地面积不足 3 亩以及坚持家庭联产承包责任制基本制度内核的背景下，要实现农地规模经营，就必须采取有效措施将分散在不同农户手中的土地重新集中统一。为此，农户数量越多，谈判协商的运作费用则越高，对分工经济的租值耗散就越大。换句话说，农村土地细碎化形成的在单块农田上拥有承包权的农户数量的密度越高，要达成协商一致，实现农地整合，需要的运作费用可能越高，甚至可能完全耗散规模经营所能获得的分工经济效益。可见，土地细碎化不仅是阻碍农地规模经营的直接原因，还是抑制农地规模经营形成的关键因素。但是，如果通过农户之间的农地置换，对农户家庭承包土地进行重新整合，改变原有的土地产权结构，就可以降低单一地块的权属分散程度，从而减少集中同样面积土地所需接洽的农户数量，进而减少交易频率，降低规模经营的运作费用。

上述分析揭示的一个逻辑就是，在目前制度结构下，完全通过市场自发交易直接整合土地以实现农地规模经营，需要经营主体承担高昂的运作费用，在土地细碎化严重的地区，其显然是无利可图的，亟须通过其他途径改善农地配置效率。其中，通过政策引导并辅之以必要的行政手段，引导并帮助农户通过家庭承包土地的置换整合，则不失为一种可供选择的路径。广东阳山县黎埠镇升平村在农地确权中采取的先置换整合再确权实践就给出了一个推进农地规模经营的诠释。

## 三、升平村的实践：先置换整合再确权

### （一）升平村的概况

升平村位于广东省清远市，地处粤北地区，属阳山县黎埠镇管辖，距圩镇约 4.5 千米。设村民小组 18 个（分别是四新、前锋、联合、东风、中心、东方红、上车、河边、下车、前进、和平、光辉、永兴、永新、圳边、瓦潭、朝阳和红星村），全村总面积约 17 486.56 亩，耕地面积 3 369 亩，其中水田 1 588 亩，水稻播种面积约 800 亩；山地 6 670 亩，经济林 1 000 亩，农地流转面积 600 亩，整合确权前的出租租金约为 150 元/亩。全村总人口 712 户，共约 3 500 人，共有 5 个祠堂，分属 5 个姓氏，2015 年人均收入约为 18 000 元。升平村的资源特点是：地质好，土地肥沃，水源充沛。村里已铺设水泥硬底化公路，交通便利，地势平坦。村民经济来源主要是种植养殖，从事农林牧渔业的劳动力比例达 70%，主要种植粮食和柑橘，而处于非农领域的劳动力占全村劳动力的 30%。

### （二）农地置换整合再确权的主要做法

自 2005 年以来，升平村未曾对农户承包土地进行过调整，每家农户

承包的土地少则 5～6 块，多则达到 30 多块，每块地面积大的仅 1 亩左右，小的可能只有 2～3 平方米，土地细碎化程度较为严重。2015 年，为了最大限度解决农地细碎化问题，阳山县借新一轮农地确权的契机，推行先进行农地置换整合再确权的农地确权实施方案，根据方案规定，经过农地置换整合后，每家农户所承包的地块数不超过 3 块，并选择了 5 个试点村小组，共有 175 户 845 人，土地总面积 289.2 亩，前后耗时六个多月，将原来零散的 430 块整合成为 224 块，每块农地的平均面积由原来的 0.67 亩提高到 1.24 亩。

在具体实施土地置换过程中，村农地确权小组首先将信息分类为村落土地地块面积和农户承包地总面积两类；然后，为了避免本村"内部人控制"的嫌疑，专门邀请镇农地确权办的工作人员作为第三方，将土地地块与农户承包地进行关联分配，镇农地确权办工作人员在完全不知每个农户的身份信息的情况下，以类似拼图的方式，根据不同农户的承包地面积，找寻村中能够与其承包土地面积契合的地块（连片）进行关联匹配。通过这种匹配模式，农户分到的承包土地无论是好是坏，但都必定是连片的，确保每家农户承包地尽可能是 1 块。

具体操作过程中，为了解决农地置换整合中存在的农地质量差异和面积减少等普遍存在的难题，争取更广大农户的支持，升平村主要采取以下措施：第一，争取外部资金投入搞好农业基础设施建设。村委会通过多种渠道，整合了各项涉农项目资金（阳山县也明确将各级财政支农资金集中使用）25.39 万元，村委会现金投入 5 万元，村民投工投劳折资 16 万元，总计投入 46.39 万元，建成 11 条 2.5～3.5 米宽总长 1 665 米的环村机耕路，建成 15 条 0.7 米宽总里程 3 180 米的环绕型"三面光"灌渠，两项加总后，每百亩土地投入成本超过 16 万元；第二，合理解决农业公共基础设施建设公用面积的分摊问题。升平村经过测量确定，修建机耕路及水利设施需要占用 7.2 亩土地，经过集体讨论决定修建农业基础设施所占用的土地采取平均分摊办法解决，即每亩地平均分摊 0.03 亩；第三，科学解决地块划分问题。升平村坚持"三不变"原则（即房前屋后地块不变、果园不变、鱼塘不变），以其为中心确定划分各户的地块，同时几兄弟间的土地可连片分配；第四有效解决"插花地"问题。村民商定要抓住这次"一户一地"的机遇，实现一村组一片地耕作，在村小组之间同样进行土地置换调整，解决村小组之间的"插花地"问题。经过上述措施，到2016年11月底，升平村已基本完成农地确权工作，农地确权测绘公示全部完成，目前正处于农地确权登记证制作阶段。

## 四、制度绩效分析

### （一）新一轮农地确权在农地配置中扮演的角色：人地关系强化

围绕新一轮农地确权问题，2014年中央1号文明确指出，"可以确权确地，也可以确权确股不确地"。2015年中央1号文件又指出，"总体上要确地到户，从严掌握确权确股不确地的范围"，并要"引导农民以土地经营权入股合作社和龙头企业"。可见，本轮农地确权从政策层面看，有两层含义：一是强化人地关系。即在新一轮农地确权完成后，政策上要求农户承包土地实行"生不增死不减"，不再对农户承包土地进行调整；二是清晰界定产权。即鼓励农业经营主体利用市场配置资源，在坚持现行家庭联产承包责任制的前提下，通过新一轮农地确权，明确农地所有权归集体，承包权归承包农户，经营权归土地经营者，实现农地三权分置，为农地流转进一步大开方便之门。但是，对于农地确权是否有利于降低农地流转的交易费用进而促进农地流转，学界存在分歧。部分研究认为，农地确权能够降低农地流转过程中的交易费用，促进市场的有序竞争和农地的交易流转（罗必良，2014；马贤磊等，2015；亚当·斯密，2012），而胡新艳、罗必良（2016）的研究显示，农地确权并没能显著影响农户的农地流转行为。但有一点是肯定的，那就是新一轮农地确权必将进一步强化人地关系。

### （二）农地确权前的置换整合缘由：降低规模经营的运作费用

农地细碎化制约我国农业生产效率的提升。要提升我国农业生产效率，一个绕不开的坎，就是要推进农地规模经营。而要实现农地规模经营，正如前文所述，在现行农地制度下，①要依靠市场力量完成农地集中与整合，形成土地规模经营，需要付出极高的流转谈判费用；②若农地质量参差不齐，还需要付出极高的评估费用；③即使农业经营主体通过农地流转扩大了农地经营规模，由于农户拥有对土地的终极控制权以及在地理位置的垄断权，一旦农户实施机会主义行为，农地转入方还面临合约执行的监督费用。可见，细碎化的产权结构下，利用"无形之手"集中农地达到农地规模经营的目的，运作费用明显较高。

由此，升平村的实践提供了一种可资借鉴的经验。通过对升平村的考察发现，一方面，升平村抓住新一轮农地确权带来的契机，积极响应上级政府部门的号召，实现"先置换整合再确权"，将细碎化的农地进行集中，使部分运作费用内部化；另一方面，"先置换整合再确权"使得每家农户的承包土地块数从原来的 5～8 块减少至 1 块，为农地确权后的农地流转与集中创造了更为良好的条件，流转同样面积农地的交易对象显著减少，规模经营的运作费用下降。

### （三）升平村"先置换整合再确权"：最优确权模式静态均衡分析

面对新一轮农地确权的要求，升平村存在两种可能的选择：一是不采取任何土地整合措施，直接依据第二轮家庭承包时每家农户的承包地面积、位置等信息进行确权；二是争取外部资金投入建设农业公共基础设施（如机耕路、水利管道等），然后进行土地置换整合再确权。村组织于两者之中的选择权衡可作一个最优决策的静态均衡分析。

假设一片土地分属多个农户平均拥有，确权模式共有 $i$ 种（$i=1$，2）。从 $n$ 个农户手中租入农地的总面积为 $F(n)$，在确权模式为 $i$ 的制度安排下，租入农地的运作费用 $OC_i$ 是农户数量 $n$ 的函数，需要接洽交易的农户数越多，运作费用则越高（本节为简化研究，假定与每个农户之间关系是同质、交易费用是用相同的，但在现实中农地流转的交易费用具有关系亲疏之别的差序化特征（张五常，2015））。而由于村落人口数量、土地面积的相对不变，故不同确权模式下的改制费用可看作外生的政策性变量，不同确权模式隐含着不同的改制费用，但在改制费用中，可假定界定费用即土地确权的外业测量费用和讯息费用于两种确权模式均相同，不同在于抗拒费用。其次，需要假设在 $F$ 亩土地下的规模经营所带来的经济效益为 $R(F)$，租入面积 $F$ 是 $n$ 的函数，则 $R=R(n)$，参照马歇尔的规模经济模型，其是一个拥有三个阶段两个拐点（先正后负）的曲线。又由于规模经济的本质是分工经济，分工对土地规模具有门槛要求，因此利润最大化的均衡点必然处于第二阶段，故仅取其第一阶段和第二阶段用作分析。专业化分工又受制于市场容量（邹宝玲等，2016）和交易费用（付江涛等，2016），若交易费用为零，不同的产权安排均会导致同样程度的专业化分工和规模经济；当交易费用不为零且市场容量不变时，专业化分工程度和规模经济则完全受制于交易费用。一个均衡条件是：分工合作带来的增产增利 $R$ 应在边际上与运作费用的边际上升相等。因此，利用规模经济曲线结合交易费用曲线可以得到一个产权安排下的最佳经营规模及其利益最大化的均衡点。

那么究竟选择何种确权模式则取决于两个条件，一是实行该模式带来的运作费用节省必须大于其改制费用，数理表达为即 $OC_f(n)-OC_i(n)-RC_i(n)>0$，其中 $OC_i(n)$ 为确权模式 $i$ 的运作费用，$OC_f(n)$ 为确权前的运作费用，$RC_i(n)$ 为确权模式 $i$ 的改制费用；二是比较不同确权模式的运作费用节省与改制费用差值后，选择差值即效益最大者，数理上表达为 $\max\ (OC_f(n)-OC_i(n)-RC_i(n))$。综合以上所述，最佳确权模式的优化问题表达为：

$$\max\ (OC_f(n)-OC_i(n)-RC_i) \qquad (7-2)$$
$$\text{s. t. } OC_f(n)-OC_i(n)-RC_i>0$$

$$MR(n)=MC_i(n)$$

其中，$MR(n)$ 为分工或规模经济的边际增长，$MC_i(n)$ 为确权模式 $i$ 的运作费用的边际增加。假设运作费用随着农户数量 $n$ 线性增加，与多一个农户接洽的运作费用边际增加为常数 A。确权前的制度安排：如图 7-4 所示，以农户数量（土地规模）为横轴，收益/成本为纵轴的坐标轴中，$OC_f$ 为确权前的运作费用，随农户数量（土地规模）的增加线性上涨，在 $OC_f$ 的斜率与规模经济曲线 $R$ 的斜率相等的位置为利益最大化均衡点，此时的农户数量为 $N_1$，利益最大化时的规模经济为 $R_1$，运作费用为 $C_1$，当 $C_1$ 大于 $R_1$ 时，由于运作费用过高，不会发生租入农地进行规模经营的行为。

接下来针对不同确权模式进行比较分析：

**1. 模式 1：根据第二轮承包信息直接确权颁证。**该模式下的改制费用最低，包括土地四至测量的界定费用和些许的抗拒费用。而对于改制后的运作费用影响，如上文所述，部分既有研究认为产权强度的提升能够减少交易过程的运作费用，但本节认为在大部分地区第二轮土地承包确立的产权强度足以消除产权模糊所引致的租值消散，确权所进一步提升的产权强

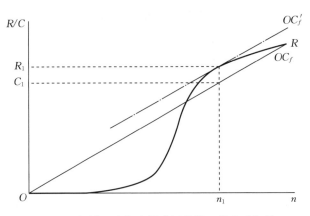

图 7-4　规模经济与交易费用曲线（整合确权前）

度对既有土地交易费用影响有限。换而言之，实行第一种确权模式并无法带来运作费用的节省，或许只会徒增改制费用。即当$OC_f = OC_1$时，则$OC_f(n) - OC_1(n) - RC_1(n) = -RC_1(n) < 0$。由于土地四至测量的界定费用由政府支付，则改制费用等于抗拒费用与讯息费用之和，即使极微但始终存在。因此对于村组织，实行这种确权模式显然是无利可图的，这可能也是当下许多地区村级组织对于农地确权缺乏积极性，确权工作实施缓慢的主要原因之一。

**2. 模式 2：争取外部资金投入建设农业公共基础设施，再置换整合后确权。**分两步解释实行第二种确权模式的交易费用变化。第一步，先建立一个不投入农业公共基础设施建设的先置换后确权的改制模型。置换整合之后租入同样面积土地所需要接洽的农户数量减少 β 倍。则：$OC_f\left(\dfrac{n}{\beta}\right) =$
$OC_2(n)$（$\beta > 1$），即运作费用曲线$OC_2$的斜率等于曲线$OC_f$斜率的$\dfrac{1}{\beta}$。如图7-5 所示，随着斜率的下降，置换确权模式下的利益最大化均衡点亦同时发生变化，在利用条件 $MR(n) = MC_2(n)$，可得到在农户数量为 $n_2$ 时利益最大，此时规模经济为 $R_2$，运作费用下降为 $C_2$，由于存在改制费用$RC_2$，再加上改制费用后总交易费用为 $TC_2$，即$TC_2 - C_2 = RC_2$。当且仅当改制后运作费用的节省大于改制费用，即$C_1 - C_2 > RC_1 => C_1 > RC_1 + C_2 => C_1 > TC_2$时，土地置换确权才有利可图。但在没有投入农业基础设施建设的前提下，其改制费用会非常之高，主要源于不同片区农地耕作环境存在巨大差异，村头与村尾存在差异、地势平坦与地势不平存在差异、靠近水源与远离水源存在差异、是否容易被淹又会存在差异。对于异质化产权的调整，村组织和农户皆需付出更多时间进行评估和谈判，故其抗拒情绪之强，抗拒力度之大可想而知。换而言之，缺乏必要的工业公共基础设施的农地耕作质量差异更为显著，出于自身耕作效益考虑，要说服农户接受"先置换整合再确权"几乎没有可能。事实上，本课题组在阳山的调研也证明，所有的村都要求引入外来资金无偿投入搞好农业公共基础设施后，先置换整合再确权，不然就保持原有的土地分散确权。由此可以得出一个推论，由于存在改制费用，即使现存制度的运行费用较高，其仍可能被选择。

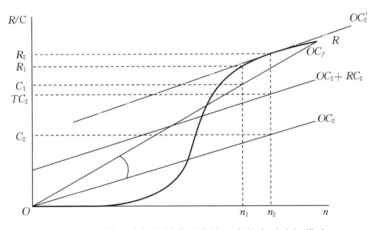

图 7-5　规模经济与交易费用曲线（先整合后确权模式）

可见，农业基础设施建设是实现土地置换确权的关键。第二步将引入农业公共基础设施至模型中，观测其对于交易费用的影响。在升平村的案例中，农业公共基础设施的建设资金 54% 来源于政府、34% 分摊至村民、12% 来自村委会。农业基础设施具有两方面作用，而且不同基础设施对改制的作用机理也是不同的：

其一，修葺水利，平抑地质差异，降低改制费用。如上文所述，异质化产权的界定存在较高的改制费用，而水利渠道的建设使得农地耕作环境差异大幅减少，产权实施成本趋同，故而争夺优越资源的租值耗散会随之下降，土地置换中农户的抗拒行为随之减少。当农户能够预见基础设施建设带来的租值提升时，其置换意愿和配合程度必然显著增加。

其二，修建机耕路，引入现代化生产要素，降低经营运作费用。在缺乏机耕路的耕作环境下，即使连片规模经营，大型机械亦难以进入，进入作业的时间耗散相对较高，故而增加经营的成本，约束规模化的实现。机耕路的投入可以有效降低经营的运作费用，进而转化为土地租值。升平村土地置换整合之后，一方面修建了 3 米宽的机耕路，农业机械使用程度大幅提升。一是降低运输费用。之前靠肩挑运输，平均每亩每造需要投入农用物质及收成作物运输费用是 60 元，现在利用运输工具每亩每造的运输成本下降到 40 元。二是降低耕作费用。有了机耕路后，每亩地的打田插秧费用从 130 元/造降至 90 元/造，每亩土地的收割费用从过去的 130 元/造降至 90 元/造，一年两造共节省 160 元/年。另一方面修整了水利沟渠，提升了农地产量。水利设施建成后，每亩每造产量增至 425 千克，一年两造计增产 50 千克/亩，折款 150 元/年·亩。而且，土地地块数量的减少节约了农户在地块间转换的时间，促进劳动力向非农转移。

　　基于以上两点，农业公共基础设施建设不仅可以降低改制费用中的抗拒费用，还可以降低改制后的运作费用。数理模型上表现为改制费用的减少和运作费用曲线的下移，投入基础设施后的改制费用和运作费用分别下降至 $RC_{2b}$ 和 $OC_{2b}$，此时的总交易费用减少至 $TC_{2b}$（图 7 - 6）。

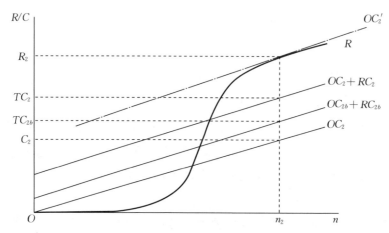

图 7 - 6　规模经济与交易费用曲线（投入农业公共基础设施的整合确权模式）

　　可见，以政府为主导改善农业公共设施是一种改制装置，发挥着推动产权结构改变和制度变迁的作用。具体来看，机耕路是改制的效率装置，其通过引入现代化生产要素降低置换确权后的经营运作费用，水利沟渠是改制的平衡装置，其通过降低农地耕作条件的水利条件差异而使得地权价值趋于同质，进而降低改制途中的抗拒费用，两者共同促进更优制度安排的形成。

## 五、结论与讨论

土地细碎化是阻碍我国农业现代化发展的重要因素。土地整合的效率来源于规模经济性，规模经济的本质是分工经济，分工程度受交易费用约束。阳山县升平村抓住新一轮农地确权的机会，通过农地置换整合破解土地细碎化难题，极大降低了农地规模经营推进过程中的农地流转交易费用。但是，农地置换整合也带来了相当高昂的改制费用，因而需要引入效率装置（即机耕路）和平衡装置（即水利沟渠）等一系列农业基础设施，以大幅提升农地置换整合后的规模经济性和降低置换过程中的改制费用。而且，借助政府的政策导向，充分发挥政策红利，积极争取财政拨款及其他外部资金建设农业公共基础设施，在弱化不同地块的质量差异的同时，使农户以最小的成本获得稳定的规模经济预期，进而激励农户支持并主动参与农地置换整合，又进一步促进了农地规模经营的发展。

可见，改制费用的存在是约束制度优化变迁的重要变量，如何降低改制费用则成为促进制度结构优化的关键。升平村的案例告诉我们，改制装置的运用，一方面提供了效率装置，通过促进新制度运行效率，制造更优制度取缔现存制度；另一方面提供了平衡装置，通过平衡各主体的利益损害，降低其抗拒程度，为制度变革铺平道路。

由于农业公共基础设施具有共用品特征，其易被搭便车的属性决定很难出现独立出资人，政府应在基础设施中建设中起主导作用。只有加大农业基础设施投入，完善农业基础设施，降低不同地块间在肥力、灌溉、交通等方面的差异，减少改制费用，才能促进整合确权制度的实施，减少制度变迁的阻力。

## 第四节 "确权确股不确地"的实践探索

### 一、问题的提出

耕地流转是协调我国家庭承包责任制分散承包与现代农业生产规模经

营之间矛盾的根本途径。多年来，围绕耕地流转这一主题，各地开展了广泛的实践探索与学术讨论，相应提出了反租倒包、股份合作制、土地信托等流转形式，先后出现了"南海模式"、"成都模式"、"温州模式"、"枣庄模式"、"宿州模式"、"武汉模式"等实践经验（孔祥智等，2010；韩江河，2008；朱守银、张照新，2002）。《中共中央、国务院关于全面深化农村改革加快推进农业现代化的若干意见》提出农村土地承包经营"可以确权确地，也可以确权确股不确地"，这是中央明确对"确权确股不确地"的认可。江西省修水县黄溪村从2009年开始，结合"土地整治"项目中的田块平整对耕地承包权调整的机会，探索了"确权确股不确地"承包地经营权流转的实践，证明了"确权确股不确地"特有的优势和生命力。本节结合黄溪村实践案例的深入剖析，基于对"确权确股不确地"的承包地经营权流转的可行性、理论依据及其适用环境的分析，以期为规范和推行"确权确股不确地"承包地经营权流转提供参考。

## 二、黄溪村的实践探索

### （一）具体实践

黄溪村地处修水县马坳镇南部、东津电站下游，距县城20千米，三面环水、一面靠山，区域面积11.3平方千米，其中耕地1 326亩，林地3 000亩，辖15个村民小组，630户，3 106人。2009年，借助国家农业综合开发等多个土地整治项目在黄溪村实施的契机，黄溪村深入探索"确权确股不确地"，实行"确权不确地、分红按人头、补贴归原户、组级管理、村级整包"的耕地经营管理模式。具体做法是：以村小组为单位确定耕地所有权，以户为单位明确各农户拥有耕地承包经营权的份额，但不确定具体地块，实行承包权和经营权分离，承包权归农户拥有，经营权则转化为股份，依据自愿、有偿原则，统一流转至村委会，村委会遵循优先本组村民、打破组界的原则，集中成片流转，规模经营；流转费用由村委、村小组、承租者三方依耕地质量协商确定，由承租者付给村委，再通过村委支付给村小组，年底以组为单位按人口进行股份分红。2013年，黄溪村全村农民分得约150万元的承包地股份分红。村民愿意承租多少耕地可以向村委提出申请，自己不愿意承租，可以到农业企业打工（承租者必须优先使用本村劳动力），通常可领取 80～150 元/天的工资。

**1. 完善农田基础设施，通过提高耕地质量增强耕地流转的吸引力。** 2009 年以来，黄溪村争取到了国家农业综合开发、小型农田水利、蚕桑蔬菜发展等多项涉农项目，整合近 1 000 万元项目资金，结合"增减挂"项目的农村宅基地拆旧复垦，对"田、沟、路、林、渠、村"进行整体整治，开展了田块的平整与农田基础设施的配套建设，解决了 800 亩"冷浆田"长期积水的问题，使全村耕地质量得到很大改善，对规模经营主体吸引力增强。

**2. 建设新型农村社区，通过人口聚集增强耕地流出的驱动力。** 黄溪村分别被列为 2012 年和 2013 年的修水县"增减挂"项目试点范围，黄溪村利用争取到的 136.77 亩农村建设用地指标，科学编制村庄发展规划，统筹安排各类建设用地，开发坟山荒坡地集中建设新型农村社区。一方面，优化了土地利用空间结构：2013 年全村人口比 2008 年增加 765 人，村庄用地反而减少了 100 多亩；另一方面，加快迁村并点，实现人口聚集：全村自然村庄由原来的 32 个迅速减少至 11 个，目前已落户了 525 户 1 450 人，包括来自外村的深山、库区移民 100 余户，本村分散村民 400 余户。人口的快速规模聚集，不仅提高了各项生活基础设施的使用率，而且诱导超市、早餐店、茶楼、饭店、建材店等第三产业应运而生。通过创办各类加工厂，创造了 300 多个非农就业岗位，吸引更多的农户非农转移，增强耕地流出的驱动力。

**3. 培育多种现代农业经营主体，通过高效农业产业的发展增强耕地流入的原动力。** 一方面，引进农业龙头企业，催生了耕地流转需求。黄溪村引进了江西欣宁蚕种科技有限公司、修水县康绿蔬菜公司、江西南洋茶叶有限公司等多个现代农业龙头企业，实施了规模经营，发展壮大了蚕桑、蔬菜、绿化苗木、茶叶四大支柱产业。同时，农业经营方式转变深入进行，高效农业得到长足发展。

## （二）实践成效

五年前，黄溪村还是修水县一个有名的"穷、乱、差"的"贫困村"、"上访村"，如今已成为了远近闻名的"和谐秀美新农村"，被评为第五批"全国民主法制示范村"。黄溪村在短短五年时间实现了脱贫致富，农民人均收入从 2008 年的 1 200 元增至 2013 年的 7 400 元。原因是多方面的，其中最核心的因素就是推行了"确权确股不确地"改革。

**1. 实现了耕地承包权与经营权的分离，有效促进土地规模经营发展，推进城镇化建设。**"确权确股不确地"，促进耕地承包权与经营权分离，为经营权的流转创造了条件。一方面，现代农业生产主体通过村委签订流转合同，降低耕地流转的谈判成本，确保相对稳定的流转期限，更易形成规模经营，并激励企业增加投入。康绿蔬菜公司以 400 元/亩的年租金与村委签订了 5 年的耕地租赁合同，一次性投资 20 多万元，建设了大棚，购买了翻耕机等农机具。另一方面，耕地产权强度提升，有效推动了农村劳动力的快速转移。2010 年，黄溪村从事非农产业的人员不到 80 人，2013 年却超过了 200 人。

**2. 凸显了农村土地集体所有者的地位，有利于各类公共事务的建设和土地利用的管制。**各项建设不可避免要占用一定的耕地，若与各家各户协商，交易费用高昂。"确权确股不确地"，消除了与各家各户协商的环节，有利于节约农地流转的交易费用，且降低农业基础设施建设的谈判成本。自推行"确权确股不确地"后，黄溪村再也没有出现违法建房和葬坟现象，农户自觉在规划区内建房，强化了土地利用的规划管制，实现了农村土地资源管理从"被动整治"变为"主动遵循"，促进了农村土地资源的集约管理。

**3. 既减少了分家分户划地分配的"确地"成本，也拓宽农户家庭收入渠道。**传统的"确权确地"，追求绝对公平，要依优劣搭配原则，对集体全部耕地按肥力高低、地形地貌、距离远近进行划分、平均分配，工作量大，成本高，并导致耕地互相插花、破碎度大，耕地生产条件降低。而"确权确股不确地"，节省了分户划地成本。同时，农户逐年按股分红，分享了现代农业发展的成果，实现了农户耕地承包经营权的保值增值。通过发展农业产业化，黄溪村民的收入来源多样化，既有承包地的分红，又有作为农业产业工人的工资。

## （三）存在的主要问题

"确权确股不确地"实践给黄溪农民带来利益的同时，在实践探索中也存在一些问题，主要表现在以下几个方面。

**1. 村委工作任务重，管理压力大，可持续的"确权确股不确地"运行机制尚未构建。** 黄溪村"确权确股不确地"土地改革实践的顺利开展，主要依靠一个乐于奉献与善于战斗的村委班子，以及现任村支书徐万年。徐书记20世纪80年代曾为本村村书记，先从政后经商。后回村参与和领导黄溪村的建设。在他的带领下，黄溪村领导班子凝聚力高，组织力强。村委负责全村耕地经营权的流转与管理，不仅要让农民放心地把耕地经营权交给村委，能顺利找到承租者，还要想方设法地为耕地经营者的运行保驾护航，工作任务艰巨。急需构建一个可持续的"确权确股不确地"运行机制，形成各司其职、主动作为、协同努力的改革良局。

**2. 农业生产经营效益不稳定，影响着耕地经营者的耕种积极性。** 尽管黄溪村做出了很大努力，租金方面也最大限度让步，但目前全村1 326亩耕地中只有近1 000亩实现了流转，15个村民小组中只有6、7、8、12四个村民小组的土地全部流转。这主要是由于农业生产经营效益低且不稳定，影响了耕地经营者的耕种积极性。大多数承租方只愿签订5年期限的耕种合同，对耕地经营的效益缺乏信心。耕地经营不仅要承担市场风险，还要承担自然灾害风险。去年一场暴雨淹没了康绿蔬菜公司整个蔬菜大棚，造成近10万元的经济损失，该公司承租的耕地租金是400元/亩，辛苦了一年，没赚钱反而亏本。

**3. 耕地的非粮化威胁增强，农户承包经营权的融资功能实现难度增大。** 种粮收益低下使黄溪村种植水稻的农田比例较低。耕地经营者为了追求经济利润最大化，倾向于转向利润更高的特色农业，但易对国家粮食安全构成威胁。另外，政策鼓励农地承包经营权向金融机构抵押融资，但"确权确股不确地"并没有赋予农户具体地块的耕地经营权，意味着农户失去了向金融机构抵押的"完整标的物"，进而限制了农户承包经营权的融资功能的发挥。

**4. 现有的农业补偿政策难以发挥应有的激励作用。** 目前实行的种粮补贴、良种补贴和农资综合补贴等农业补偿政策，在具体实施中，并没有按粮食实际种植面积、良种推广面积来计算，而是按各户承包地面积发放，已演变成为农村的福利政策。村支书透露，原本也想把这些补贴真正用于激励农业生产，发放给耕地实际经营者，可阻力很大，监管成本也很高。

## 三、理论依据与实践价值

随着城镇化、工业化的推进，以及农业生产效率的提高，越来越多的农村劳动力从农业中释放出来，农户家庭对农业收入的依赖日益降低。当前农村以老人、小孩和妇女为主，农业生产方式从精耕细作逐步转向粗放经营，耕地抛荒、"双改单"的问题突出，农户对农田基础设施的建设与维持更是缺乏动力，已经到了需要重新统筹利用耕地的时候了。

**1. "确权确股不确地"坚持了以家庭联产承包为主的责任制、统分结合的双层经营体制作为我国乡村集体经济组织的一项基本制度。**一方面，"确权确股不确地"是在继承耕地所有权与承包经营权分离的家庭承包经营责任制的基础上，进一步对承包经营权进行承包权和经营权的分离，耕地所有权归村小组所有，承包权归村小组成员所有，而经营权才可以进行流转；另一方面，"确权确股不确地"强化了村委和村小组的集体地位，各农户耕地承包权的经济体现通过村小组的统筹进行分配，增强了农民对村集体经济组织的认可，也强化了村民对农村土地集体所有的观念。

**2. "确权确股不确地"更加切合农村实际，真正体现"公平"原则，有利于促进农村社会和谐。**"公平"是我国农村社会传统的核心价值观。农村承包地"生不增、死不减"在现实中很难执行。由于农村人口增减变化，人口减少的家庭却占有相对较多的承包地，引起人口增加的家庭的不满。"确权确股不确地"，每年按实际集体人口分红，大家作为村集体成员的权益都得到了公平体现。以往土地征用补偿费，哪家的承包地被征给哪家，没被征地的农户眼红，被征地农户的生活出现困难后又找政府麻烦。现在征地款平均分配，不仅体现了"公平"，更把征地对农民的影响降至最低。

**3. "确权确股不确地"为现代农业发展所需的土地生产条件建设提供了机会，有利于解决家庭承包责任制分散承包与现代农业规模经营之间的矛盾。**现代农业是农业发展的必然选择，而集中连片和完善的农田基础设施是现代农业的基本要求。"确权确股不确地"的家庭承包责任制并没有把具体田块落实到各家各户，不仅实现了集中连片，而且为完善农田基础设施创造了条件：开展农田道路、灌排系统等农田基础设施建设，不会涉及具体农户家承包责任田的占用问题，也就避免了因占用某农户家的耕地而影响农田基本建设的现象（这种现象已成为了现阶段广大农村改善农田基础设施的普遍问题）。从而在土地利用条件上，很好地解决了家庭承包责任制分散承包与现代农业规模经营之间的矛盾。

**4."确权确股不确地"为国家"三农"政策提供了一个切实可行的着力点，有利于"以工促农、以城带乡"宏观战略的贯彻落实。**我国已进入了以工促农、以城带乡、工农互惠、城乡一体的发展阶段，进入了加快改造传统农业、走中国特色农业现代化道路的关键时刻。国家用于"三农"发展的各类扶持力度在逐年加大，但面对各家各户分散经营的家庭承包现状，惠农强农政策的实施效果并不显著，当前种粮补贴、良种补贴和农资综合补贴等农业补偿政策，按各户承包地面积发放，演变成农村的福利政策，就是一个典型。"确权确股不确地"以村小组为单位，村级统筹，落实了真正的耕地经营主体，从区域层面和耕地经营生产角度都增强了对惠农强农政策的对接能力，有利于"以工促农、以城带乡"宏观战略的贯彻落实。

## 四、结论与讨论

### （一）"确权确股不确地"的适用环境

"确权确股不确地"承包地经营权流转毕竟是一项全新的探索，从黄溪村的运行看，需要相应的环境来提供保障。

**1. 村集体组织建设是核心。**"确权确股不确地"是建立在"内公外私"双重合约的理论基础之上（何晓星，2009），即在集体组织内部，耕地经营权是每户共同拥有的公权，但对外村集体组织却作为一个私有主体，决定着全村耕地经营权的功效，因此，村集体组织的主体作用直接影响着"确权确股不确地"的成败。村集体组织是实施"确权确股不确地"承包地经营权流转的关键组织者，尤其是村委（村小组空间太小，不宜成为组织者）。但目前不少地方的村集体组织存在不同程度的弱化现象，加强村集体组织建设已成为推行"确权确股不确地"承包地经营权流转的主要任务。

**2. 完善的配套管理制度是保障。**充分保障农户耕地承包权的利益，是"确权确股不确地"能否获得广大农户的信任与支持的核心，而要保障农户利益离不开配套管理制度，通过制度才能对村集体行为进行有效的监督和约束，保证村集体在最大程度上按照农户的意愿和利益行使相关职能。黄溪村为了规范耕地经营权流转行为，实行了民主议事制度和管理制度，充分征求民意，以村小组为单位，由村民自主推选有威望、有能力、公道正派的农村党员、经济能人、退休国家工作人员组成村民理事会，由村民理事会根据当地客观条件和发展的现实状况，与村委一起，共同制定耕地经营权流转方案，并对过程进行全程监督，特别成立了新农村建设财务管理小组，对耕地经营权流转中发生的财务情况进行跟踪与审查。

**3. 培育多种现代农业经营主体是前提。**发展现代农业是增加耕地流转动力、提升农业生产效益的根本出路，也是实现"确权确股不确地"下耕地高效利用的必由途径，而各类现代农业经营主体的培育是发展现代农业的关键所在。黄溪村的耕地利用之所以能获得较高的经济效益，在很大程度上取决于诸多现代农业经营主体的工作：既有像江西欣宁蚕种科技有限公司和修水康绿蔬菜公司这样的现代农业企业，又有以蚕桑合作社为纽带的蚕桑生产联户经营，还有生产苗木的专业大户。正是这些现代农业经营主体，带来了耕地流转的需求，实现了规模经营，保证了农户耕地承包权的股份分红。

**4. 实施土地整治是重要条件。**多年家庭承包责任制下的分散经营，由于对农田水利等基础设施缺乏必要的维护机制，农田基础设施功能在日益下降，"确权确股不确地"，虽然可实现耕地集中流转形成规模经营，但承租方更关注农田的农业生产条件，而土地整治是优化区域土地结构、完善农田基础设施的重要手段（陈美球等，2006），也是我国"以工促农、以城带乡，加大强农惠农力度"一条实施途径。因此，土地整治项目的实施，是推行"确权确股不确地"的一个重要条件，黄溪村就是利用"土地整治"项目中的耕地承包权调整机会，在提升农田水利等基础设施条件的同时，进行了耕地承包地"确权确股不确地"的实践。

### （二）"确权确股不确地"的实现路径

**1. 规范程序，健全配套制度，构建可持续的"确权确股不确地"运行机制。**参照黄溪村的做法，制订试点方案，通过试点总结，逐渐规范

"确权确股不确地"的程序、制定相应的配套制度，从而构建可持续的"确权确股不确地"运行机制，确定乡镇地方政府、村集体经济组织、农户、农村理事会、耕地经营者等相关主体在"确权确股不确地"农村土地改革中的角色定位，既要发挥村集体经济组织的领导作用和政府的帮扶作用，也要发挥农村理事会等民间组织的协调与监督的作用，特别是要严防村集体的权力异化，避免借"确权确股不确地"之名，进行权力寻租，让农民权益受损。

**2. 改革新增农业补贴的使用方法，设立耕种大户的风险防范基金和粮食规模生产激励基金。** 彻底改变现行的福利化农业补贴政策困难重重，应循序渐进推进改革政策。一是设立耕种大户的风险防范基金，对那些遭受重大自然灾害且损失巨大的耕种大户，给予相应的经济帮扶；二是设立粮食规模生产激励基金，对达到一定粮食生产规模的种粮大户给予相应的经济奖励，甚至可能考虑把国家战略储备粮保障与耕地规模经营主体扶持相结合，通过订单式形式，确保耕地规模经营主体生产的粮食销售渠道的畅通与价格的稳定，提高他们的粮食生产积极性，从而避免过度非粮化现象。

**3. 适度发展农业机械化，适当鼓励发展劳动密集型农业产业，有效促进农民再就业。** 目前，农民富余劳动力尚未完成彻底转移，不宜盲目地追求农业机械化，而要适当鼓励发展劳动密集型农业产业以解决农村富余人员就业问题。黄溪村通过发展蚕桑、蔬菜、绿化苗木、茶叶等劳动密集型农业产业，年龄大的可以帮忙整理蔬菜，吸纳富余劳动力农内就业，在"家门口"再就业，实现全村农民共同富裕的目标。即使在第二、三产业就业机会相对比较多的城郊地区，劳动密集型的非粮化农业产业使缺乏非农就业技能或年龄偏大的农户实现就业。

**4. 创新土地整治综合运行机制，提高农田基础设施建设的成效。** 应建立有效的涉农项目协调机制，改变各部门"各自为战"的现象，把国土部门的"高标准基本农田建设"、农业部门的"高标准农田建设"，烟草部门的"烟水烟田工程"、水利部门的"小型农田水利建设"、发改委的"现代农业示范项目"、"商品粮基地项目"、"优质粮产业工程"等项目，按照"政府主导、国土搭台、部门联动、公众参与"的要求，遵循"资金性质不变、管理渠道不变、归口申报、各司其职"的原则，聚合项目资金，形成合力，避免重复建设、相互制约的浪费现象。

# 第五节　美国农地确权及对中国的启示

## 一、问题的提出

农地确权对继续强调巩固和完善农村基本经营制度，深化农村土地制度改革，完善承包地"三权"分置制度具有重要基础性作用。新一轮农地确权改革的具体特征为，在原有土地承包界定方式的基础上，通过测量技术改进，精准明确农户承包地的物理边界，并通过农地的法律赋权进行落实和强化，一方面明确不再进行农地调整，并在党的十九大上确定将农地承包期限在这一轮结束后再延长 30 年；另一方面赋予农地"继承权"，与此同时拓展了农地使用的自由性，放松农业企业等工商资本和非农户籍人口等务农人员对农地经营权的进入，降低土地流转管制程度。

制度变迁可以区分为自发演进与理性建构，卢瑟福（1999）认为"自发的看不见的过程与设计过程的主要根据是意识在产生社会结果中的作用"。由此观察中美两国确权制度的变迁方式，中国农地确权改革是在二轮农地承包制度基础上，在市场分工加深与要素流动性加强的背景下，对产权细分的内在需求而产生的变迁，政府的"干预"在于强化和完善秩序并以此激活市场，这是自发演进和理性建构的结合；而作为私有产权代表的美国的土地制度则是建构式的，其制度最初是沿袭英国产权制度，在科学测量进行产权界定的基础上，国家通过土地确权管理部门职能发挥，保障私人通过法令分配或者市场交易获得土地权利。中美所有制形式的不同并不影响同样政府作为制度选择的主体身份，"赋权于民"都是对于产权制度带动经济发展的路径选择。因此，总结和分析美国土地确权及其管理制度，能够为中国农地确权制度及其绩效发挥提供重要的借鉴意义。

实际上，对于美国土地制度及其发展经验的研究已经引起了很多中国学者的关注，相关成果主要集中在三方面：第一，美国初始土地法令的历史背景以及后续影响，体现了土地政策发展的连续性和稳定性，并保证财产关系秩序的稳定；第二，美国土地测量方式和出售原则。土地测量的强技术性有效避免产权纠纷，对买卖、继承和转移提供了极为简单方便和有力的手段；第三，产权界定与交易秩序的关系。美国的土地是具有所有权限制的，禁止所有权人恣意行使所有权。所有权是相容的，允许绝对所有权人常常将小于自己权利的权利转让他人，将剩余部分保留给自己或赋予受让人以外的第三人（韩毅、何军，2014；孔庆山，2004；马新彦，2001）。

但是，现有研究在强调美国产权制度建立、确权管理与交易的关系上，缺乏统一框架下的理论分析和数据支撑；而关于中国农地确权与制度绩效的研究，侧重于从微观到微观的个体研究，缺乏在政府作为实施主体的管理职能及其重要作用的阐释。因此，本节将基于"产权界定-登记与服务市场-土地交易"的分析思路，结合历史统计数据，剖析美国土地确权登记管理与土地市场交易的关系，为更好地理解中国农地确权的意义及其对农地流转的推动路径提供可行的建议。

## 二、土地确权及其交易成本：美国的调查数据

美国在建国之初，掌握了大约一亿五千多万英亩\*的公共土地，并且1785年土地法令最终确定了出售西部公共土地，将其作为国家收入来源的公共土地政策，美国的土地确权管理体系是一种典型的正式制度设计，并且直接为土地市场交易服务而构建。从制度经济学角度研究土地市场时，可以把"交易"作为基本的分析单位，当土地"跨过某个技术上可分的界面而被让渡时，交易就会发生"，但是这个运行系统不是零摩擦的，交易必然会引发与此相关的费用，且交易成本贯穿交易的整个过程，首先，交易双方达成协议需要获得足够的对方信息，而信息的获取和传递是需要成本的，如果双方中间还有代理人，还会产生更多的决策成本；其次，达成协议后，会形成执行成本，也即控制和监督成本（Dahlman，1979）。随着交易成本理论向前发展，为了实证"对各种组织安排的选择始于对每笔交易的成本的比较"，学者将交易成本的大小与交易的可观测属性联系在一起（Williamson，1979）。因此，在贯穿美国20世纪70年代的土地确权登记制度研究中，本节将该制度涉及的交易成本分为土地产权界定成本、管理成本和转让成本三个部分，具体而言，通过土地确权登

---

\*　英亩为非法定计量单位，1英亩＝4.05×10³平方米。——编者注

记的基础信息建立成本、登记和查询程序成本以及转让成本三方面来测量。

数据来源于 1974 年美国农业部和自然资源经济部出版的《美国土地确权登记——统计报告》（Moyer 等，1974）。由于在美国国家层面搜集不动产权利登记信息的调查是没有先例的，因此，此次调查是最早的以数据为基础，全面了解美国不动产尤其是土地登记情况的契机。调查于 1971 年开展，通过邮寄调查问卷反馈获得数据，发出问卷涉及美国本土 48 个州和哥伦比亚地区（不包括阿拉斯加和夏威夷）的 3 584 位确权登记转让的登记员、办事员和注册员，回收的问卷来自于 2 364 个行政辖区，占全部被调查人数的 66%。反馈的行政辖区占全国人口的 71%，覆盖了 70% 的土地面积。

## （一）产权界定成本：美国土地确权登记的基础信息建立

一个土地市场已经发展起来的明显标志是，可以取代当地自然演化出来的单位的、准确而恒定的测量单位的出现（安德罗·林克雷特，2016）。美国的私有土地产权的获取是通过在土地测量和登记基础上的书面形式的交易来实现。这种方式沿袭自英国，并具有时代和社会适应性，作为有保障的产权获取方式很好地实现了产权的可转让性。英国在 1536 年通过立法，部分土地转让才开始有书面凭据。而且直到 1676 年，欺诈法令规定，形式化书写是转让交易必备要素。与此形成对比的是，美国的土地转让从一开始就在书写凭据上做出了规定，除了装备现代测量工具、使用科学数学方法的测量员这一技术因素外，还有两个重要现实原因，一是因为相对稀缺的移民人口希望获得可转让权，以避免类似英国的佃农圈地运动的遭遇；二是因为当地的印第安部落并不会经常参与到地块划分中去，这使得美国人相对容易地使用先进测量和登记技术去界定土地。

早期的美国定居者把寻找有保障的确权方式作为第一要务，这一做法有利于开荒所有者获取有保障的土地产权，并由此得到基于信用的抵押贷款和财产价值保护、新受让人有保障地更改等权利。因此，美国通过将土地登记管理规定为政府功能之一，促进了买卖双方对确权的普遍认同，在严格的管理体系下，实现简单易行的土地产权可转让性。到 1700 年左右，土地转让登记在大西洋沿岸地区普遍起来，登记制度成为了随后西部扩张的重要组成部分。到了 1833 年，西部 53 个公地区每区均设登记员 1 人和出纳 1 人。此外，土地管理人员还包括 8 名测量主任、126 名代理测量员，以及在各个土地局领导下数量庞大的职员。杰克逊任职期间，每年的土地管理经费高达 33 万多美元，土地管理经费约占年度 GDP 的 6.26%（Malcolm，1990）。到 1974 年，土地登记办公室的支出估算达到 147.9 万美元。

## （二）产权管理成本：美国土地确权登记和查询程序

美国当时的登记与公开程序已经规范化，并且在登记方法上根据区域不同而有区别，但共同的核心都是确权检验。具体管理过程包括以下两个方面：

一方面，在登记管理程序上强调时间优先，登记信息和格式以便于公开查询为导向，信息保存手段完备。第一步，在地块确权文件中记录登记时间、文件编号、确权案件系列号。其中，最重要的是时间，因为基本上整个美国法律都建立在登记时间优先的优先权基础上。与此同时，还要收取登记费和相关的转让税。第二步，向社会公布必要信息。公开文件依照三类索引：第一种索引是收费登记索引，包含的信息包括文件、系列号、收集的登记费和登记地点；第二种类型是让与人-受让人索引；第三种是地带索引，它是用地理上的区域（如，街区或者镇区）来进行组织的。每个索引在确权查验的时候都必须被检查。第三步，在文件索引制定好之后，将会同时制作一份副本，存放在行政辖区的永久登记处。作为防止损坏的预防措施，每个文件还会微缩胶卷化，并被存放在另一个地方。根据登记辖区的反馈，登记方法被分为以下几类：普通书写或者打字机准备的副本、复印件、胶片、穿孔卡片、磁带等。

另一方面，通过委托代理和保险等机制设计，保障确权检验的可靠性，有利于交易的顺利完成。确权检验主要有三种方式，都是基于登记体系这一基本的信息来源。它们之间的本质区别在于占优势的特殊职业或者说是"技能"差别。三种检验方法分别是：代理人、代理人-摘要和确权保险。在第一种方式下，买者雇佣代理人进行"个人"公共登记（转让代理人可以去雇佣专业的确权检验员协助）查询。使用让与人-受让人或者地带索引去构造"确权链"，延伸至法令规定的年份，或者回溯到最初授权的年份，同时也要查验文件副本。在检查完资料之后，代理人会准备一份意见书，以确定对于卖者提供的产权信息是否可用于出售。第二种代理人-摘要方式是与代理人方式类似，只是信息是由摘要人搜集。摘要本身是所涉及的地块的确权历史的总结，通过检查摘要，代理人可以确定这个确权是否适合交易的，指出任何存在的缺陷，一般不用回溯到最初的文件。在检验完之后，代理人会同样发布一份意见书。第三种方法是确权保险。1876 年，第一家产权保险公司成立，随后直到第二次世界大战之后，确权保险才规范化。在有些地区，确权承保人根据代理人的意见发布保险；在另外一些地方，确权承保人自己在公共记录中检查确权的情况。购买确权保单目的在于保障所有人、放款人或者双方的公平性，保险费支付后保单也就即刻生效。不过，一旦保单所覆盖的损害发生时，往往会以现金形式进行赔偿，但却并不意味着能够能够返还一个有保障的确权。

至今，不动产和保险市场仍旧保持紧密的关系，确权保险是完成一项不动产交易的基本要求，以此保证交易合同完成。在完成彻底的确权查验之后购买保险就提供了产权保证，同时保险也增强了财产所有权的流动性和所有权转让的顺利完成（Moody，2005），确权保险公司的报告是确权公共信息正确性的反应，因为报告质量会直接影响保险公司的偿付能力（Koch，1993）。

### （三）产权转让成本：转让率和转让费用的影响因素

美国第一份土地立契转让的登记发生在 1661 年的英属卡罗莱纳州。在部落同意之下，印第安自耕农的首领 Kilcocanen 转让了 Perquimans 河的部分土地。在土地确权制度建立之后，买者或者卖者每次在确权转让的时候都要付钱评估土地的确权情况。有些时候，卖者将会给买者他获得产权的时候所掌握的摘要，这样，买者只需要更新摘要，相对于准备完整的摘要而言，这是值得考虑的更加划算的替代方案。由于确权保险是不可转让的，新的保单伴随着每次转让发生时出现。一般来说，买者支付保险金，从而得到承保人的协助。在有些地方，州法律可能细化到卖者提供最新摘要或者给买者购买一份确权保单来保护买者。不动产转让市场带来的不仅是工作机会，还有财产数量和周转率，基于 USDA 农场不动产市场数据和城镇不动产市场的不完全数据指出，每年周转率为总宗数的 5％到

10%。并且转让率呈现增长态势（表 7 - 6）。

表 7 - 6　美国农业部 1956—1971 年不动产市场征税宗数和总转让数

| 年份 | 地方拥有的可征税不动产的宗数（百万） | 总转让数 |
|---|---|---|
| 1956 | 61.2 | 5.5 |
| 1961 | 67.4 | 5.0 |
| 1966 | 74.8 | 4.5 |
| 1971 | 83.0 | 6.8 |

数据来源：宗数估计除了 1971 年来自可征税财产价值，1956、1961 和 1966 年的数据分别来自政府调查。所有其他估计的数据基于出版的和未出版的数据。

　　国家每年支出经费给管理办公室，州平均转让支出有明显的不同。例如，当全国整体平均的转让费为每次 17.16 美元时，州平均则从亚利桑那的 6.25 美元到罗德岛（哥伦比亚地区排除外）的 61.10 美元不等。转让费用的差异主要受到以下几方面因素的影响：

　　第一，确权办公室职能与容量。有些州的确权办公室还要兼顾其他职能，而总的办公支出是被计算在确权支出内的，平均成本自然会更高。另外，办公室容量的大小也会决定平均成本高低，低容量的办公室会有更高的平均成本。这两个因素又会影响转让数量。这些因素部分解释了每笔转让平均支出的差异。以地区为基础的差异为，西部的 10.70 美元到东北部的 26.13 美元，中北部和南部的平均值分别为 14.49 美元和 20.85 美元。

　　第二，雇员数量，即劳动力的规模会影响行政辖区的支出。中西北部的行政辖区雇用更少人员。大西洋中部的登记办公室报告显示，每个行政辖区有 15 个工作人员，是中西北部地区均值的五倍。大西洋中部的单位也拥有按照行政辖区来计算的最高平均支出，是中西北部平均支出的七倍。

　　第三，生产特定部件的成本。这些部件包括信息储存媒介：微缩胶卷轴和盒子，穿孔卡片，或者是精装书。二十分之一的办公室中，其作为存储工具的精装书的成本高于 500 美元，大约八分之一的行政辖区面临的成本是每本精装书少于 50 美元。对于大部分的办公室而言，价格区间从每本 100 美元到 200 美元。

　　第四，登记费。绝大部分的州立法机构对各个行政辖区收取的登记费做出了规定。登记费一般分为两部分，基本费是用于登记的第一页，另外还要加上每个附加页的费用，后者的费用一般更低。以州为统计单位，第一页费用的变化幅度从 1.00 美元到 8.00 美元，每个附加页的费用变化幅度从 0.4 美元到 3.00 美元。

第五，转让税。到 1968 年，联邦税已经影响了大部分的不动产转让。税收盖章是必须黏贴在每个立契转让中，用以显示收取税费的金额。在联邦转让税被废止之后，很多州和地方政府将此类税费立法，至少有 38 个州现在还在使用。转让税有两方面的功能：第一，是重要的收益来源，而且取决于税率和转让价值；第二，是信息来源，便于政府官员了解不动产转让和销售价格、税收评审员迅速得到销售价格和税收支付数据等。在国家水平上，大概有 72% 的行政辖区报告指出了转让税的有效性。一般来说，转让税是由各州征收，但在部分地区，县和镇被授权立法，和州税结合在一起的。1969 年 1 174 个行政辖区报告的收取的转让税总额达到 1.09 亿美元，41% 被东北部地区收取，南部地区收取 27%，西部地区 25%，中北部地区 7%。

### （四）美国土地确权管理制度降低交易成本的途径

一方面，电子化存储和电脑使用需要普及。通过私人、企业和政府登记和储存土地确权信息，以保障公众的知情权不仅是重要的，也有利于降低交易成本。但在当时技术条件和制度发展阶段背景下，管理工作最显著的困难就是存储成本问题。由于尚未电子化，纸质化的确权档案文件如何永久保存成了难题，防止火、水存储意味着大量的成本，储存空间、资料使用的灵活性和管理上的难以处理等问题，当时的趋势是认为通过微缩胶片可以解决 95% 的存储空间问题。在此之外，人力也是主要的花费，确权检查工作耗费时间和精力以及直接产生的管理费用成本。因此，电脑的使用越发具有优势。电脑化的记录、微缩胶片文件和阴极射线管显示系统可以很大地增加速度和减轻确权检查工作。但事实上，这种具有积极意义的改善工作很少得到地方确权管理部门的响应，只有 9% 的登记员反映他们辖区有计划去改善相关体系。

另一方面，改进确权登记机制设计，降低信息转换成本与传递成本。由于需要遵守登记的安全性，登记录入的准确性，信息可达性，辖区内外的关于标准和定义的统一化，快速和简单的检索，生产和管理的经济性等原则，如何提高该机制从地方自治到国家层面的土地市场的实施能力成为挑战。尽管国家范围的土地市场、州际之间信息系统在技术上是可行的，但是在地区政府和商业需求驱动下，土地登记体系仍然是地方性的，这些地方特征经常植根于传统和习惯性的认同。结果是，对地方自治有益的时候，对国家宏观层面来说却不一定是有利的。因此，为了满足未来的信息需要，土地登记应该整合成一个大的系统。土地权利和使用的信息与经济活动、征税、公共服务、人口和计划、金融利益联合起来形成一个完整的数据体系。同时，遥感技术可以引入使用，但是大部分辖区还没有做此类变化。

## 三、对中国农地确权与登记管理的启示

第一，农地登记政策的目标导向和运行方式会直接影响交易成本及其效率的发挥。美国的土地登记管理目标从开始就在于服务市场交易，这点与中国情况有很大不同。中国历史上也有过土地调查，清康熙年间在全国进行过大规模的土地测量，其目的主要是为了核实土地面积，以便对土地进行征税。近年来，中国土地登记信息来源在不断完善和进步，1999 年，作为国土资源大调查的工作之一，中国农村集体土地产权调查试点工作在11 个省正式启动，专项经费投入 700 多万元（谭俊等，2012）。2014 年在全国铺开利用遥感技术和信息化手段的农地确权工作，这一改革解决了数据准确性和存储高效性的问题，实现了动态监控土地利用情况、降低了土地民事纠纷和市场欺诈行为，还为征收土地税提供了准确资料。但是，农地登记信息的公众开放程度还是较低。事实上，国土资源部在 2000 年才开始在全国 30 个区市开展土地登记公开查询试点工作。现有的农地确权数据仍然存在开放周期长、信息量少、可达性较弱的问题，农地转入方无法真实、准确、快速掌握农地产权信息，进而影响农地流转交易的政策目标达成。

第二，农地登记和交易服务市场有利于降低交易成本，促进交易。服务市场的建立可以降低交易风险，减少交易纠纷，而确权代理人、保险公司的保证登记资料信息在交易过程中发挥作用的重要桥梁。尤其是后者，通过二级市场促进了土地交易的完成。确权保险重在损失预防而不是损失赔偿。此外，保险成本的主要组成部分不是损失赔偿，而是确权搜索和检

查、其他的服务以及文件报告的制定等费用（Ford，1982）。因此，确权保险是劳动密集型的，保险索赔很少见，所以实际的损失很小，一般是由搜索过程的遗漏造成的（Villani 等，1982）。国外较早确立确权保险机制，且在机制运行方面有深入研究。中国相关市场的建立还在初始阶段。2014 年，国务院办公厅《关于引导农村产权流转交易市场健康发展的意见》指出，这类市场是政府主导、服务"三农"的非盈利性机构，可以是事业法人，也可以是企业法人。2016 年，《农村土地经营权流转交易市场运行规范（试行）》开始施行，该市场是依照市场规律，为交易双方提供服务的平台，主要遵循"提出申请-进场交易-签订合同-配套服务"的顺序。应交易双方要求，市场可以组织提供法律咨询、资产评估、会计审计、项目策划、金融保险等服务。在现有实践中，多数土地流转交易市场是依托农业系统经营管理部门成立的事业单位或国有企业，也有一些是民营企业利用互联网等手段建立的流转交易平台。因此，如何激励更多个人和组织加入服务市场且持续发展，是需要长期关注的问题。

第三，大数据技术有利于降低交易成本，全国范围内农地登记管理体系构建及其功能延伸是发展方向。美国现有的土地查询系统有纽约、新泽西、德克萨斯等十八个州支持在线查询，并且通过不同索引可以对部分地区和确权内容实现免费自主查询。相对中国土地登记查询而言，国内学者认为，建立统一的平台即是政府工作需要，也是公开查询需要。这个平台可以支撑不动产登记业务、实现多行业主管部门的业务联动、实现与相关部门的信息共享、为社会提供依法查询服务（肖锦成，2015）。事实上，中国现在的土地登记为县级政府管理，根据《土地管理法》第十一条，"农民集体所有的土地，由县级人民政府登记造册，核发证书，确认所有权"。2003 年实施《土地登记资料公开查询办法》，目的是为规范土地登记资料的公开查询活动，保证土地交易安全，保护土地权利人的合法权益。单位和个人查询土地登记资料，可以自己查询，也可以委托代理人或者土地登记代理机构查询，各地依照成本设定收费标准，查询时需要提供相关证明并向管理机构申请。可以预计，随着法律配套的不断完善、服务机构配套、市场需求增加的发展趋势下，各地相关部门在缩短反馈查询结果时间、简化查询程序、降低查询成本、纠错程序等方面，仍然还有不断提升的空间。

# 第八章 农地确权、交易含义与农业经营方式转型

尽管农地确权对农户生产性行为的影响受到学界广泛重视，但现有文献大多忽视了对确权所隐含的产权交易含义的研究。农地确权在提升农户产权强度的同时，有可能因土地的人格化财产特征而强化"禀赋效应"，并进一步因"产权身份垄断"与"产权地理垄断"而加剧对经营权流转的抑制。如何化解产权主体与产权客体不可分的交易约束，改善资源配置效率并降低交易费用，将是推进农业经营方式转型的核心问题。

## 第一节 问题的提出

尽管以家庭承包制为核心的农村改革取得了举世瞩目的制度效果，但随着工业化、城镇化的深入推进与农村劳动力的快速流动，以土地均分为特征的承包制却留下了严重的后遗症。其中，农地经营规模小、分散化及细碎化是一个尤为突出的问题。更令人忧虑的是，规模不经济以及由此导致的"弱者种地"与"农业边缘化"问题，已经成为国家农业安全特别是粮食安全的重大隐患。

基于上述背景，中国农地制度正在发生两个重要的政策性转变：一是通过农地确权不断提升农民对土地的产权强度，二是通过加大支持力度推进农地的流转与集中，从而在保障农民土地权益的前提下，改善农地规模经济性，推进农业经营方式转型。

确权的本质就是产权界定。经济学家将人的行为努力分为两种：一种是生产性努力，它指人们努力创造财富；另一种是分配性努力，它指人们努力将别人的财富转化为自己的财富。当产权的约束力不足或排他性软弱，人们就会选择分配性努力与机会主义行为。所以，产权明晰界定具有重要的行为发生学意义：第一，通过排他性约束，赋予行为主体获取与其

努力相匹配的收益的权利，从而提升其生产性努力的内在激励；第二，通过交易性规范，赋予产权主体以自愿流转与交易的权利，激励其最大限度地在产权约束范围内配置资源以获取最大收益。因此，明晰产权既能够改善资源存量的配置效率，也能够为交易主体带来更高收入流量。

农地确权一直备受学界关注。改革初期农业生产率的快速提高，关键就在于赋予农户土地承包经营权所形成的产权激励。已有文献证明：①确权能够改善资源配置效率。农地确权及地权稳定对农地集约利用与土地生产率提高有显著促进作用，有利于提升土地价值，改善金融性资源的可获性（Besley，1995；Routray & Maheswar，1995）。②确权能够改善农户行为预期。对中国的研究发现，农地确权能够提高农户增加土地长期投入的积极性，而延长土地承包期则能提高农户稳定性预期（姚洋，1998；赵阳，2007）。对巴西、越南和墨西哥的研究亦得出了类似结论（Alston et al.，1996；Saint‐Macary et al.，2010；Janvry et al.，2015）。

主流文献集中讨论了农地确权对农户生产性行为的影响，但大多忽视了对确权所隐含的产权交易含义的研究。产权界定能够激励产权主体的生产性努力，但并不必然诱导产权交易。同样，农地确权也并不必然促进农地的流转集中与规模经营。尽管现行政策企图通过土地承包经营权的确权登记颁证，保障农户的产权主体地位并促进农地的流转与规模经营，但本节研究将表明，这两个目标可能是相互冲突的。本节的目的就在于揭示农地确权所隐含的产权交易的制度经济学含义，并由此阐明中国农业经营方式转型的基本方向。

# 第二节　农地确权的内在逻辑及悖论

## 一、农民土地产权强度问题

周其仁（1995）区分了三类土地产权的获取途径：一是经过自由交换契约获得产权（产权市场长期自发交易的产物）；二是通过国家干预的土地市场在形式上获得产权；三是通过国家强制的制度安排而完全不经过市场途径获得土地产权。显然，这三种情形下产权强度具有依次弱化的特点。由此可判断，完全可以有不同的土地制度安排，它们具有不同的产权强度、不同的稳定性，并且具有完全不同的进一步改变的逻辑。

家庭承包制度下农民所持有的平均地权，是经由国家强制的制度安排而完全不经过市场途径获得的。这一赋权方式所决定的内在逻辑是：

（1）由于地权是国家强制界定且无偿赋予的，其权利边界及可实施内容必须听命于国家。一旦国家意志发生改变，土地产权安排就可能变动，从而决定了农地制度的不确定性。新中国成立以来的农地制度变迁充分说明了这一点。

（2）国家的代理人是政府，政府既是产权界定和产权保护最有效的实施者，也是产权残缺和产权歧视的主要制造者。而歧视性产权制度安排所导致的产权模糊及其所制造的"公共领域"至少从两个方面减弱了产权强度（罗必良，2005）：一是限制产权主体对其部分有价值的物品属性的控制权；二是限制行为主体产权行使能力。前者如取消农民土地进行非农流转的交易权；后者如禁止农民对土地承包权的抵押。

（3）集体成员权的同质性以及对地权的平等分享，决定着保障地权稳定的效率目标必须让位于公平目标，使得因人地关系变化而进行的产权调整无休无止，内生着预期不足与分散化的制度缺陷。即：第一，土地的经常性调整，使农户无法形成对土地长期投资的预期，易诱发短期行为；第二，均分赋权，尽管保障了身份权的公平性，但没有顾及成员能力的差异性，赋权与能力的不匹配，既牺牲了效率，也损害了公平；第三，均包制与经常性的土地调整，不仅隐含着高昂的产权界定成本，也加剧地权的零碎化，使本来就不具备任何规模经济性的农户的行为空间进一步收缩；第四，地权的调整为地方行政力量干预与地方势力的渗透提供了机会，从而可能加剧地权重新界定中的设租、寻租行为，并导致农民土地权益受损。

（4）国家对产权的随意干预以及由此形成的产权模糊，可能导致相关伦理与道德规范的变化。第一，农民依存于土地，在农民看来他们对土地的权利是天赋的。当政府强制进行产权界定并随意变更产权使农民预期不稳定时，农民的短期行为势必盛行，导致对土地的滥用与破坏，由此引发土地伦理的沦落。第二，对土地的肆意使用，以及相互对土地产权的不尊重；而政府产权模糊化的示范效应会进一步加剧这种相互不尊重，使得产权侵蚀与地权纠纷成为普遍现象。后者又反过来成为政府产权干预的借口。

上述逻辑表明，强化农民土地的产权强度，可以从不同的维度入手。一是增强农地产权的稳定性。确权颁证即是重要的操作方式。二是推进农地产权的市场化。这是因为经由市场交易的产权具有程序规范的合法性、社会认同的合理性、自愿参与的合意性，能够强化产权强度（罗必良，2013）。

## 二、农地确权的交易含义：一个悖论

农村改革以来，农民土地的产权强度是不断提升的。这主要体现在两个方面：①农民产权主体地位的强化。1982 年中央 1 号文件明确肯定了包产到户、包干到户的"政治地位"。2002 年出台的《农村土地承包法》则以法律的形式将农民的土地产权主体地位确立下来。②赋权稳定性的强化。1984 年中央 1 号文件确定了承包给农户的土地"15 年不变"，1993 年 1 号文件将承包期延长到 30 年不变。中共十七届三中全会则进一步明确，赋予农民更加充分而有保障的土地承包经营权，土地承包关系要保持稳定并长久不变。中共十八届三中全会更是强调赋予农民更多财产权利。

问题是，产权强度的改善不仅依赖于法律与政策的保障，还有赖于产权的可交易性与市场化。土地承包经营权的特殊性在于，尽管确权有助于提升农户的排他能力与行为预期，但是，在所有权、承包权与经营权"三权分置"前提下，农地产权界定并不必然地促进土地经营权流转。具体来说：

第一，人地关系严酷的历史遗产，决定了土地对于农民兼具生产资料与社会保障的双重功能。土地均分往往是小农克服生存风险与安全压力的一种集体的理性回应（Scott，1976）。在村落集体中，农户凭借其天然的成员身份，是集体土地的"准所有者"。从"均权"到"均包"，农地已经成为农民一种不可替代的人格化财产，而赋权的身份化（成员权）、确权的法律化（承包合同）、持有的长久化（长久承包权）更不断增强土地的"人格化财产"特征。

第二，农地集体所有与家庭承包的制度安排，决定了土地经营权必然依附于承包权，而承包权来源于农民的集体组织成员身份权。在承包权与经营权分离的情形下，任何进入农地经营的主体，只有得到承包农户的同意才能实施经营权流转。因此,稳定土地承包关系并保持长久不变,使农户的承包土地具有"产权身份垄断"的特性。

第三,农地承包经营权在空间上的界定与确权,必然地对象化到每块具体的土地上,土地经营权的流转也必然地表现为具体宗地使用权的让渡。因此,对于任何进入农地经营的主体而言,农户所承包的具体地块就天然地具有"产权地理垄断"特征。

由此,农地确权可能构成农户权益保护与土地流转抑制的悖论。本课题组 2015 年年初通过分层聚类方法对农户进行抽样问卷调查,分别抽取了 9 个省份(包括东部的辽宁、江苏和广东,中部的山西、河南和江西,西部的宁夏、四川和贵州,其中,江苏、江西、河南、宁夏、贵州为农业部农地确权"整省推进"试点省份),共发放问卷 2 880 份。回收 2 838 份问卷,有效问卷为 2 704 份,有效率为 95.28%。在 2 704 个有效样本中,有关农地确权问项的有效样本为 2 177 个。数据分析表明,农地确权并未明显促进土地流转(表 8-1)。

**表 8-1 土地确权状况与农户农地转出行为的比较**

| | | 未确权农户 | 已确权农户 |
|---|---|---|---|
| 样本数(户) | | 721 | 1 456 |
| 实际转出农地的农户比例(%) | | 21.64 | 22.25 |
| 农户实际转出农地的面积比例(%) | | 28.17 | 13.09 |
| 实际转出租金(元) | | 397.56 | 525.59 |
| 实际转出期限 | ≤1 年的比例(%) | 8.97 | 13.27 |
| | >5 年的比例(%) | 25.00 | 22.84 |
| 农户转出农地的意愿程度[a] | | 2.49 | 2.62 |
| 意愿转出租金(元) | | 776.00 | 1 097.74 |
| 意愿转出期限 | ≤1 年的比例(%) | 7.77 | 11.13 |
| | >5 年的比例(%) | 13.59 | 16.90 |

注:a 意愿程度是样本农户按照 1~5 分对其参与土地流转的意愿强度进行赋值(5 分表示"参与转出且转出期限在 5 年以上")。

由表 8-1 可见:①在农地的实际转出中,与未确权农户相比,已确权农户的参与率并未明显提高,但转出农地的面积比例却大幅降低,已确权农户获得的租金水平更高,流转期限则具有明显的短期化趋势;②从农地转出意愿来看，与未确权农户相比，尽管已确权农户的流转意愿有小幅提高，但其意愿转出租金水平却大幅增加，意愿流转期限也并未显著延长。可见，农地确权在提升农户产权排他能力的同时，有可能因过高的租金门槛而加剧对经营权流转的抑制。据此推测，农地产权赋权及确权政策，并不一定能够获得农户在土地流转方面的社会认同与行为选择的一致性响应。显然，已有研究大多忽视了农地特性所包含的产权含义及特殊的交易逻辑，同时也夸大了土地流转的可能性及规模经济性。

# 第三节　产权强度与交易抑制：实证分析

## 一、进一步理解禀赋效应

早在 1759 年，亚当·斯密在《道德情操论》中指出了一种现象：人们无论是心灵上的还是肉体上的痛苦，都是比愉快更具有刺激性的感情（斯密，2003）。于是，失去自己拥有物品所带来的痛苦，比获得一件同样物品所带来的喜悦更加强烈。简单地说，就是"失"和"得"并不具有等同的"边际效应"。

后有学者用货币来衡量这一感受。Thaler（1980）由此提出了"禀赋效应"（endowment effect）并将其定义为：与得到某物品所愿意支付的金钱（willingness to pay，WTP）相比，个体出让该物品所要求得到的金钱（willingness to accept，WTA）通常更多。即指一旦某物品为其拥有，人们倾向给予它更高的价值评价。

Radin（1982）强调，如果损失一项财物所造成的痛苦不能通过得到另外财物而减轻，那么，这项财物就与其持有者的人格密切相关。进而，她将财产分为人格化财产和可替代财物。这意味着，对于产权主体来说，不同的产权客体是不一样的，人格化财产相比于可替代财物，具有更为显著的禀赋效应。从农户角度来说，农户持有的宅基地、承包地是凭借其农村集体成员权而被赋予的，具有强烈的身份性特征，表现为典型的人格化财产，相对于为了出售而持有的物品（比如储藏的谷物），其禀赋效应会更高。更重要的是，如果一个人对所拥有的物品具有生存依赖性，并且具有在位控制诉求，特别是在其控制权的交易具有不均质性、不可逆性的前提下，那么，该物品的禀赋效应将尤为强烈。

值得指出的是，已有的禀赋效应测度关注交易过程中"人—物"的关系，而忽视了不同交易主体之间（"人—人"）情景的差异。就同一物品即产权客体而言，面对不同的交易主体，产权主体的交易倾向是不同的。正如 Barzel（1989）所言，个人权利的实现程度取决于他人如何使用其自己的权利。因此，同一个产权主体所拥有的物品，面对不同交易主体时的禀赋效应是有差异的（表 8-2）。

表 8-2 交易情景与禀赋效应

| | | 人与物 | |
| --- | --- | --- | --- |
| | | 可替代财物 | 人格化财产 |
| 人与人 | 非熟人之间 | 纯市场交易 | 人格化物品的市场交易 |
| | 熟人之间 | 熟人间的物品交易 | 人格化物品在熟人间的交易 |

根据表 8-2，可以将交易情景分为 4 种类型。无论是对交易主体来说，还是对交易客体而言，并不存在一个统一的同质化市场。农地产权作为人格化财产，相对易于在"熟人"之间交易；而在"非熟人"之间，因较高的禀赋效应，其交易会受到抑制。

由此可以得出一个重要的推论：强化可替代财物的产权强度，能够促进其市场化交易；强化人格化财产的产权强度，则可能抑制其市场化交易。

## 二、土地流转中的禀赋效应

可以认为，在土地经营权流转过程中，每个农户都可能是潜在的"买者"或者"卖者"，由此可以获得各自的意愿支付价格（WTP）和意愿接受价格（WTA）的报价。WTA/WTP 的比值便是禀赋效应强弱的反映。该比值大于 1，表明存在禀赋效应。

**1. 不同类型农户对土地经营权的禀赋效应。**利用前述 9 个省份 2 704 个样本农户参与土地流转的意愿价格，测算禀赋效应（表 8-3）。

由表 8-3 可以发现：①无论何种情形，农户的禀赋效应均高于 1，表明农户在土地流转中"惜地"与高估其拥有的经营权的价值，是普遍现象。②农户承包的土地越是稀缺，农户越是从事自给性生产，务农者年龄越大，其禀赋效应越显著。并且，在农地质量好坏、是否分散以及调整与否等方面，禀赋效应的差异不显著。③农地确权会显著强化农户的禀赋效应，这再一次验证了保护农户土地权益与土地流转抑制之间的悖论。④农户普遍关注土地流转中的在位控制问题。在 2 568 个样本农户中，回答"比较关注"该问题的农户占 61.88%，其禀赋效应高达 2.508 1；即使是回答"不太关注"的农户，其禀赋效应亦达 1.570 2。

表 8-3　农户禀赋效应的测算结果

| 观察项 | 测度含义 | 样本量 | 禀赋效应 | 标准差 | t 检验值 |
|---|---|---|---|---|---|
| 是否参与土地流转 | 是 | 895 | 1.200 7 | 2.758 9 | −2.203 1** |
| | 否 | 1 809 | 1.579 7 | 6.178 3 | |
| 人均承包农地面积（亩） | ≥1.804 7 | 650 | 1.340 6 | 0.944 5 | −2.229 6** |
| | <1.804 7 | 2 054 | 1.845 2 | 9.815 4 | |
| 调查对象年龄（岁） | ≥60 | 447 | 2.431 0 | 11.325 3 | 2.171 1** |
| | <60 | 2 257 | 1.260 8 | 2.839 4 | |
| 经营目的 | 商业性经营 | 200 | 1.042 5 | 0.616 9 | −2.690 9*** |
| | 自给性为主 | 1 888 | 1.429 9 | 5.960 5 | |
| 土地质量 | ≥6.38 | 1 079 | 1.728 8 | 12.177 5 | 0.179 0 |
| | <6.38 | 1 589 | 1.669 7 | 4.131 4 | |
| 农地分散程度（块数） | ≥5.08 | 822 | 1.764 4 | 5.271 0 | 0.291 4 |
| | <5.08 | 1 846 | 1.662 1 | 9.432 4 | |
| 农地是否调整过 | 调整过 | 407 | 1.507 5 | 1.480 2 | −0.487 0 |
| | 未调整过 | 2 261 | 1.727 1 | 9.073 5 | |
| 是否确权 | 未确权 | 721 | 1.089 9 | 2.467 7 | −2.342 8** |
| | 已确权 | 1 456 | 1.541 7 | 6.470 7 | |
| 在位控制权 | 比较关注 | 1 589 | 2.508 1 | 0.495 0 | −1.062 6** |
| | 不太关注 | 473 | 1.570 2 | 0.444 0 | 0.938 1** |

注：①*、**、***分别表示在 0.1、0.05、0.01 的水平（双侧）上有显著差异。②人均承包农地面积、土地质量以及地块分散程度，均以样本均值作为分组标准。③在位控制权指农户是否关注或在意农地转出后如何被使用。问卷采用"比较关注"、"一般"和"不太关注"的三级评价。其 t 检验值，"比较关注"是相对"一般"而言的，"不太关注"则是相对"比较关注"而言的。

**2. 农户禀赋效应的差序格局。**农户土地流转的对象一般包括亲友邻居、普通农户、家庭农场与生产大户、农业企业[①]。问卷调查结果表明，农户更倾向于将土地流转给亲友邻居，其占全部意愿选择对象的比例高达56.91%。采用与前文同样的测算方法，可以得到农户选择不同交易主体时的禀赋效应（表8-4）。

**表8-4 农户禀赋效应的差序格局**

|  | 亲友邻居 | 普通农户 | 家庭农场或大户 | 农业企业 | 合计 |
|---|---|---|---|---|---|
| 样本数（户） | 2 125 | 540 | 757 | 312 | 3 734 |
| 选择占比（%） | 56.91 | 14.46 | 20.27 | 8.36 | 100.00 |
| 禀赋效应 | 1.032 7 | 1.281 7 | 1.519 0 | 1.837 1 | —— |

注：由于在问卷允许农户选择多个流转对象，故样本总数大于2 704个。

观察表8-4可以进一步发现：①农户的禀赋效应依"亲友邻居—普通农户—家庭农场或大户—农业企业"的次序而逐个增强，表明农户对于不同的交易对象存在着禀赋效应的差序化特征。②对于亲友邻居而言，农户的禀赋效应较低（WTA/WTP为1.032 7）。一方面，亲友邻居之间的土地流转，并非纯粹意义上的要素市场化交易，而是包含了地缘、亲缘在内的特殊的关系型交易；另一方面，考虑到农户对"在位控制权"的重视，亲友邻居基于其与转出农户长期交往而形成的"默契"与声誉机制，一般不会随意处置所转入的农地，从而能够为转出农户提供稳定预期。

## 三、土地流转市场的特殊性

熊彼特（2009）曾指出："农民可能首先把土地的服务设想为土地的产品，把土地本身看作是真正的原始生产资料，并且认为土地的产品的价值应该全部归属于土地。"赋予土地一种情感的和神秘的价值，是农民所特有的态度，因而在土地流转中存在过高评估其意愿接受价格（WTA）

---

① 两点说明：①在农户的流转对象中，如果"亲友邻居"包括有家庭农场、生产大户或农业企业，则在相应的对象类型中进行统计；②农户还会选择合作社作为土地流转对象，但股份合作并非经营权的"买卖"交易。因此不考察这类情形中农户的禀赋效应。

的倾向，使得农户的禀赋效应不仅具有普遍性，而且具有显著性[①]，即：

第一，农地确权能够强化农户对土地的产权强度，但会进一步增强其身份权利与人格化财产特征，进而加大禀赋效应。因此，农地的人格化财产交易市场不同于一般的产权市场。

第二，农户的禀赋效应具有明显的状态依赖性。农户以农为生、以农为业、以地立命的生存状态以及在位控制情结所导致的较高禀赋效应，成为土地流转的重要约束。由此，土地流转市场不是单纯的要素流动市场，而是一个具有身份特征的情感市场。

第三，农户的禀赋效应具有显著的对象依赖性。禀赋效应的差序格局，意味着土地流转市场并非一个纯粹的要素定价市场，而在相当程度上是一个关系型的"歧视性"市场。

土地流转有着特殊的市场逻辑。因此，推进土地流转市场的发育，既要考虑乡土社会人地关系的特殊性，又要提高流转交易的规范化与契约化程度。不考虑前者，显然会违背农户的心理意愿；忽视后者，则可能将有经营能力的行为主体隔离于农业之外，使小规模、分散化的农业经营格局难以改变，农民也将难以获得土地的财产性收益。因此，有必要寻找人格化财产的产权交易路径。

# 第四节　人格化财产与迂回交易：拓展科斯定理

## 一、重新思考科斯定理

科斯定理是由三个定理组成的定理组（费尔德，2002）：

科斯第一定理：权利的初始界定重要吗？如果交易成本等于零，回答是否定的。权利的任意配置可以无成本地得到直接相关产权主体有效率的纠正。因此，仅仅从经济效率的角度看，权利的一种初始配置与另一种初始配置无异。

科斯第二定理：权利的初始界定重要吗？如果交易成本为正，回答是

---

① 值得说明的是，本节对全国 9 个省份农户禀赋效应的测算结果与前期对广东农户问卷样本的测算结果具有高度的一致性（参见罗必良，2014）。

肯定的。当存在交易成本时，可交易权利的初始配置将影响权利的最终配置与社会总体福利。由于交易成本为正，交易的代价很高，交易至多只能消除部分与权利初始配置相关的社会福利损失。

科斯第三定理：当存在交易成本时，通过重新分配已界定的权利所实现的福利改善，可能优于通过交易实现的福利改善。该定理假设政府能够近似估计并比较不同权利界定的福利影响，同时还假定政府至少能公平、公正地界定权利。

因此，科斯定理与其说强调了在交易成本为零的条件下效率与产权无关的结论，还不如说道明了存在交易成本时产权制度是如何影响经济效率的。

但是，科斯定理暗含着几个基本假定：第一，产权主体与产权客体具有良好的可分性。该定理没有关注产权主体的身份性与人格化财产问题。第二，产权主体对其所拥有的产权客体是"冷酷无情"的。一方面，产权主体对物品（或者产权属性）潜在价值的发现仅仅依据物品的排他能力与产权主体的处置能力所决定的产权租金；另一方面，产权主体只对物品市场价格做出反应（持有或买卖）。该定理没有考虑到人与物之间的关系及禀赋效应问题。第三，产权是重要的，产权的重新分配有可能实现潜在利益。但是，该定理既没有顾及产权调整引发的不稳定性后果，也没有顾及产权固化与产权调整的不可能性[①]。

## 二、人格化财产的交易问题

按照科斯定理，不同的产权安排隐含着不同的交易成本，因此，用一种安排替代另一种安排是恰当的。问题是，在产权已经界定的情形下，随着时间的推移，由于环境条件的变化与学习机制的作用，人们会发现原有的产权安排可能隐含着非常高的交易成本，或者可能存在尚未实现的潜在利益，从而面临"两难"问题——变更产权会引发预期不稳定性，维护原有安排则牺牲潜在收益。关键是，在已经确权即产权固化的情形下，如何降

---

① 科斯定理另外的缺陷是，在交易成本大于零的现实世界，产权究竟应该界定给谁？科斯后来的回答是"权利应该配置给那些能够最富有生产性地使用它们的人"（科斯，1992）。问题是，谁是具有这样能力的人？难道发现这样的主体不需要成本吗？可见，科斯在放弃了"零交易成本"的不真实假设之后，用一个"发现成本为零"的假设替代了。

低运行成本或减少交易成本，显然是科斯没有完成的工作。产权是重要的，但降低其交易成本，并不唯一地由产权安排及调整所决定（罗必良，2014）。

土地流转面临的情形是：①产权的不可分性。即产权主体与产权客体具有难以分割的特性，这是由农户土地的人格化财产特征所决定的。②产权的不可变更性。农地产权通过确权颁证已经明确且固化，不存在承包权重新调整的空间，即不可能像科斯定理所表达的那样通过产权的重新界定来降低交易成本。③产权交易的特殊性。即农户在土地流转中存在明显的禀赋效应。

现行政策所鼓励的土地流转与规模经营，主要表现为租赁经营。但是，农户的土地租赁在性质上是生产要素的交易，并没有满足农民作为人格化财产主体对土地经营的在位控制。农地向有比较经营优势的主体（例如家庭农场、农业龙头企业）流转，不仅发生率低，而且面临着严重的契约不稳定问题（罗必良，2013）。依附于土地承包权的经营权出租，决定了一个基本的事实，即土地租约具有明显的不完全性。在前述的 2 704 个样本农户中，发生农地转出的样本农户为 614 个，其中，没有签订合同或仅仅有口头合同的占 54.07%；即使签订书面合同的，也依然有 16.31% 没有约定租赁期限。更为重要的是，土地租约几乎不可能对农地利用的质量维度（例如土壤肥力、耕作层结构、灌溉条件等）进行可度量的约定，于是人们能够在现实中观察到，土地租约的终极控制权总是属于农户（比如是否出租农地、出租哪块地、出租多久，甚至是否提前终止租约等，农户均有终极决定权），而对土地的现场控制权与剩余索取权通常属于土地承租者[①]。一方面，土地承租者可能会利用土地质量信息的不可观察性与不可考核性，采用过度利用的掠夺性经营行为。为了降低这种风险，农户可能倾向于签订短期租赁合约，或者即使签订长期合约，亦有可能利用其控制权随时中断合约的实施；另一方面，由于合约的短期性以及预期不足，土地承租者为了避免投资锁定与套牢，一般会尽量减少专用性投资、更多种植经营周期较短的农作物，从而加剧短期行为。由此形成的两难问题，易于诱发土地租赁的"柠檬市场"，即租约期限越短，租用者的行为将越发短期化，行为越短期化，租约期限将越短，由此导致土地租赁市场

---

① 哈特（1998）认为，如果契约不完全，那些没有被界定的权利应该赋予缔约方中更有能力的人（本节称之为"哈特命题"）。但是，在土地经营权租约中，没有被界定的权力的分配并不是一个简单的"剩余控制权"分配问题，而是涉及剩余控制权与剩余索取权的结构性安排问题。

"消失"。这或许是农地租赁市场面临的重要约束。构建独立于农户承包权与人格化财产之外的土地经营权流转市场，显然是不现实的。

因此，改善农地产权的制度绩效，必须拓展科斯定理。其中，两个方面的问题值得关注：第一，在农地确权不能重新调整的背景下，继续维护农户的小规模与分散化的经营格局，不仅使得农民增收无望，而且会因比较收益低下导致农业的副业化与边缘化。如何在保障农民农地产权主体地位的同时，盘活土地经营权，改善产权的配置效率，就显得尤为重要。第二，以土地经营权流转推进农地规模经营，如果不能顾及农民土地的人格化财产的产权特性，那么，禀赋效应的存在不仅会使政策目标难以实现，而且会因关系型交易形成小规模、分散化经营格局的复制。所以，土地经营权流转必须顾及产权主体与产权客体不可分性的约束。

## 三、拓展科斯定理：迂回交易及其匹配

尊重农民土地的人格化财产特征并改善产权效率，需要从两个方面入手，一是通过产权细分即土地经营权的进一步分割，改善产权配置效率；二是拓展农户分工空间，改善农户行为能力。没有土地经营权的进一步细分与交易，新的行为主体（企业家、投资主体、生产性服务主体等）就难以进入农业，而不同主体的共同参与，形成土地与资本、土地与企业家能力的结合，由此生成分工效率，农民才有可能分享分工经济。改善人格化财产的产权配置效率，有必要拓展出新的科斯定理，即：

"科斯第四定理"——当存在交易成本时，如果不能经由产权的重新调整来改善产权配置效率，那么，通过产权的进一步细分及迂回交易与之匹配或许是恰当的。

庞巴维克（1997）最早提出"迂回生产"的概念，并由 Young（1928）发展为报酬递增的重要解释机制。迂回生产是相对于直接生产而言的，它是指为了生产某种最终产品，先生产某种中间产品（资本品或生产资料），再使用中间产品去生产最终产品，这样，生产效率会得到提高。与之相对应，也可以使用"迂回交易"的概念。

从逻辑上说，交易方式可以有不同的选择。如果交易方式 A 的交易成本过高，可以选择具有比较成本优势的交易方式 B 来替代。问题是，

一旦可选择的交易方式均不具有经济性，也就是说，直接交易具有不可能性（人格化财产即是如此），那么，迂回交易将成为可能的策略选择。即：为了进行 A 交易，先进行 C 交易，然后通过 C 交易来促进 A 交易，交易效率会得以改善。

产权细分与分工交易是保障迂回交易成为可能的两个重要方面：

（1）产权细分与盘活土地经营权。农业生产经营活动包含多种价值创造活动。如果所有的农事活动均由一个农户独自处理，那么，现场处理的复杂性以及农户处置能力的不足，必然导致农户经营规模的有限性。农户如果扩大生产规模，必然面临着劳动雇佣及劳动监督问题，于是，采用机械替代劳动显然是恰当的选择。但是，对农户来说，农机投资却是一把"双刃剑"：一方面，机械化作业无疑会要求土地经营规模的匹配，从而超越其处理能力所决定的规模边界；另一方面，由农业生产的季节性与生命节律所决定的有限的使用频率，必然导致农机投资效率低下。

因此，土地经营权的产权细分以及由此形成的不同主体的进入空间，能够化解上述约束并促进农业经营中的分工深化。由农户购买机械转换为由市场提供中间产品服务，则可能将家庭经营卷入社会化分工并扩展其效率边界。事实上，在保障农户在位控制权的同时，农户生产经营中的多数农艺与活动环节是可以分离的（作为中间产品）。例如，水稻的育秧活动是可以独立分离的，能够由专业化的育秧服务组织提供；整地、插秧、植保、收割等生产环节亦可向专业化的服务组织外包。

在农地所有权、承包权、经营权"三权分置"的格局下，由于农村土地集体所有权不得动摇，农户承包权必须保持长久稳定，因此，创新农业经营方式的关键就在于进一步细分和盘活土地经营权。横向来说，土地经营权可以分割为经营控制权（生产什么、生产多少）与生产处置权（如何生产）；纵向而言，农事活动及生产环节则可进行多样化细分。因此，经营权细分为不同主体进入农业提供了可能，从而能够扩展农业经营中迂回交易与分工深化的空间。

（2）分工交易与改善规模经济性空间。产权细分以及多种主体进入所形成的交易，无疑会增加交易成本。由此，盘活土地经营权还有赖于交易组织与交易方式的改进。农事活动分工与服务外包的可能性及效率，必须与相应的交易组织机制相匹配。即：①如果土地流转效率改进得比劳务交易效率快，分工将通过土地市场在农场内发展，农场规模会扩大并走向适度规模经营，但前提是必须存在良好的企业家经营的生成机制、有效协调农场内部劳动分工的组织机制；②如果土地流转的效率很低，劳务交易的效率较高，农业分工将转换为市场组织分工，农场外通过迂回交易所提供专业服务的种类增加，尽管农场自身的土地规模受到限制，但其生产经营内容减少，专业化程度及效率却上升。

一般来说，随着农业社会化服务市场的发育，农业中劳务交易效率无疑会高于土地经营权交易效率，因此，农业规模经营能够以服务规模经营替代土地规模经营，通过纵向分工、迂回经济与服务外包来实现外部规模经济性（图8-1）。

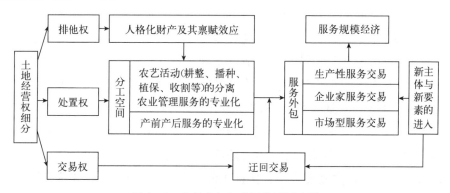

图8-1　农地产权细分及其迂回交易

图8-1表明，尽管农地的人格化财产特征与排他权强化所引发的农户禀赋效应抑制了土地流转及规模经营，但农事活动处置权的产权细分与分工深化，能够吸纳有能力的经营主体与现代生产要素进入农业，并由此通过迂回交易来改善服务规模经济性。可见，农地确权带来了产权调整的刚性约束，但盘活土地经营权能够拓展农业规模经济性的实现路径，亦有助于农户参与并分享分工经济。

# 第五节　"农业共营制"：经营方式转型的崇州案例

## 一、"农业共营制"：崇州的探索

崇州市是隶属于四川省成都市的农业大县，也是农村劳动力输出大县。随着农村劳动力外出流动，农业生产"地碎"、"人少"、"钱散"、"缺服务"的趋势不断加剧，"农业边缘化"问题越发严重。崇州为此做出了长期的探索。从早期诱导生产大户转入土地，到随后引进农业龙头企业进行农地租赁经营与订单合作，以及鼓励农民建立土地股份合作社，多种尝试均未取得预期效果。特别是 2009 年出现农业企业毁约退租风波之后，当地政府意识到农地规模流转的风险性。从 2010 年起，崇州"被逼着"进行新的探索，即在农村土地确权的基础上，引导农民自愿以土地经营权入股，组建土地股份合作社，并动员和引进种田能手从事水稻生产经营。由此形成的"职业经理人"试验的成功，极大地鼓励了新的实践。

崇州试验的重点是：以农村土地集体所有为前提，以家庭承包为基础，以农户为核心主体，以盘活土地经营权为线索，推进土地股份合作社、农业职业经理人、社会化服务组织等多元主体共同经营。具体来说：①引导农户以土地经营权入股，成立土地股份合作社；②聘请懂技术、会经营的种田能手担任土地股份合作社的职业经理人，负责农户土地的经营管理；③引导适应规模化种植的专业化服务体系的建立，并打造"一站式"农业服务超市平台。随着职业经理人、土地股份合作社、专业化服务体系等专业化、规模化、组织化的运行机制逐步完善，最终形成了目前"1＋1＋1"（"职业经理人＋合作社＋服务超市"）的"农业共营制"模式（罗必良，2014）。

## 二、"农业共营制"的制度内核

崇州"农业共营制"的核心，是基于经营权的产权细分与农事活动的外包，通过三个层面的迂回交易及其相互匹配，形成了有序竞争的自我执行机制。

**1. 引导农户合作，建立土地股份合作社，构建农地产权的迂回交易机制。**崇州市运用土地确权的成果，引导农户以土地经营权折资折股，组建土地股份合作社。截止到 2014 年年底，崇州市共组建土地股份合作社 225 个，入社土地面积 31.06 万亩，占全市耕地总面积的 59.57％；入社农户 9.09 万户，占全市农户总数的 59.14％。

崇州的土地股份合作社并不是独立的自我经营主体，它实现了土地适度集中，并达成了土地经营与企业家经营合作的迂回交易机制。其价值在于：第一，它规避了土地流转中农户的禀赋效应与高昂的交易成本。一方面，通过股份合作的方式保留了产权主体与产权客体的紧密联系，尊重了土地的人格化财产特征；另一方面，通过保留农户对职业经理人的甄别以及对生产经营的最终决策权，满足了农户的在位控制诉求。第二，农户土地经营权的集中与土地经营的规模化，能有效吸引农业职业经理人的竞争性进入，土地股份合作社由此成为农户土地经营权细分与企业家人力资本的交易平台，并进一步达成企业家能力与经营服务规模的匹配。

**2. 创新培育机制，建立农业职业经理人队伍，构建企业家能力的迂回交易机制。** 已有农业合作社的一个普遍不足是企业家能力的缺乏。"农业共营制"的重要突破是，将产权细分与分工深化紧密结合。一是通过职业经理人市场的发育与竞争机制的形成，有效降低了合作社寻找和甄别有经营能力的代理主体的搜寻成本；二是多个职业经理人竞标机制与集体谈判机制，能够大大降低职业经理人进入的谈判、签约、退出与接管成本；三是土地规模扩大所激励的优秀职业经理人竞争性进入，既化解了传统合作社面临的内部人控制问题，也避免了社区型合作组织能人依赖的弊端。

职业经理人的产生，有效解决了"谁来种田"和"科学种田"的问题。与农户家庭经营相比，由职业经理人经营的大春水稻种植平均每亩增产10%（约55千克），生产资料投入与机耕机收成本下降15%（约90元）。

**3. 强化服务外包，建立"一站式"专业服务体系，构建农业服务的迂回交易机制。** 其主要运行方式是：①在原则上坚持主体多元化、服务专业化、运行市场化的导向。②在横向布局上推进有序竞争。③在纵向分工上开展"一条龙"农业服务。④建立淘汰机制。2014年底，崇州市已分片建立综合性农业社会化服务公司3家、农业服务超市10个，分别联结101人的专家团队、225人的科技推广队伍、22个农机专业合作社与大户、15家农资供应商（企业）、16个植保专业服务组织、6个劳务合作社、25个工厂化育秧基地，服务范围遍布全市25个乡镇，并带动了大约4800人的服务型职业农民队伍的成长。

土地经营权细分，形成了提供"专业生产"这种中间产品的生产性主体，改善了农业的技术分工与生产操作效率。通过三大经营主体的培育以及相应的迂回交易机制的构建，土地的共营延伸到服务的共营，分工与专业化格局也由此形成。

**4. 三类迂回交易机制的互动：竞争、自我执行与可持续发展能力。**第一，合作社之间的竞争。农业共营制的开放性，使得合作社的运营绩效与土地规模、企业家能力、社会化服务质量紧密相关。一方面，合作社土地规模越大，越有可能通过竞争聘任到更有能力的职业经理人，以更低的成本购买外包服务，从而经营绩效越好；另一方面，合作社经营绩效越好，对周边农户土地经营权入股的吸引力越大，能够获得的规模经济优势就越大。第二，职业经理人之间的竞争。职业经理人的企业家能力越强，能够代理优质合作社的可能性越大，能够获得低成本与高质量社会化服务的竞争力越强，也越有利于合作社获得财政与金融支持、推进品牌化经营与提高市场竞争力。职业经理人之间的市场竞争，有助于优胜劣汰自我执行机制的形成。第三，专业服务组织之间的竞争。农业服务超市的构建，一方面降低了服务主体与经营主体之间的搜寻、谈判与监督成本，另一方面亦成为服务质量的评价机制。专业服务组织投资能力越强、专业化水平越高、服务质量越好、服务收费越合理，越有利于其扩大服务业务规模、获得良好声誉效果、增强对信贷支持和政策扶持的竞争力，从而为社会化服务的市场拓展、服务品牌建设、分工深化提供源源不断的动力。

崇州"农业共营制"是新形势下农业经营体系的重要创新。在坚持家庭经营基础性地位的前提下，它盘活了分散且固化的土地经营权，培育了多元参与的经营主体，由此形成的"集体所有、家庭承包、管住用途、盘活产权、多元经营"的基本制度框架，有可能是中国农业经营方式转型的重要突破口，昭示着中国农业经营体制机制创新的重要方向。

# 三、进一步的讨论

产权经济学区分了两个重要概念，一是产权赋权，二是产权实施。明晰的赋权是重要的，但产权主体是否具有行使其产权的行为能力同样是重要的。产权实施包括两个方面：一方面是产权主体对产权的实际处置，另一方面是产权的转让与交易。产权在实施中的强度问题，使得同一产权的实施在不同的实践环境、对于不同的行为主体，都可能存在差异。由此，市场运行依赖于三个关键因素：

　　一是明确而分立的产权。市场可以被认为是普遍化了的商品交换关系，而这种交换关系的维系必须要有相应的产权安排来保证。在市场交换过程中，产权主体只有预期没有被抢劫而无处申诉的危险时，才会积累财富并努力将财富最大化；当产权主体把手中的货币或货物交给其他主体而不必担心对方不按合约办事时，或者在当对方不履行合约时能够保证以一种低成本的方式挽回或减少损失的情况下，交易才会发生。产权能够排他，交易才可能顺利进行，价格（市场）机制才由此发挥作用。明晰的赋权意味着产权的保护、尊重与契约精神。

　　二是多主体参与的分工合作机制。分工与专业化通过知识积累与迂回生产能够改善生产效率，但同时分工通过提升行为主体的信息获取与处理能力，也能够改善交易效率。土地经营权的流转，形式上表现为农地经营主体的替代，本质上则表现为农户间的横向分工，农地的人格化财产特征及禀赋效应，往往内生着明显的交易成本。因此，细分并盘活土地经营权，诱导具有不同比较优势的主体参与农业经营，不仅能够深化农业产业内的纵向分工以及分工的多样化，而且能够促进经营权细分市场、农业企业家市场与生产性服务市场的发育。

　　三是合乎要求的经济组织。"合乎要求"一方面是指改善产权处置效率，另一方面是指降低产权交易成本。关键是，如果产权安排已经固化且又隐含着较高的交易成本，那么，科斯提出的通过重新调整产权来改善处置效率与交易效率的空间并不存在（农村土地承包经营权的确权颁证即是如此）。由此，从产权调整转向经济组织构造是必然的选择。Coase（1937）曾经指出，市场运行是要花费成本的，而市场与企业是两种可以相互替代的资源配置手段。企业是一种巧妙的交易方式，它可以把一些交易成本极高的活动卷入分工，又可以避免对这类活动的直接定价和直接交易。同样，农地经营权细分和迂回交易促进了农业分工深化，从而规避了禀赋效应对人格化财产交易的约束以及直接交易所面临的高昂成本。

# 第九章　结论与政策建议

## 第一节　主要结论

### 一、农地确权与农户产权认知

Alchian（1965）指出，产权的强度，由实施它的可能性与成本来衡量，这些又依赖于政府、非正规的社会行动以及通行的伦理与道德规范。可以认为，产权强度决定着产权实施，是政府代理下的国家法律赋权、社会认同（或者社会规范）与产权主体行为能力的函数。三者分别表达了产权的合法性（赋权）、合理性（认同）与合意性（能力）。其中，社会认同是决定产权界定、实施及其保护所隐含交易成本的关键因素。

农民是农地产权的实施主体。因此，农地确权及其制度绩效的有效发挥，依赖于农民的产权认知。研究表明：

第一，土地确权的作用绩效受产权历史情景和农民产权经历的影响，表现出情景依赖和经验依赖。一般来说，对于那些经历过农地调整的农户来说，农地确权能够有效提升农民的农地产权的安全感知。因此，农地确权并不仅仅表达为产权边界的确定，更应该表达为产权实施过程中的预期稳定。由此可见，中央强调维护农民的土地承包经营权，通过农地确权给农民"确实权、颁铁证"，真正让农民吃上"定心丸"，是符合农民意愿的。

第二，国家意志具有多种表达方式，产权安排是主要方式之一。而在农村，国家意志的产权制度目标往往是通过村干部来达成的。农户对农地确权工作重要性的认知，不仅与宣传工作有关，更是与村干部对农地确权工作的信息表达密切关联。农地确权工作的推进与实施，依赖于村干部的政策解释能力、解决问题的能力以及宣传动员能力。

第三，农民对农地确权工作的满意度不仅来源于其对农地确权工作的认知程度，也与农户的谈判能力紧密相关。值得注意的是，有政府公职人员的农户家庭，或者对确权政策有较多知识积累的农户，往往对确权工作的满意度较低。相反，确权工作的细致程度（如农户的现场参与）与民间组织化程度（如村民理事会）的提升，能够改善农民的满意度。可见，提升农民的产权认知，增强农民的产权保护意识，必须与合理的组织化协调相匹配。

## 二、农地确权与要素流动

对于确权所引致的要素流动效应，政界学界的舆论期待非常高。一方面，人们期待农地确权能够诱导农民的非农转移，另一方面能够促进农地的流转与集中。我们的研究表明：

第一，农地确权并不必然导致农地流转。农地流转市场建设是"一连串的事件"，不仅需要完善农地流转的产权权益保证机制，发展出弱化、替代农地保障功能的社会保障机制，构建提升农民就业型转移、创业型转移的稳定机制，也需要实施促使农民"离地"、"退地"的心理干预机制。

第二，尽管通过强化地权以推动农地流转，一直是中国政府和学界的普遍共识，但实证分析表明，农地确权在整体上非但无法促进农户转出农地，反而降低其扩大经营规模的可能性。就发生机制来说，农地确权一方面通过农业生产激励（增加务农时间投入）和交易费用机制抑制农户农地转出，并通过交易价格机制对其产生促进作用，另一方面通过农业生产激励促进农地转入，并通过交易费用机制对其产生抑制作用。农地确权之所以未能达到促进农地流转的预期，可能性根源在于两个方面：

一是与农地流转的市场特性有关。农地流转市场并不是一个纯粹的要素市场，因而农户普遍存在的禀赋效应，成为抑制农地流转的重要根源。农地确权会进一步强化农户对土地的禀赋效应。不过，需要强调的是，尽管农地确权未对农地转出产生显著影响，但却显著促进了流转意愿，并有助于促进农户农地流转行为从关系情感转向理性计算，从非市场化转向市场化。

二是与农地流转市场的阶段性特征有关。中国农地产权制度历经了40年的改革，基本实现了从严格管制、还权松管到赋权强能的转变。因此，农地产权的强化呈现阶段性特征，一是 2009 年以前"还权松管"，二是 2009 年之后"赋权强能"，实证结果表明：①以"还权松管"和"赋权强能"表达的产权强化分别促进和抑制了农地流转；②考察"还权松管"与"赋权强能"的交互作用发现，随着"还权松管"程度的不断提高，"赋权强能"尤其是新一轮农地确权对农地流转的抑制作用变得更为稳健。因此，对农地流转的"还权松管"程度已达到了较高水平，对农地的进一步"赋权强能"并不必然促进农地流转。可见，随着农村产权管制的不断放松与要素市场的不断发育，农地的潜在可交易收益已经得到了极大程度的释放并逐步逼近其极值点。从而意味着，以促进农地流转为主线的农地制度安排，应该做出重要的调整。

第四，中国农业劳动力的非农转移与地权稳定性紧密相关。其中，地权不稳定主要通过弱化农地产权的生产功能而促进劳动力非农转移。而农地确权所表达的地权稳定性提升，将有利于农地生产性功能的进一步发挥，吸引更多劳动力进入农业部门，但与此同时则可能诱导在非农部门的"弱势人群"回流农业，从而对农业劳动力的非农转移带来扰动。分析表明，总体而言，地权稳定性的提高会抑制农民非农就业转移。其中，对完全非农型、务农为主的农户而言，地权稳定性对其劳动力转移的影响较小；对于非农化程度处于中间水平的兼业型农户影响较大。这说明，地权稳定性对于在一定程度上实现了务农专业化、非农专业化的农户影响较小，但对于亦工亦农这种不完全分工形态的兼业型农户影响大。因此，农地确权能够有利于缓解我国农业"兼业化滞留"的低效率问题，促进劳动力分工从家庭内的自然分工转向社会化分工。

## 三、农地确权与农户生产行为

产权具有重要的行为诱导功能。鉴于农地产权的特殊性，农地确权是否能够诱导农户的投资激励以及生产性努力，已有研究并未达成一致性结论。我们的研究表明：

第一，从农户生产性要素配置的角度来说，农地确权所形成的收益保障预期，能够激励农户对农地的投资意愿，其中，农地确权所强化的农地资产性，能够改善农户的信贷可获性。研究表明，农地确权所诱导的农户投资激励，具有明显的情境依赖性。即，对于那些农地经营规模较大、以农业经营为主的农户而言，农地确权具有显著的投资激励效应；在那些农业基础设施相对完善的地区，农地确权能够产生更为明显的农业投资行为产生激励作用；越是产权稳定的区域，农地确权所强化的稳定性预期，越具有正向投资激励效应；越是进行周期性相对较长的农业生产行为，确权所表达的投资激励越发明显。

第二，农地确权对农地抛荒行为起到显著弱化作用。不过，值得注意的是，农地确权政策对农地抛荒的作用机理并不在于产权稳定性的增强与生产积极性的提高，相反，由于产权调整可能引起出于产权保护目的的复耕行为。农地质量、农地禀赋效应、农地重视程度均显著促进农地流转与耕作，能够对农户的农地抛荒行为产生显著抑制作用。

第三，农地确权从改善地权排他性、地权长期性以及地权权利强度，能够进一步强化了农户的地权安全性，进而对农户的农业投资、农地流转、家庭劳动分工、经营权信贷抵押等要素配置行为产生影响，并最终影响其农业生产效率。研究表明：①农地确权在总体上提高了农户农业生产效率。②对于没有发生农地调整、农业机械化条件较好的村庄，农地确权能够提高农户农业生产效率；相反，对于拥有较多非农就业机会的农户，农地确权对其农业生产效率并不产生影响。③农地确权一方面通过促进农户加大农业短期投入、增加旱地转入和提高家庭务农人数占比提升其农业生产效率，另一方面通过抑制农户水田或水浇地转入导致其农业生产效率损失。

## 四、农地确权方式及其效率比较

农地确权的本质是产权界定。产权界定有不同的方式，农地确权在实践中也存在着多种模式。不同的确权模式有着不同的生成逻辑，进而形成不同的产权绩效。因此，通过对各地农地确权的案例分析和经验总结，有助于把握农地确权的内在规律、降低农地确权成本、提高农地确权效率。分析表明：

第一，在全国各地的农地确权实践中，主要存在确权到户、整合确权、确权确股不确地的三种主要模式。其中，土地共有产权强度的高低决定了农地确权的模式选择；确权到户面临着土地细碎化、地方政府积极性下降、村集体权能弱化的制度约束；整合确权面临着换地折算和利益补偿、农地整合改制费用较高、法律基础弱化、配套基础设施不完善的制度约束；确权确股不确地面临着村规民约和法律法规冲突、确股时点以及难以协调不同权利关系等三个方面的制度约束。

第二，基于准自然实验场景，运用双重差分法，实证分析了耕地阳山县的整合确权方式及其效果。结果表明：一是整合确权不仅达到了"小块并大块"的预期政策效果，促进了地块层面的集中与规模化，而且促进了农地的流转集中及其农场经营规模的扩张。二是整合确权对服务规模经营发展也表现出了正向促进作用，存在改善农业的分工经济与外部服务规模经济的潜在空间。进一步的分析表明，只有加大农业基础设施投入，完善农业基础设施，降低不同地块间在肥力、灌溉、交通等方面的差异，减少改制费用，才能促进整合确权制度的实施，减少制度变迁的阻力。

第三，"确权确股不确地"确权模式不仅有助于规模经营，也有利于改善产权界定的公平性以及集体成员的享益权。不过，该模式的选择，依赖于村集体组织的发育程度、良好的代理人生成机制与监督机制。其中，企业家能力的生成及其竞争机制的构建具有决定性作用。

## 五、农地确权与农业经营方式转型

农地确权对农户生产性行为的影响受到学界广泛重视，但现有文献大多忽视了对确权所隐含的产权交易含义的研究。农地确权在提升农户产权强度的同时，有可能因土地的人格化财产特征而强化"禀赋效应"，并进一步因"产权身份垄断"与"产权地理垄断"而加剧对经营权流转的抑制。研究发现，针对产权主体与产权客体不可分的交易约束，拓展科斯定理并通过产权细分、迂回交易及其有效匹配，能够在尊重农民土地人格化财产特征的前提下，实现农业的规模经济与分工经济。

第一，强化可替代财物的产权强度，能够促进其市场化交易；强化人格化财产的产权强度，则可能抑制其市场化交易。农地确权在提升农户产权排他能力的同时，有可能因过高的租金门槛而加剧对经营权流转的抑制。因此，农地的人格化财产交易市场不同于一般的产权市场。显然，已有研究大多忽视了农地特性所包含的产权含义及特殊的交易逻辑，同时也夸大了土地流转的可能性及规模经济性。

第二，按照科斯定理，不同的产权安排隐含着不同的交易成本，因此，用一种安排替代另一种安排是恰当的。问题是，在产权已经界定的情形下，随着时间的推移，由于环境条件的变化与学习机制的作用，人们会发现原有的产权安排可能隐含着非常高的交易成本，或者可能存在尚未实现的潜在利益，从而面临"两难"问题——变更产权会引发预期不稳定性，维护原有安排则牺牲潜在收益。关键是，在已经确权即产权固化的情形下，如何降低运行成本或减少交易成本，显然是科斯没有完成的工作。产权是重要的，但降低其交易成本，并不唯一地由产权安排及调整所决定。

第三，两个方面的问题值得关注：第一，在农地确权不能重新调整的背景下，继续维护农户的小规模与分散化的经营格局，不仅使得农民增收无望，而且会因比较收益低下导致农业的副业化与边缘化。如何在保障农民农地产权主体地位的同时，盘活土地经营权，改善产权的配置效率，就显得尤为重要。第二，以土地经营权流转推进农地规模经营，如果不能顾及农民土地的人格化财产的产权特性，那么，禀赋效应的存在不仅会使政策目标难以实现，而且会因关系型交易形成小规模、分散化经营格局的复制。所以，土地经营权流转必须顾及产权主体与产权客体不可分性的约束。

第四，有必要拓展出新的科斯定理，即："科斯第四定理"——当存在交易成本时，如果不能经由产权的重新调整来改善产权配置效率，那么，通过产权的进一步细分及迂回交易与之匹配或许是恰当的。产权细分与分工交易是保障迂回交易成为可能的两个重要方面。尽管农地的人格化财产特征与排他权强化所引发的农户禀赋效应抑制了土地流转及规模经营，但农事活动处置权的产权细分与分工深化，能够吸纳有能力的经营主体与现代生产要素进入农业，并由此通过迂回交易来改善服务规模经济性。可见，农地确权带来了产权调整的刚性约束，但盘活土地经营权能够拓展农业规模经济性的实现路径，亦有助于农户参与并分享分工经济。

第五，崇州"农业共营制"是新形势下农业经营体系的重要创新。在坚持家庭经营基础性地位的前提下，它盘活了分散且固化的土地经营权，培育了多元参与的经营主体，由此形成的"集体所有、家庭承包、管住用途、盘活产权、多元经营"的基本制度框架，有可能是中国农业经营方式转型的重要突破口，昭示着中国农业经营体制机制创新的重要方向。

# 第二节　政策建议

## 一、悬而未决的议题

自 2014 年开始在全国范围内全面推进农地确权工作以来，社会各界的争议与学界的争论便层出不穷。本书关注于农地确权的制度经济绩效。

新一轮农地确权有两个显著特点：一是强调"生不增、死不减"的村民集体成员权的身份固化，二是强调地块的"四至"即空间边界明晰。其核心功能在于：一方面通过排他性约束，减少不确定性，改善农民的稳定预期，诱导农民的长期投资与生产行为；另一方面是优化资源配置。其中的一个重要意图是促进农地流转以改善规模经济性。

然而，政策偏好并不必然意味着理论逻辑的自洽性。第一，"生不增、死不减"的产权固化，与农村土地的集体性质及其成员权的天赋性，显然是矛盾的，从而决定了随着人地关系变化所必然引发的成员权的公平性问题。第二，公平性的损伤必须诱发农民对农地产权的社会认同的变化，从而决定了产权尊重与排他性约束将因此而大打折扣，进而也将引致产权稳定性预期的弱化。与之相关联，农地确权所希图表达的产权强化，并不一定在产权实施的社会实践中得到响应。第三，产权界定并不必然诱导产权交易。农地确权在改善农户产权排他性的同时，有可能因增强禀赋效应尤其是过高租金门槛而加剧对经营权流转的抑制。事实上，已有文献大多忽视了对确权所隐含交易含义的研究。

我们的研究表明：①农地确权并不必然导致农地流转；②农地确权并不必然诱导农业劳动力的非农转移；③农地确权能够强化农地的资产性特征，诱导农户的生产性投资意愿，改善农户的生产效率；④农地确权带来了产权调整的刚性约束，因此有必要从产权实施的层面强化产权细分与迂回交易；⑤盘活土地经营权能够拓展农业规模经济性的实现路径，亦有助于农户参与并分享分工经济。

因此，新一轮农地确权的实际制度绩效与初始的制度目标设计，并非是一致相容的。同样，在全国范围内即将完成的农地确权工作，也并非是一劳永逸的，还需做出不懈的政策努力。可以认为，农地确权及其所决定的制度经济绩效，仍然是一个悬而未决的重要议题。无论是对于政策制定还是在理论研究方面，对农地确权抱着谨慎的态度，在今后的产权实践中进行跟踪与预警研究，并构建有针对性的纠错与校正机制，无疑是必要的。

## 二、需要注意的问题

1. 农地确权的制度绩效，在很大程度上与农民对土地产权的安全感知有关。因此，第一，必须重视制度目标与农民主观认知的一致性程度，从而获得政策目标与农户响应的激励相容。第二，农地确权应该关注产权界定的历史遗留问题，化解而不是激化矛盾。第三，明晰和强化土地权益保护，并加强相关法律知识的培训与普及。在此过程中，提升村干部的政策解释能力、解决问题的能力、宣传动员能力尤为必要。与此同时，扎实推进农地确权工作，避免出现"被确权"、"确空权"的问题。农地确权只有强化地权安全性进而确保使用权排他、交易权自由和收益权独享，才能促使农户通过调整生产要素配置行为来提高农业生产效率。

2. 必须认识到农地兼具的认知情感和财产商品的双重属性，尊重农民对土地的情感，构建农民"离地"、"退地"的心理干预机制与匹配措施，在此基础上诱导农户农地流转行为从关系型流转转向契约化交易，从情感核算转向理性计算，从非市场化转向市场化。但必须强调，推进农地流转的契约化与市场化，并不意味着情感性交易、非正式契约以及乡土社会内含的关系稳定机制能够被忽视，相反，应该格外重视并有效发挥其制度性遗产。

3. 鼓励实践创新，力避农地确权方式与产权实施的"一刀切"的做法。在农地确权顶层制度设计总体安排下，基于中国的地区差异及其各地的历史、现实情况，应赋予农民以产权界定的自主选择权，允许基层组织在合法合规的前提下创新农地确权模式，以实现农地确权"自上而下"推进过程中赢得"自下而上"的支持。必须进一步强调，新一轮的农地确权并非是一劳永逸的，在随后的产权实施过程中，应该赋予农民更多的"自决权"。

4. 禀赋效应的差序化与经营对象的选择性流转，必然导致小规模、分散化经营格局的复制。农地产权流转仅仅局限于将农地作为生产要素，而不是作为财产性资本进行配置，那么农地流转一定会停留于"人情市场"。只有赋予农户以土地的财产性权利，通过土地与资本的结合、土地与企业家能力的结合，有经营能力的行为主体（投资能力、企业家能力）才可能进入农业，农地流转集中与农业规模经营才会成为可能，农民也才有可能因此而获得财产性收入。

5. 农地确权能够强化农户对土地的产权强度，但会进一步增强其身份权利与人格化财产特征，进而加大禀赋效应。因此，农地的人格化财产交易市场不同于一般的产权市场。推进土地流转市场的发育，既要考虑乡土社会人地关系的特殊性，又要提高流转交易的规范化与契约化程度。不考虑前者，显然会违背农户的心理意愿；忽视后者，则可能将有经营能力的行为主体隔离于农业之外，使小规模、分散化的农业经营格局难以改变，农民也将难以获得土地的财产性收益。因此，有必要寻找人格化财产的产权交易路径。

## 三、强化配套改革：进一步挖掘农地制度红利

**1. 切实保障实际地权的基本稳定。**如果农地确权政策无法保障实际地权的基本稳定，继续出现农地的"大调整"，那么会在替代弱化效应机制作用下，减弱农民对新一轮确权赋权下的稳定性预期，难以得到农民对该政策的信任，降低确权政策对农地流转、农地投资等方面的正向激励效应。通过在产权稳定的基础上强化社会民众的法律信仰，由此所形成确定性、排他性与合法性并存的产权预期，为释放新一轮农地确权制度效应的提供制度保障。

**2. 构建有效的农地租金生成机制。**结合农地确权工作，因地制宜配套建立区域性、自由进出、规范的农地经营权产权流转交易市场，构建有效的农地流转租金生成机制，防止过高的租金诉求抑制农地的流转、并加剧农产品成本的推高。进一步地，由于农地确权会带来产权稳定性所诱发

的溢价效应与租金看涨预期，农户为防止因长期合约形成的"锁定"或"套牢"而错失租金调整的灵活性，往往趋向于选择短期化合约。因此，除了建立与流转面积相关联的补贴办法外，可以相机选择激励长期流转的政策扶持措施，配套以农地流转的"租金价格指数保险"试点进行诱导性探索。

**3. 创造条件推进农地抵押贷款市场发育。** 一是放松法律限制，为土地经营权抵押提供法律保障；二是简化农地承包权经营权抵押贷的操作程序，降低农户获得贷款的交易成本；三是促进农地流转市场发育，为农地作为担保物处置构建便利性通道；四是建立和完善农业保险制度、农地抵押贷款风险补偿基金等风险分担机制，增强金融机构开展农地抵押贷款的积极性。此外，政府也需要预防土地确权下的农村金融发展对社会稳定、耕地保护等所可能产生的消极作用。特别地，为了解决农地经营权承包期限与抵押期限的不一致问题，也便于诱导对农地长期的信贷投资，建议将农地的家庭承包期限从 30 年做适当延长，并根据信贷期限予以契约化与规范化。

**4. 关注地方基层农地确权方式创新及其长期发展绩效。** 不同的确权方式对农业经营方式转型可能带来不同的绩效。从目前观察以及未来发展预期看，应该肯定广东阳山、湖北沙洋的确权方式的制度创新潜力，但这种确权方式制度潜力释放需要相关制度的匹配。需要考虑将财政支农资金、农田水利建设资金进行整合，通过农田基础设施的改进以弱化农民对农地质量、远近的均等性诉求，化解农地细碎化问题。为此，确权工作需要分阶段、分批次、分区域地推进，而不是全国统一地规定确权工作的时间进度安排。

**5. 协同推进农村社会保障与基层治理制度的变革。** 政府的确权目标在于赋予农民清晰且稳定的土地承包经营权。实地调查中可以发现，在确权政策的执行过程中，人为抵制作用往往大于技术限制的影响，究其原因在于：中国农地制度的初始安排糅合了公法层面的基层治理与社会保障功能等，农地调整符合农民公共福利的均等性诉求。与此同时，农地调整也得到了一些法规制度的支援，是村民自治运作的组成部分。因此，需要制定全国性统一的农地法律体系，并慎重考虑改革本身引起的农村社会保障以及基本治理制度结构的联动问题，尽早出台相关配套政策制度，为确权政策执行提供足够的操作空间。

## 四、强化组织构造：从产权界定转向产权实施

随着农村产权管制的不断放松与要素市场的不断发育，农地的交易性价值已经得到了极大程度的释放并逐步逼近其极值点。从以农地流转来改善农业规模经济性的角度来说，产权界定及强化地权并不能取得一劳永逸的效果。因此，必须调整以促进农地流转为主线的农地制度安排，而从产权界定及其强化转向产权实施及其组织构造是必然的选择。

第一，以 2009 年农地确权改革为标志的"赋权强能"阶段，需进一步强化农地产权，增加产权的可排他性与可处置性。可排他性依赖于明确而分立的产权，包含着产权的保护、尊重与契约精神。可处置性则依赖于合乎要求的经济组织，即能够降低产权实施的交易成本，又能够改善产权的配置效率。在"三权分置"的制度背景下，从农地经营权流转转向农地经营权的产权细分与盘活，拓展相关要素市场及其配置空间，通过将农地流转转换为产权细分格局下的农户土地经营权交易、企业家能力交易与农业生产性服务交易的匹配，进而促进农业家庭经营向多元化经营主体以及多样化、多形式的分工经济与新型农业经营体系转型，可能是进一步挖掘农地制度红利的创新性方向。

第二，从产权界定转向产权实施及其组织构造有着最重要的理论与政策含义。交易装置是改善产权实施效率的重要机制。企业是一种巧妙的交易机制，它可以把一些交易成本极高的活动卷入分工，又可以避免对这类活动的直接定价和直接交易。同样，农地经营权细分和迂回交易促进了农业分工深化，规避了人格化财产交易中产生的禀赋效应对农地流转的约束以及直接交易所面临的高昂成本。由此，降低产权的实施成本，依赖于有效的生产组织和交易组织的选择与匹配。崇州"农业共营制"模式的启迪在于：一是引导农户合作，建立土地股份合作社，构建农地产权的迂回交易机制；二是创新培育机制，建立农业职业经理人队伍，构建企业家能力的迂回交易机制；三是强化服务外包，建立"一站式"专业服务体系，构建农业服务的迂回交易机制。因此，崇州模式在坚持家庭经营基础性地位的前提下，盘活了分散且固化的土地经营权，培育了多元参与的经营主体，通过迂回交易的相互匹配，化解了农地确权所引发的禀赋效应与流转

抑制，降低了农业的组织成本，改善了分工效率，增进了合作剩余。

第三，由"人动"带动"地动"、进而带来"钱动"，并非中国农业要素市场发育的一致性路径。"人动"引发的农业劳动力弱质化、"地动"面临的禀赋效应以及有农地确权带来的流转抑制加剧、农业信贷可获性面临的约束，意味着三大要素很难形成互动与匹配。因此，有必要从开放的视角来推进农业要素市场的发育。其中，由农业生产性服务市场发育所表达的迂回投资，能够直接替代农户投资及其信贷约束，并有助于规避农地流转及其内含的高昂交易成本；由农业企业家与新型职业农民队伍所表达的人力资本投资，有助于促进农业管理的精细化、知识化、专业化与职业化。

第四，农地流转所内含的高昂交易成本，决定了农地规模经济的有限性。应该说，已有研究夸大了农地流转及其规模经营的有效性。推进农业规模经营，应该关注四个维度的路径拓展，即从强调单一的土地要素转向多要素投入的均衡匹配；从仅关注生产成本拓展到交易成本；从关注规模经济的成本节约转向关注分工深化的报酬递增机制；从农地规模经营拓展到农业服务规模经营的多样化选择。农业规模经营的本质，在于将我国"小而全"的农户纳入分工经济范围，形成报酬递增的分工深化机制。已有关于农业要素市场及其互动关系的研究，忽视了农户卷入分工以及农业社会化服务市场所具有的重要作用。试图在农业劳动力非农转移过程中推动农地流转，并不具有政策选择的必然性。在农地、劳动力、信贷等要素发育的过程中，农业分工及其外包服务是尤为值得重视的要素市场。其政策含义是：第一，将农业家庭经营卷入分工，需要鼓励农户的专业化种植，在此基础之上培养不同生产环节的外包服务经营主体；第二，改善农业生产布局的组织化，支持区域性的农户参与的横向分工以及连片种植的同向专业化；第三，构建区域性、多种类、多中心的具有适度交易半径的各类农业生产性服务交易平台；第四，农地规模经营与服务规模经营是实现农业规模经营的两条并行不悖的路径，从土地规模经营转向服务规模经营是现阶段顺应中国农业经营方式转型发展的重要路径。

# 参考文献

阿夫纳·格雷夫，2008. 大裂变：中世纪贸易制度比较和西方的兴起 [M]. 北京：中信出版社.

埃格特森，1996. 新制度经济学 [M]. 北京：商务印书馆.

安德罗·林克雷特，2016. 世界土地所有制变迁史 [M]. 上海：上海社会科学院出版社.

巴泽尔，2000. 产权的经济分析 [M]. 上海：上海人民出版社.

伯尔曼，2003. 法律与宗教 [M]. 北京：中国政法大学出版社.

步德茂，2008. 过失杀人、市场与道德经济：18 世纪中国财产权的纠纷 [M]. 张世明，等，译. 北京：社会科学文献出版社.

蔡昉，2017. 改革时期农业劳动力转移与重新配置 [J]. 中国农村经济（10）.

蔡昉，都阳，2002. 迁移的双重动因及其政策含义——检验相对贫困假说 [J]. 中国人口科学（4）.

蔡洁，夏显力，2017. 农地确权真的可以促进农户农地流转吗？——基于关中-天水经济区调查数据的实证分析 [J]. 干旱区资源与环境（7）.

曹阳，王春超，2009. 中国小农市场化：理论与计量研究 [J]. 华中师范大学学报（6）.

曾群，喻光明，2009. 土地利用规划的生态满意度评价与环境影响分析 [J]. 长江流域资源与环境（6）.

陈会广，刘忠原，2013. 土地承包权益对农村劳动力转移的影响——托达罗模型的修正与实证检验 [J]. 中国农村经济（11）.

陈江龙，曲福田，陈会广，石晓平，2003. 土地登记与土地可持续利用——以农地为例 [J]. 中国人口资源与环境（5）.

陈美球，邓爱珍，林建平，2006. 我国社会主义新农村建设与农地整理 [J]. 江西农业大学学报（社会科学版）（5）.

陈明，武小龙，刘祖云，2014. 权属意识、地方性知识与土地确权实践——贵州省丘陵山区农村土地承包经营权确权的实证研究 [J]. 农业经济问题（2）.

陈强，2013. 高级计量经济学及 Stata 运用 [M]. 北京：高等教育出版社.

陈锡文，韩俊，2002. 如何推进农民土地使用权合理流转 [J]. 中国改革（农村版）（3）.

陈锡文，赵阳，陈剑波，罗丹，2009. 2009 中国农村制度变迁 60 年 [M]. 北京：人民出版社.

陈昭玖，胡雯，2016. 农地确权、交易装置与农户生产环节外包——基于"斯密—杨格"定理的分工演化逻辑 [J]. 农业经济问题（8）.

程令国，张晔，2011. 早年的饥荒经历影响了人们的储蓄行为吗？——对我国居民高储蓄率的一个新解释 [J]. 经济研究（8）.

程令国，张晔，刘志彪，2016. 农地确权促进了中国农村土地的流转吗 [J]. 管理世界（1）.

程名望，史清华，2007. 经济增长、产业结构与农村劳动力转移——基于中国 1978—2004 年数据的实证分析 [J]. 经济学家（5）.

仇童伟，罗必良，2017. 农地调整会抑制农村劳动力非农转移吗 [J]. 中国农村观察（4）.

仇童伟，罗必良，2018. 农业要素市场建设视野的规模经营路径 [J]. 改革（3）.

仇童伟，罗必良，2018. 种植结构"趋粮化"的动因何在？——基于农地产权与要素配置的作用机理及实证研究 [J]. 中国农村经济（2）.

党国英，2018. 中国农村改革与发展模式的转变——中国农村改革 30 年回顾与展望 [J]. 社会科学战线（2）.

道格拉斯·C. 诺斯，1994. 制度、制度变迁与经济绩效 [M]. 上海：上海三联书店.

道格拉斯·C. 诺斯，2003. 制度变革的经验研究（第二辑）[M]. 北京：经济科学出版社.

道格拉斯·C. 诺斯，2013. 理解经济变迁过程 [M]. 北京：中国人民大学出版社.

德姆塞茨，1999. 所有权、控制与企业 [M]. 北京：经济科学出版社.

杜奋根，2017. 农地集体所有：农地"三权分置"改革的制度前提 [J]. 学术研究（8）.

恩斯明格，2003. 变更产权：非洲正式和非正式土地产权的协调 [M]//约翰·N. 德勒巴克. 新制度经济学前沿. 北京：经济科学出版社.

菲吕博腾，配杰威齐，1994. 产权与经济理论：近期文献的一个综述 [M]//R. H. 科斯. 财产权利与制度变迁. 上海：上海三联书店.

费尔德，2002. 科斯定理 1-2-3 [J]. 经济社会体制比较（5）.

费孝通，1939. 江村经济 [M]. 南京：江苏人民出版社.

费孝通，1998. 乡土中国生育制度 [M]. 北京：北京大学出版社.

丰雷，蒋妍，叶剑平，2013. 诱致性制度变迁还是强制性制度变迁？——中国农村土地调整的制度演进及地区差异研究 [J]. 经济研究（6）.

付江涛，纪月清，胡浩，2016. 产权保护与农户土地流转合约选择——兼评新一轮承包地确权颁证对农地流转的影响 [J]. 江海学刊（3）.

付江涛，纪月清，胡浩，2016. 新一轮承包地确权登记颁证是否促进了农户的土地流转——来自江苏省 3 县（市、区）的经验证据 [J]. 南京农业大学学报（社会科学版）（1）.

高琳，2012. 分权与民生：财政自主权影响公共服务满意度的经验研究 [J]. 经济研究（7）.

高名姿，张雷，陈东平，2015. 差序治理、熟人社会与农地确权矛盾化解——基于江苏省 695 份调查问卷和典型案例的分析 [J]. 中国农村观察（6）.

高圣平，2014. 新型农业经营体系下农地产权结构的法律逻辑 [J]. 法学研究（4）.

郜亮亮，2014. 中国农地流转发展及特点：1996—2008 年 [J]. 农村经济（4）.

郜亮亮，黄季焜，Scott R，et al.，2011. 中国农地流转市场的发展及其对农户投资的影响 [J]. 经济学（季刊）（4）.

郜亮亮，黄季焜，冀县卿，2014. 村级流转管制对农地流转的影响及其变迁 [J]. 中国农村经济（12）.

郜亮亮，冀县卿，黄季焜，2013. 中国农户农地使用权预期对农地长期投资的影响分析 [J]. 中国农村经济（11）.

顾天竹，纪月清，钟甫宁，2017. 中国农业生产的地块规模经济及其来源分析 [J]. 中国农村经济（2）.

郭亮，2012. 土地"新产权"的实践逻辑——对湖北 S 镇土地承包纠纷的学理阐释 [J]. 社会（2）.

哈特，1998. 企业、合同与财务结构 [M]. 费方域，译. 上海：上海三联书店.

韩江河，2008. 关于农村土地流转的"成都模式"和"温州模式"比较与启示 [J]. 广西大学学报（6）.

韩俊，罗丹，程郁，2007. 信贷约束下农户借贷需求行为的实证研究 [J]. 农业经济问题（2）.

韩毅，何军，2014. 美国 1785 年土地法令历史溯源 [J]. 贵州社会科学（7）.

孔庆山，2004. 美国历史上的土地测量制度 [J]. 安徽史学（4）.

马新彦，2001. 美国财产法上的土地现实所有权研究 [J]. 中国法学（4）.

韩长赋，2015. 明确总体要求 确保工作质量 积极稳妥开展农村土地承包经营权确权登记颁证工作 [J]. 农村经营管理（3）.

何凌云，黄季焜，2001. 土地使用权的稳定性与肥料使用——广东省实证研究 [J]. 中国农村观察（5）.

何晓星，2009. 双重合约下的农地使用制度——论中国农地的"确权确地"和"确权不确地"制度 [J]. 管理世界（8）.

何欣，蒋涛，郭良燕，甘犁，2016. 中国农地流转市场的发展与农户流转农地行为研究——基于 2013—2015 年 29 省的农户调查数据 [J]. 管理世界（6）.

何秀荣，2009. 公司农场：中国农业微观组织的未来选择？[J]. 中国农村经济（11）.

何一鸣，罗必良，2010. 产权管制、制度行为与经济绩效——来自中国农业经济体制转轨的证据（1958—2005 年）[J]. 中国农村经济（10）.

何一鸣，罗必良，高少慧，2014. 农业要素市场组织的契约关联逻辑 [J]. 浙江社会科学（7）.

贺雪峰，2015. 农地承包经营权确权的由来、逻辑与出路 [J]. 思想战线（5）

贺雪峰，2016. 沙洋的"按户连片"耕种模式 [J]. 农村工作通讯（15）.

洪名勇，尚名扬，2015. 地权认知、资源禀赋、信任与农地流转的实证研究 [J]. 中国农学通报（26）.

洪炜杰，陈小知，胡新艳，2016. 劳动力转移规模对农户农地流转行为的影响——基于门槛值的验证分析 [J]. 农业技术经济（11）.

胡静，2016. 新农村建设中农村居民满意度的调查与评价——以湖北省的经验数据为例 [J]. 湖北经济学院学报（1）.

胡奇，2012. 土地流转对农村剩余劳动力数量影响的研究 [J]. 人口与经济（5）.

胡瑞法，黄季焜，2001. 农业生产投入要素结构变化与农业技术发展方向 [J]. 中国农村观察（6）.

胡新艳，陈小知，王梦婷，2017. 农地确权如何影响投资激励 [J]. 财贸研究（12）.

胡新艳，洪炜杰，米运生等，2016. 土地价值，社会资本与农户农地抵押贷款可得性 [J]. 金融经济学研究（5）

胡新艳，罗必良，2016. 新一轮农地确权与促进流转：粤赣证据 [J]. 改革（4）.

胡新艳，罗必良，王晓海，吕佳，2013. 农户土地产权行为能力对农地流转的影响——基于中国 26 个省份农户调查分析 [J]. 财贸研究（5）

胡新艳，杨晓莹，2017. 农地流转中的禀赋效应及代际差异 [J]. 华南农业大学学报（社会科学版）（1）.

胡新艳，杨晓莹，罗锦涛，2016. 确权与农地流转：理论分歧与研究启示 [J]. 财贸研究（2）.

胡新艳，朱文珏，罗锦涛，2015. 农业规模经营方式创新：从土地逻辑到分工逻辑 [J]. 江海学刊（2）.

黄宝连，黄祖辉，顾益康，王丽娟，2012. 产权视角下中国当前农村土地制度创新的路径研究——以成都为例 [J]. 经济学家（3）.

黄季琨，陶然，徐志刚，2008. 制度变迁和可持续发展：30 年中国农业与农村 [M]. 北京：格致出版社.

黄季焜，2012. 农地使用权确权与农户对农地的长期投资 [J]. 管理世界（9）.

黄季焜，冀县卿，2012. 农地使用权确权与农户对农地的长期投资 [J]. 管理世界（9）.

黄季焜，杨军，仇焕广，2012. 新时期国家粮食安全战略和政策的思考 [J]. 农业经济问题（3）.

黄鹏进，2014. 农村土地产权认知的三重维度及其内在冲突——理解当前农村地权冲突的一个中层视角 [J]. 中国农村观察（6）.

黄少安，1995. 产权经济学导论 [M]. 济南：山东人民出版社.

黄少安，孙圣民，宫明波，2005. 中国土地产权制度对农业经济增长的影响——对 1949—1978 年中国大陆农业生产效率的实证分析 [J]. 中国社会科学（4）.

黄少安，赵建，2010. 土地产权、土地金融与农村经济增长 [J]. 江海学刊（6）.

吉登艳，马贤磊，石晓平，2014. 土地产权安全对土地投资的影响：一个文献综述 [J]. 南京农业大学学报（社会科学版）（3）.

冀县卿，钱忠好，2010. 中国农业增长的源泉：基于农地产权结构视角的分析 [J]. 管理

世界 (11).

冀县卿，钱忠好，2018. 如何有针对性地促进农地经营权流转 [J]. 管理世界 (3).

蒋乃华，卞智勇，2007. 社会资本对农村劳动力非农就业的影响——来自江苏的实证 [J].
管理世界 (12).

康芳，2015. 农村土地确权对农业适度规模经营的影响 [J]. 改革与战略 (11).

康来云，2009. 乡土情结与土地价值观——改革开放 30 年来中国农村土地的历史变迁
[J]. 河南社会科学 (5).

科斯，1992. 生产的制度结构 [J]. 经济社会体制比较 (3).

克里斯蒂·朱斯，等，2005. 法和经济学的行为学方法 [J]. 北大法律评论 (1).

孔泾源，1993. 中国农村土地制度：变迁过程的实证分析 [J]. 经济研究 (2).

孔祥智，2015. 农业现代化国情教育读本 [M]. 北京：中国经济出版社.

孔祥智，伍振军，张云华，2010. 我国土地承包经营权流转的特征、模式及经验——浙、
皖、川三省调研报告 [J]. 江海学刊 (2).

孔祥智，徐珍源，2010. 转出土地农户选择流转对象的影响因素分析——基于综合视角的
实证分析 [J]. 中国农村经济 (12).

黎霆，赵阳，辛贤，2009. 当前农地流转的基本特征及影响因素分析 [J]. 中国农村经济 (10).

李兵，吴平，2011. 农户农地确权认知与参与行为影响因素分析——以邛崃市为例[J]. 中
国农学通报 (8).

李谷成，冯中朝，范丽霞，2010. 小农户真的更加具有效率吗？——来自湖北省的经验证
据 [J]. 经济学 (季刊) (1).

李金宁，刘凤芹，杨婵，2017. 确权、确权方式和农地流转——基于浙江省 522 户农户调
查数据的实证检验 [J]. 农业技术经济 (12).

李明艳，2011. 劳动力转移对区域农地利用效率的影响——基于省级面板数据的计量分析
[J]. 中国土地科学 (1).

李宁，何文剑，仇童伟，陈利根，2017. 农地产权结构、生产要素效率与农业绩效[J]. 管
理世界 (3).

李培，2009. 中国城乡人口迁移的时空特征及其影响因素 [J]. 经济学家 (1).

李停，2016. 农地产权对劳动力迁移模式的影响机理及实证检验 [J]. 中国土地科学 30 (11).

廖洪乐，2003. 农村承包地调整 [J]. 中国农村观察 (1).

林文声，罗必良，2015. 农地流转中的非市场行为 [J]. 农村经济 (3).

林文声，秦明，苏毅清，王志刚，2017. 新一轮农地确权何以影响农地流转？——来自中
国健康与养老追踪调查的证据 [J]. 中国农村经济 (7).

林文声，秦明，王志刚，2017. 农地确权颁证与农户农业投资行为 [J]. 农业技术经济 (12).

林文声，秦明，郑适，王志刚，2016. 资产专用性对确权后农地流转的影响 [J]. 华南农
业大学学报 (社会科学版) (6).

林文声，杨超飞，王志刚，2016. 农地确权对中国农地经营权流转的效应分析——基于 H 省 2009—2014 年数据的实证分析 [J]. 湖南农业大学学报（社会科学版）（1）.

林毅夫，1994. 制度，技术与中国农业发展 [M]. 上海：上海三联书店、上海人民出版社.

林毅夫，2000. 再论制度，技术与中国农业发展 [M]. 北京：北京大学出版社.

刘承芳，樊胜根，2002. 农户农业生产性投资影响因素研究——对江苏省六个县市的实证分析 [J]. 中国农村观察（4）.

刘承芳，何雨轩，罗仁福，张林秀，2017. 农户认知和农地产权安全性对农地流转的影响 [J]. 经济经纬（2）.

刘芬华，2011. 究竟是什么因素阻碍了中国农地流转——基于农地控制权偏好的制度解析及政策含义 [J]. 社会经济体制比较（2）.

刘红云，骆方，张玉等，2013. 因变量为等级变量的中介效应分析 [J]. 心理学报（12）.

刘克春，林坚，2005. 农地承包经营权市场流转与行政性调整：理论与实证分析——基于农户层面和江西省实证研究 [J]. 数量经济技术经济研究（11）.

刘莉，吴家惠，2014. 村民对村组织在农村土地综合整治工作中满意度的影响因素研究 [J]. 中国土地科学（6）.

刘强，董纪民，陈艺姣，2017. 清远农村土地整合与确权情况调查 [J]. 农村经营管理（4）.

刘世定，1998. 科斯悖论和当事者对产权的认知 [J]. 社会学研究（2）.

刘文勇，孟庆国，张悦，2013. 农地流转租约形式影响因素的实证研究 [J]. 农业经济问题（8）.

刘晓宇，张林秀，2008. 农村土地产权稳定性与劳动力转移关系分析 [J]. 中国农村经济（2）.

刘艳，韩红，2008. 农民收入与农地使用权流转的相关性分析 [J]. 财经问题研究（4）.

刘易斯，李国山，2007. 刘易斯文选 [M]. 北京：社会科学文献出版社.

柳志琼，2011. 禀赋效应、财政幻觉与公共政策 [J]. 南开学报（社科版）（6）.

卢华，胡浩，傅顺，2016. 农地产权、非农就业风险与农业技术效率 [J]. 财贸研究（5）.

卢现祥，2011. 新制度经济学 [M]. 武汉：武汉大学出版社.

陆铭，蒋仕卿，佐藤宏，2014. 公平与幸福 [J]. 劳动经济研究（1）.

罗必良，2005. 新制度经济学 [M]. 山西：山西经济出版社.

罗必良，2012. 农地产权模糊化：一个概念性框架及其解释 [J]. 学术研究（12）.

罗必良，2013. 产权强度、土地流转与农民权益保护 [M]. 北京：经济科学出版社.

罗必良，2013. 产权强度与农民的土地权益：一个引论 [J]. 华中农业大学学报（社会科学版）（5）.

罗必良，2014. 农地流转的市场逻辑——"产权强度-禀赋效应-交易装置"的分析线索及案例研究 [J]. 南方经济（5）.

罗必良，2016. 农地确权、交易含义与农业经营方式转型——科斯定理拓展与案例研究 [J]. 中国农村经济（11）.

罗必良，2017. 科斯定理：反思与拓展——兼论中国农地流转制度改革与选择 [J]. 经济研究 (11).

罗必良，2017. 论服务规模经营——从纵向分工到横向分工及连片专业化 [J]. 中国农村经济 (11).

罗必良，2017. 明确发展思路：实施乡村振兴战略 [J]. 南方经济 (10).

罗必良，2017. 农业供给侧改革的关键、难点与方向 [J]. 社会科学文摘 (4).

罗必良，何应龙，汪沙，尤娜莉，2012. 土地承包经营权：农户退出意愿及其影响因素分析 [J]. 中国农村经济 (6).

罗必良，胡新艳，2015. 中国农业经营制度：挑战、转型与创新 [J]. 社会科学家 (5).

罗必良，胡新艳，2016. 农业经营方式转型：已有试验及努力方向 [J]. 农村经济 (1).

罗必良，江雪萍，李尚蒲，仇童伟，2018. 农地流转会导致种植结构"非粮化"吗[J]. 江海学刊 (2).

罗必良，邹宝玲，何一鸣，2017. 农地租约期限的"逆向选择"——基于9省份农户问卷的实证分析 [J]. 农业技术经济 (1).

罗明忠，陈江华，2016. 农地禀赋、行为能力对农户经营收入的影响 [J]. 中国农业资源与区划 (9).

罗明忠，刘恺，2015. 农村劳动力转移就业能力对农地流转影响的实证分析 [J]. 广东财经大学学报 (2).

罗明忠，刘恺，2017. 交易费用约束下的农地整合与确权制度空间——广东省阳山县升平村农地确权模式的思考 [J]. 贵州社会科学 (6).

罗明忠，罗琦，刘恺，2016. 就业能力、就业稳定性与农村转移劳动力城市融入 [J]. 农林经济管理学报 (1).

罗明忠，陶志，2015. 农村劳动力转移就业能力对其就业质量影响实证分析 [J]. 农村经济 (8).

罗文斌，吴次芳，2013. 基于农户满意度的土地整理项目绩效评价及区域差异研究 [J]. 中国人口资源与环境 (8).

罗振军，兰庆高，2016. 种粮大户融资路径偏好与现实因应：黑省例证 [J]. 改革 (6).

吕炜，番绍立，樊静丽，高飞，2015. 我国农民工市民化政策对城乡收入差距影响的实证研究——基于CGE模型的模拟分析 [J]. 管理世界 (7).

吕文静，2014. 论我国新型城镇化、农村劳动力转移与农民工市民化的困境与政策保障 [J]. 农业现代化研究 (1).

吕晓，肖慧，牛善栋，2015. 农户的土地政策认知差异及其影响因素——基于山东省264户农户的调查数据 [J]. 农村经济 (2).

吕悦风，陈会广，2015. 农业补贴政策及其对土地流转的影响研究 [J]. 农业现代化研究 (3).

马尔科姆·卢瑟福, 1999. 经济学中的制度——老制度主义和新制度主义 [M]. 北京: 中国社会科学出版社.

马瑞, 柳海燕, 徐志刚, 2011. 农地流转滞缓: 经济激励不足还是外部市场条件约束? ——对 4 省 600 户农户 2005—2008 年期间农地转入行为的分析 [J]. 中国农村经济 (11).

马贤磊, 2009. 现阶段农地产权制度对农户土壤保护性投资影响的实证分析——以丘陵地区水稻生产为例 [J]. 中国农村经济 (10).

马贤磊, 仇童伟, 钱忠好, 2015. 农地产权安全性与农地流转市场的农户参与——基于江苏、湖北、广西、黑龙江四省 (区) 调查数据的实证分析 [J]. 中国农村经济 (2).

马贤磊, 仇童伟, 钱忠好, 2015. 土地产权经历、产权情景对农民产权安全感知的影响——基于土地法律执行视角 [J]. 公共管理学报 (4).

马贤磊, 钱忠好, 2015. 农地产权安全性与农地流转市场的农户参与——基于江苏、湖北、广西、黑龙江四省 (区) 调查数据的实证分析 [J]. 中国农村经济 (2).

马晓青, 刘莉亚, 胡乃红, 2012. 信贷需求与融资渠道偏好影响因素的实证分析 [J]. 中国农村经济 (5).

马艳艳, 林乐芬, 2015. 农户土地流转满意度及影响因素分析——基于宁夏南部山区 288 户农户的调查 [J]. 宁夏社会科学 (3).

毛飞, 孔祥智, 2012. 农地规模化流转的制约因素分析 [J]. 农业技术经济 (4).

梅铠, 李司炜, 罗云耀, 2015. 宅基地改革中农民满意度的影响因素分析——基于农户生产的视角 [J]. 安徽农业科学 (25).

米运生, 郑秀娟, 曾泽莹, 2015. 农地确权、信任转换与农村金融的新古典发展 [J]. 经济理论与经济管理 (7).

明辉, 2009. 西方法律与心理学研究的生成、发展与趋势 [J]. 国外社会科学 (4).

牛晓冬, 罗剑朝, 牛晓琴, 2015. 不同收入水平农户参与农地承包经营权抵押融资意愿分析——基于陕西、宁夏农户调查数据验证 [J]. 经济理论与经济管理 (9).

诺斯, 1991. 经济史中的结构与变迁 [M]. 上海: 上海三联书店.

诺斯, 2008. 制度, 制度变迁与经济绩效 [M]. 上海: 格致出版社.

庞巴维克, 1997. 资本实证论 [M]. 陈端, 译. 上海: 商务印书馆.

钱龙, 洪名勇, 2015. 农地产权是 "有意的制度模糊" 吗——兼论土地确权的路径选择 [J]. 经济学家 (8).

钱龙, 洪名勇, 2016. 非农就业、土地流转与农业生产效率变化——基于 CFPS 的实证分析 [J]. 中国农村经济 (12).

钱龙, 钱文荣, 2017. 社会资本影响农户土地流转行为吗? ——基于 CFPS 的实证检验 [J]. 南京农业大学学报 (社会科学版) (5).

钱文荣, 2003. 农地市场化流转中的政府功能探析——基于浙江省海宁、奉化两市农户行

为的实证研究 [J]. 浙江大学学报 (5).

钱忠好, 2002. 农村土地承包经营权产权残缺与市场流转困境：理论与政策分析 [J]. 管理世界 (6).

钱忠好, 2003. 农地承包经营权市场流转：理论与实证分析——基于农户层面的经济分析 [J]. 经济研究 (2).

钱忠好, 2016. 非农就业是否必然导致农地流转——基于家庭内部分工的理论分析及其对中国农户兼业化的解释 [J]. 中国农村经济 (10).

钱忠好, 冀县卿, 2016. 中国农地流转现状及其政策改进——基于江苏、广西、湖北、黑龙江四省（区）调查数据的分析 [J]. 管理世界 (2).

秦小红, 2016. 政府引导农地制度创新的法制回应——以发挥市场在资源配置中的决定性作用为视角 [J]. 法商研究 (4).

瞿小敏, 2016. 社会支持对老年人生活满意度的影响机制——基于躯体健康，心理健康的中介效应分析 [J]. 人口学刊 (2).

阮荣平, 徐一鸣, 郑风田, 2016. 水域滩涂养殖使用权确权与渔业生产投资——基于湖北、江西、山东和河北四省渔户调查数据的实证分析 [J]. 中国农村经济 (5).

沙莲香, 1989. 关于民族性格重新组合的几个问题 [J]. 社会学研究 (4).

商春荣, 王冰, 2004. 农村集体土地产权制度与土地流转 [J]. 华南农业大学学报（社会科学版）(2).

尚旭东, 朱守银, 2015. 家庭农场和专业农户大规模农地的“非家庭经营”：行为逻辑、经营成效与政策偏离 [J]. 中国农村经济 (12).

盛亦男, 2014. 中国的家庭化迁居模式 [J]. 人口研究 (3).

斯密, 2003. 道德情操论 [M]. 蒋自强, 等, 译. 上海：商务印书馆.

斯密, 2012. 国民财富的性质和原因的研究 [M]. 北京：中华书局.

宋才发, 2017. 农村集体土地确权登记颁证的法治问题探讨 [J]. 中南民族大学学报（人文社会科学版）(1).

苏小松, 何广文, 2013. 农户社会资本对农业生产效率的影响分析——基于山东省高青县的农户调查数据 [J]. 农业技术经济 (10).

速水佑次郎, 李周译, 2003. 发展经济学：从贫困到富裕 [M]. 北京：社会科学文献出版社.

孙邦群, 刘强, 胡顺平, 罗鹏, 2016. 充分释放确权政策红利——湖北沙洋在确权登记工作中推行“按户连片”耕种调研 [J]. 农村经营管理 (1).

谭俊, 张璋, 张丽亚, 2012. 地籍管理制度与农村土地问题探讨 [M]. 北京：中国经济出版社.

谭砚文, 曾华盛, 2017. 农村土地承包经营权确权的创新模式——来自广东省清远市阳山县的探索 [J]. 农村经济 (1).

唐欣, 王晓玲, 2013. 基于农民满意度视角的土地综合整治实证研究——以山东省垦利县

为例 [J]. 山东省农业管理干部学院学报（4）.

田传浩，贾生华，2004. 农地制度、地权稳定性与农地使用权市场发育：理论与来自苏浙鲁的经验 [J]. 经济研究（1）.

汪洋，2016. 安徽蒙城：合并小块地推行"一块田"[J]. 农村经营管理（8）.

王春超，李兆能，周家庆，2009. 躁动中的农民流动就业——基于湖北农民工回流调查的实证研究 [J]. 华中师范大学学报（3）.

王士海，王秀丽，2018. 农村土地承包经营权确权强化了农户的禀赋效应吗？——基于山东省 117 个县（市、区）农户的实证研究 [J]. 农业经济问题（5）.

王艳超，2017. "化零为整"农民点赞 [J]. 农民日报（5）.

王振坡，梅林，詹卉，2015. 产权、市场及其绩效：我国农村土地制度变革探讨 [J]. 农业经济问题（4）.

王志刚，申红芳，廖西元，2011. 农业规模经营：从生产环节外包开始——以水稻为例 [J]. 中国农村经济（9）.

王子成，2015. 农村劳动力外出降低了农业效率吗？[J]. 统计研究（3）.

卫龙宝，李静，2014. 农业产业集群内社会资本和人力资本对农民收入的影响——基于安徽省茶叶产业集群的微观数据 [J]. 农业经济问题（12）.

温忠麟，叶宝娟，2014. 中介效应分析：方法和模型发展 [J]. 心理科学进展（5）.

伍德里奇，2015. 横截面与面板数据的计量经济分析（第二版）[M]. 北京：中国人民大学出版社.

肖浩，孔爱国，2014. 融资融券对股价特质性波动的影响机理研究：基于双重差分模型的检验 [J]. 管理世界（8）.

肖锦成，2015. 美国不动产登记制度研究与借鉴 [J]. 中国房地产（36）.

谢利·泰勒，等，2010. 社会心理学 [M]. 上海：上海人民出版社.

谢琳，罗必良，2010. 中国村落组织演进轨迹：由国家与社会视角 [J]. 改革（10）.

谢琳，罗必良，2013. 土地所有权认知与流转纠纷——基于村干部的问卷调查 [J]. 中国农村观察（1）.

辛翔飞，秦富，2005. 影响农户投资行为因素的实证分析 [J]. 农业经济问题（10）.

熊彼特，2009. 经济周期循环理论：对利润、资本、信贷、利息以及经济周期的探究 [M]. 北京：中国长安出版社.

熊万胜，2009. 小农地权的不稳定性：从地权规则确定性的视角——关于 1867—2008 年间栗村的地权纠纷史的素描 [J]. 社会学研究（1）.

徐建春，李长斌，2014. 农户加入土地股份合作社意愿及满意度分析——基于杭州 4 区 387 户农户的调查 [J]. 中国土地科学（10）.

徐美银，2012. 农民阶层分化与农地产权偏好：给予江苏泰州的调查分析 [J]. 江海学刊（5）.

徐美银，2012. 我国农地产权结构与市场化流转：理论与实证分析 [J]. 华南农业大学学

报版 (4).

徐美银, 钱忠好, 2009. 农地产权制度: 农民的认知及其影响因素——以江苏省兴化市为例 [J]. 华南农业大学学报 (社会科学版) (2).

徐旭, 蒋文华, 应风其, 2002. 我国农村土地流转的动因分析 [J]. 管理世界 (9).

许恒周, 郭忠兴, 2011. 农村土地流转影响因素的理论与实证研究——基于农民阶层分化与产权偏好的视角 [J]. 中国人口资源与环境 (3).

许庆, 刘进, 钱有飞, 2017. 劳动力流动、农地确权与农地流转 [J]. 农业技术经济 (5).

许庆, 田士超, 徐志刚, 2008. 农地制度、土地细碎化与农民收入不平等 [J]. 经济研究 (2).

许庆, 章元, 2005. 土地调整、地权稳定性与农民长期投资激励 [J]. 经济研究 (10).

续田曾, 2010. 农民工定居性迁移的意愿分析——基于北京地区的实证研究 [J]. 经济科学 (3).

薛宇峰, 2008. 中国粮食生产区域分化的现状和问题——基于农业生产多样化理论的实证研究 [J]. 管理世界 (3).

闫小欢, 霍学喜, 2013. 农民就业、农村社会保障和土地流转——基于河南省 479 个农户调查的分析 [J]. 农业技术经济 (7).

严冰, 2014. 农地长久确权的现实因应及其可能走向 [J]. 改革 (8).

杨成林, 李越, 2016. 市场化改革与农地流转——一个批判性考察 [J]. 改革与战略 (11).

杨国永, 许文兴, 2015. 耕地抛荒及其治理——文献述评与研究展望 [J]. 中国农业大学学报 (5).

杨国永, 许文兴, 2015. 权属意识、针对施治与耕地抛荒的现实因应 [J]. 改革 (11).

杨庆芳, 程姝, 韦鸿, 2015. 土地确权的产权经济学思考 [J]. 农村经济 (5).

杨胜利, 段世江, 2017. 城市化进程中农民工迁移流动与市民化研究——基于区域协调发展的视角 [J]. 经济与管理 (2).

姚洋, 1998. 农地制度与农业绩效的实证研究 [J]. 中国农村观察 (6).

姚洋, 2000. 中国农地制度: 一个分析框架 [J]. 中国社会科学 (2).

姚洋, 2004. 土地、制度和农业发展 [M]. 北京: 北京大学出版社.

叶剑平, 丰雷, 蒋妍, 罗伊·普罗斯特曼, 朱可亮, 2010. 2008 年中国农村土地使用权调查研究——17 省份调查结果及政策建议 [J]. 管理世界 (1).

叶剑平, 蒋妍, 丰雷, 2006. 中国农村土地流转市场的调查研究——基于 2005 年 17 省调查的分析和建议 [J]. 中国农村观察 (4).

叶剑平, 蒋妍, 罗伊·普罗斯特曼, 朱可亮, 丰雷, 2006. 2005 年中国农村土地使用权调查研究 17 省调查结果及政策建议 [J]. 管理世界 (7).

叶剑平, 罗伊·普罗斯特曼, 徐孝白, 杨学成, 2000. 中国农村土地农户 30 年使用权调查研究 [J]. 管理世界 (2).

应瑞瑶，何在中，周南，张龙耀，2018. 农地确权、产权状态与农业长期投资——基于新一轮确权改革的再检验 [J]. 中国农村观察（3）.

应瑞瑶，郑旭媛，2013. 资源禀赋、要素替代与农业生产经营方式转型——以苏、浙粮食生产为例 [J]. 农业经济问题（12）.

游和远，2014. 地权激励对农户农地转出的影响及农地产权改革启示 [J]. 中国土地科学（7）.

于建嵘，石凤友，2012. 关于当前我国农村土地确权的几个重要问题 [J]. 东南学术（4）.

于晓华，Bernhard Bruemmer，钟甫宁，2012. 如何保障中国粮食安全 [J]. 农业技术经济（2）.

俞海，黄季焜，2003. 地权稳定性、土地流转与农地资源持续利用 [J]. 经济研究（9）.

约翰·梅尔，1988. 农业经济发展学 [M]. 何宝玉，王华，张进选，译. 北京：农村读物出版社.

张成玉，2011. 农地质量对农户流转意愿影响的实证研究——以河南省嵩县为例 [J]. 农业技术经济（8）.

张红宇，2002. 中国农地调整与使用权流转：几点评论 [J]. 管理世界（5）.

张建，冯淑怡，诸培新，2017. 政府干预农地流转市场会加剧农村内部收入差距吗？——基于江苏省四个县的调研 [J]. 公共管理学报（1）.

张静，2003. 土地使用规则不确定：一个法律社会学的解释框架 [J]. 中国社会科学（1）.

张娟，张笑寒，2005. 农村土地承包经营权登记对土地流转的影响 [J]. 财经科学（1）.

张军，1991. 现代产权经济学 [M]. 上海：上海三联书店.

张雷，高名姿，陈东平，2015. 产权视角下确权确股不确地政策实施原因、农户意愿与对策——以昆山为例 [J]. 农村经济（10）.

张曙光，程炼，2012. 复杂产权论和有效产权论——中国地权变迁的一个分析框架 [J]. 经济学（季刊）（4）.

张维迎，1995. 企业的企业家——契约理论 [M]. 上海：上海三联书店.

张五常，1999. 交易费用的范式 [J]. 社会科学战线（1）.

张五常，2015. 经济解释 [M]. 北京：中信出版社.

张晓山，2015. 关于农村集体产权制度改革的几个理论与政策问题 [J]. 中国农村经济（2）.

张照新，宋洪远，2002. 中国农村劳动力流动国际研讨会主要观点综述 [J]. 中国农村观察（1）.

赵旭东，2011. 封闭性与开放性的循环发展——一种理解乡土中国及其转变的理论解释框架 [J]. 开放时代（6）.

赵阳，2007. 共有与私用：中国农地产权制度的经济学分析 [M]. 上海：上海三联书店.

甄江，黄季焜，2018. 乡镇农地经营权流转平台发展趋势及其驱动力研究 [J]. 农业技术经济（7）.

郑新业，王晗，赵益卓，2011. "省直管县"能促进经济增长吗？——双重差分方法 [J]. 管理世界 (8).

中国农村劳动力流动课题组，1997. 农村劳动力外出就业决策的多因素分析模型 [J]. 社会学研究 (1).

钟甫宁，纪月清，2009. 土地产权，非农就业机会与农户农业生产投资 [J]. 经济研究 (12).

钟太洋，黄贤金，孔苹，2005. 农地产权与农户土地租赁意愿研究 [J]. 中国土地科学 (1).

钟文晶，2013. 禀赋效应、认知幻觉与交易费用——来自广东省农地经营权流转的农户问卷 [J]. 南方经济 (3).

钟文晶，罗必良，2013. 禀赋效应、产权强度与农地流转抑制——基于广东省的实证分析 [J]. 农业经济问题 (3).

钟涨宝，汪萍，2003. 农地流转过程中的农户行为分析——湖北、浙江等地的农户问卷调查 [J]. 中国农村观察 (6).

周黎安，陈烨，2005. 中国农村税费改革的政策效果：基于双重差分模型的估计 [J]. 经济研究 (8).

周其仁，1994. 农村变革与中国发展 (1978—1989) 下卷 [M]. 香港：牛津大学出版社.

周其仁，1995. 中国农村改革：国家与土地所有权关系的变化——一个经济体制变迁史的回顾 [J]. 管理世界 (4).

周其仁，2009. 确权是土地流转的前提与基础 [J]. 农村工作通讯 (14).

周其仁，2014. 确权不可逾越 [J]. 经济研究 (1).

周翔鹤，2001. 清代台湾的地权交易——以典契为中心的一个研究 [J]. 中国社会经济史研究 (2).

朱民，尉安宁，刘守英，1997. 家庭责任制下的土地制度和土地投资 [J]. 经济研究 (10).

朱守银，张照新，2002. 南海市农村股份合作制改革试验研究 [J]. 中国农村经济 (6).

朱喜，史清华，李锐，2010. 转型时期农户的经营投资行为——以长三角 15 村跟踪观察农户为例 [J]. 经济学 (季刊) (2).

朱岩，2009. 从大规模侵权看侵权责任法的体系变迁 [J]. 中国人民大学学报 (3).

邹宝玲，罗必良，钟文晶，2016. 农地流转的契约期限选择——威廉姆森分析范式及其实证 [J]. 农业经济问题 (2).

Abdulai A，Owusu V，Goetz R.，2011. Land Tenure Differences and Investment in Land Improvement Measures：Theoretical and Empirical Analyses [J]. *Journal of Development Economics*，96 (1)：66 - 78.

Abolina，E.，Luzadis，V. A.，2015. Abandoned Agricultural Land and its Potential for Short Rotation Woody Crops in 18 Latvia [J]. *Land Use Policy*，49：435 - 445.

Acemoglu，D. S.，S. Johnson，J. Robinson，2001. The Colonial Origins of Comparative Development：An Empirical Investigation [J]. *American Economic Review*，91 (5)：

1369 - 1401.

Aha B，Ayitey J Z，2017. Biofuels and the Hazards of Land Grabbing：Tenure（in）Security and Indigenous Farmers，Investment Decisions in Ghana [J]. *Land Use Policy*，60：48 - 59.

Albarracin，D.，Wyer，R. S.，2000. The Cognitive Impact of Past Behavior：Influences on Beliefs，Attitudes，and Future Behavioral Decisions [J]. *Journal of Personality and Social Psychology*，79（1）：5 - 22.

Alchian A. A.，Demsetz H.，1973. The Property Right Paradigm [J]. *Journal of Economic History*，33：16 - 27.

Alchian A. A.，1965. *Some Economics of Property Rights* [M]//Politico，Economic Forces at Work，Indianapolis. Liberty Press.

Alchian，A. A.，Kessel，R，1962. Competition，Monopoly，and the Pursuit of Money [M]//In National Bureau of Economic Research，Aspects of Labor Economics. Princeton University Press.

Alchian，A. A，Woodard S，1987. Reflections on the Theory of the Firm [J]. *Institutional theoretical Economics*，143（1）：110 - 136.

Alesina，A. A，Rodrik，D.，1994. Distributive Politics and Economic Growth [J]. *Quarterly Journal of Economics*，109（2）：465 - 490.

Alston，L. J.，Libecap，D.，Schneider，R.，1996. The Determinants and Impact of Property Rights：Land Titles on the Brazilian Frontier [J]. *Journal of Law Economics and Organization*，12（1）：25 - 61.

Alwin D F，Hauser R M，1975. The Decomposition of Effects in Path Analysis [J]. *American Sociological Review*，40（1）：37 - 47.

Angrist，J. D.，J. S. Pischke，2009. Mostly Harmless Econometrics [M]. Princeton University Press.

Aoki，M. Toward，2001. A Comparative Institutional AnalysiS [M]. Cambridge，MA：MIT Pres.

Austine，N.，and K. Ramin，2013. Customary Land Reform to Facilitate Private Investment in Zambia：Achievements，Potential and Limitations [J]. *Urban Forum*，24（1）：33 - 48.

Bai，Y.，Kung，J.，Zhao Y.，2014. How Much Expropriation Hazard Is Too Much? The Effect of Land Reallocation on Organic Fertilizer Usage in Rural China [J]，*Land Economics*，90（3）：434 - 457.

Bakker，M. M.，Govers，G.，Kosmas，C. et al.，2005. Soil Erosion as Driver of Land-use Change [J]. *Agricultural Ecosystems and Environment*，105（3）：467 - 481.

Banerjee, A., Ghatak, M., 2004. Eviction Threats and Investment Incentives [J]. *Journal of Development Economics*, 74 (2): 46 - 488.

Baron, R. M., D. A. Kenny, 1986. The Moderator - mediator Variable Distinction in Social Psychological Research: Conceptual, Strategic, and Statistical Considerations [J]. *Journal of Personality and Social Psychology*, 51 (6): 1173 - 1182.

Barrows R., M. Roth, 1990. Land Tenure and Investment in African Agriculture: Theory and Evidence [J]. *The Journal of Modern African Studies*, 28 (2): 265 - 297.

Barzel Y., 1989. Economic Analysis of Property Rights [M]. Cambridge: Cambridge University Press.

Baumol William, 1982. Applied Fairness Theory and Rationing Policy [J]. *American Economic Review*, 72: 639 - 651.

Beekman G, Bulte E. H., 2012. Social Norms, Tenure Security and Soil Conservation: Evidence from Burundi [J]. *Agricultural Systems*, 108: 50 - 63.

Besley, T., 1995, Property Rights and Investment Incentives: Theory and Evidence from Ghana [J]. *Journal of Political Economy*, 103 (5): 903 - 937.

Binswanger, H. P., K. Deininger, G. Feder, 1995. Power, Distortions, Revolt and Reform in Agricultural Land Relations [J]. *Handbook of Development Economics*, 3 (95): 2659 - 2772.

Brandt, A. S., Gaspart, F., Platteau, J. P., 2002. Land Tenure Security and Investment Incentives: Puzzling Evidence from Burkina Faso [J]. *Journal of Development Economics*, 67 (2): 373 - 418.

Brasselle, A. S., F. Gaspart, and J. P. Platteau, 2002. Land Tenure Security and Investment Incentives: Puzzling Evidence from Burkina Faso. *Journal of Development Economics*, 67 (2): 373 - 418.

Broegaard R J., 2005. Land Tenure Insecurity and Inequality in Nicaragua [J]. *Development and Change*, 36 (1): 845 - 864.

BrookhartM. A, Schneeweiss S., 2006. Variable Selection for Propensity Score Models [J]. *American Journal of Epidemiology*, 163 (12): 1149 - 1156.

Caio Pizaa, and Mauricio José Serpa Barros de Mourab, 2016. The Effect of a Land Titling Programme on Households' Access to Credit [J]. *Journal of Development Effectiveness* (8): 129~155.

Caliendo, M., Kopeinig S., 2008. Some Practical Guidance for the Implementation of Propensity Score Matching [J]. *Journal of Economic Surveys*, 22 (1): 31 - 72.

Carroll, C., D., Overland, J., and Wei, D. N., 2000. Saving and Growth with Habit Formation [J]. *American Economic Review*, 90: 341 - 355.

Carter, M. R. , and Olinto, P. , 2003. Getting Institutions "Right" for Whom? Credit Constraints and the Impact of Property Rights on the Quantity and Composition of Investment [J]. *American Journal of Agricultural Economics*, 85 (1): 173 - 186.

Carthy N. , Janvry A. D. , Sadoulet E. , 1998. Land Allocation under Dual - Individual - Collective Use in Mexico [J]. *Journal of Development Economics*, 56 (2): 239 - 264.

Chankrajang T. , 2015. Partial Land Rights and Agricultural Outcomes: Evidence from Thailand [J]. *Land Economics*, 91 (1): 126 - 148.

Chernina, E. , P. C. Dower, A. Markevich, 2014. Property Rights, Land Liquidity, and Internal Migration [J]. *Journal of Development Economics*, 10 (110): 191 - 215.

Cheung, S. N. S. , 1983. The Contractual Nature of the Firm [J]. *Journal of Law & Economics*, 26 (1): 1 - 21.

Coase R. H. , 1937. The Nature of the Firm [J]. *Economic*, 4 (16): 386 - 405.

Coase, R. H. , 1960. The Problem of Social Cost [J]. *Journal of Law & Economics*, 3 (4): 1 - 44.

Coase, R. H. , 1988. The firm, the Market, and the Law [M]. Chicago: University of Chicago Press.

Conning, J. H. , J. A. Robinson, 2007. Property Rights and the Political Organization of Agriculture [J]. *Journal of Development Economic*, 82 (2): 416 - 447.

Cullagh M C. , 1980. Regression Models for Ordinal Data ( with discussion ) [J]. *Roy. Statist. Soc*, B, 42: 109 - 142.

Dahlman C J, 1979. The Problem of Externality [J] . Journal of Legal Studies, 22 (1): 141 - 162.

Davis L, North D C, Smorodin C, 1971. Institutional change and American economic growth [M]. University Press.

De Janvry, A. , K. Emerick, M. Gonzalez - Navarro, E. Sadoulet, 2015. Delinking Land Rights from Land Use: Certification and Migration in Mexico [J]. *The American Economic Review*, 105 (10): 3125 - 3149.

De la Rupelle M, Deng M, Li S, Thomas V, 2010. Land Rights Insecurity and Temporary Migration in Rural China [J]. *I. Z. A Discussion Paper*. No. 4668, Bonn, Germany: Institute for the Study of Labor (IZA). http: //papers. ssr] n. com/sol3/papers. cfm? abstract _ id=153067IZA.

De Soto, H. , 2002. The Mystery of Capital: Why Capitalism Triumphs in the West and Fails Everywhere Else [J]. *Journal of Latin American Studies*, 34 (1): 189 - 191.

De Zeeuw F. , 1997. Borrowing of Land Security of Tenure and Sustainable Land Use in Burkina Faso [J]. *Development and Change*, (3): 583 - 595.

Deininger K，Jin S.，2006. The Potential of Land Rental Markets in The Process of Economic Development: Evidence from China [J]. *Journal of Development Economics*, 78 (1): 241 - 270.

Deininger K.，D. A. Ali，2008. Do Overlapping Land Rights Reduce Agricultural Investment? Evidence from Uganda [J]. *American Journal of Agricultural Economics*, 90 (4): 869 - 882.

Deininger K.，J. S. Chamorro，2004. Investment and Equity Effects of Land Regularization: the Case of Nicaragua [J]. *Agricultural Economics*, 30 (2): 101 - 116.

Deininger，K.，G. Feder，2009. Land Registration, Governance, and Development: Evidence and Implications for Policy [J]. *The World Bank Research Observer*, 24 (2): 233 - 266.

Deininger，K.，Jin，S.，2004. Land Rental Markets as an Alternative to Government Reallocation? Equity and Efficiency Considerations in the Chinese Land Tenure System [J]. *China Economic Quarterly*, 119 (2): 678 - 704.

Deininger，K.，Jin，S.，2009. Security Property Rights in Transition: Lessons from Implementation of China's Rural Land Contracting Law [J]. *Journal of Economic Behavior & Organization*, 70 (1): 22 - 38.

Deininger，K.，2003. Land Policies for Growth and Poverty Reduction [J]. *A Copublication of the World Bank and Oxford University*, 24 (1 - 2): 1 - 456.

Deininger，K.，2007. Land Policies and Land Reforms in India: Progress and Implications for the Future [R]. Brookings Edu.

Deininger，K.，Ali，D. A.，Alemu，T.，2011. Impacts of Land Certification on Tenure Security, Investment, and Land Market Participation: Evidence from Ethiopia [J]. *Land Economics*, 87 (2): 312 - 334.

Deininger，K.，D. A. Ali，S. Holden，J. Zevenbergen，2008. Rural Land Certification in Ethiopia: Process, Initial Impact, and Implications for Other African Countries [J]. *World Development*, 36 (10): 1786 - 1812.

Deininger，K.，S. Jin，S. Liu，F. Xia，2015. Impact of Property Rights Reform to Support China's Rural - Urban Integration: Household - Level Evidence from the Chengdu National Experiment [R]. Policy Research Working Paper.

Deininger，K.，S. Q. Jin，H. K. Nagarajan，2009. Determinants and consequences of land sales market participation: panel evidence from India [J]. *World Development*, 37 (2): 410 - 421.

Demsetz H，1967. Toward a Theory of Property Rights [J]. *American Economic Review*, 57 (2): 347 - 359.

Dijk E，Knippenberg D.，1996. Buying and Selling Exchange Goods: Loss Aversion and

The Endowment Effect [J]. *Journal of economics psychology*, 17 (4): 517 - 524.

Dixon, G. , 1950. Land and Human Migrations [J]. *American Journal of Economics & Sociology*, 9 (2): 223 - 234.

Domeher D. , R. Abdulai, 2012. Land Registration, Credit and Agricultural Investment in Africa [J]. *Agricultural Finance Review*, 72 (1): 87 - 103.

Dowall D. E. , Leaf M. , 1991. The Price of Land for Housing in Jakarta [J]. *Urban Studies*, 28 (5): 707 - 722.

Dower P C, Potamites E. , 2014. Signalling Creditworthiness: Land Titles, Banking Practices, and Formal Credit in Indonesia [J]. *Bulletin of Indonesian Economic Studies*, 50 (3): 435 - 459.

Duncan O D, Featherman D L, Duncan B, 1974. Socioeconomic Background and Achievement [C]. Seminar Pressc.

Duncombe, W. , Robbins, M. D. , Stonecash, J. , 2003. Measuring Citizen Preferences for Service Using Surveys: Dose A 'Gray Peril' Threaten Public Funding for Education [J]. *Public Budgeting and Finance*, 23 (1): 45 - 72.

Elliott, G. , Rothenberg, T. J. , Stock, J. H. , 1996. Efficient Tests for an Autoregressive Unit Root [J]. *Econometrica*, 64 (4): 813 - 836.

Feder G, Lau L J, Lin J Y, et al. , 1992. The Determinants of Farm Investment and Residential Construction in Post - Reform China [J]. *Economic Development & Cultural Change*, 41 (1): 1 - 26.

Feder G. , D. Feeny, 1991. Land Tenure and Property Rights: Theory and Implications for Development Policy [J]. *The World Bank Economic Review*, 5 (1): 135 - 153.

Feder G. , 1988. Land Policies and Farm Productivity in Thailand [M]. Baltimore: Johns Hopkins University Press.

Feder, G, 1993. The Economics of Land and Titling in Thailand. The Economics of Rural Organization: Theory, Practice, and Policy [M]. Oxford University Press.

Feder, G. , A. Nishio, 1998. The Benefits of Land Registration and Titling: Economic and Social Perspectives [J]. *Land Use Policy*, 15 (1): 25 - 43.

Feder, G. , T. Onchan, 1987. Land Ownership Security and Farm Investment in Thailand [J]. *American Journal of Agricultural Economics*, 69 (2): 311 - 320.

Feenstra, R. C. , G. H. Hanson, 1999. The Impact of Outsourcing and High - Technology Capital on Wages: Estimates for the United States [J]. *Quarterly Journal of Economics*, 114 (3): 907 - 940.

Feng, S. , 2006. Land, Rental Market and Off - farm Employment: Rural Households in Jiangxi Province, P. R. China [D]. *Wur Wageningen Ur*.

Fenske J. , 2011. Land Tenure and Investment Incentives: Evidence from West Africa [J]. *Journal of Development Economics*, 95 (2): 137 - 156.

Field, E. , 2007. Entitled to Work: Urban Property Rights and Labor Supply in Peru [J]. *Social Science Electronic Publishing*, 122 (4): 1561 - 1602.

Fiske, S. T. , Taylor, S. E. , 1991. Social Cognition (2nd ed. ) [M]. *New York*: McGraw - Hill.

Ford D A, 1982. Title Assurance and Settlement Charges [J]. Journal of the American Real Estate and Urban *Economics Association*, 10: 3, 297 - 330.

Fort R. , 2008. The Homogenization Effect of Land Titling on Investment Incentives: Evidence from Peru [J]. NJAS - *Wageningen Journal of Life Sciences*, 55 (4): 325 - 343.

Furubotn, E. G. , S. Pejovich. , 1972. Property Rights and Economic Theory: A Survey of Recent Literature [J]. *Journal of Economic Literature*, 10 (4): 1137 - 1162.

Galiani S, Schargrodsky E. , 2010. Property Rights for the Poor: Effects of Land Titling [J]. *Journal of Public Economics*, 94 (9 - 10): 700 - 729

Galiani S. , E. Schargrodsky, 2011. Land Property Rights and Resource Allocation [J]. *The Journal of Law and Economics*, 54 (S4): S329 - S345.

Gandelman, N. , A. Rasteletti, 2016. The Impact of Bank Credit on Employment Formality: Evidence from Uruguay [J]. *Research Department Publications*, 52 (7): 1 - 18.

García Hombrados J. , M. Devisscher, M. Herreros Martínez, 2015. The Impact of Land Titling on Agricultural Production and Agricultural Investments in Tanzania: A theory - based approach [J]. *Journal of Development Effectiveness*, 7 (4): 530 - 544.

Gerezihar K. , M. Tilahun, 2014. Impacts of Parcel - based Second Level Landholding Certificates on Soil Conservation Investment in Tigrai, Northern Ethiopia [J]. *Journal of Land and Rural Studies*, 2 (2): 249 - 260.

Ghebru, H. , S. T. Holden, 2015. Technical Efficiency and Productivity Differential Effects of Land Right Certification: A Quasi - experimental Evidence [J]. *Quarterly Journal of International Agriculture*, 54 (1): 1 - 31.

Gould, K. A. , 2006. Land Regularization on Agricultural Frontiers: The Case of Northwestern Petén, Guatemala [J]. *Land Use Policy*, 23 (4): 395 - 407.

Green J. K. , 1987. Evaluating the Impact of Consolidation of Holdings, Individualization of Tenure, and Registration of Title: Lessons from Kenya [J]. *Land Tenure Center*, *University of Wisconsin - Madison*.

Grimm M. , S. Klasen, 2015. Migration Pressure, Tenure Security, and Agricultural Intensification: Evidence from Indonesia [J]. *Land economics*, 91 (3): 411 - 434.

Haberfeld, Y. , R. K. Menaria, B. B. Sahoo, R. N. Vyas, 1999. Seasonal Migration of Rural Labor in India [J]. *Population Research & Policy Review*, 18 (5): 471 - 487.

Hanemann W. M. , 1991. Willingness to Pay and Willingness to Accept: How Much Can They Differ [J]. *The American Economic Review*, 81 (3): 635 - 647.

Hare, D. , 2008. The Origins and Influence of Land Property Rights in Vietnam [J]. *Development Policy Review*, 26 (3): 339 - 363.

Hart, T. , 2012. How Rural Land Reform Policy Translates into Benefits [J]. *Development Southern Africa*, 29 (4): 563 - 573.

Heider, F. , 1958. Psychology of Interpersonal Relations [M]. *New York: Wiley*.

Heltberg, R. , 2002. Property Rights and Natural Resource Management in Developing Countries [J]. *Journal of Economic Surveys*, 16 (2): 189 - 214.

Hodgson, J. G. , Montserrat - Marti, G. , Cerabolini B. , et al, 2005. A Functional Method for Classifying European Grasslands for Use in Joint Ecological and Economic [J]. *Studies Basic and Applied Ecology*, 6 (2): 119 - 131.

Holden S, T. , K. Deininger, H. Ghebru, 2009. Impacts of Low - cost Land Certification on Investment and Productivity [J]. *American Journal of Agricultural Economics*, 91 (2): 359 - 373.

Holden S. T. , Deininger K. , Ghebru H. , 2011. Tenure Insecurity, Gender, Low - cost Land Certification and Land Rental Market Participation in Ethiopia [J]. *The Journal of Development studies*, 47 (1): 31 - 47.

Holden, S, Yohannes, H. , 2002. Land Redistribution, Tenure Insecurity, and Intensity of Production: a Study of Farm Households in Southern Ethiopia [R]. *Land Economics*, 78 (4): 573 - 590.

Holden, S. , Deininger, K. , Ghebru, H. , 2007. Impact of Land Certification on Land Rental Market Participation in Tigray Region, Northern Ethiopia [R]. MPRA Paper No. 5211, Norwegian university of Life Sciences.

Hombrados, J. G. , M. Devisscher, M. H. Martínez, 2015. The Impact of Land Titling on Agricultural Production and Agricultural Investments in Tanzania: A Theory - based Approach [J]. *Journal of Development Effectiveness*, 7 (4): 530 - 544.

Jacoby H. G. , B. Minten, 2007. Is Land Titling in Sub - Saharan Africa cost - effective? Evidence from Madagascar [J]. *The World Bank Economic Review*, 21 (3): 461 - 485.

Jacoby H. , Minten B. , 2006. Land Titles, Investment, and Agricultural Productivity in Madagascar: A Poverty and Social Impact Analysis [J]. *World Bank Other Operational Studies*.

Jacoby, H. G, G. Li, S. Rozelle, 2002. Hazards of Expropriation: Tenure Insecurity and Investment in Rural China [J]. *American Economic Review*, 92 (5): 1420 - 1447.

Janvry, A. D. , K. Emerick, M. Gonzaleznavarro, E. Sadoulet, 2015. Delinking Land Rights from Land Use: Certification and Migration in Mexico [J]. *American Economic Review*, 105 (10): 3125 - 3149.

Jimenez E. , 1982. The Value of Squatter Dwellings in Developing Countries [J]. *Economic Development and Cultural Change*, 30 (4): 739 - 752.

Jin, S. , Deininger, K. , 2009. Land Rental Markets in the Process of Rural Structural Transformation: Productivity and Equity Impacts from China [J]. *Journal of Comparative Economics*, 37 (4): 629 - 646.

Kahneman D, Jack L. Knetsch, Richard H. Thaler, 1990. Experimental Tests of the Endowment Effect and the Coase Theorem [J]. *Journal of Political Economy*, 98 (6): 1325- 1348.

KahnemanD, Knetsch J. L, Thaler R. H, 1991. The Endowment Effect, Loss Aversion, and Status Quo Bias [J]. *Journal of Economic Perspectives*, 5 (1): 193 - 206.

Kemper, N. , L. V. Ha, R. Klump, 2015. Property Rights and Consumption Volatility: Evidence from a Land Reform in Vietnam [J]. *World Developmen*, 71: 107 - 130.

Kimura, S. , Otsuka, K. , Sonobe, T. , et al. , 2011. Efficiency of Land Allocation through Tenancy Markets: Evidence from China [J]. *Economic Development & Cultural Change*, 59 (3): 485 - 510.

Koch D, 1993. Title Insurance: A Regulatory Perspective [J]. *Journal of Insurance Regulation*, 12: 1, 3 - 13.

Koo H. , 2011. Property Rights, Land Prices, and Investment: A Study of the Taiwanese Land Registration System [J]. *Journal of Institutional and Theoretical Economics JITE*, 167 (3): 515 - 535.

Krusekopf, C. C. , 2002. Diversity in Land Tenure Arrangements under the Household Responsibility System in China [J]. *China Economic Review*, 13 (2 - 3): 297 - 312.

KungJ. K. , 2002. Choice of Land Tenure in China: The Case of a County with Quasi - Private Property Right [J]. *Economic Development and Cultural Change*, 50 (4): 793 - 817.

Lambin, E. F. , Geist, H. J. , Lepers, E, 2003. Dynamics of Land - Use and Land - Cover Change in Tropical Regions [J]. *Annual Review of Environment and Resources*, 28: 205 - 241.

Lanza, S. T. , Moore, J. E. , Butera, N. M. , 2013. Drawing Causal Inferences Using Propensity Scores: A Practical Guide for Community Psychologists [J]. *American Journal of Community Psychology*, 52 (3 - 4): 380 - 392.

Lavine, H. , Huff, J. W. , Wagner, S. H. , Sweeney, D. , 1998. The Moderating Influence of Attitude Strength on the Susceptibility to Context Effects in Attitude Survey [J]. *Journal of Personality and Social Psychology*, 75 (2): 359 - 373.

Lemel, H. , 1988. Land Titling: Conceptual, Empirical and Policy Issues [J]. *Land Use Policy*, 5 (3): 273 - 290.

Lewis, B. D. , 2009. Pattinasarany D. Determining Citizen Satisfaction with Local Public Education in Indonesia: The Significance of Actual Service Quality and Governance Conditions [J]. *Growth and Change*, 40 (1): 85 - 115.

Libecap, G. D. , D. Lueck, 2011. The Demarcation of Land and the Role of Coordinating Property Institutions [J]. *Journal of Political Economy*, 119 (3): 426 - 467.

Lin J. Y. , 1992. Rural Reforms and Agricultural Growth in China [J]. *American Economic Review*, 82 (1): 34 - 51.

Lohmar, B. , Zhang, Z. , Somwaru, A. , 2001. Land Rental Market Development and Agricultural Production in China [J]. In: Paper presented at Annual Meeting of the American Agricultural Economics Association. http: //ageconsearch. umn. edu/bitstream/ 20683/1/sp01lo01. pdf.

Ma, X. , Heerink, N. , Ierland, E. , et al. , 2016. Land Tenure Insecurity and Rural - urban Migration in Rural China [J]. *Papers in Region Science*, 95 (2): 383 - 406.

Ma, X. , Heerink, N. , van Ierland, E. , van den Berg, M. , Shi, X. , 2013. Land Tenure Security and Land Investments in Northwest China [J]. *China Agricultural Economic Review*, 5 (2): 281 - 307.

MacKinnon D P, Dwyer J H. , 1993. Estimating Mediated Effects in Prevention Studies [J]. *Evaluation Review*, 17 (2): 144 - 158.

Macours, K. , A. de Janvry, E. Sadoulet, 2010. Insecurity of Property Rights and Social Matching in the Tenancy Market [J]. *European Economic Review*, 54 (7): 880 - 899.

Maëlys, D. L. R. , Q. H. Deng, S. Li, V. Thomas, 2009. Land Rights Insecurity and Temporary Migration in Rural China [R]. I. Z. A Discussion Paper, No. 4668.

Makinen J. V. , 2002. Estimation of Average Treatment Effects Based on Propensity Scores [J]. *The Stata Journal*, 2 (4): 358 - 377.

Malcolm J Rohrbough, 1990. The Land Office Business, The Settlement and Administration of American Public Land, 1789 - 1837 [M]. Wadsworth Publishing Company, Belmont, California.

Mandel D. , 2002. Beyond Mere Ownership: Transaction Demand as a Moderator of the Endowment Effect [J]. *Organizational behavior and human decision processes*, 88 (2): 737 - 747.

Markussen, T. , 2008. Property Rights, Productivity, and Common Property Resources: Insights from Rural Cambodia [J]. *World Development*, 36 (11): 2277 - 2296.

Mccarthy, N. , A. D. Janvry, E. Sadoulet, 1998. Land Allocation under Dual Individual -

collective Use in Mexico [J]. *Journal of Development Economics*, 56 (2): 239 - 264.

McGuire, W. J. , 1964. Inducing Resistance to Persuasion: Some Contemporary Approaches. In L. Berkowitz (Ed. ) [J]. *Experimental Social Psychology*, 1: 192 - 229.

Melesse, M. B. , E. Bulte, 2015. Does Land Registration and Certification Boost Farm Productivity? Evidence from Ethiopia [J]. *Agricultural Economic*, 46 (6): 757 - 768.

Moody B, 2005. A Timeline for Title Insurance. *Mortgage Banking*, 65: 11, 57 - 62.

Mottet, A. , Ladet, S. , Coque N, 2006. Agricultural Land - use Change and Its Drivers in Mountain Landscapes: A Case Study in the Pyrenees. Agriculture [J]. *Ecosystems and Environment*, 2 - 4: 296 - 310.

Moyer D, Behrens J, Wunderlich G, 1974. Land Title Recording in the United States: A Statistical Summary. [J]. US Dept Agr. and US Dept. Comm. , *Special Studies* (67).

Mullan, K. , Grosjean, P. , Kontoleon, A. , 2011. Land Tenure Arrangements and Rural -Urban Migration in China [J]. *World Development*, 39 (1): 123 - 133.

Nakasone, E. , 2011. The Impact of Land Titling on Labor Allocation: Evidence from Rural Peru [M]. Ifpri Discussion Papers.

Newman C. , F. Tarp, K. Van Den Broeck, 2015. Property Rights and Productivity: The Case of Joint Land Titling in Vietnam [J]. *Land Economics*, 91 (1): 91 - 105.

North D. C. , 1990. Institutions and Credible Commitment [J]. *Journal of Institutional and Theoretical Economics*, 149: 11 - 23.

North, D. C. , R. P. Thomas, 1973. The Rise of the Western World [M]. Cambridge: Cambridge Books.

North, D. C. , 1994. Economic Performance through Time [J]. *American Economic review*, 84 (3): 359 - 368.

North, D. C. , 1993. Institutions and Credible Commitment [J]. *Journal of Institutional &. Theoretical Economics*, 149 (1): 11 - 23.

Olden, S. T. , K. Deininger, H. Ghebru, 2011. Tenure Insecurity, Gender, Low - cost Land Certification and Land Rental Market Participation in Ethiopia [J]. *The Journal of Development Studies*, 47 (1): 31 - 47.

Papke, L. E. , Wooldridge, J. M, 1996. Econometric Methods for Fractional Response Variables with an Application to 401 (K) Plan Participation Rates [J]. *Journal of Applied Econometrics*, 11 (6): 619 - 632,

Paul Dower, and Elizabeth Potamites, 2005. Signaling Credit～Worthiness: Land Titles, Banking Practices and Access to Formal Credit in Indonesia [J]. *Bulletin of Indonesian Economic Studies* (3): 435 - 459.

Persson, T. , Tabellini, G, 1994. Is Inequality Harmful for Growth [J]. *American Eco-*

*nomic Review*, 84 (3): 600 - 621.

Pinckney, T. C., Kimuyu, and P. K., 2000. Land Tenure Reform in East Africa: Good, Bad or Unimportant [J]. *Journal of African Economics*, 13 (1): 1 - 28.

Place F, Roth M, Hazell P., 1993. Land Tenure Security and Agricultural Performance in Africa: Overview of Research Methodology [M]. In John Bruce and Shem Migot - Adholla (eds.), Searching for Land Tenure Security in Africa. Dubuque, USA, Kendal/Hung Publishing Company.

Place, F., S. E. Migot - Adholla, 1998. The Economic Effects of Land Registration on Smallholder Farms in Kenya: Evidence from Nyeri and Kakamega Districts [J]. *Land Economics*, 74 (3): 360 - 373.

Platteau, J. P. Lateau, J P., 1995. Reforming Land Rights in Sub - Saharan Africa: Issues of Efficiency and Equity [R]. Unrisd Discussion Paper.

Prishchepov, A. V., Muller, D., Dubin, M, 2013. Determinants of Agricultural Land Abandonment in Post - Soviet European Russia [J]. *Land use Policy*, 1: 873 - 884.

Rachlinski J. J., Forest Jourden, 1998. Remedies and the Psychology of Ownership [J]. *Vanderbilt Law Review*, 51 (6): 1541 - 1582.

Radin, M. J., 1982. Property and Personhood [J]. *Stanford Law Review*, 34 (5): 957 -1015.

Reerink, G., van Gelder, J. L., 2010. Land Titling, Perceived Tenure Security and Housing Consolidation in the Kampongs of Bandung, Indonesia [J]. *Habitat International*, 34 (1): 78 - 85.

Roodman, D., 2009. Estimating Fully Observed Recursive Mixed - Process Models with Cmp [J]. *SSRN, Working Papers*, 11 (2): 159 - 206.

Rosenbaum, P. R., Rubin, D. B, 1983. The Central Role of the Propensity Score in Observational Studies for Causal Effects [J]. *Biometrika*, 70 (1): 41 - 55.

Routray J. K., Sahoo M., 1995. Implications of Land Title for Farm Credit in Thailand [J]. *Land Use Policy*, 12 (1): 86 - 89.

Saint - Macary C, Keil A, Zeller M, F Heidhues PTM Dung, 2010. Land Titling Policy and Soil Conservation in the Northern Uplands of Vietnam [J]. *Land Use Policy*, 27 (2): 617 - 627.

Schultz. T. W, 1966. Transforming Traditional Agriculture: Reply [J]. *Journal of Farm Economics*, 48 (4): 1015 - 1018.

Schweigert, T. E, 2006. Land Title, Tenure Security, Investment and Farm Output: Evidence from Guatemala [J]. *The Journal of Developing Areas*, 40 (1): 115 - 126.

Scott, J. C., 1976. The Moral Economy of the Peasant [M]. Yale University Press.

Smith R. E. , 2004. Land Tenure, Fixed Investment, and Farm Productivity: Evidence from Zambia's Southern Province [J]. *World Development*, 32 (10): 1641 - 1661.

Soto, H. D. , 2000. The Mystery of Capital: Why Capitalism Triumphs in the West and Fails Everywhere Else [J]. *Archives of Environmental Health an International Journal*, 61 (100): 455 - 456.

Stone, J. , Cooper, J. , 2001. A Self - standard Model of Cognitive Dissonance [J]. *Journal of Experimental Social Psychology*, 37 (3): 228 - 243.

Tasser, E. , Tappeiner, U. , 2002. Impact of Land Use Change on Mountain Vegetation [J]. *Applied Vegetation Science*.

Thaler R. H. , 1980. Toward a Positive Theory of Consumer Choice [J]. *Journal of Economic Behavior and Organization*, 1 (1): 39 - 60.

Todaro M. P. A, 1969. Model of Labor Migration and Urban Unemployment in Less Developed Countries [J]. *American Economic Review*, 59 (1): 138 - 48.

Van dijk E, Van Knippenberg D. , 1998. Trading Wine: On the Endowment Effect, Loss Aversion, and the Comparability of Consumer Goods [J]. *Journal of Economic Psychology*, 19: 485 - 495.

Van Gelder, J. L. , 2007. Feeling and Thinking: Quantifying the Relationship between Perceived Tenure Security and Housing Improvement in an Informal Neighborhood in Buenos Aires [J]. *Habitat International*, 31 (2): 219 - 231.

Villani K E, Simonson J, 1982. Real Estate Settlement Pricing: A Theoretical Framework [J]. *Journal of the American Real Estate and Urban Economics Association*, 10: 3, 249 - 75.

Von Hecker, U. , 1993. On Memory Effects of Heiderian Balance: A code Hypothesis and an Inconsistency Hypothesis [J]. *Journal of Personality and Social Psychology*, 29 (4): 45 - 52.

Wang, H. J. , P. Schmidt, 2002. One - step and Two - step Estimation of the Effects of Exogenous Variables on Technical Efficiency Levels [J]. *Journal of Productivity Analysis*, 18 (2): 129 - 144.

Wang, H. , Tong, J. , Su, F. , Wei, G. , Tao, R. , 2011. To reallocate or not: reconsidering the dilemma in China's agricultural land tenure policy [J]. *Land Use Policy*, 28 (4): 805 - 814.

WECD, 1987. Our Common Future [M]. Oxford University Press, 11 (1): 53 - 78.

Wen G. J. , 1995. The Land Tenure System and its Saving and Investment Mechanism: The Case of Modern China [J]. *Asian Economic Journal*, 9 (3): 233 - 260.

Williamson O E. , 1979. Transaction - Cost Economics: The Governance of Contractual Relations [J]. *The Journal of Law and Economics*, 22 (2): 233 – 261.

Williamson O. E. , 1985. The Economic Institutions of Capitalism [M]. New York: Frees Press.

Yami, M, K. A. Snyder, 2015. After All, Land Belongs to the State: Examining the Benefits of Land Registration for Smallholders in Ethiopia [J]. *Land Degradation and Development*, 3 (27): 465 – 478.

Yang T. , 1997. China's Land Arrangements and Rural Labor Mobility [J]. *China Economic Review*, 8 (2): 101 – 115.

Yao Y. , 2001. Egalitarian Land Distribution and Labor Migration in Rural China [R]. China Center for Economic Research Working Paper Series.

Yao, Y. , Carter, M. R. , 1999. Specialization without Regret: Transfer Rights, Agricultural Productivity, and Investment in an Industrializing Economy [R]. Policy Research Working Paper.

Young, A. A. , 1928. Increasing Returns and Economic Progress [J]. *the Economic Journal*, 38 (152): 527 – 542.

Zhang, Y. , Wang, X. , Glauben, T. , Brummer, B. , 2011. The Impact of Land Reallocation on Technical Efficiency: Evidence from China [J]. *Agriculture Economics*, 42 (4): 495 – 507.

# 后 记

POSTSCRIPT

本书是国家自然科学基金政策研究重点支持项目"农地确权的现实背景、政策目标及效果评价"（71742003）的第 1 期研究成果，亦是国家自然科学基金重点项目"农村土地与相关要素市场培育与改革研究"（71333004）以及其他多个相关项目的阶段性成果。

本书是在研究团队近几年取得的相关成果基础上按照统一的框架进行整理而成。所涉及的原创论文包括（按发表时间先后排序）：

钟文晶、罗必良：《禀赋效应、产权强度与农地流转抑制——基于广东省农户问卷的实证分析》，《农业经济问题》，2013 年第 3 期。

陈美球、李志朋、赖运生、卢丽红、刘馨：《"确权确股不确地"承包地经营权流转研究——基于江西省黄溪村实践的调研》，《土地经济研究》，2015 年第 1 期。

胡新艳、杨晓莹、罗锦涛：《确权与农地流转：理论分歧与研究启示》，《财贸研究》，2016 年第 2 期。

胡新艳、罗必良：《新一轮农地确权与促进流转：粤赣证据》，《改革》，2016 年第 4 期。

谢强强、邹晓娟、黄建伟、翁贞林：《农户对土地确权的认知及影响因素分析——基于江西省的抽样调查》，《求实》，2016 年第 6 期。

谢强强、邹晓娟、黄建伟：《农村土地确权工作满意度影响因素分析——基于江西省农户数据调查》，《调研世界》，2016 年第 9 期。

罗必良：《农地确权、交易含义与农业经营方式转型——科斯定理拓展与案例研究》，《中国农村经济》，2016 年第 11 期。

罗明忠、刘恺、朱文珏：《确权减少了农地抛荒吗——源自川、豫、晋三省农户问卷调查的 PSM 实证分析》,《农业技术经济》,2017 年第 2 期。

仇童伟:《土地确权如何影响农民的产权安全感知？——基于土地产权历史情景的分析》,《南京农业大学学报（社会科学版）》,2017 年第 4 期。

罗明忠、刘恺:《交易费用约束下的农地整合与确权制度空间——广东省阳山县升平村农地确权模式的思考》,《贵州社会科学》,2017 年第 6 期。

林文声、秦明、苏毅清、王志刚:《新一轮农地确权何以影响农地流转？——来自中国健康与养老追踪调查的证据》,《中国农村经济》,2017 年第 7 期。

胡新艳、陈小知、王梦婷:《农地确权如何影响投资激励》,《财贸研究》,2017 年第 12 期。

林文声、秦明、王志刚:《农地确权颁证与农户农业投资行为》,《农业技术经济》,2017 年第 12 期。

罗明忠、唐超:《农地确权：模式选择、生成逻辑及制度约束》,《西北农林科技大学学报（社会科学版)》,2018 年第 4 期。

林文声、王志刚、王美阳：《农地确权、要素配置与农业生产效率——基于中国劳动力动态调查的实证分析》,《中国农村经济》,2018 年第 8 期。

洪炜杰、胡新艳:《地权稳定性与劳动力非农转移：一个"2×2×2"的分析框架》,《经济评论》,2018 年待刊。

洪炜杰、胡新艳：《地权稳定性抑制还是促进我国农村劳动力转移？——基于拓展的 Todaro 模型的分析》,华南农业大学国家农业制度与发展研究院工作论文,2018。

胡新艳、洪炜杰、罗必良:《农地确权、调整经历与农户投资激励》,华南农业大学国家农业制度与发展研究院工作论文,2018。

胡新艳、陈小知、米运生:《"整合确权"方式对农业规模经营发展的影响效应评估——来自准自然实验的证据》,华南农业大学国家农业制度与发展研究院工作论文,2018。

　　米运生、杨天健、黄斯韬：《农地确权的投资激励效应：产品异质性角度》，华南农业大学国家农业制度与发展研究院工作论文，2018。

　　仇童伟、罗必良：《强化地权能够促进农地流转吗?》，华南农业大学国家农业制度与发展研究院工作论文，2018。

　　本书初稿由罗明忠教授、胡新艳教授、米运生教授、李尚蒲副教授按照章节分工进行先期整理，李尚蒲副教授进行统稿，最后由罗必良教授进行修订成书。

　　作为课题负责人和本书的主编，我要对课题组全体成员、各论文的作者，特别是参与整理书稿的老师表示感谢。

　　当然，也要对发表阶段性成果的多个学术刊物以及本书的责任编辑表达真诚的谢意。

罗必良

2018 年 9 月 30 日